Python编程指南

语法基础、网络爬虫、数据可视化与项目实战

关东升◎著

清華大學出版社
北京

内容简介

本书是为高校师生学习 Python 编程语言而设计编著的教材。全书分为 20 章，其中包括绪论，搭建开发环境，第一个 Python 程序，Python 语法基础，数据类型，运算符，控制语句，数据结构，函数，面向对象编程，异常处理，常用模块，正则表达式，文件操作与管理，数据库编程，网络编程，wxPython 图形用户界面编程，Python 多线程编程，以及最后给出的两个实战项目——“项目实战 1：网络爬虫与爬取股票数据”和“项目实战 2：数据可视化与股票数据分析”。每一章后面都安排了若干同步练习题，并在附录 A 中提供了参考答案。

本书既可作为高等学校计算机软件技术课程的教材，也可作为社会培训机构的培训教程，还适用于广大 Python 初学者和 Python 开发的程序员等。

图书在版编目(CIP)数据

Python 编程指南：语法基础、网络爬虫、数据可视化与项目实战/关东升著. —北京：清华大学出版社，2019(2022.8 重印)
ISBN 978-7-302-53133-3

Ⅰ. ①P… Ⅱ. ①关… Ⅲ. ①软件工具—程序设计 Ⅳ. ①TP311.561

中国版本图书馆 CIP 数据核字(2019)第 110185 号

责任编辑：盛东亮 赵晓宁
封面设计：李召霞
责任校对：李建庄
责任印制：刘海龙

出版发行：清华大学出版社
网　　址：http://www.tup.com.cn，http://www.wqbook.com
地　　址：北京清华大学学研大厦 A 座　　**邮　　编**：100084
社 总 机：010-83470000　　**邮　　购**：010-62786544
投稿与读者服务：010-62776969，c-service@tup.tsinghua.edu.cn
质量反馈：010-62772015，zhiliang@tup.tsinghua.edu.cn
课件下载：http://www.tup.com.cn，010-83470236
印 装 者：涿州市京南印刷厂
经　　销：全国新华书店
开　　本：185mm×260mm　　**印　　张**：23.5　　**字　　数**：572 千字
版　　次：2019 年 9 月第 1 版　　**印　　次**：2022 年 8 月第 4 次印刷
定　　价：69.00 元

产品编号：082637-01

前言

PREFACE

Python 语言诞生至今经历了将近 30 年时间，但是在前 20 年里，国内使用 Python 语言进行软件开发的程序员并不多，而在近 5 年，人们对 Python 语言的关注度迅速提高，这并不仅仅是因为 Python 语言非常优秀，而是 Python 语言满足了当下科学计算、人工智能、大数据和区块链等新技术的发展需要。Python 语言是一种“胶水”语言，具有丰富的动态特性、简单的语法结构和面向对象的编程特点，并拥有成熟而丰富的第三方库。Python 语言适合于除硬件开发之外的几乎所有领域的软件开发。

本书是智捷课堂开发的又一本立体化图书，配套了课件和服务等内容。本书每一章节知识点安排合理，讲解得非常细致，非常适合零基础读者学习 Python 语言，如果读者能够认真学习本书，将能独立开发 Python 网络爬虫和数据可视化项目。

本书服务网址

为了更好地为广大读者提供服务，我们专门为本书建立了一个服务网址 http://www.zhijieketang.com/group/9，希望读者对书中内容发表评论，提出宝贵意见。

下载源代码

书中包括了 200 多个完整的案例项目源代码，大家可以到本书网站 http://www.zhijieketang.com/group/9 免费注册并下载。

源代码目录结构

本书作为一本介绍 Python 编程的书，提供了很多示例源代码。下载本书源代码并解压，读者会看到如图 0-1 所示的目录结构。图 0-1 中的 chapter3～chapter20 是本书第 3 章～第 20 章配套示例源代码，ch6.6.1.py 文件则是第 6.6.1 节示例代码。

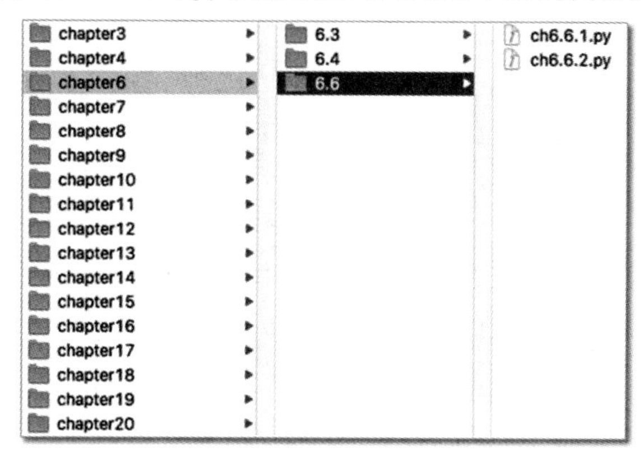

图 0-1　示例源代码目录结构

勘误与支持

如果读者发现了任何问题，均可以通过清华大学出版社电子信息读者服务 QQ 群 628808216 联系编辑，我们会在第一时间给予回复。

致谢

感谢清华大学出版社的盛东亮编辑给本书提出的宝贵意见。感谢智捷课堂团队的赵志荣、赵大羽、关锦华、闫婷娇、王馨然、关秀华、闫喜华和赵浩丞参与本书内容讨论和审核。感谢赵浩丞手绘了书中全部草图，并从专业的角度修改书中图片，力求将这些图片更加真实完美地奉献给广大读者。感谢我的家人容忍我的忙碌和对我的关心及照顾，使我能抽出时间，投入全部精力专心地编写此书。

由于时间仓促，书中难免存在不妥之处，敬请读者批评指正。

关东升

2019 年 7 月

目录

CONTENTS

第1章 绪　论

CHAPTER 1

Python 诞生到现在已经有近 30 年了，现在 Python 仍然是非常热门的编程语言之一，很多平台都在使用 Python 开发。表 1-1 所示的是 TIOBE 社区发布的 2018 年 3 月和 2019 年 3 月的编程语言排行榜，从排行中可见 Python 语言的热度，或许这也是很多人选择学习 Python 的主要原因。

表 1-1　TIOBE 编程语言排行榜

2019 年 3 月	2018 年 3 月	变化	编 程 语 言	评级/%	评级变化/%
1	1		Java	14.639	−6.320
2	2		C	7.002	−6.220
3	3		C++	4.751	−1.950
4	5	↑	Python	3.548	−0.240
5	4	↓	C#	3.457	−1.020
6	10	↑↑	Visual Basic .NET	3.391	1.070
7	7		JavaScript	3.071	0.730
8	12	↑↑	Assembly language	2.859	0.980
9	6	↓	PHP	2.693	−0.300
10	9	↓	Perl	2.602	0.280
11	8	↓	Ruby	2.429	0.090
12	13	↑	Visual Basic	2.347	0.520
13	15	↑	Swift	2.274	0.680
14	16	↑	R	2.192	0.860
15	14	↓	Objective-C	2.101	0.500
16	42	↑↑	Go	2.080	1.830
17	18	↑	MATLAB	2.063	0.780
18	11	↓↓	Delphi/Object Pascal	2.038	0.030
19	19		PL/SQL	1.676	0.470
20	22	↑	Scratch	1.668	0.740

1.1 Python 语言历史

Python 之父荷兰人吉多·范罗苏姆(Guido van Rossum)在 1989 年圣诞节期间，在阿姆斯特丹为了打发圣诞节的无聊时间，决心开发一门解释程序语言。1991 年第一个

Python 解释器公开版发布，它是用 C 语言编写实现的，并能够调用 C 语言的库文件。Python 一诞生就已经具有了类、函数和异常处理等内容，包含字典、列表等核心数据结构，以及以模块为基础的拓展系统。

2000 年 Python 2.0 发布，Python 2.0 的最后一个版本是 2.7，它还会存在较长的一段时间，Python 2.7 支持时间延长到 2020 年。2008 年 Python 3.0 发布，到本书编写时 Python 3.7 发布。Python 3 与 Python 2 是不兼容的，由于很多 Python 程序和库都是基于 Python 2 的，所以 Python 2 和 Python 3 程序会长期并存，不过 Python 3 的新功能吸引了很多开发人员，很多开发人员正从 Python 2 升级到 Python 3。作为初学者，如果学习 Python 应该从 Python 3 开始。

Python 单词翻译为“蟒蛇”，想到这种动物不会有很愉快的感觉。那为什么这种新语言取名为 Python 呢？那是因为吉多喜欢看英国电视秀节目蒙提·派森的飞行马戏团(Monty Python's Flying Circus)，于是他将这种新语言起名为 Python。

1.2 Python 语言设计哲学——Python 之禅

Python 语言有它的设计理念和哲学，称为“Python 之禅”。Python 之禅是 Python 的灵魂，理解 Python 之禅能帮开发人员编写出优秀的 Python 程序。在 Python 交互式方式运行工具 IDLE(也称为 Python Shell)中输入 import this 命令，如图 1-1 所示，显示内容就是 Python 之禅。

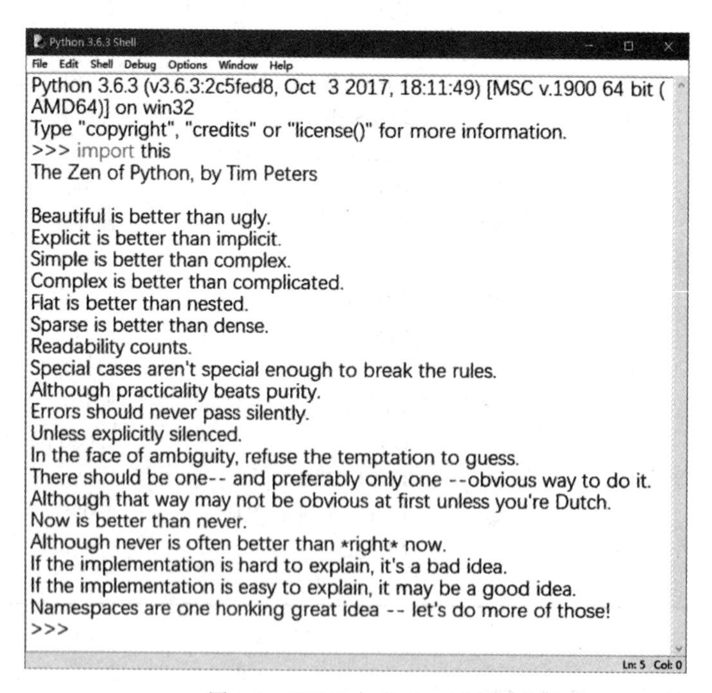

图 1-1 IDLE 中 Python 之禅

Python 之禅翻译解释如下：

Python 之禅 by Tim Peters

优美胜于丑陋
明了胜于晦涩
简洁胜于复杂
复杂胜于凌乱
扁平胜于嵌套
宽松胜于紧凑
可读性很重要
即便是特例，也不可违背这些规则
不要捕获所有错误，除非你确定需要这样做
如果存在多种可能，不要猜测
通常只有唯一一种是最佳的解决方案
虽然这并不容易，因为你不是 Python 之父
做比不做要好，但不假思索就动手还不如不做
如果你的方案很难懂，那肯定不是一个好方案，反之亦然
命名空间非常有用，应当多加利用

1.3 Python 语言特点

Python 语言能够流行起来，并长久不衰，得益于 Python 语言有很多优秀的关键特点。这些特点如下。

1）简单易学

Python 设计目标之一就是能够方便学习，使用简单。它使你能够专注于解决问题而不是过多关注语言本身。

2）面向对象

Python 支持面向对象的编程。与其他主要的语言如 C++ 和 Java 相比，Python 以一种非常强大又简单的方式实现面向对象编程。

3）解释性

Python 是解释执行的，即 Python 程序不需要编译成二进制代码，可以直接从源代码运行程序。在计算机内部，Python 解释器把源代码转换成为中间字节码形式，然后再把它解释为计算机使用的机器语言并执行。

4）免费开源

Python 是免费开放源码的软件。简单地说，你可以自由地转发这个软件、阅读它的源代码、对它做改动、把它的一部分用于新的自由软件中。

5）可移植性

Python 解释器已经被移植在许多平台上，Python 程序无须修改就可以在多个平台上运行。

6）胶水语言

Python 被称为胶水语言，所谓胶水语言是用来连接其他语言编写的软件组件或模块。Python 能够称为胶水语言是因为标准版本 Python 是用 C 语言编译的，称为 CPython。所

以 Python 可以调用 C 语言，借助于 C 语言的接口 Python 几乎可以驱动所有已知的软件。

7）丰富的库

Python 标准库（官方提供的）种类繁多，它可以帮助处理各种工作，这些库不需要安装便可直接使用。除了标准库以外，还有许多其他高质量的库可以使用。

8）规范的代码

Python 采用强制缩进的方式使得代码具有极佳的可读性。

9）支持函数式编程

虽然 Python 并不是一种单纯的函数式编程，但是也提供了函数式编程的支持，如函数类型、Lambda 表达式、高阶函数和匿名函数等。

10）动态类型

Python 是动态类型语言，它不会检查数据类型，在变量声明时不需要指定数据类型。

1.4 Python 语言应用前景

Python 与 Java 语言一样，都是高级语言，它们不能直接访问硬件，也不能编译为本地代码运行。除此之外，Python 几乎可以做任何事情。下面是 Python 语言主要的应用前景。

1）桌面应用开发

Python 语言可以开发传统的桌面应用程序，Tkinter、PyQt、PySide、wxPython 和 PyGTK 等 Python 库可以快速开发桌面应用程序。

2）Web 应用开发

Python 也经常被用于 Web 开发。很多网站是基于 Python Web 开发的，如豆瓣、知乎和 Dropbox 等。很多成熟的 Python Web 框架，如 Django、Flask、Tornado、Bottle 和 web2py 等 Web 框架，可以帮助开发人员快速开发 Web 应用。

3）自动化运维

Python 可以编写服务器运维自动化脚本。很多服务器采用 Linux 和 UNIX 系统，以前很多运维人员编写系统管理 Shell 脚本实现运维工作，而现在使用 Python 编写的系统管理脚本，在可读性、性能、代码可重性、可扩展性等方面优于普通 Shell 脚本。

4）科学计算

Python 语言也广泛地应用于科学计算，NumPy、SciPy 和 Pandas 是优秀的数值计算和科学计算库。

5）数据可视化

Python 语言也可将复杂的数据通过图表展示出来，便于数据分析。Matplotlib 库是优秀的可视化库。

6）网络爬虫

Python 语言很早就用来编写网络爬虫。谷歌等搜索引擎公司大量地使用 Python 语言编写网络爬虫。从技术层面上讲，Python 语言有很多这方面的工具，urllib、Selenium 和 BeautifulSoup 等，还有网络爬虫框架 scrapy。

7）人工智能

人工智能是现在非常火的一个方向。Python 广泛应用于深度学习、机器学习和自然语言处理等方向。由于 Python 语言的动态特点，很多人工智能框架都是采用 Python 语言实现的。

8）大数据

大数据分析中涉及的分布式计算、数据可视化、数据库操作等，Python 中都有成熟库可以完成这些工作。Hadoop 和 Spark 都可以直接使用 Python 编写计算逻辑。

9）游戏开发

Python 可以直接调用 Open GL 实现 3D 绘制，这是高性能游戏引擎的技术基础。所以有很多 Python 语言实现的游戏引擎，如 Pygame、Pyglet 和 Cocos2d 等。

1.5 如何获得帮助

对于一个初学者必须要熟悉如下几个 Python 相关网址：

（1）Python 标准库：https://docs.python.org/3/library/index.html。

（2）Python HOWTO：https://docs.python.org/3/howto/index.html。

（3）Python 教程：https://docs.python.org/3/tutorial/index.html。

（4）PEP 规范[①]：https://www.python.org/dev/peps/。

1.6 同步练习

1. Python 语言有哪些特点？
2. Python 语言有哪些应用前景？

---

① PEP 是 Python Enhancement Proposals 的缩写。PEP 是为 Python 社区提供各种增强功能的技术规格说明书，也是提交新特性令社区指出问题并精确化技术文档的提案。

第2章 搭建开发环境

CHAPTER 2

《论语·魏灵公》曰："工欲善其事，必先利其器。"做好一件事，准备工作非常重要。在开始学习 Python 技术之前，先了解如何搭建 Python 开发环境是非常重要的一件事。

就开发工具而言，Python 官方只提供了一个解释器和交互式运行编程环境，而没有 IDE(Integrated Development Environments，集成开发环境)工具，事实上开发 Python 的第三方 IDE 工具也非常多，这里列举几个 Python 社区推荐使用的工具：

(1) PyCharm。JetBrains 公司开发的 Python IDE 工具。

(2) Eclipse+PyDev 插件。PyDev 插件的下载地址 www.pydev.org。

(3) Visual Studio Code。由微软公司开发，是能够开发多种语言的跨平台 IDE 工具。

这几款工具都有免费版本，可以跨平台(Windows、Linux 和 macOS)。从编程程序代码、调试、版本管理等角度看，PyCharm 和 Eclipse+PyDev 都很强大，但 Eclipse+PyDev 安装有些麻烦，需要自己安装 PyDev 插件。Visual Studio Code 风格类似于 Sublime Text 文本的 IDE 工具，同时又兼顾微软的 IDE 易用性，只要是安装相应的插件它几乎都可以开发。Visual Studio Code 与 PyCharm 相比，内核小，占用内存少，开发 Python 需要安装扩展(插件)，更适合有一定开发经验的人使用。而 PyCharm 只要是下载完成并安装成功就可以使用了，需要的配置工作非常少。

提示 Eclipse 工具虽然是跨平台开发工具，但是它编写源代码文件的字符集默认是平台相关的，即在简体中文的 Windows 平台下默认字符集是 GBK，在 Linux 和 macOS 平台下默认是 UTF-8。这样在简体中文的 Windows 下编写的源代码文件如果有中文字符，当在其他平台打开时，则会产生中文乱码。

综上所述，作者个人推荐使用 PyCharm，但考虑到广大读者不同的喜好，本章会分别介绍这三个工具的安装和配置过程。

提示 本书提供给读者的示例源代码主要都基于 PyCharm 工具编写的项目，因此打开这些代码需要 PyCharm 工具。

2.1 搭建 Python 环境

无论是否使用 IDE 工具，首先应该安装 Python 环境。由于历史的原因，能够提供 Python 环境的产品有多个，具体如下：

(1) CPython。CPython 由 Python 官方提供，一般情况下提到的 Python 就是指

CPython,CPython 是基于 C 语言编写的,它实现的 Python 解释器能够将源代码编译为字节码(Bytecode),类似于 Java 语言,然后再由虚拟机执行,这样当再次执行相同源代码文件时,如果源代码文件没有修改过,那么它会直接解释执行字节码文件,这样会提高程序的运行速度。

(2) PyPy。PyPy 是基于 Python 实现的 Python 环境,速度要比 CPython 快,但兼容性不如 CPython。其官网为 www.pypy.org。

(3) Jython。Jython 是基于 Java 实现的 Python 环境,可以将 Python 代码编译为 Java 字节码,可以在 Java 虚拟机下运行。其官网为 www.jython.org。

(4) IronPython。IronPython 是基于.NET 平台实现的 Python 环境,可以使用.NET Framework 链接库。其官网为 www.ironpython.net。

考虑到兼容性和其他一些性能,本书使用 Python 官方提供的 CPython 作为 Python 开发环境。Python 官方提供的 CPython 有多个不同平台版本(Windows、Linux/UNIX 和 macOS),大部分 Linux、UNIX 和 macOS 操作系统都已经安装了 Python,只是版本有所不同。

提示 考虑到大部分读者使用的还是 Windows 系统,因此本书重点介绍 Windows 平台下 Python 开发环境的搭建。

截至本书编写完成,Python 官方对外发布的最新版是 Python 3.7。但考虑到版本的稳定性,作者推荐 Python 3.6 版本。图 2-1 所示是 Python 3.6 的下载界面,它的下载地址是 https://www.python.org/downloads。其中有 Python 2 和 Python 3 的多种版本可以下

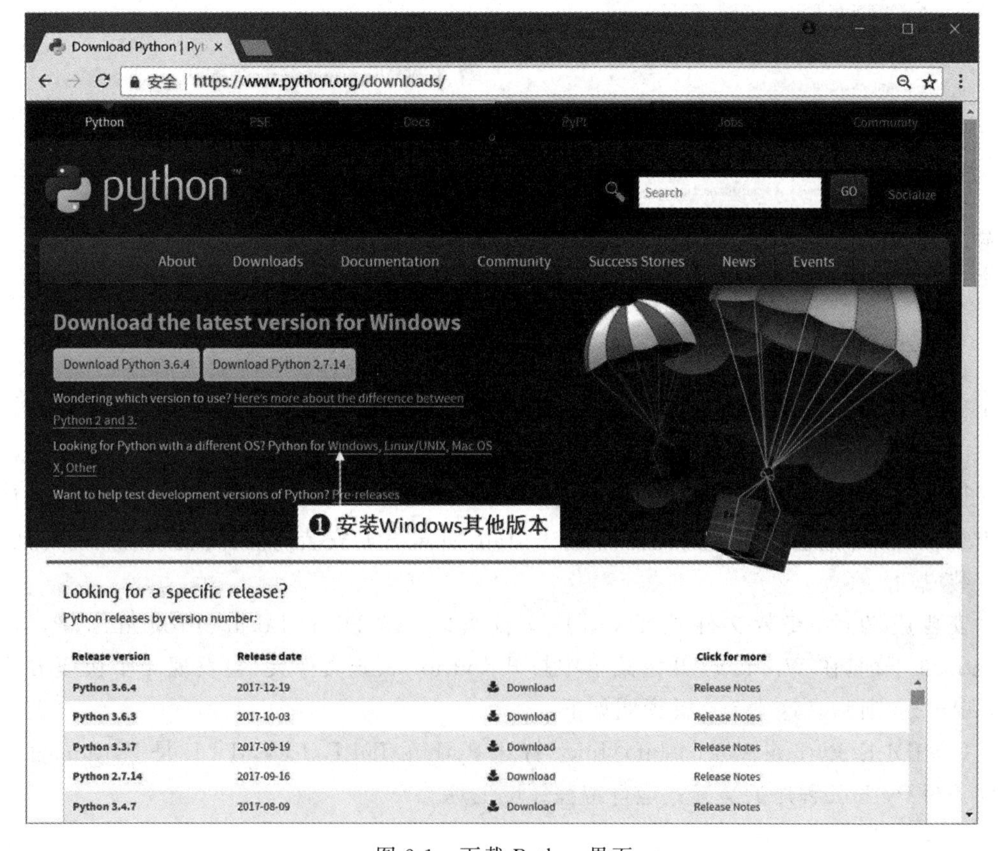

图 2-1 下载 Python 界面

载，另外还可以选择不同的操作系统（Linux、UNIX 和 Mac OS X[①] 和 Windows）。如果在当前界面单击 Download Python 3.6.x 按钮，则会下载 Python 3.6.x 的安装文件。注意这里下载的 Windows 安装文件都是 32 位的，如果想下载 64 位的安装文件，可以单击图 2-1 中①所示的 Windows 超链接，进入如图 2-2 所示界面，在该界面中单击 Windows x86-64 executable installer 超链接，下载 Python Windows 64 位的安装文件。

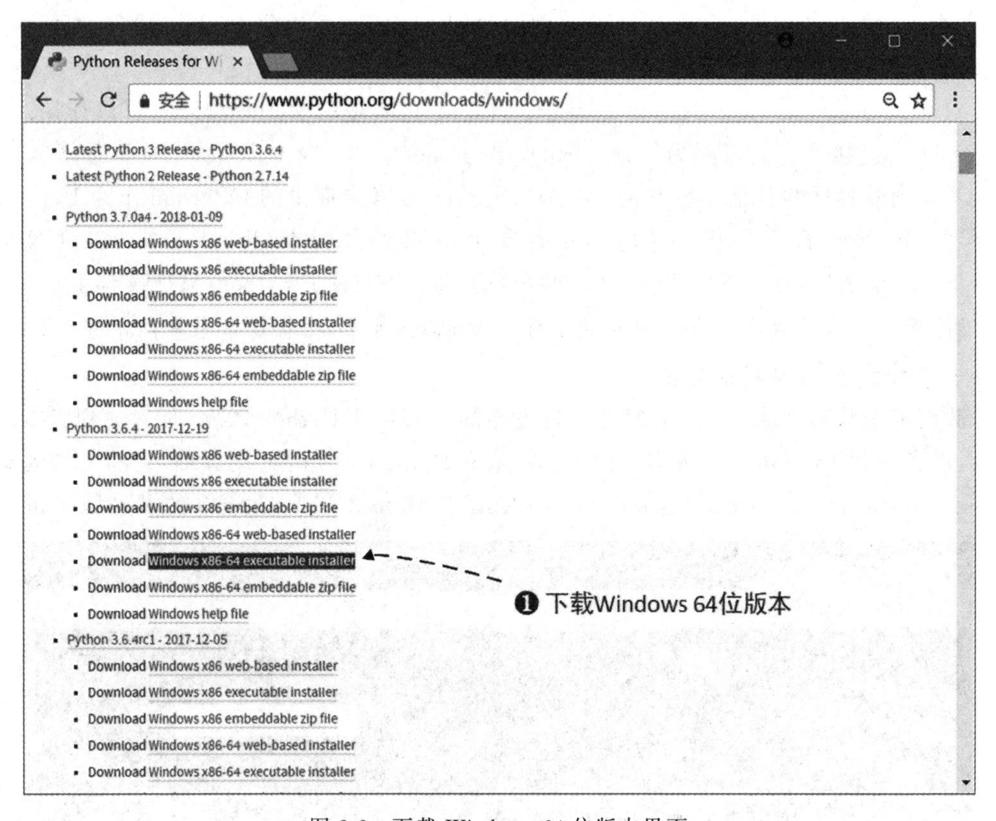

图 2-2 下载 Windows 64 位版本界面

作者下载的是 Windows 64 位 python-3.6.4-amd64.exe。下载完成后就可以安装了，双击该文件开始安装，安装过程中会弹出如图 2-3 所示的内容选择对话框，选中复选框 Add Python 3.6 to PATH 就可以将 Python 的安装路径添加到环境变量 PATH 中，这样就可以在任何文件夹下使用 Python 命令了。选择 Customize installation 可以自定义安装，本例选择 Install Now，这会进行默认安装，单击 Install Now 开始安装，直到安装结束关闭对话框，即安装成功。

安装成功后，安装文件位于<用户文件夹>\AppData\Local\Programs\Python\Python36 下面，在 Windows 开始菜单中打开 Python 3.6 文件夹，会发现 4 个快捷方式文件，如图 2-4 所示。这 4 个文件说明如下：

（1）IDLE(Python 3.6 64-bit).lnk：打开 Python IDLE 工具，IDLE 是 Python 官方提供的编写 Python 程序的交互式运行编程环境工具。

① Mac OS X 是苹果桌面操作系统，基于 UNIX，现在改名为 macOS。

图 2-3　安装内容选择对话框

(2) Python 3.6(64-bit).lnk：打开 Python 解释器。

(3) Python 3.6 Manuals(64-bit).lnk：打开 Python 帮助文档。

(4) Python 3.6 Module Docs(64-bit).lnk：打开 Python 内置模块帮助文档。

图 2-4　4 个快捷方式文件

2.2　PyCharm 开发工具

PyCharm 是 Jetbrains 公司(www.jetbrains.com)研发的开发 Python 的 IDE 开发工具。Jetbrains 是一家捷克公司，它开发的很多工具都好评如潮，图 2-5 所示为 Jetbrains 开发的工具，这些工具可以编写 C/C++、C#、DSL、Go、Groovy、Java、JavaScript、Kotlin、Objective-C、PHP、Python、Ruby、Scala、SQL 和 Swift 语言。

2.2.1　下载和安装

可以在如图 2-5 所示的页面中单击 PyCharm 或通过地址 https://www.jetbrains.com/pycharm/download/，进入如图 2-6 所示下载界面下载和安装 PyCharm 工具。可见 PyCharm 有两个版本：Professional 和 Community。Professional 是收费的，可以免费试用

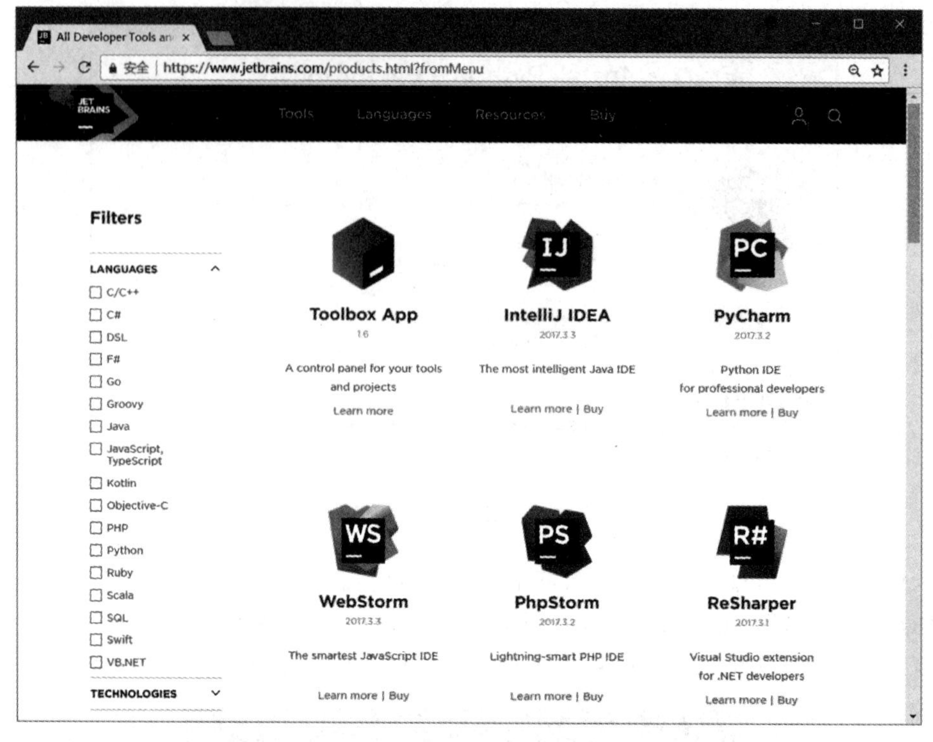

图 2-5　Jetbrains 公司工具

30 天，如果超过 30 天，则需要购买软件许可(License key)。Community 为社区版，它是完全免费的，对于学习 Python 语言的读者，社区版已经足够了。在图 2-6 界面下载 PyCharm 工具，完成之后即可安装。安装过程非常简单，这里不再赘述。

图 2-6　PyCharm 下载界面

2.2.2 设置 Python 解释器

首次启动刚刚安装成功的 PyCharm，需要根据个人喜好进行一些基本的设置，这些设置过程非常简单，这里不再赘述。基本设置完成后进入 PyCharm 欢迎界面，如图 2-7 所示。单击欢迎界面底部的 Configure 按钮，在弹出的菜单中选择 Settings，选择左边 Project Interpreter(解释器)打开解释器配置对话框，如图 2-8 所示。如果右边的 Project Interpreter 没有设置，可以单击下拉按钮选择 Python 解释器(见编号①)。若下拉列表中没有 Python 解释器，可以单击配置按钮添加 Python 解释器(见编号②)。

图 2-7　PyCharm 欢迎界面

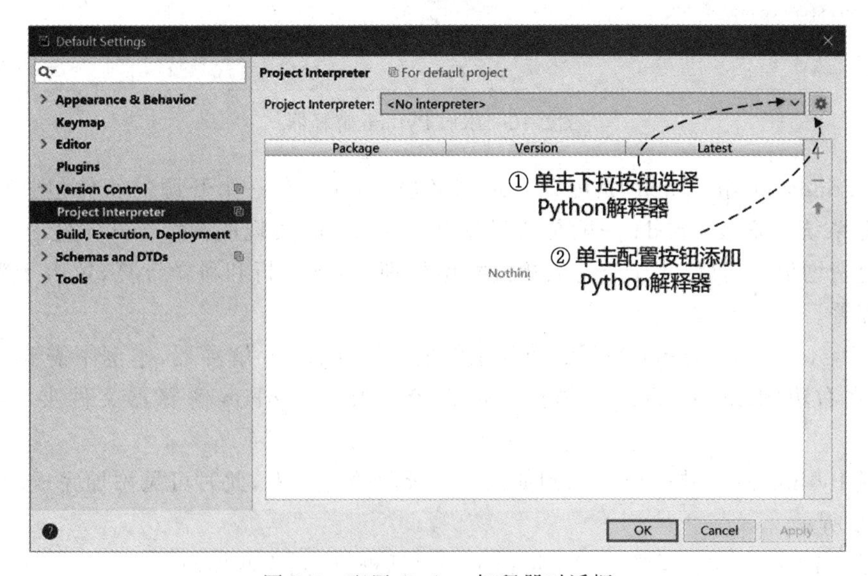

图 2-8　配置 Python 解释器对话框

在图 2-8 中单击配置按钮会弹出一个如图 2-9 所示的菜单，单击 Show All 菜单可以显示所有可用的 Python 解释器；如果没有则可以单击 Add Local 菜单添加 Python 解释器，弹出如图 2-10 所示的对话框，其中有三个 Python 解释器虚拟环境：

图 2-9 配置 Python 解释器菜单

(1) Virtualenv Environment 是 Python 解释器虚拟环境，当有多个不同的 Python 版本需要切换时，可以使用该选项。

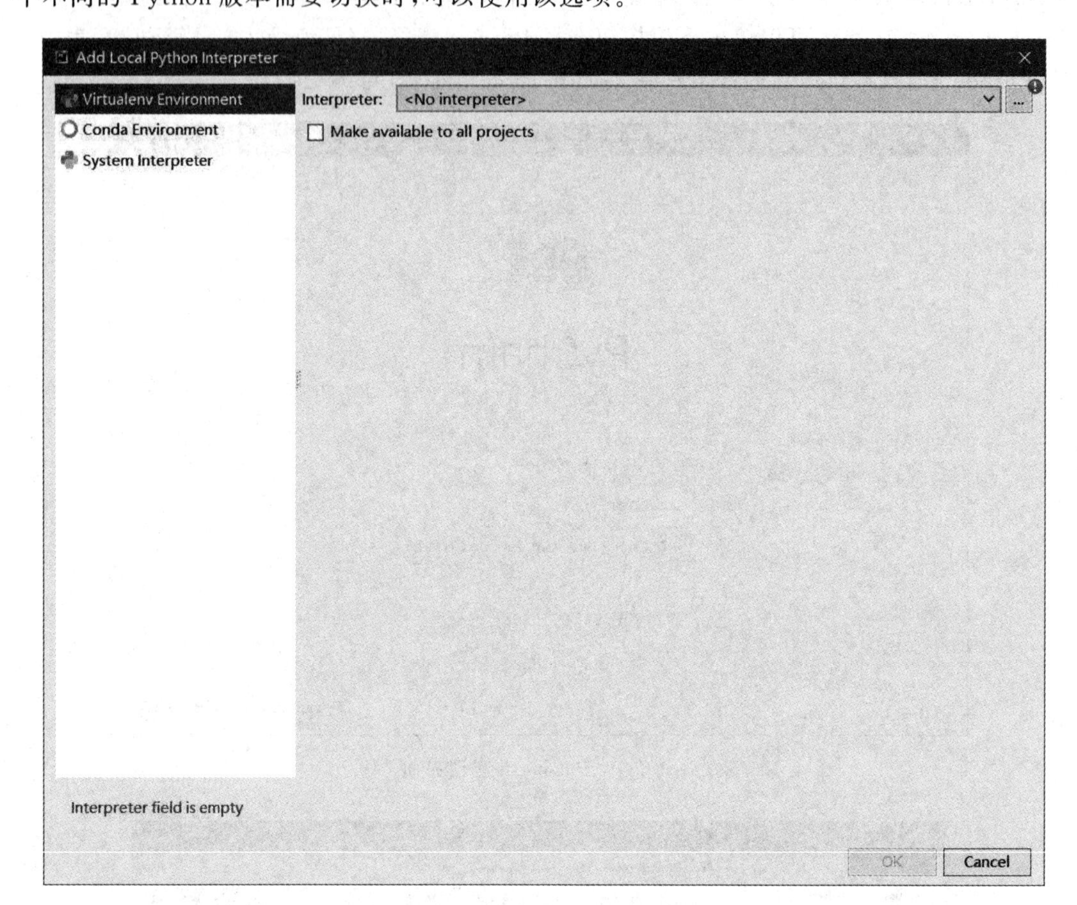

图 2-10 添加 Python 解释器

(2) Conda Environment 是配置 Conda 环境，Conda 是一个开源的软件包管理系统和环境管理系统。安装 Conda 一般是通过安装 Anaconda 实现的，Anaconda 是一个 Python 语言的免费增值发行版，用于进行大规模数据处理、预测分析和科学计算，致力于简化包的管理和部署。

(3) System Interpreter 是配置当前系统安装的 Python 解释器，本例中需要选中该选项，然后在右边的 Interpreter 中选择当前系统安装的 Python 解释器文件夹，如图 2-11 所示。

选择 Python 解释器完成后回到如图 2-8 所示的对话框，此时可见添加完成的解释器，如图 2-12 所示。

在图 2-12 所示对话框单击 OK 按钮关闭对话框，回到欢迎界面。

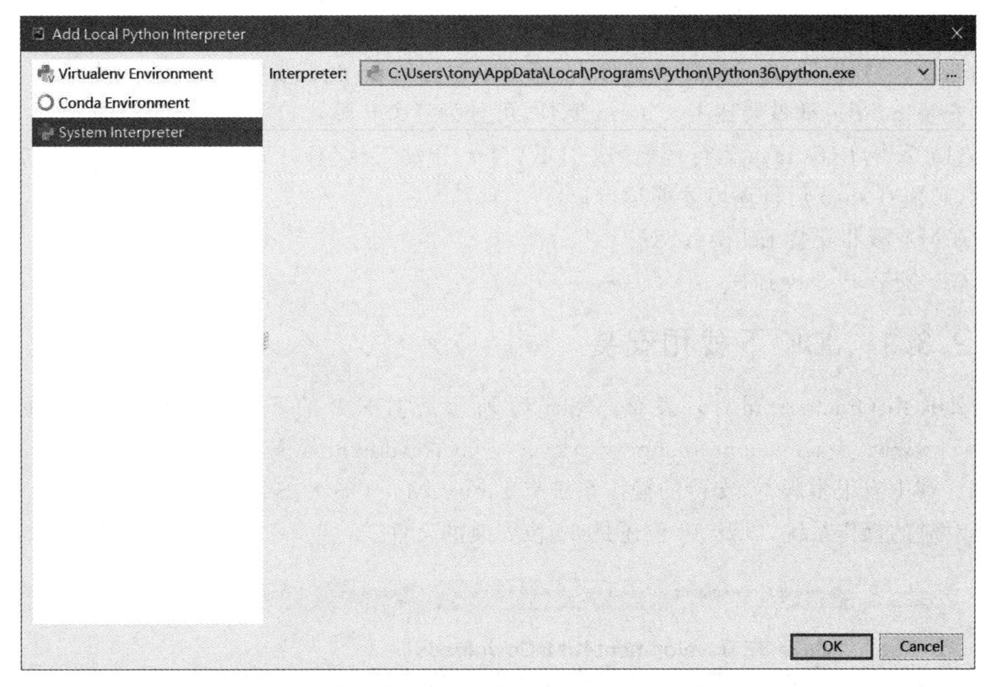

图 2-11　添加系统解释器

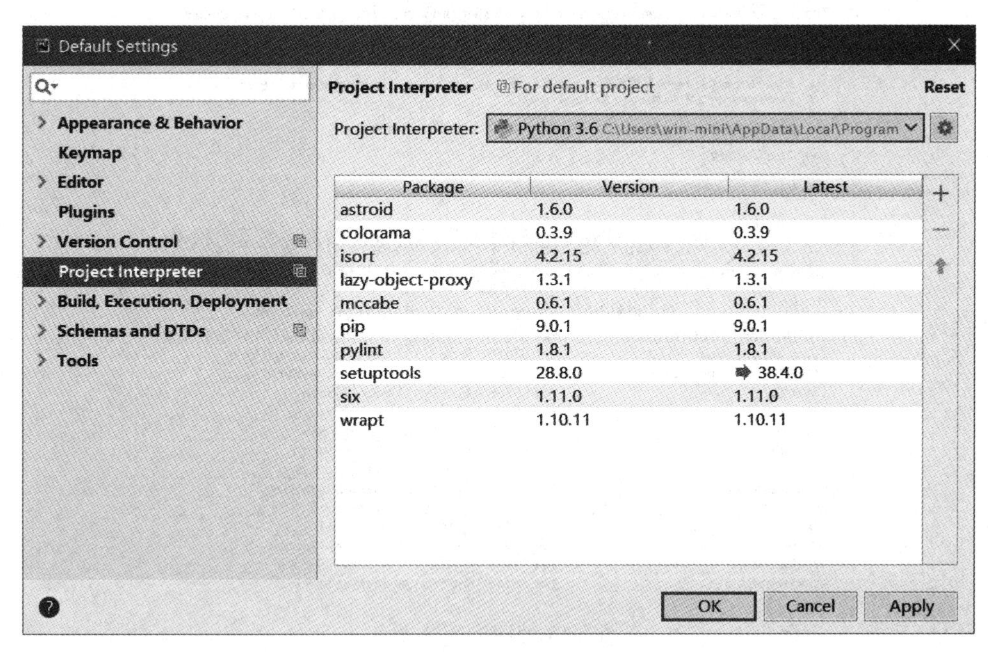

图 2-12　添加完成的解释器

2.3　Eclipse＋PyDev 开发工具

Eclipse 是著名的跨平台 IDE 工具，最初 Eclipse 是 IBM 支持开发的免费 Java 开发工具，2001 年 11 月贡献给开源社区，现在它由非营利软件供应商联盟 Eclipse 基金会管理。

Eclipse本身也是一个框架平台，它有着丰富的插件，例如C++、Python、PHP等开发其他语言的插件。另外，Eclipse是绿色软件，不需要填写注册表，卸载非常方便。

安装Eclipse插件要比PyCharm麻烦，可分为三个步骤：

(1) 安装JRE(Java运行环境)或JDK(Java开发工具包)，Eclipse是基于Java的开发工具，必须有Java运行环境才能运行；

(2) 下载和安装Eclipse；

(3) 安装PyDev插件。

2.3.1 JDK下载和安装

JDK由Oracle公司对外发布。图2-13所示是JDK 8的下载界面，它的下载地址是http://www.oracle.com/technetwork/java/javase/downloads/jdk8-downloads-2133151.html。其中有很多版本，支持的操作系统有Linux、Mac OS X、Solaris[①]和Windows。注意选择对应的操作系统，以及32位还是64位安装的文件。

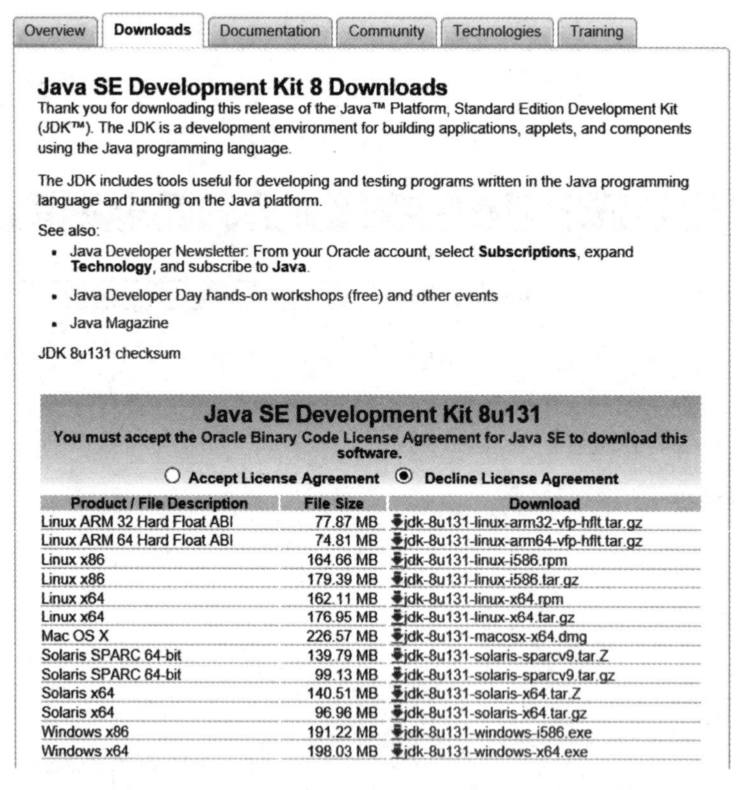

图2-13 JDK8下载界面

如果电脑是Windows 10 64位系统，则首先选中Accept License Agreement(同意许可协议)，然后单击jdk-8u131-windows-x64.exe下载JDK文件。

下载完成后就可以安装了，双击jdk-8u131-windows-x64.exe开始安装，安装过程中会

① 原Sun公司的UNIX操作系统，现在被Oracle公司收购。

弹出如图 2-14 所示的内容选择对话框，其中“开发工具”是 JDK 内容；“源代码”是安装 Java SE 源代码文件，如果安装源代码，安装完成后出现的如图 2-15 所示的 src.zip 文件就是源代码文件；公共 JRE 就是 Java 运行环境，这里可以不安装，因为 JDK 文件夹中也会有一个 JRE 文件夹（见图 2-15 所示的 jre 文件夹）。

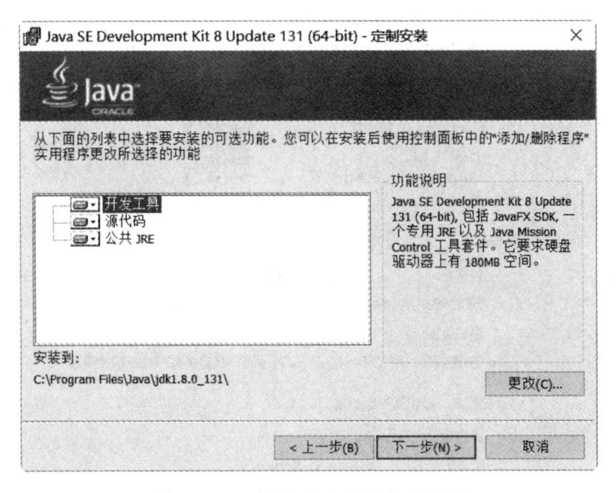

图 2-14　安装内容选择对话框

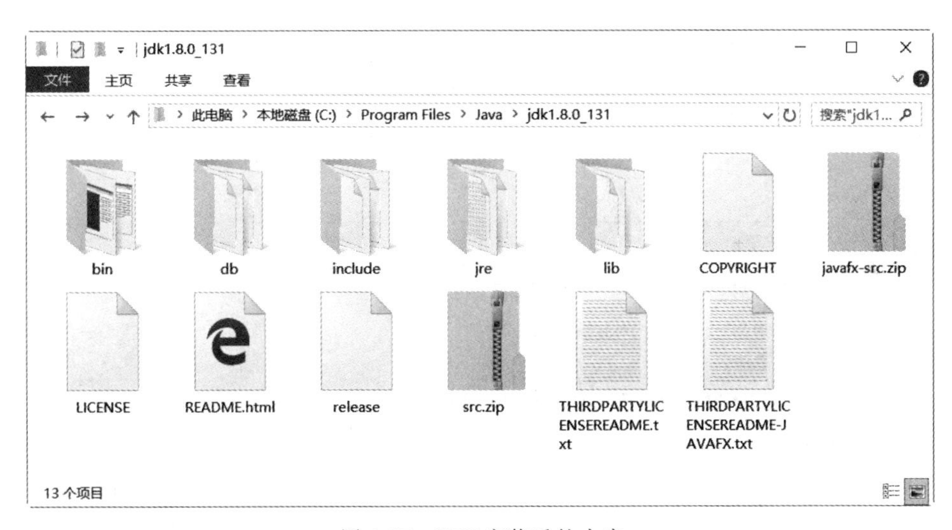

图 2-15　JDK 安装后的内容

2.3.2　设置环境变量

完成 JDK 的下载和安装后，还需要设置环境变量，主要包括：

(1) JAVA_HOME 环境变量，指向 JDK 目录，很多 Java 工具运行都需要 JAVA_HOME 环境变量，所以作者推荐添加这个变量。

(2) 将 JDK\bin 目录添加到 Path 环境变量中，这样在任何路径下都可以执行 JDK 提供的工具指令。

首先需要打开 Windows 系统环境变量设置对话框，打开该对话框有很多方式。如果是 Windows 10 系统，则打开步骤是：右击屏幕左下角的 Windows 图标■，单击“系统”菜单，然后弹出如图 2-16 所示的 Windows 系统对话框，单击左边的“高级系统设置”超链接，打开如图 2-17 所示的高级系统设置对话框。

图 2-16 Windows 系统对话框

图 2-17 高级系统设置对话框

在如图 2-17 所示的高级系统设置对话框中，单击“环境变量”按钮打开环境变量设置对话框，如图 2-18 所示，可以在用户变量（上半部分，只配置当前用户）或系统变量（下半部分，配置所有用户）添加环境变量。一般情况下，在用户变量中设置环境变量。

图 2-18　环境变量设置对话框

在用户变量部分单击“新建”按钮，系统弹出如图 2-19 所示的对话框。将“变量名”设置为 JAVA_HOME，“变量值”设置为 JDK 安装路径。最后单击“确定”按钮完成设置。

新建用户变量
变量名(N):　JAVA_HOME
变量值(V):　C:\Program Files\Java\jdk1.8.0_131
浏览目录(D)...　浏览文件(F)...　确定　取消

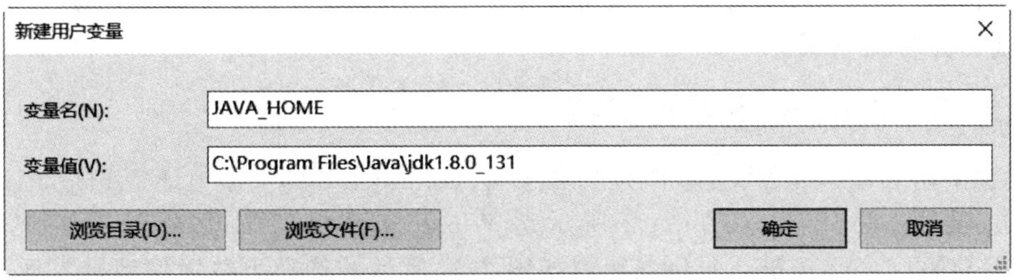

图 2-19　设置 JAVA_HOME 界面

然后追加 Path 环境变量，在用户变量中找到 Path，双击 Path 弹出如图 2-20 所示的 Path 变量对话框，在变量值后面追加%JAVA_HOME%\bin。注意多个变量路径之间用“;”（分号）分隔。然后单击“确定”按钮完成设置。

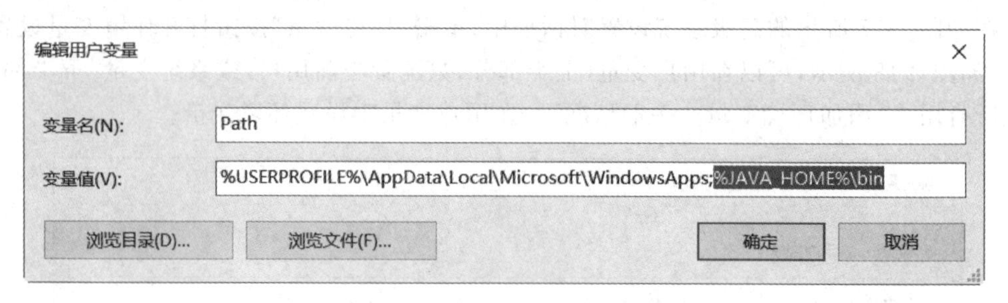

图 2-20　添加 Path 变量对话框

最后需要测试环境设置是否成功。可以通过在命令提示行中输入 javac 指令测试是否能找到该指令，若如图 2-21 所示，则说明环境设置成功。

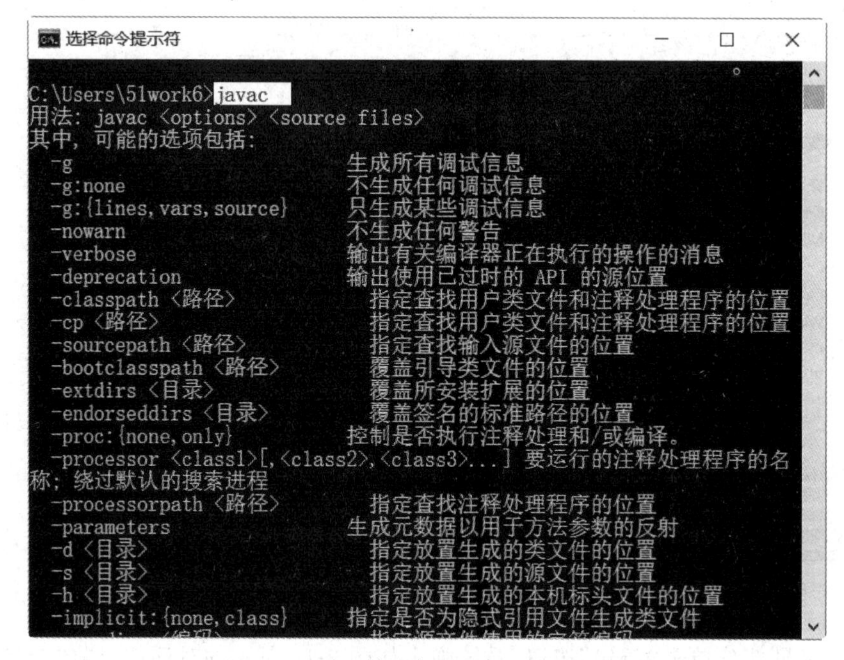

图 2-21　通过命令提示行测试环境变量

提示　打开命令行工具也可以通过右击屏幕左下角的 Windows 图标，然后单击“命令提示符”菜单实现。

2.3.3　Eclipse 下载和安装

本书采用 Eclipse 4.6[①] 版本作为 IDE 工具，Eclipse 4.6 的下载地址是 http://www.eclipse.org/downloads/。如图 2-22 所示是 Windows 系统的 Eclipse 下载界面，单击 DOWNLOAD 64 bit 按钮界面会跳转到如图 2-23 所示的选择下载镜像地址界面，单击 Select Another Mirror 按钮可以改变下载镜像地址，然后单击 DOWNLOAD 按钮开始下载。

① Eclipse 4.6 开发代号是 Neon(氖气)，Eclipse 开发代号的首字母是按照字母顺序排列的。Eclipse 4.7 开发代号是 Oxygen(氧气)。

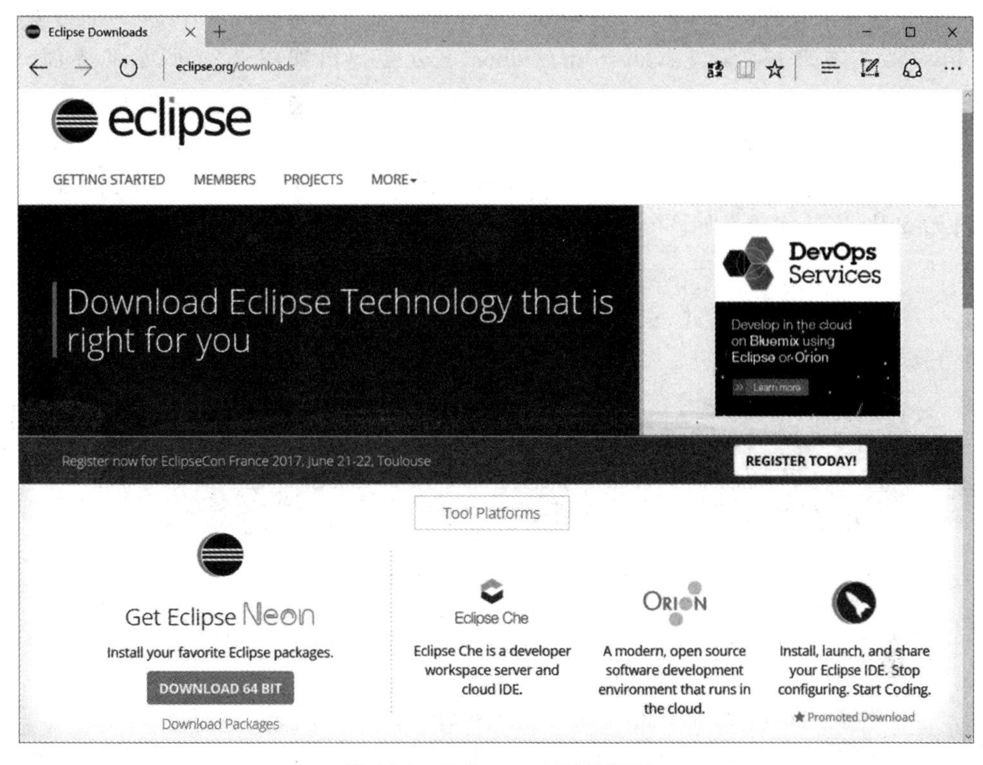

图 2-22 Eclipse 4.6 下载界面

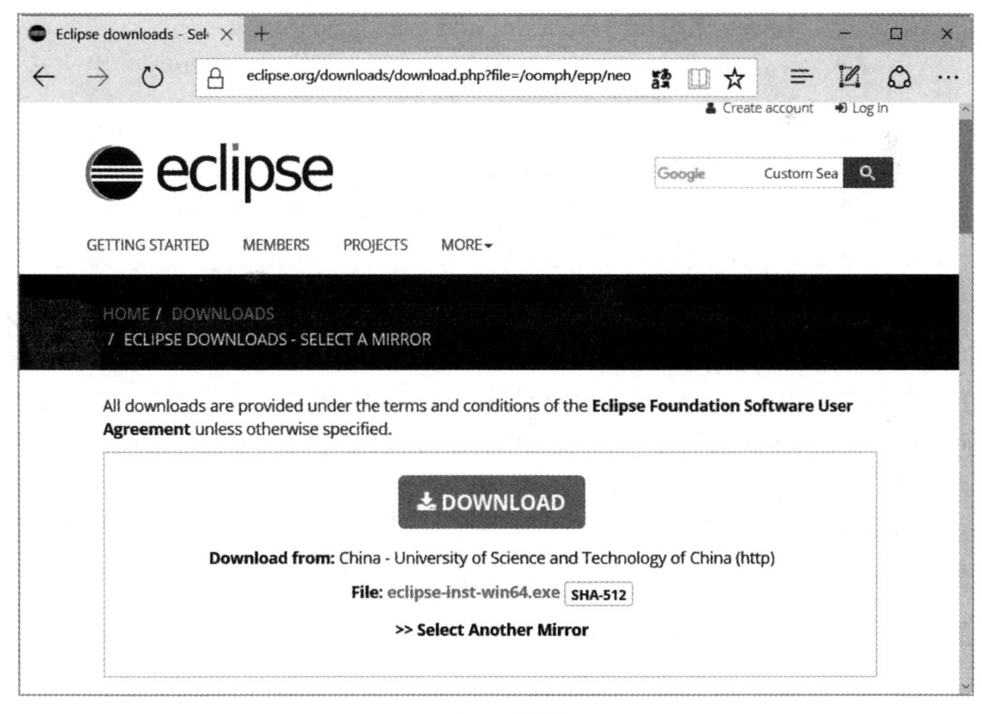

图 2-23 选择下载镜像地址界面

下载完成后的文件是 eclipse-inst-win64. exe，事实上 eclipse-inst-win64. exe 可安装各种 Eclipse 版本客户端，双击 eclipse-inst-win64. exe 会弹出如图 2-24 所示的界面，选择 Eclipse IDE for Java Developers 进入如图 2-25 所示的界面，在该界面中选择 Installation Folder 可以改变安装文件夹的位置，选择 create start menu entry 可以添加快捷方式到开始菜单，选择 create desktop shortcut 可以在桌面创建快捷方式，设置完成后单击 INSTALL 按钮开始安装，安装完成后如图 2-26 所示，单击 LAUNCH 按钮启动 Eclipse。

图 2-24　安装各种 Eclipse 版本客户端

在 Eclipse 启动过程中，会弹出如图 2-27 所示的选择工作空间(workspace)对话框，工作空间是用来保存工程的文件夹。默认情况下每次 Eclipse 启动时都需要选择工作空间，如果觉得每次启动时都选择工作空间比较麻烦，可以选中 Use this as the default and to not ask again 选项，设置工作空间的默认文件夹。初次启动 Eclipse 成功后，会进入如图 2-28 所示的欢迎界面。

2.3.4　安装 PyDev 插件

PyDev 插件的网站是 http://www. pydev. org，可以直接在网站上下载插件。在 Eclipse 工具中可以在线安装插件。

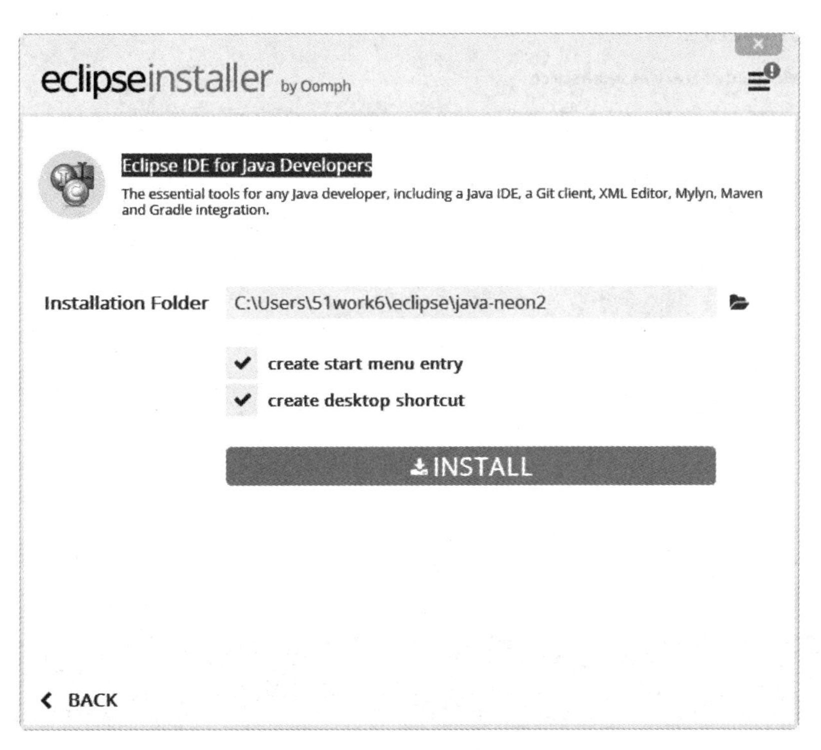

图 2-25　Eclipse 安装界面

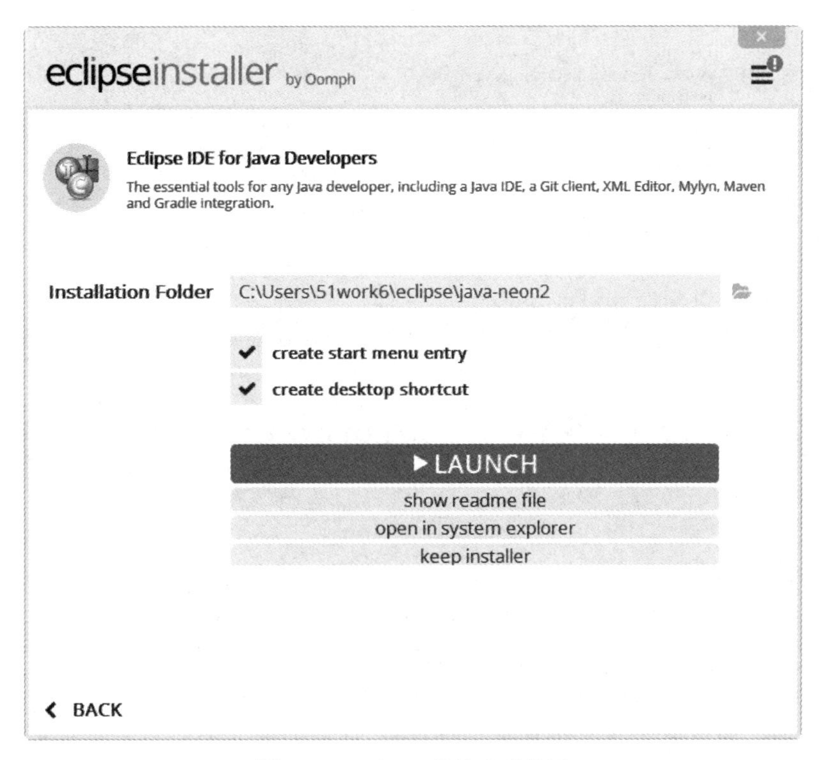

图 2-26　Eclipse 安装完成界面

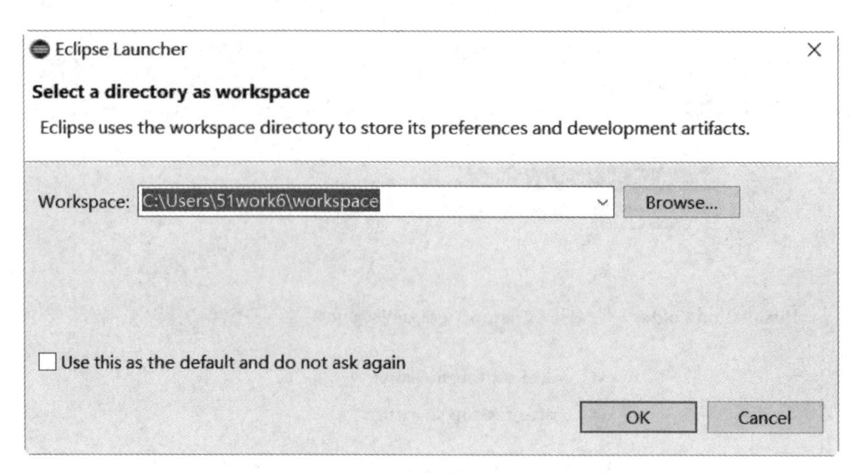

图 2-27　选择工作空间对话框

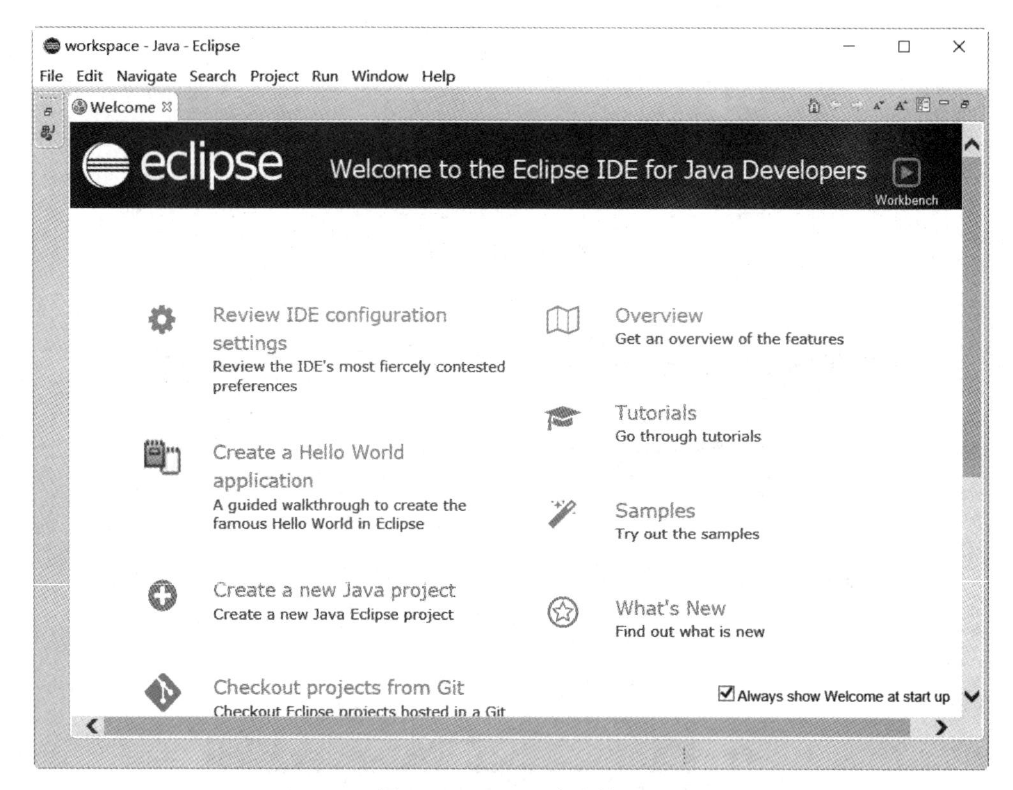

图 2-28　Eclipse 欢迎界面

安装插件过程如下，首先启动 Eclipse，选择菜单 Help→Install New Software，弹出如图 2-29 所示的对话框。单击 Add 按钮弹出如图 2-30 所示对话框，在 Location 中输入插件在线安装地址 http://pydev.org/updates，如图 2-31 所示。

确定输入内容后单击 OK 按钮关闭对话框，Eclipse 通过刚刚输入的网址查找插件，如果能够找到插件，则出现如图 2-32 所示的对话框，从中选择 PyDev 插件复选框。选择完成后单击 Next 按钮进行安装，安装过程需要从网上下载插件，这个过程需要等待一段时间。安装插件后需重新启动 Eclipse 才能生效。

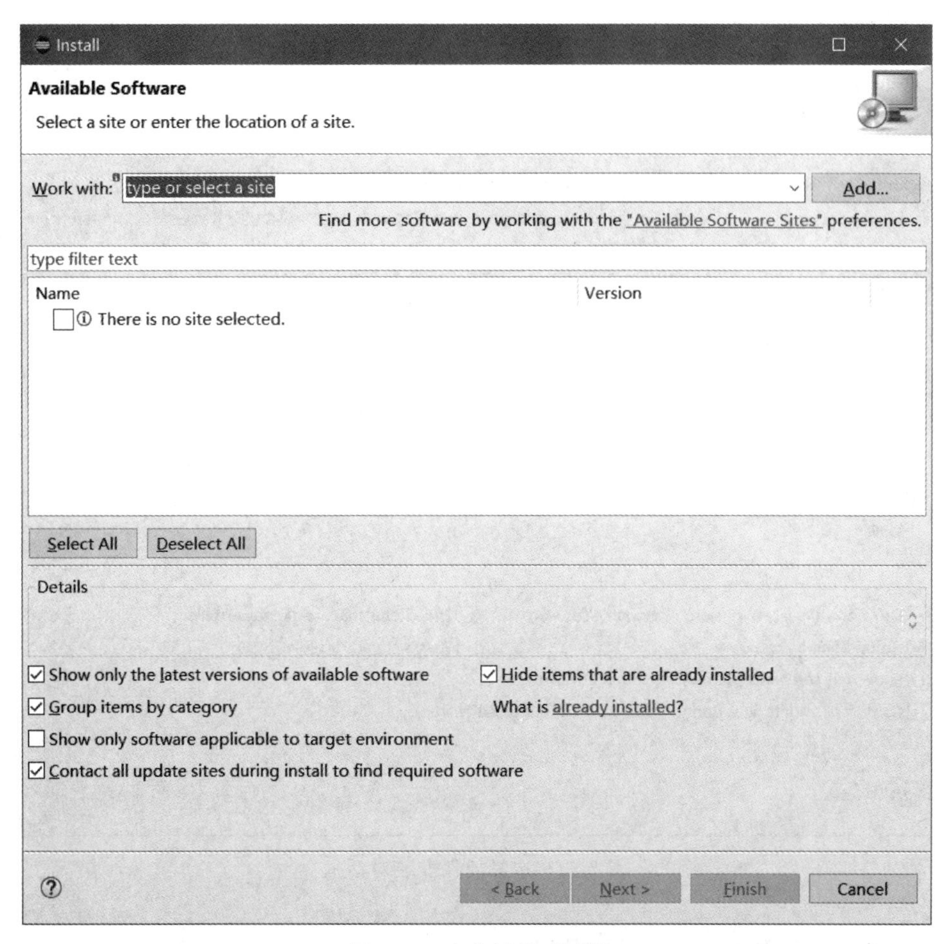

图 2-29　安装插件对话框

图 2-30　插件地址输入对话框

图 2-31　输入插件地址后的对话框

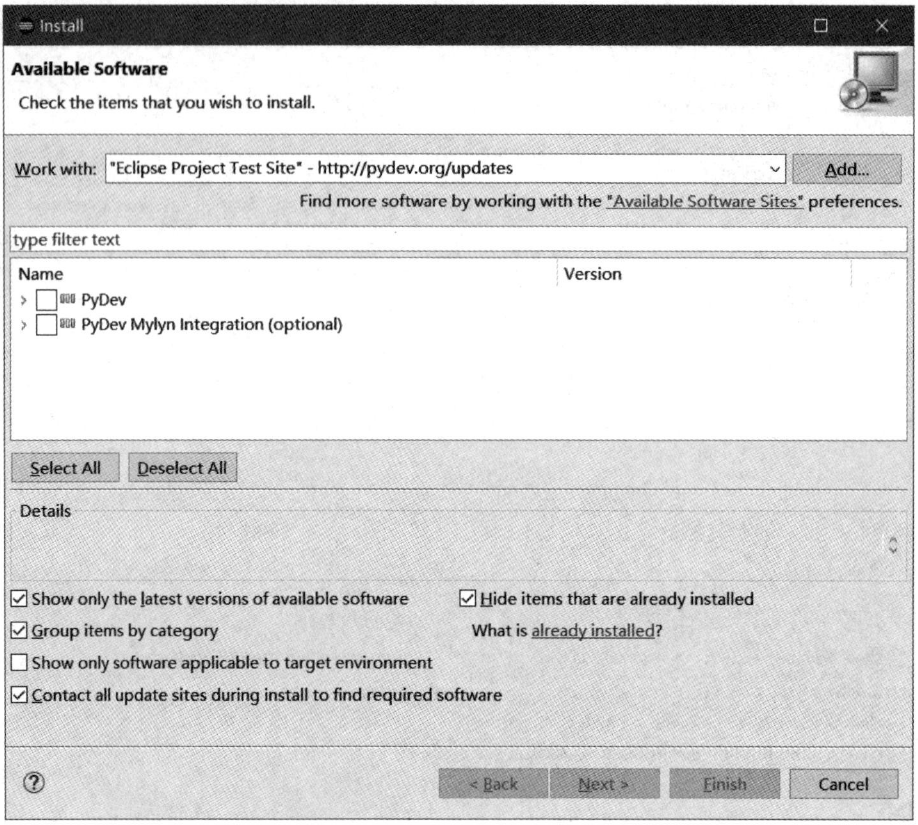

图 2-32　选择插件安装对话框

2.3.5　设置 Python 解释器

PyDev 插件按钮安装成功后，也需要设置 Python 解释器。具体步骤为，打开 Eclipse，选择菜单 Window→Preferences，弹出设置对话框，选择 PyDev→Interpreters→Python Interpreter，如图 2-33 所示。如果系统安装好了 Python 解释器，可以单击右边窗口的 Quick Auto-Config 按钮，如果能够成功找到 Python 解释器，可见如图 2-34 所示的对话框。但是如果找不到合适的 Python 解释器，则可以单击 New 按钮自己手动指定 Python 解释器的安装文件夹。

2.3.6　设置 UTF-8 编码

在 Windows 下使用 Eclipse 还有一个麻烦的问题，在本章的开始提到过，Eclipse 在 Windows 平台下的默认字符集是 GBK，如果在 Windows 平台下用 Eclipse 编写 Python 程序代码，若代码中有中文则无法解释运行，会出现如下错误。如果在其他平台打开该代码文件则会出现中文乱码问题。

```
File "XXX.py", line 2
SyntaxError: Non-UTF-8 code starting with '\xc4' in file XXX.py on line 3, but no encoding
declared; see http://python.org/dev/peps/pep-0263/ for details
```

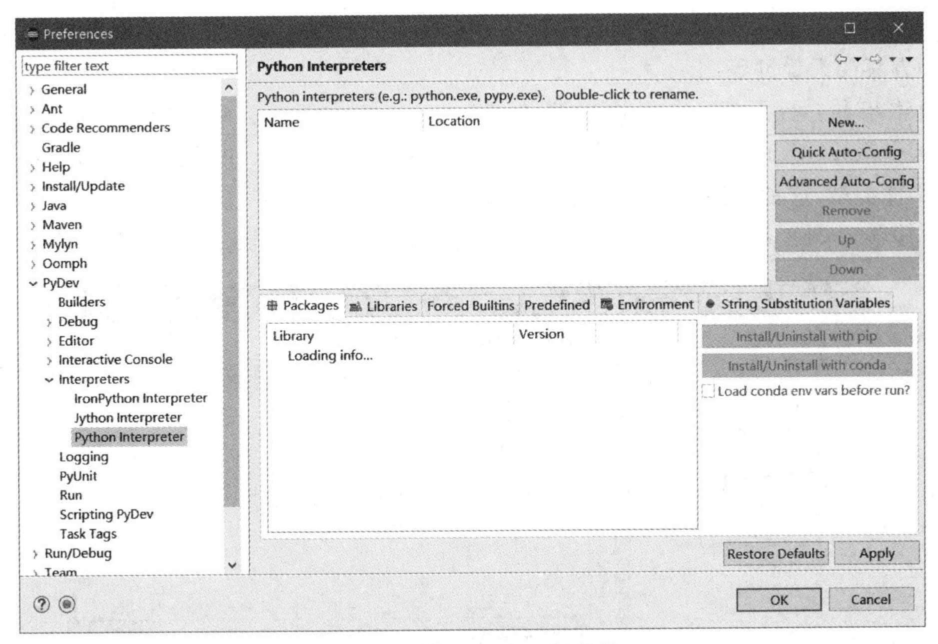

图 2-33　设置 Python 解释器

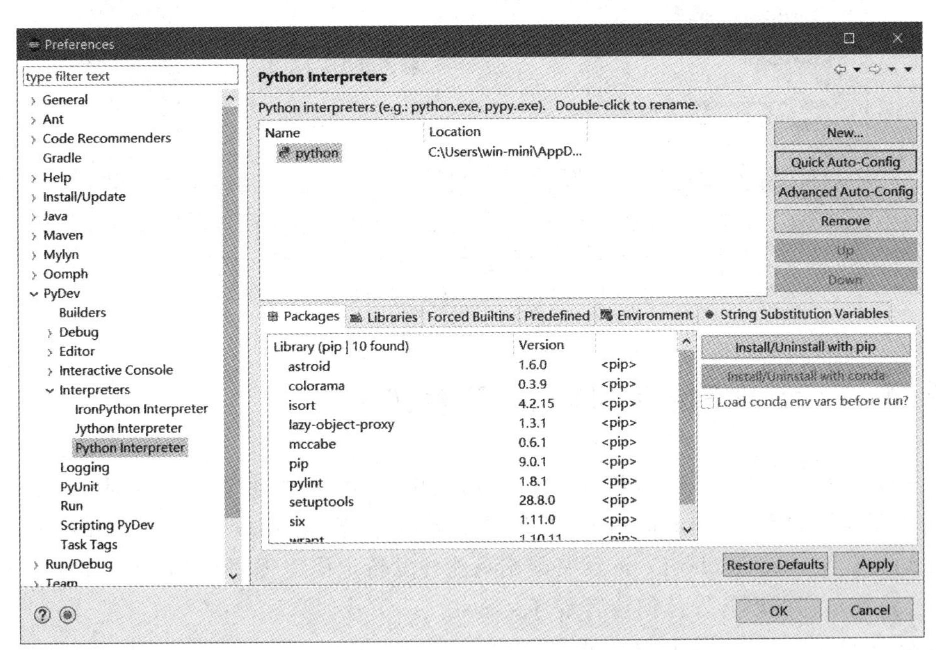

图 2-34　设置完成 Python 解释器

解决上述问题有两种方案：

(1) 在代码文件的开头添加如下代码指令，告诉解释器采用 GBK 编码进行解释。

```
# -*- coding:gbk -*-
```

或

```
# coding = gbk
```

(2) 设置 Eclipse 编辑文本文件的默认字符集为 UTF-8。这种方案不涉及代码,本节介绍这种方案的设置过程。

具体步骤: 打开 Eclipse,选择菜单 Window→Preferences,弹出设置对话框,选择 General→Content Types,打开右边的 Content Types 设置窗口,如图 2-35 所示。首先选择 Text 文件类型,这种文件类型包含了所有的文本文件,然后在窗口底部的 Default encoding 文本框中输入 utf-8(或 UTF-8)设置字符集,然后单击后面的 Update 按钮设置字符集。

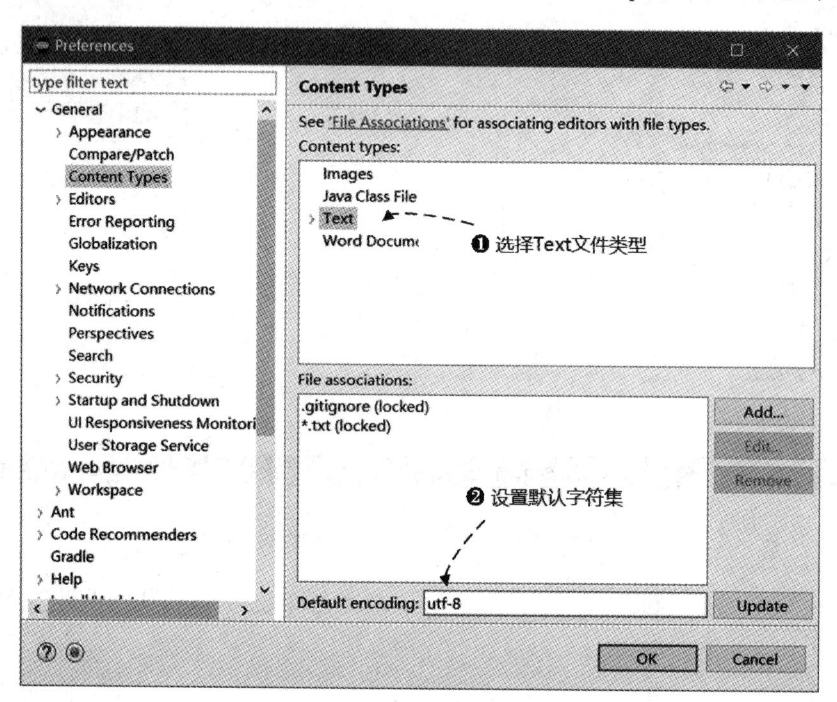

图 2-35 设置文本文件字符集

2.4 Visual Studio Code 开发工具

Visual Studio Code 是由微软公司开发的 IDE 工具,与微软的其他的 IDE,如 Visual Studio 工具不同,Visual Studio Code 是跨平台的,可以安装在 Windows、Linux 和 macOS 平台上运行。Visual Studio Code 没有限定只能开发特定语言程序,事实上只要安装了合适的扩展(插件),它可以开发任何语言程序。

Visual Studio Code 的下载地址是 https://code.visualstudio.com/,打开下载界面如图 2-36 所示,单击 Download for Windows 按钮可以下载 Windows 的 Visual Studio Code 工具,如果下载其他平台工具可以单击 Download for Windows 按钮后面的下拉按钮,在下拉框中选择不同平台的安装文件,如图 2-37 所示。

下载 Visual Studio Code 安装文件成功后,就可以安装了,安装过程非常简单,这里不再赘述。安装完成后启动 Visual Studio Code,欢迎界面如图 2-38 所示。刚刚安装成功的 Visual Studio Code 是没有 Python 扩展的,可以在欢迎界面中安装 Python 扩展,在如图 2-38 中编号①位置处单击 Python 超链接,即可安装 Python 扩展。

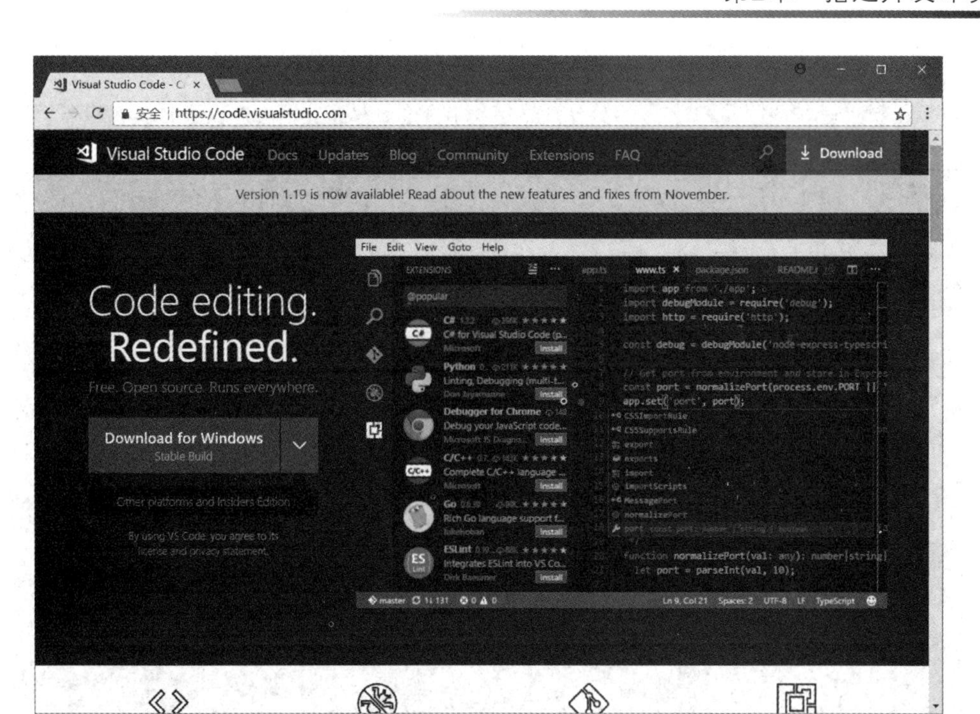

图 2-36 Visual Studio Code 下载界面

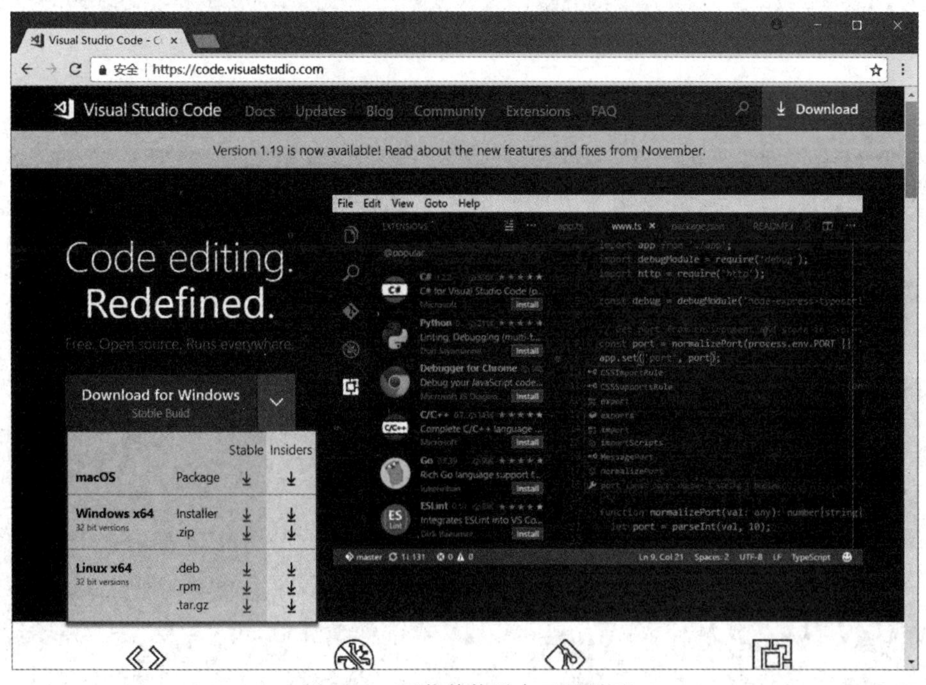

图 2-37 下载其他平台工具界面

另外，也可以通过单击如图 2-38 中编号②处的扩展按钮，打开如图 2-39 所示的扩展窗口，在扩展窗口文本框中输入 python 关键字，如图 2-39 中编号①所示，这是在扩展商店搜索 Python 相关的扩展，当找到合适的扩展，就可以安装了，如图 2-39 中编号②所示。本例中选择 Python 0.9.1 进行安装，这是 Python 的调试工具。

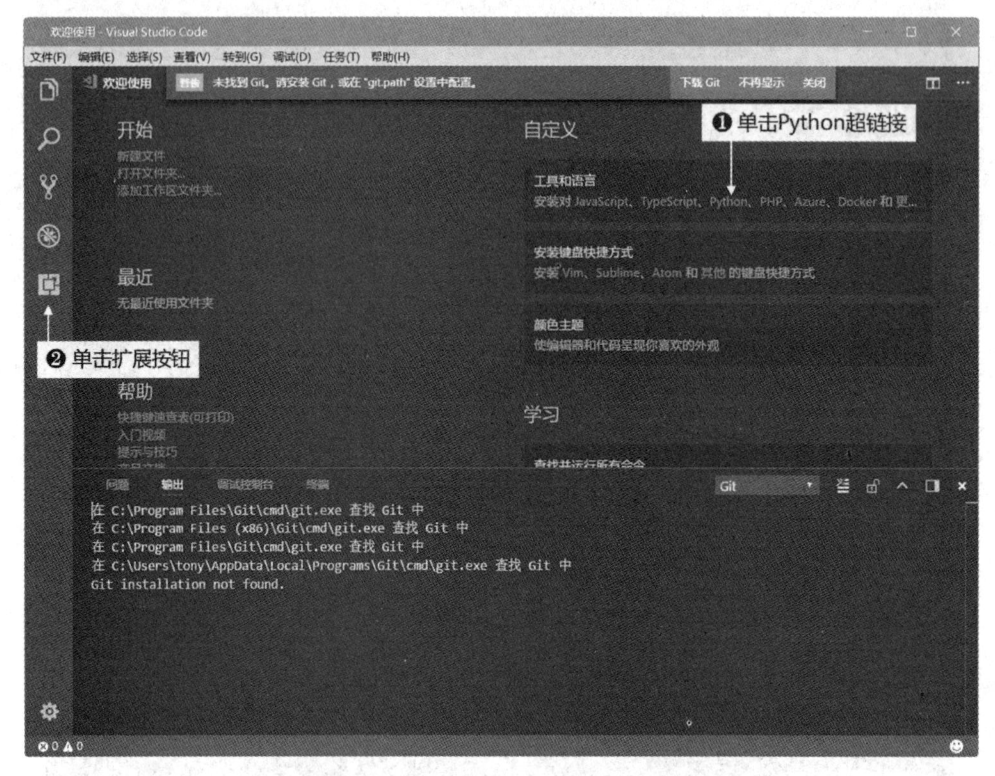

图 2-38 Visual Studio Code 欢迎界面

图 2-39 安装扩展

安装完成之后可以通过“文件”→“新建文件”，然后保存文件为 xxx.py，这样 Visual Studio Code 工具便可识别出这是一个 Python 源代码文件，此时 Visual Studio Code 提示 PyLint 没有安装，PyLint 是用来检查 Python 代码中的错误的工具，如图 2-40 所示，单击 Install pylint 进行安装。

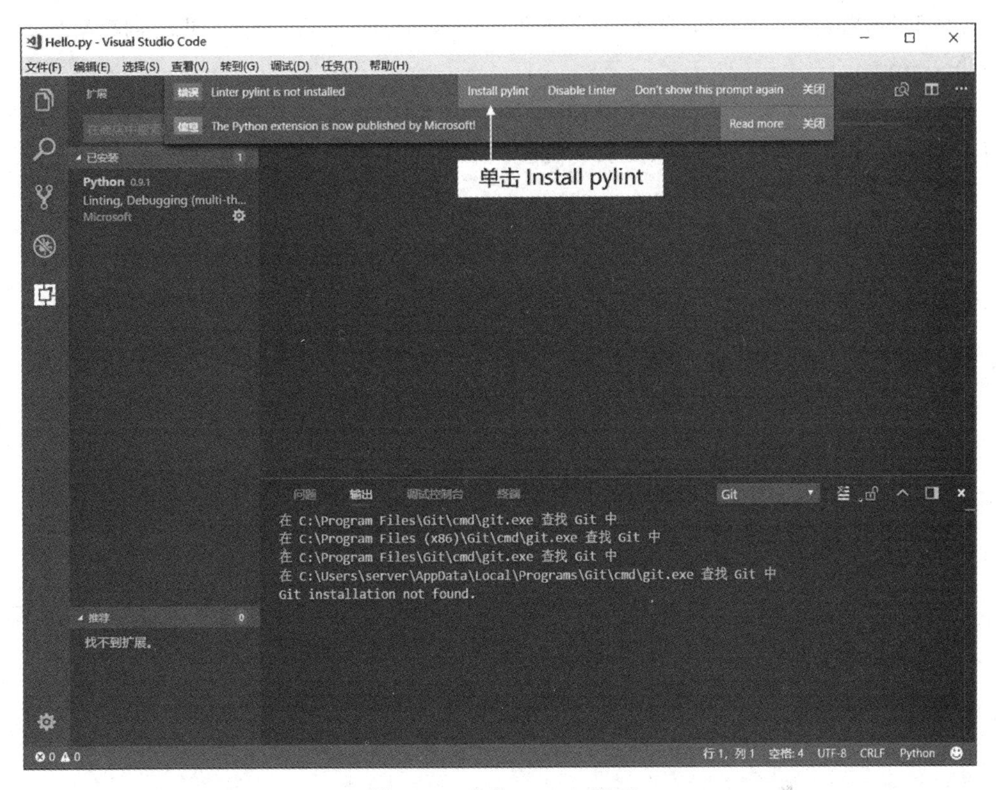

图 2-40　安装 PyLint 界面

2.5　文本编辑工具

也有一些读者喜欢使用单纯的文本编辑工具编写 Python 源程序代码，然后再使用 Python 解释器运行。这种方式客观上可以帮助初学者记住 Python 的一些关键字，以及常用的函数和类，但是这种方式用于实际项目开发时，效率是很低的。为了满足不同人的喜好，本节还是为读者推荐一些开发 Python 的文本编辑工具。

考虑跨平台开发可以使用的文本编辑工具：

(1) Sublime Text。近年来发展和壮大的文本编辑工具，所有的设置都没有图形界面，在 JSON 格式[①]的文件中进行的，初学者入门比较难，官网为 www.sublimetext.com。

(2) UltraEdit。历史悠久的强大文本编辑工具，可支持文本列模式等很多有用的功能，官网为 www.ultraedit.com。

---

① JSON(JavaScript Object Notation，JS 对象标记)是一种轻量级的数据交换格式，采用键值对形式，如{"firstName"："John"}。

如果只考虑 Windows 平台开发，可以选择的文本编辑工具就很多了，常用如下：

(1) Notepad＋＋。Notepad＋＋本意是 Windows 平台 Notepad(记事本)的升级，但其功能非常强大，能够很好地支持中文等多种语言，内置支持多达 27 种语言的语法高亮度显示。更重要的是它是免费的。官网为 www.notepad-plus-plus.org。

(2) EditPlus。历史悠久的强大付费文本编辑工具，小巧、轻便、灵活，官网为 www.editplus.com。

这些工具的下载和安装都很简单，并且都支持 Python 语言的高亮显示，不需要任何配置工作，因此每一种软件的下载、安装和配置过程本节不再赘述。

2.6 本章小结

通过对本章的学习，读者可以掌握 Python 环境的搭建过程，熟悉 Python 开发的几个 IDE 工具的下载、安装和配置过程。

2.7 同步练习

1. 请在 Windows 平台配置 PyCharm 工具，使其能够开发 Python 程序。
2. 请在 Windows 平台配置 Eclipse 开发工具，使其能够开发 Python 程序。
3. 请在 Windows 平台配置 Visual Studio Code 开发工具，使其能够开发 Python 程序。

第3章

CHAPTER 3

第一个 Python 程序

本章以 HelloWorld 作为切入点，介绍如何编写和运行 Python 程序代码。

运行 Python 程序主要有两种方式：①交互式方式运行；②文件方式运行。本章介绍用这两种运行方式实现 HelloWorld 程序。

3.1 使用 Python Shell 实现

Python Shell 可以通过交互式方式来编写和运行 Python 程序。启动 Python Shell 有如下三种方式。

(1) 单击 Python 开始菜单中 Python 3.6 (64-bit).lnk 快捷方式文件启动，启动 Python Shell 界面如图 3-1 所示。

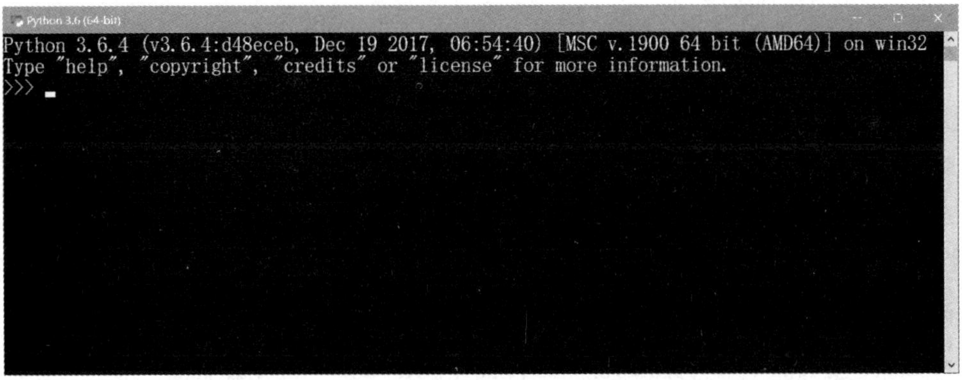

```
Python 3.6.4 (v3.6.4:d48eceb, Dec 19 2017, 06:54:40) [MSC v.1900 64 bit (AMD64)] on win32
Type "help", "copyright", "credits" or "license" for more information.
>>>
```

图 3-1 快捷方式文件启动 Python Shell

(2) 进入 Python Shell 还可以在 Windows 命令提示符(即 DOS)中使用 python 命令启动，启动命令不区分大小写，也没有任何参数，启动后的界面如图 3-2 所示。

提示 Windows 命令提示符在 Linux、UNIX 和 macOS 称为终端(Terminal)，在 Linux、UNIX 和 macOS 平台终端中 python 命令必须是小写的。在预先安装了 Python 2 和 Python 3 两个版本的 Linux、UNIX 和 macOS 系统，默认 python 命令启动 Python 2 解释器，启动 Python 3 解释器的命令是 python3。

(3) 通过 Python IDLE 启动 Python Shell，如图 3-3 所示。Python IDLE 提供了简单的文本编辑功能，如剪切、复制、粘贴、撤销或重做等，且支持语法高亮显示。

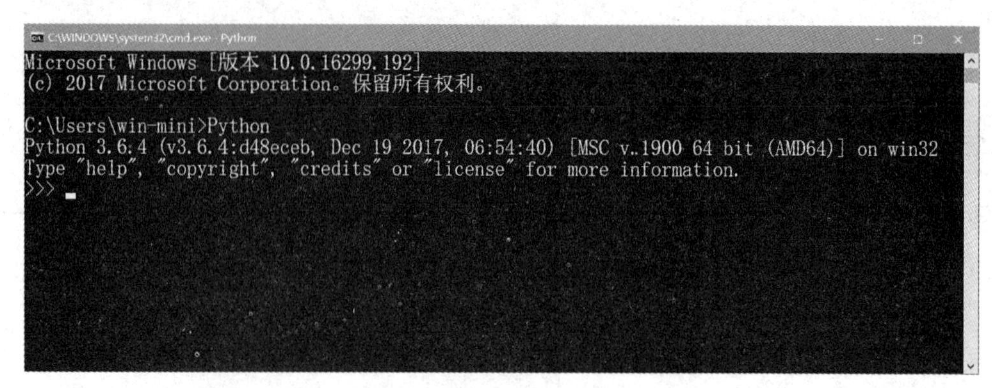

图 3-2 在命令提示行中启动 Python 解释器

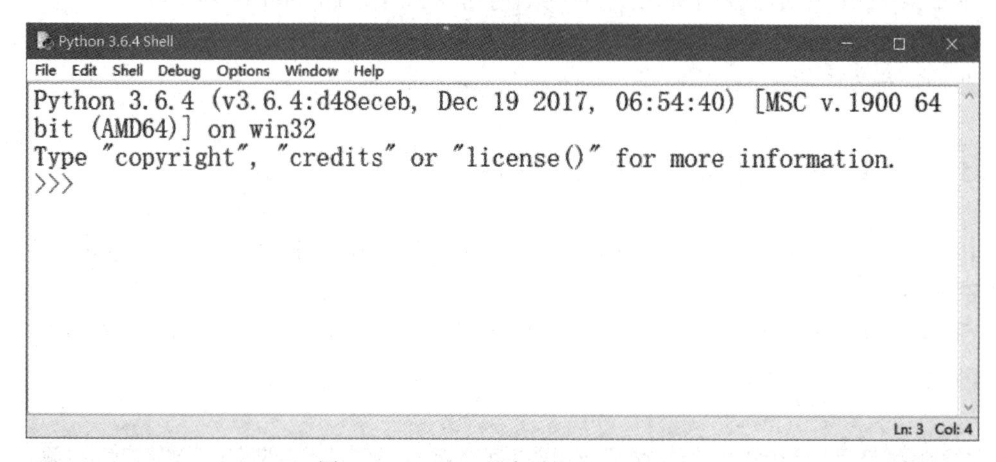

图 3-3 IDLE 工具启动 Python Shell

无论采用哪一种方式启动 Python Shell,其命令提示符都是“>>>”,在该命令提示符后可以输入 Python 语句,然后按下 Enter 键就可以运行 Python 语句,Python Shell 马上输出结果。如图 3-4 所示是执行几条 Python 语句的示例。

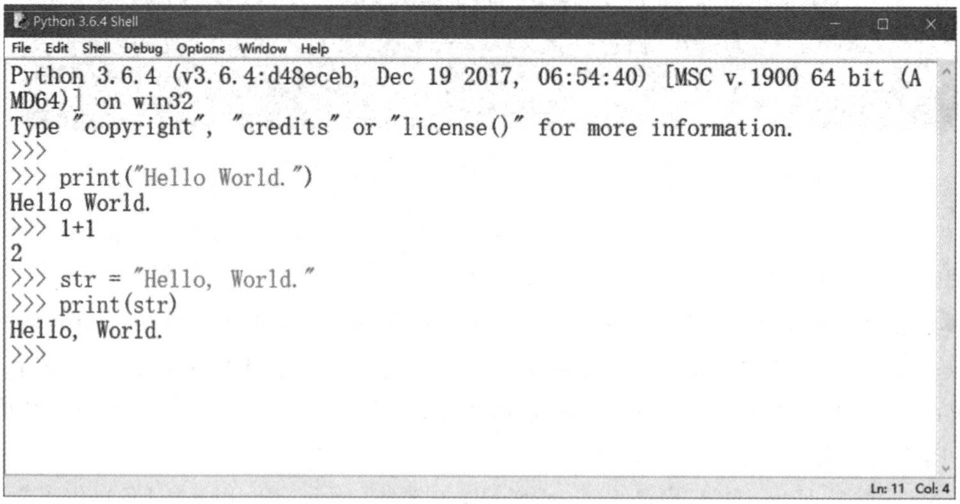

```
Python 3.6.4 Shell
File Edit Shell Debug Options Window Help
Python 3.6.4 (v3.6.4:d48eceb, Dec 19 2017, 06:54:40) [MSC v.1900 64 bit (A
MD64)] on win32
Type "copyright", "credits" or "license()" for more information.
>>>
>>> print("Hello World.")
Hello World.
>>> 1+1
2
>>> str = "Hello, World."
>>> print(str)
Hello, World.
>>>
Ln: 11 Col: 4
```

图 3-4 在 Python Shell 中执行 Python 语句

图 3-4 所示 Python Shell 中执行的 Python 语句解释说明如下：

```
>>> print("Hello World.")                                    ①
Hello World.                                                 ②
>>> 1 + 1                                                    ③
2                                                            ④
>>> str = "Hello, World."                                    ⑤
>>> print(str)                                               ⑥
Hello, World.                                                ⑦
>>>
```

代码第①行、第③行、第⑤行和第⑥行是 Python 语句或表达式，而第②行、第④行和第⑦行是运行结果。

3.2 使用 PyCharm 实现

3.1 节介绍了如何使用 Python Shell 以交互方式运行 Python 代码。而交互方式运行在很多情况下只适合学习 Python 语言的初级阶段，它不能保存执行的 Python 文件。如果要开发复杂的案例或实际项目，交互方式运行就不适合了。此时，可以使用 IDE 工具，通过这些工具创建项目和 Python 文件，然后再解释运行文件。

下面介绍如何使用 PyCharm 创建 Python 项目、编写 Python 文件，以及运行 Python 文件。

3.2.1 创建项目

首先在 PyCharm 中通过项目(Project)管理 Python 源代码文件，因此需要先创建一个 Python 项目，然后在项目中创建一个 Python 源代码文件。

PyCharm 创建项目的步骤是：打开如图 3-5 所示的 PyCharm 欢迎界面，在欢迎界面单击 Create New Project 或通过选择菜单 File→New Project 打开如图 3-6 所示的对话框，在

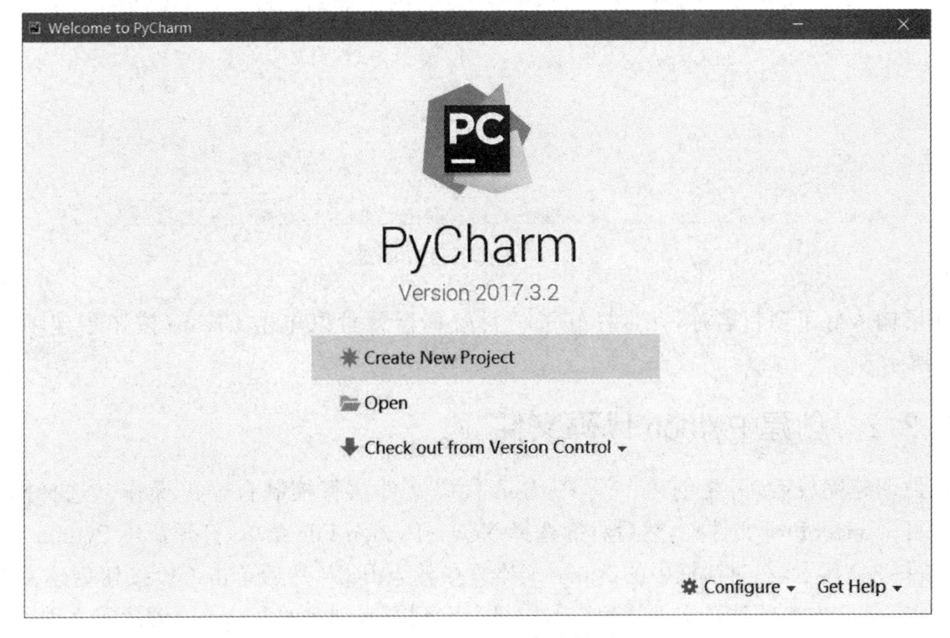

图 3-5 PyCharm 欢迎界面

Location 文本框中输入项目名称 HelloProj。如果没有设置 Python 解释器或想更换解释器，则可以单击图 3-6 所示的三角按钮展开 Python 解释器设置界面，如图 3-7 所示。

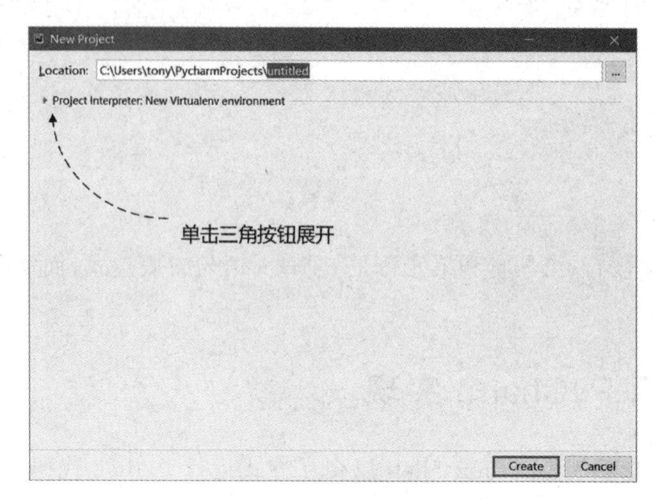

图 3-6　创建项目

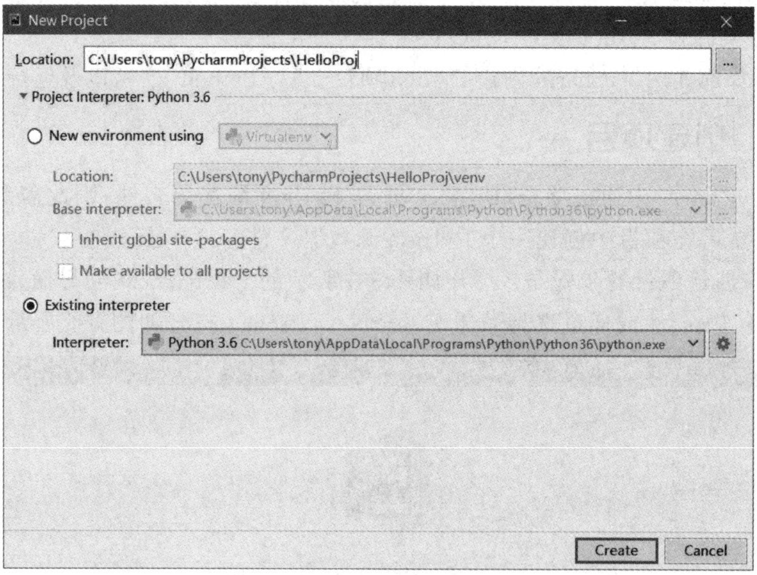

图 3-7　选择项目解释器

如果输入好了项目名称，并选择好了项目解释器就可以单击 Create 按钮创建项目，如图 3-8 所示。

3.2.2　创建 Python 代码文件

项目创建完成后，需要创建一个 Python 代码文件执行控制台输出操作。选择刚刚创建的项目中 HelloProj 文件夹，然后右键选择 New→Python File 菜单，打开新建 Python 文件对话框，如图 3-9 所示，在对话框中的 Name 文本框中输入 hello，然后单击 OK 按钮创建文件，如图 3-10 所示，在左边的项目文件管理窗口中可以看到刚刚创建的 hello. py 源代码文件。

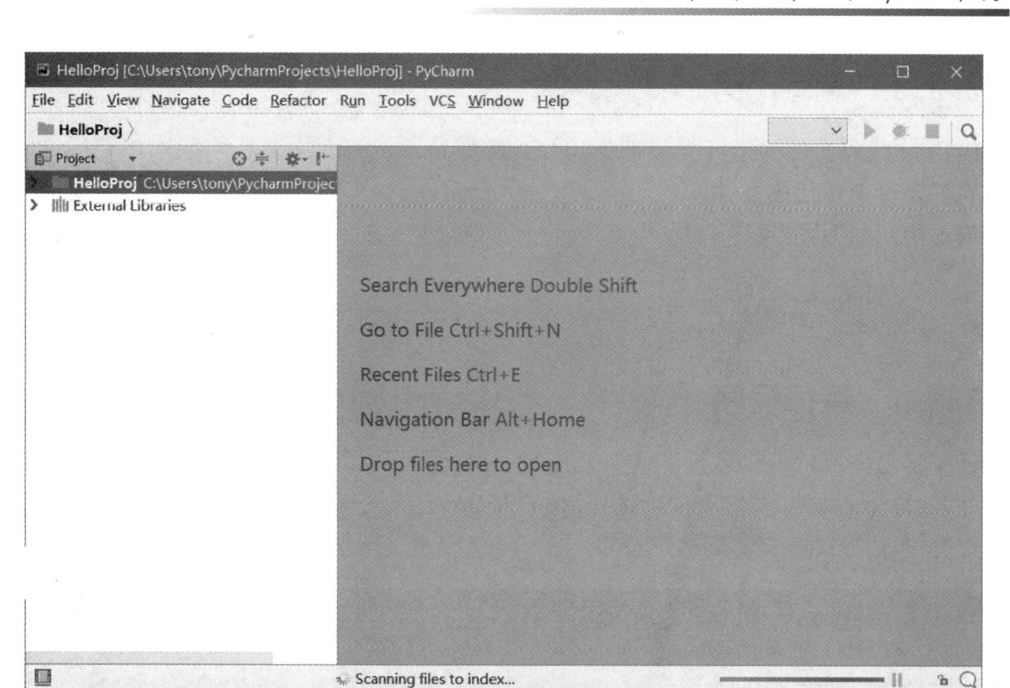

图 3-8 项目创建完成

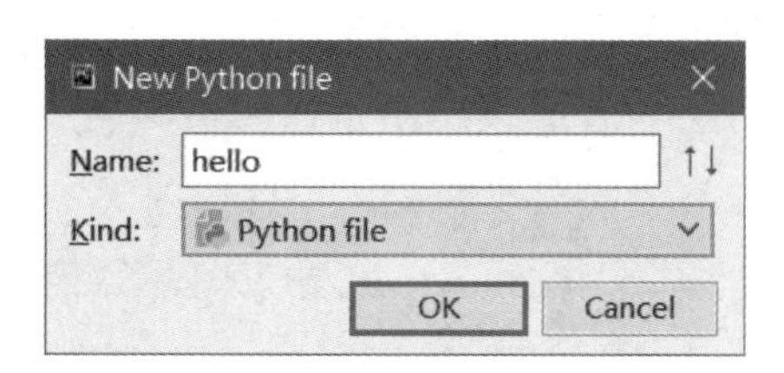

图 3-9 新建 Python 文件对话框

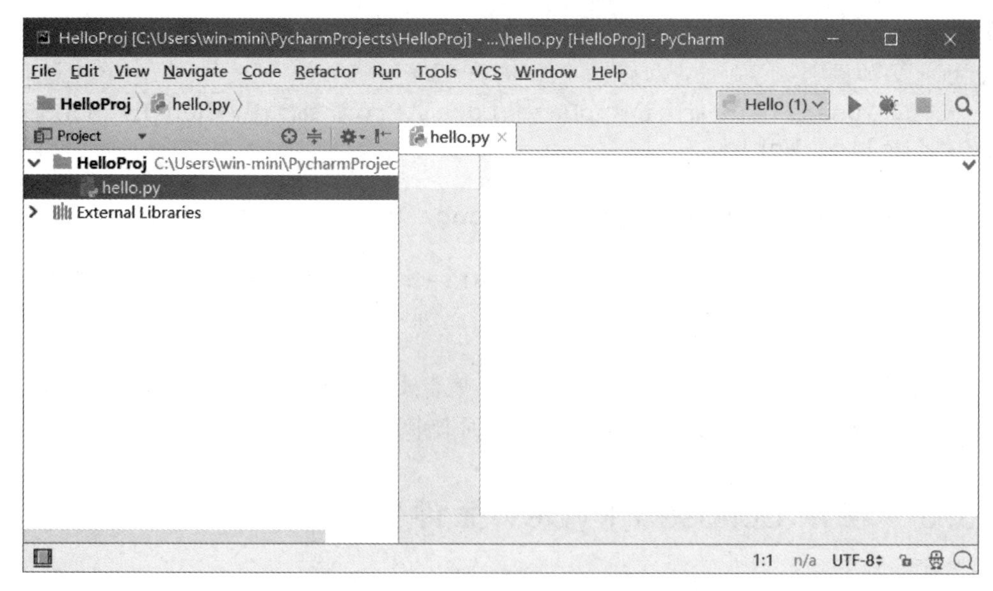

图 3-10 hello. py 源代码文件

3.2.3 编写代码

Python 代码文件的运行类似于 Swift，不需要 Java 或 C 的 main 主函数，Python 解释器从上到下解释运行代码文件。

编写代码如下：

```
string = "Hello, World."
print(string)
```

3.2.4 运行程序

程序编写完成就可以运行了。如果是第一次运行，则需要在左边的项目文件管理窗口中选择 hello. py 文件，右击菜单中选择 Run 'hello'运行，运行结果如图 3-11 所示，在下面的控制台窗口输出 Hello，World. 字符串。

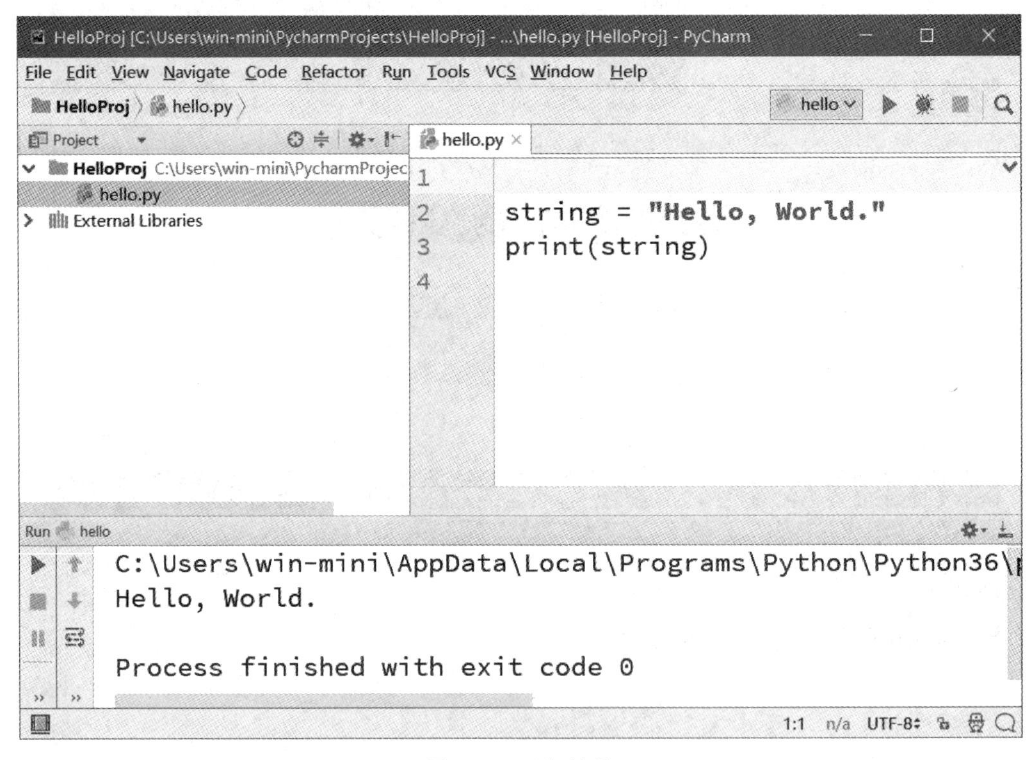

图 3-11　运行结果

✍ 注意　如果已经运行过一次，也可直接单击工具栏中的 Run ▶ 按钮，或选择菜单 Run→Run 'hello'，或使用快捷键 Shift+F10，都可以运行上次的程序。

3.3 使用 Eclipse+PyDev 插件实现

本节介绍如何通过 Eclipse+PyDev 插件实现编写和运行 HelloWorld 程序。

3.3.1　创建项目

在 Eclipse 中也是通过项目管理 Python 源代码文件的，因此需要先创建一个 Python 项目，然后在项目中创建一个 Python 源代码文件。

Eclipse 创建项目的步骤是：打开 Eclipse，选择菜单 File→New→PyDev Project，打开如图 3-12 所示的对话框，在这里可以输入项目名 HelloProj，注意选中 Create 'src' folder and add it to the PYTHONPATH 选项，这会在项目中增加 src 文件夹，代码文件会放到这个文件夹中，同时会将 src 文件夹添加到 PYTHONPATH 环境变量中。

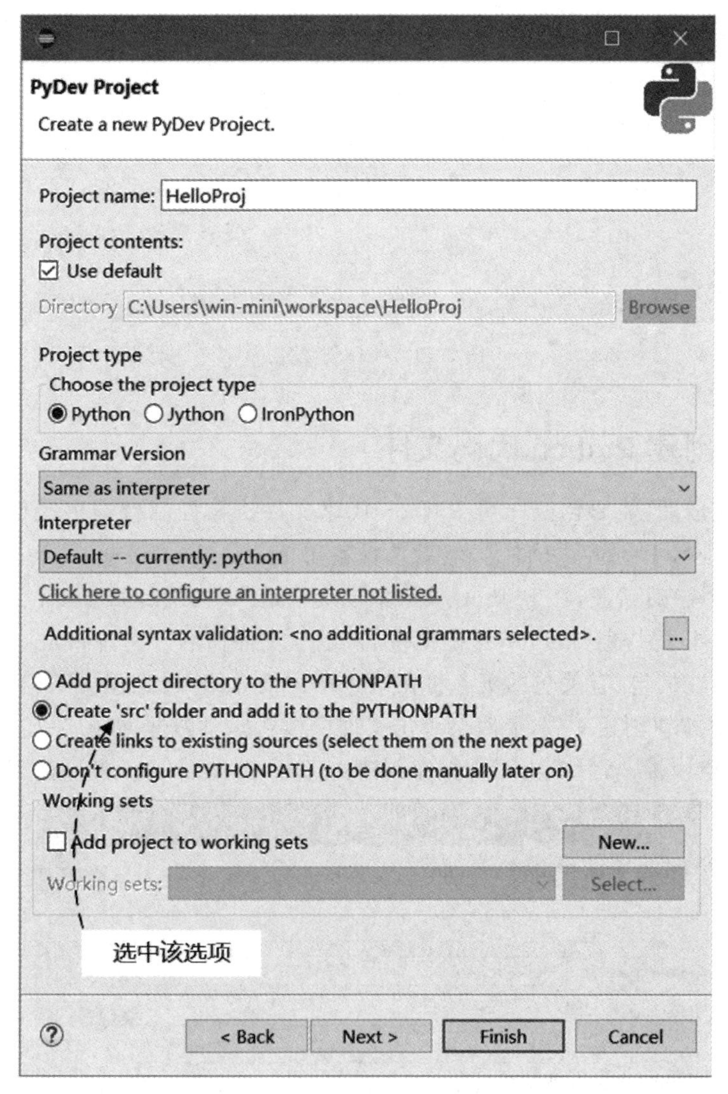

图 3-12　输入项目名和保存项目

其他保持默认值，然后单击 Finish 按钮创建项目。项目创建完成后，回到如图 3-13 所示的 Eclipse 主界面。

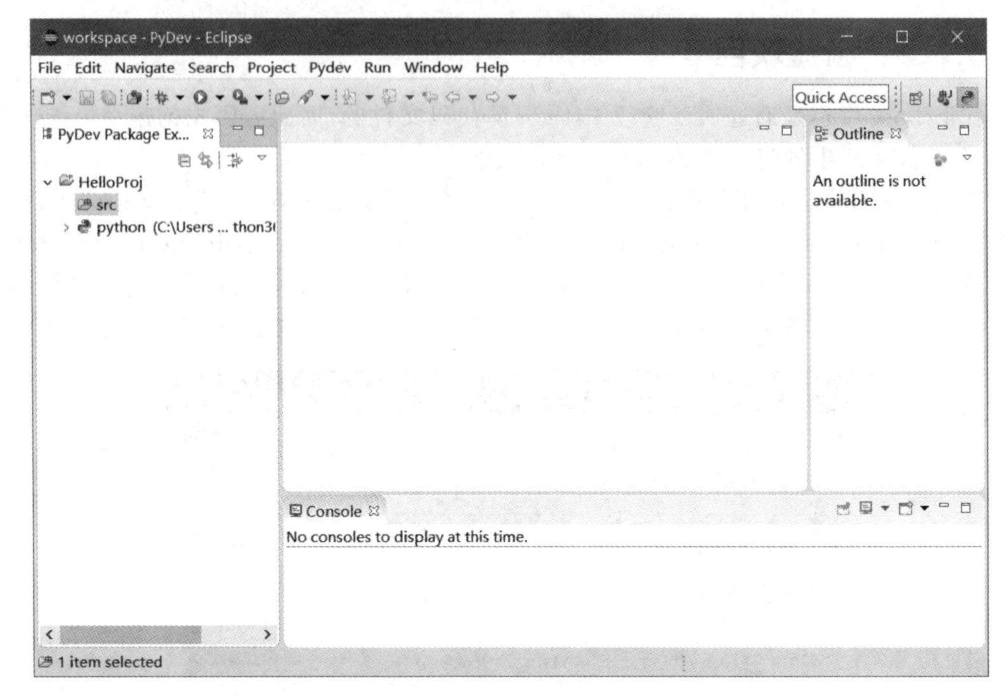

图 3-13　项目创建完成

3.3.2　创建 Python 代码文件

项目创建完成后，需要创建一个 Python 代码文件执行控制台输出操作。选择刚刚创建的项目，选中项目中的 src 文件夹，然后选择菜单 File→New→PyDev Module，打开创建文件 Module(模块)对话框，在 Python 中一个模块就是一个文件，如图 3-14 所示，在模块对话框的 Name 文本框中输入 hello，这是模块名，也是文件命名。另外，Package 文本框中输入的是该文件所在的包，有关包的概念将在第 4 章详细介绍，在这里先不输入任何的包名。最后单击 Finish 按钮创建文件，此时会弹出文件模板选择对话框，如图 3-15 所示，本例中选择< Empty >即空模板，然后单击 OK 按钮创建文件，回到如图 3-16 所示的 Eclipse 主界面。

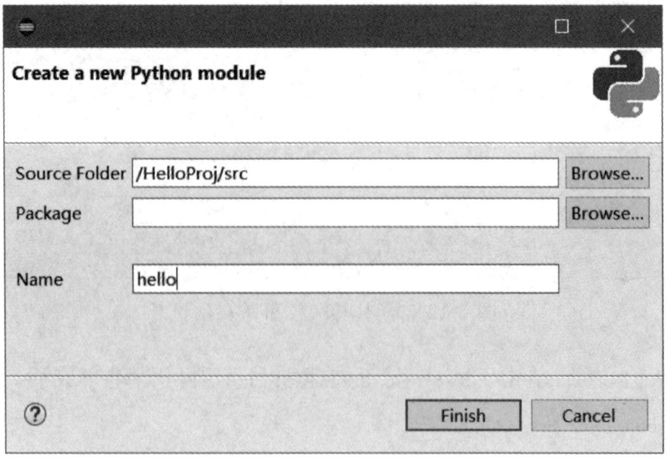

图 3-14　创建模块对话框

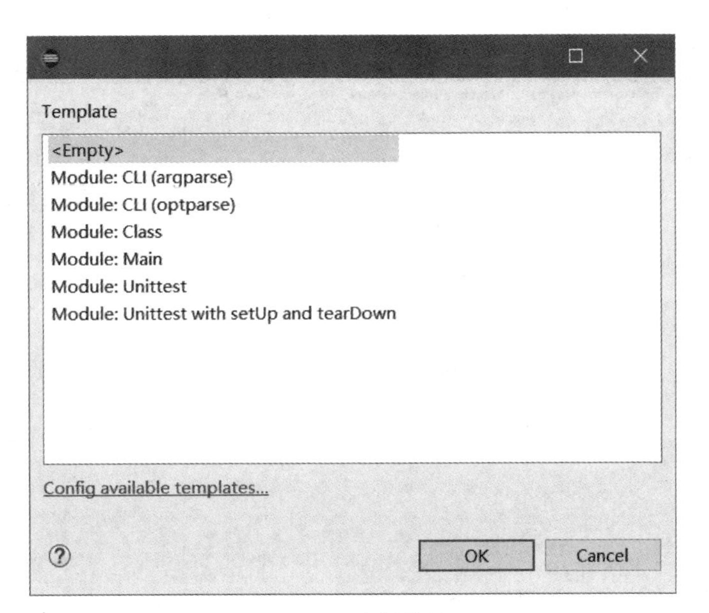

图 3-15　选择模板

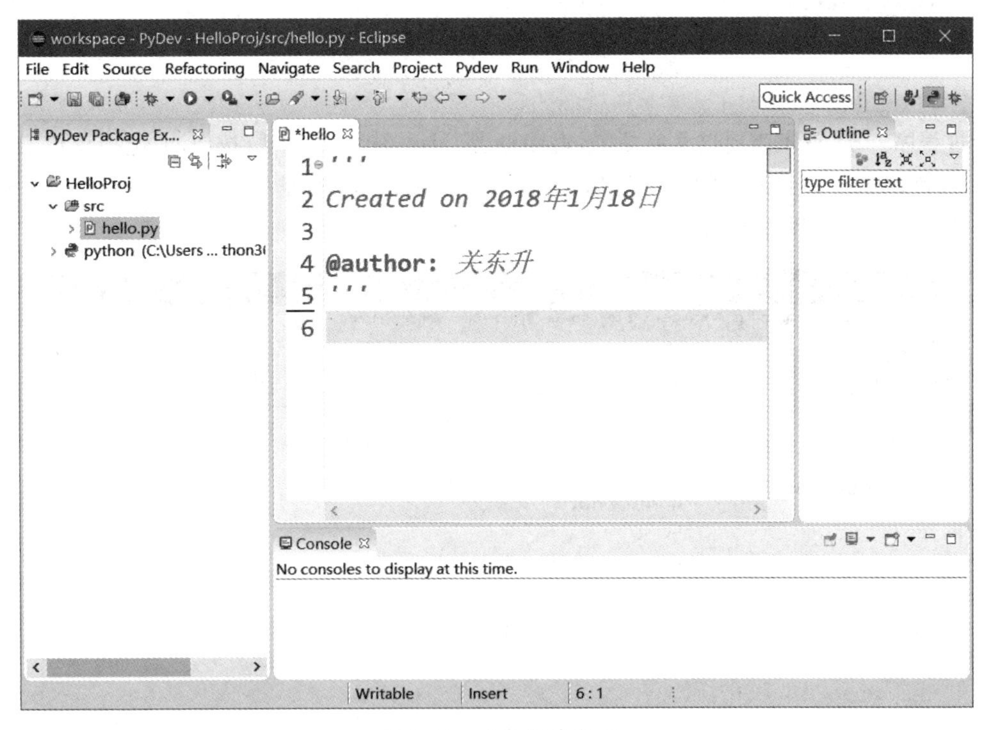

图 3-16　文件创建完成

3.3.3　运行程序

修改刚刚创建的 hello. py 代码文件，代码如图 3-17 所示。

程序编写完成就可以运行了。如果是第一次运行，则需要选择运行方法，具体步骤是：选中文件，选择菜单 Run→Run As→Python Run，这样就会运行 Python 程序了。如果已经

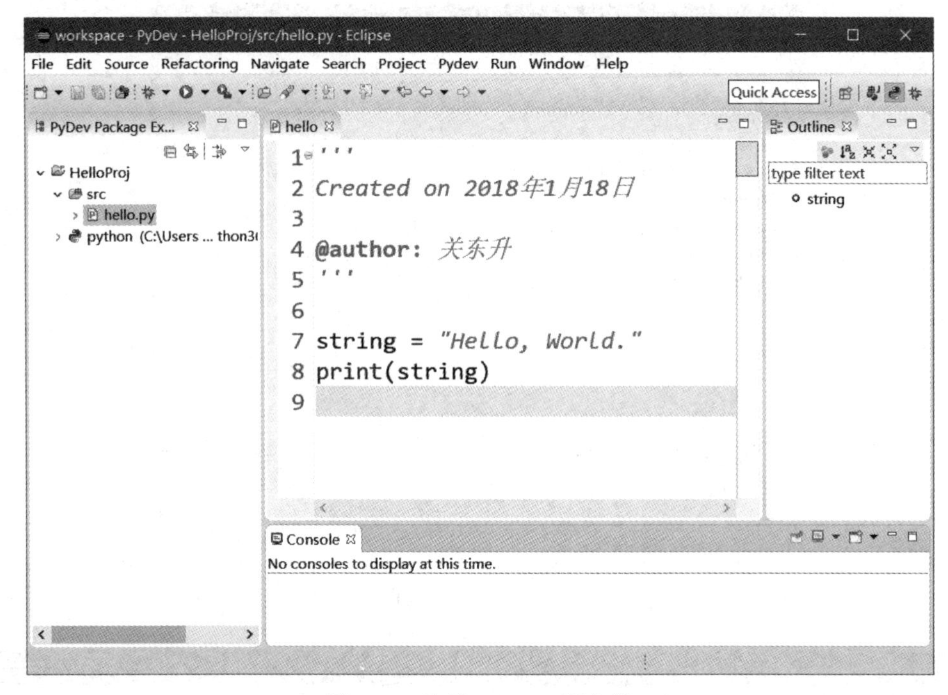

图 3-17 编写 hello. py 源文件

运行过程序一次，就不需要这么麻烦了，直接单击工具栏中的 Run 按钮，或选择菜单 Run→Run，或使用快捷键 Ctrl+F11，都可以运行上次的程序。运行结果如图 3-18 所示，"Hello, World."字符串输出到下面的控制台。

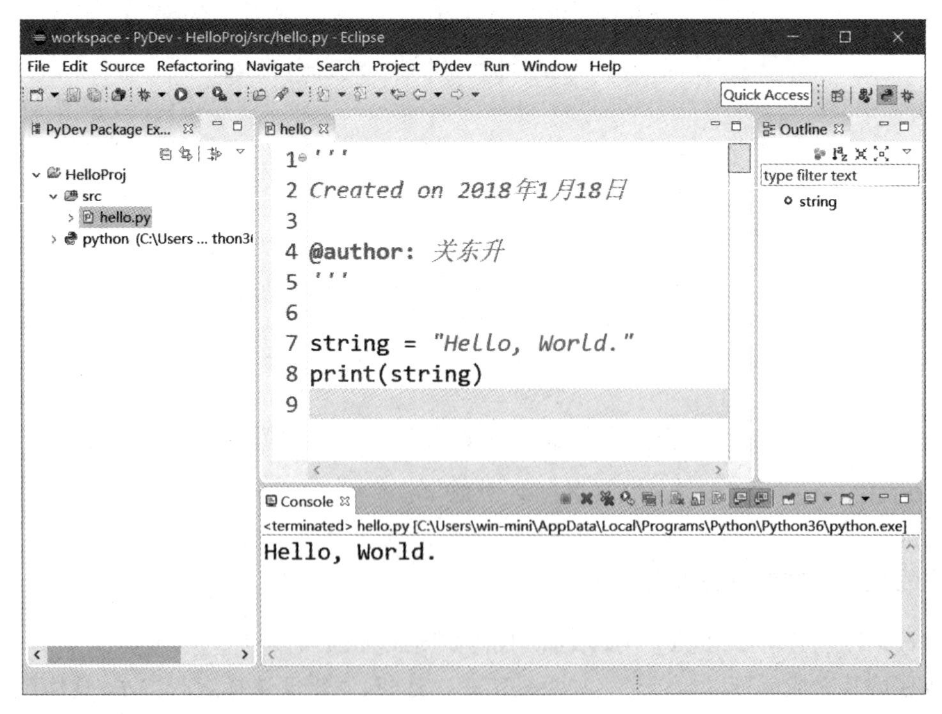

图 3-18 运行结果

3.4　使用 Visual Studio Code 实现

本节介绍如何使用 Visual Studio Code 来编写和运行 Python 程序。使用 Visual Studio Code 创建 Python 程序时可以不用创建项目，直接创建文件即可。

3.4.1　创建 Python 代码文件

Visual Studio Code 欢迎界面如图 3-19 所示，单击"新建文件"按钮可以创建新文件，或通过菜单"文件"→"新建文件"创建新文件。新文件没有文件类型，所以在编写代码之前应该先保存为 hello.py 文件，如图 3-20 所示，这样 Visual Studio Code 工具就能识别出这是 Python 代码文件，语法才能高亮显示。

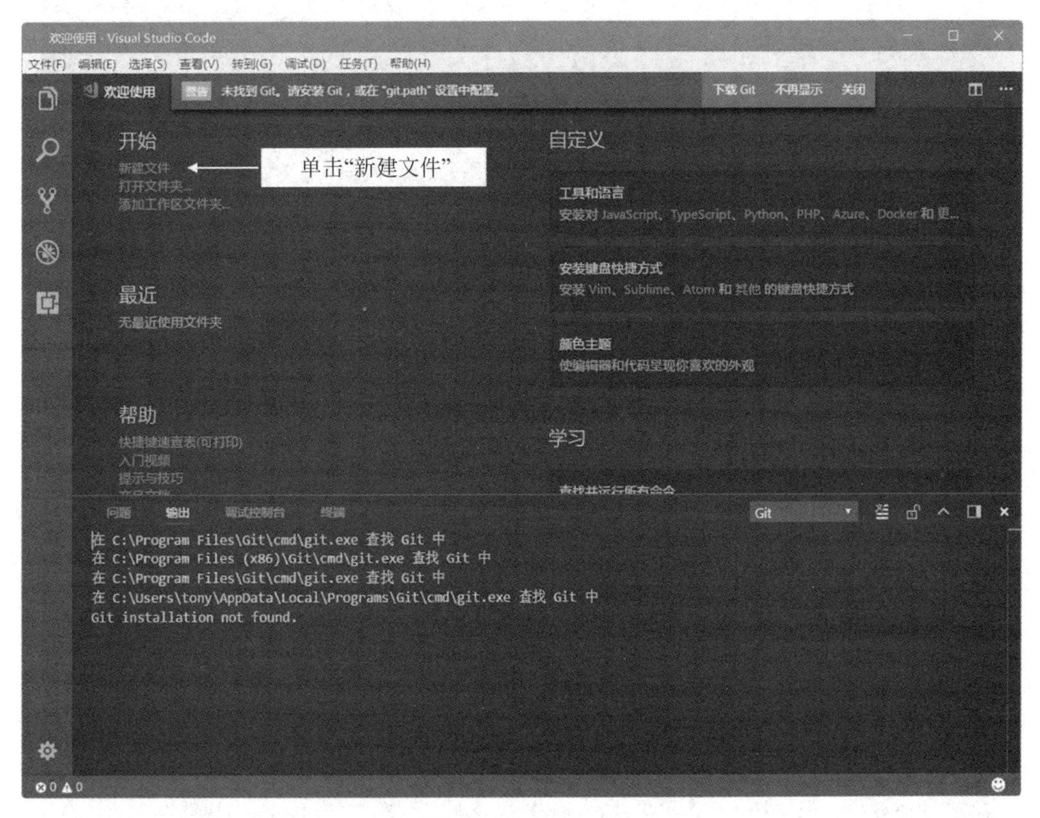

图 3-19　创建文件

3.4.2　运行程序

修改刚刚创建的 hello.py 代码文件，代码如图 3-21 所示。

程序编写完成后就可以运行了。具体步骤是：选择菜单"调试"→"非调试启动"，这样就会运行 Python 程序了。或使用快捷键 Ctrl+F5 也可以运行 Python 程序。运行结果如图 3-22 所示，Hello，World. 字符串输出到下面的控制台。

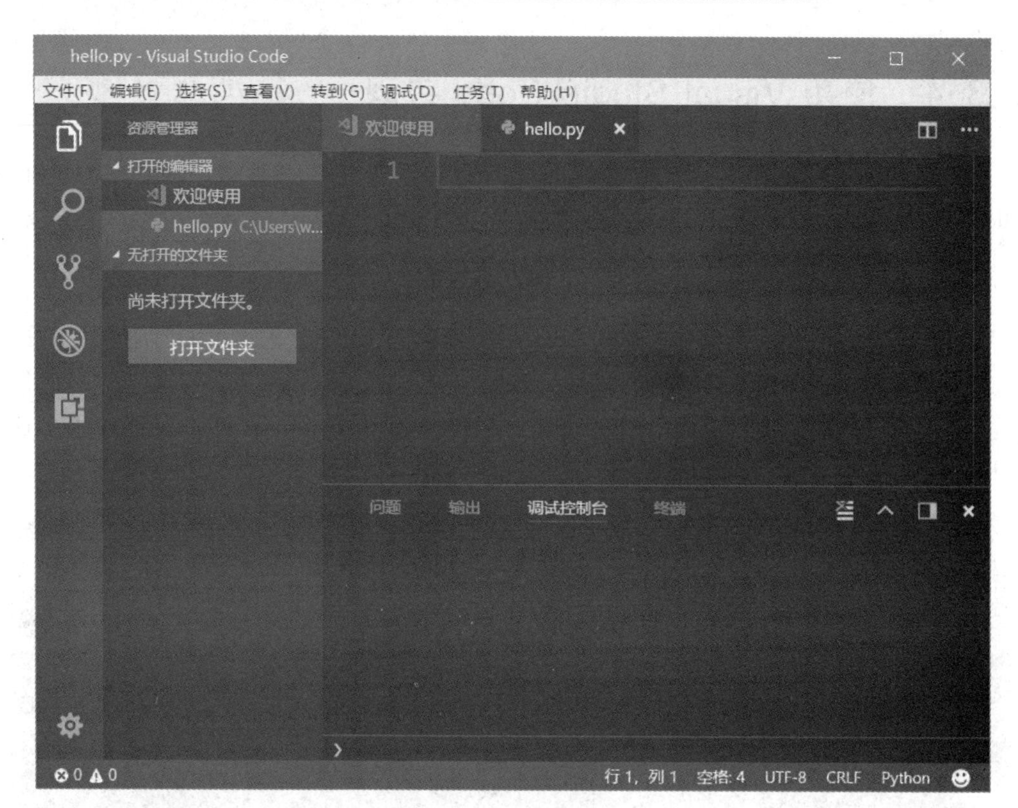

图 3-20 文件创建完成

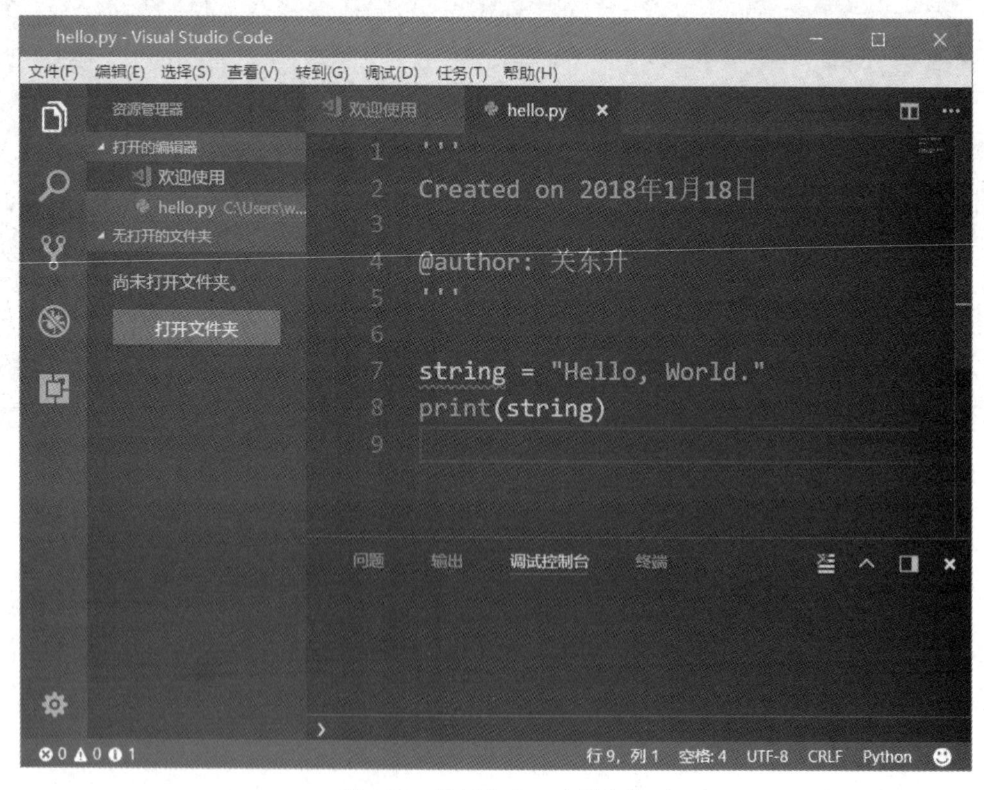

图 3-21 编写 hello.py 源文件

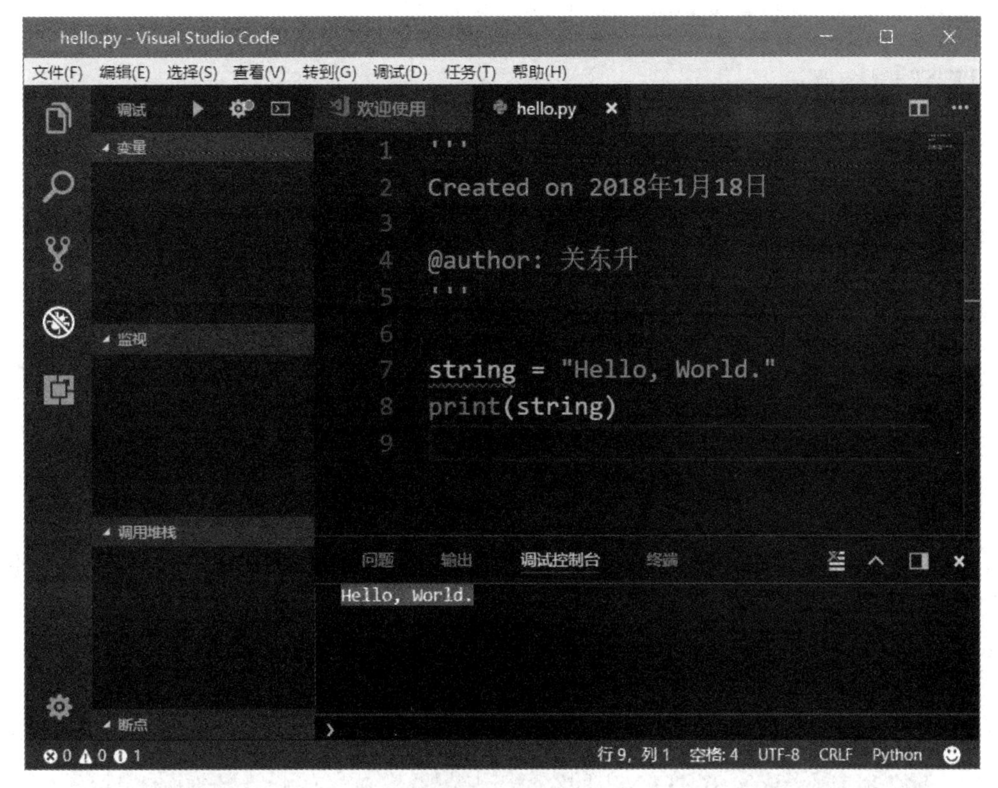

图 3-22 运行结果

3.5 使用文本编辑工具+Python 解释器实现

如果不想使用 IDE 工具编写和运行 Python 程序，那么文本编辑工具+Python 解释器对于初学者而言是一个不错的选择。这种方式可以使初学者了解到 Python 运行过程，通过在编辑器中敲入所有代码，可以帮助读者熟悉关键字、函数和类，能快速掌握 Python 语法。

3.5.1 编写代码

首先使用任意文本编辑工具创建一个文件，然后将文件保存为 hello. py。接着在 hello. py 文件中编写如下代码。

```
"""
Created on 2018 年 1 月 18 日
作者: 关东升
"""

string = "Hello, World."
print(string)
```

3.5.2 运行程序

要想运行上一节编写的 hello. py 文件，可以在 Windows 命令提示符(Linux 和 UNIX

终端)中通过 Python 解释器指令实现,具体指令如下:

```
python hello.py
```

运行过程如图 3-23 所示。

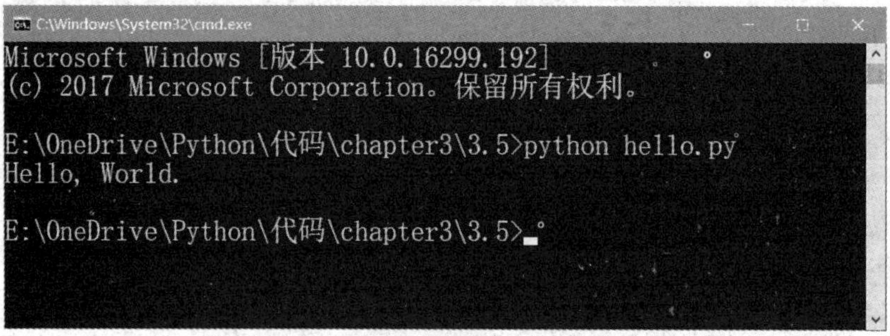

```
C:\Windows\System32\cmd.exe
Microsoft Windows [版本 10.0.16299.192]
(c) 2017 Microsoft Corporation。保留所有权利。

E:\OneDrive\Python\代码\chapter3\3.5>python hello.py
Hello, World.

E:\OneDrive\Python\代码\chapter3\3.5>
```

图 3-23 Python 解释器运行文件

有的文本编辑器可以直接运行 Python 文件,例如 Sublime Text 工具不需要安装任何插件和设置,就可以直接运行 Python 文件。使用 Sublime Text 工具打开 Python 文件,通过菜单 Tools→Build,或使用快捷键 Ctrl+B 就可以运行文件了,结果如图 3-24 所示。

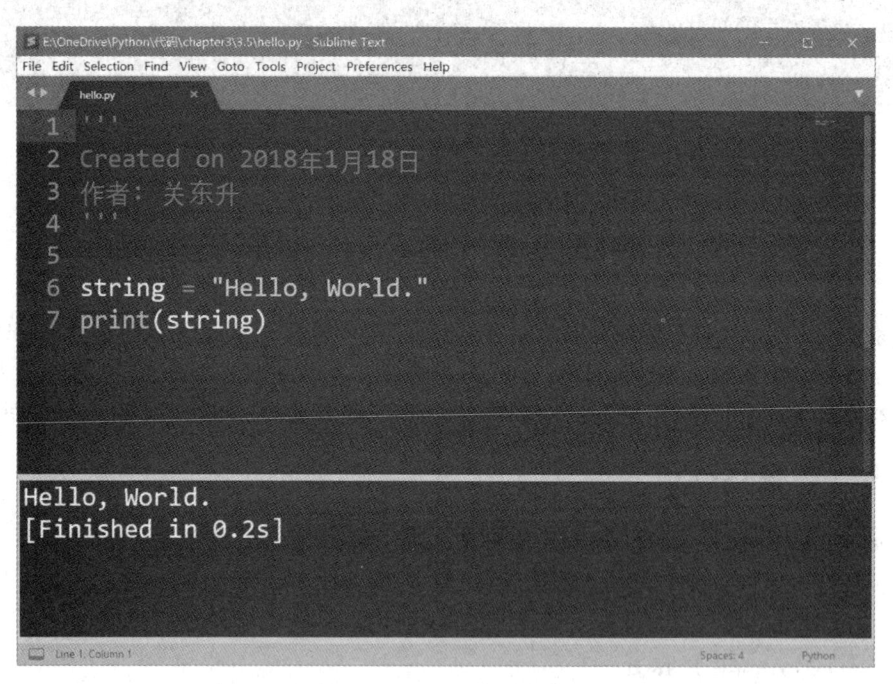

图 3-24 在 Sublime Text 中运行 Python 文件

3.6 代码解释

至此只是介绍了如何编写和运行 HelloWorld 程序,还没有对 HelloWorld 程序的代码进行解释。

```
"""                                                              ①
Created on 2018 年 1 月 18 日
作者: 关东升
"""                                                              ②

string = "Hello, World."                                         ③
print(string)                                                    ④
```

从上述代码中可见，Python 实现 HelloWorld 的方式比 Java、C 和 C++等语言要简单得多，而且没有 main 主函数。下面对代码做详细解释。

代码第①行和第②行之间使用两对三重单引号包裹起来，这是 Python 文档字符串，起到文档注释的作用。三重单引号可以换成三重双引号。代码第③行是声明字符串变量 string，并且使用"Hello，World."为它赋值。代码第④行是通过 print 函数将字符串输出到控制台，类似于 C 中的 printf 函数。print 函数语法如下：

```
print( * objects, sep = ' ', end = '\n', file = sys.stdout, flush = False)
```

print 函数有五个参数：* objects 是可变长度的对象参数；sep 是分隔符参数，默认值是一个空格；end 是输出字符串之后的结束符号，默认值是换号符；file 是输出文件参数，默认值 sys. stdout 是标准输出，即控制台；flush 为是否刷新文件输出流缓冲区，默认值是不刷新。

使用 sep 和 end 参数的 print 函数示例如下：

```
>>> print('Hello', end = ',')                                    ①
Hello,
>>> print(20, 18, 39, 'Hello', 'World', sep = '|')               ②
20|18|39|Hello|World
>>> print(20, 18, 39, 'Hello', 'World', sep = '|', end = ',')
20|18|39|Hello|World,
```

上述代码中第①行用逗号(,)作为输出字符串之后的结束符号。代码中第②行用竖线(|)作为分隔符。

3.7　本章小结

本章通过一个 HelloWorld 示例，使读者了解到什么是 Python Shell、Python 如何启动 Python Shell 环境。然后介绍如何使用 PyCharm、Eclipse＋PyDev 和 Visual Studio Code 工具实现该示例具体过程。此外，还介绍了使用文本编辑器＋Python 解释器的实现过程。

3.8　同步练习

1. 请使用 PyCharm 工具编写并运行 Python 程序，使其在控制台输出字符串“世界，你好！”。

2. 请使用 Eclipse＋PyDev 工具编写并运行 Python 程序，使其在控制台输出字符串

“世界，你好！”。

3. 请使用 Visual Studio Code 工具编写并运行 Python 程序，使其在控制台输出字符串“世界，你好！”。

4. 请使用文本编辑工具编写 Python 程序，然后使用 Python 解释器运行该程序，使其在控制台输出字符串“世界，你好！”。

第 4 章 Python 语法基础

CHAPTER 4

本章主要介绍 Python 中一些最基础的语法，包括标识符、关键字、常量、变量、表达式、语句、注释、模块和包等内容。

4.1 标识符和关键字

任何一种计算机语言都离不开标识符和关键字，因此本节将详细介绍 Python 标识符和关键字。

4.1.1 标识符

标识符就是变量、常量、函数、属性、类、模块和包等，其命名由程序员指定。构成标识符的字符均有一定的规范，Python 语言中标识符的命名规则如下：

(1) 区分大小写，Myname 与 myname 是两个不同的标识符；

(2) 首字符可以是下画线(_)或字母，但不能是数字；

(3) 除首字符外的其他字符可以是下画线(_)、字母和数字；

(4) 关键字不能作为标识符；

(5) 不要使用 Python 内置函数作为自己的标识符。

例如，身高、identifier、userName、User_Name、_sys_val 等为合法的标识符，注意以中文“身高”命名的变量是合法的，而 2mail、room#、$Name 和 class 为非法的标识符，# 和 $ 不能构成标识符。

4.1.2 关键字

关键字是类似于标识符的保留字符序列，由语言本身定义。Python 语言中有 33 个关键字。只有三个关键字，即 False、None 和 True 首字母大写，其他全部小写。具体内容如表 4-1 所示。

表 4-1 Python 关键字

False	def	if	raise
None	del	import	return
True	elif	in	try
and	else	is	while

续表

as	except	lambda	with
assert	finally	nonlocal	yield
break	for	not	—
class	from	or	—
continue	global	pass	—

4.2 变量和常量

第3章介绍了如何编写一个Python小程序，其中就用到了变量。常量和变量是构成表达式的重要组成部分，本节将详细介绍Python的变量和常量。

4.2.1 变量

在Python中声明变量时不需要指定其数据类型，只要给标识符赋值就声明了其变量，示例代码如下：

```
# 代码文件:chapter4/4.2/hello.py

_hello = "HelloWorld"                                    ①
score_for_student = 0.0                                  ②
y = 20                                                   ③
y = True                                                 ④
```

代码第①行、第②行和第③行分别声明了三个变量，这些变量声明不需要指定数据类型，赋给它什么数值，它就是什么类型变量。注意代码第④行是给y变量赋布尔值True，虽然y中已经保存了整数类型20，但它也可以接收其他类型的数据。

提示 Python是动态类型语言[①]，它不会检查数据类型，在变量声明时也不需要指定数据类型。这一点与Swift和Kotlin语言不同，Swift和Kotlin虽然在声明变量时也可以不指定数据类型，但是它们的编译器会自动推导出该变量的数据类型，一旦确定了该变量的数据类型，就不能再接收其他类型的数据。

4.2.2 常量

在很多语言中，常量是一旦初始化后就不能再被修改的。而Python不能从语法层面上定义常量，Python没有提供一个关键字使得变量不能被修改。所以在Python中只能将变量当成常量使用，并且不要修改它。那么这就带来了一个问题，变量可能会在无意中被修改，从而引发程序错误。解决此问题要么靠程序员自律和自查，要么通过一些技术手段使变量不能被修改。

提示 Python作为解释性动态语言，其代码安全在很多情况下需要靠程序员自查，

---

① 动态类型语言会在运行期检查变量或表达式的数据类型，主要有Python、PHP和Objective-C等。与动态语言对应的还有静态类型语言，静态类型语言会在编译期检查变量或表达式数据类型，如Java和C++等。

而 Java 和 C 等静态类型语言的这些问题会在编译期被检查出来。

4.3 注释

Python 程序的注释使用井号(#),#位于注释行的开头,#后面有一个空格,接着是注释内容。

另外,第 3 章还介绍过文档字符串,它也是一种注释,是用来注释文档的。

使用注释示例代码如下:

```
# coding=utf-8                                          ①

# 代码文件:chapter4/4.3/hello.py                        ②

# _hello = "HelloWorld"                                 ③
# score_for_student = 0.0                               ④
y = 20
y = "大家好"

print(y)        # 打印 y 变量                           ⑤
```

代码第①行和第②行的#号是进行单行注释;#号也可连续注释多行,见代码第③行和第④行;还可以在一条语句的尾端进行注释,见代码第⑤行。注意代码第①行# coding=utf-8 的注释作用很特殊,是设置 Python 代码文件的编码集,该注释语句必须放在文件的第一行或第二行才有效,它还有替代写法:

```
#!/usr/bin/python
# -*- coding: utf-8 -*-
```

其中#!/usr/bin/python 注释是在 UNIX、Linux 和 macOS 等平台上安装多个 Python 版本时使用的,作用是指定哪个版本的 Python 解释器。

提示 在 PyCharm 和 Sublime Text 工具中,注释可以使用快捷键,具体步骤是:选择一行或多行代码,然后按住"Ctrl+斜杠"组合键进行注释。去掉注释也是按住"Ctrl+斜杠"组合键。

注意 在程序代码中,对容易引起误解的代码进行注释是必要的,但应避免对已清晰表达信息的代码进行注释。需要注意的是,频繁的注释有时反映了代码的质量低。当觉得要加较多注释时,不妨考虑重写代码使其更清晰。

4.4 语句

Python 代码是由关键字、标识符、表达式和语句等内容构成的,语句是代码的重要组成部分。

语句关注代码的执行过程,如 if、for 和 while 语句等。在 Python 语言中,一行代码表示一条语句,语句结束后可以加分号,也可以省略分号。

示例代码如下:

```
# coding = utf - 8
# 代码文件:chapter4/4.4/hello.py

_hello = "HelloWorld"
score_for_student = 0.0;        # 没有错误发生
y = 20

name1 = "Tom"; name2 = "Tony"                                ①
```

提示 从编程规范的角度讲,语句结束不需要加分号,而且每行至多包含一条语句。代码第①行的写法是不规范的,建议改为如下语句:

```
name1 = "Tom"
name2 = "Tony"
```

Python 还支持链式赋值语句,如果需要为多个变量赋相同的数值,可以这样表示:

```
a = b = c = 10
```

这条语句是把整数 10 同时赋值给 a、b、c 三个变量。

另外,在有 if、for 和 while 代码块的语句中,代码块不是通过大括号来界定的,而是通过缩进,缩进在一个级别的代码是在相同的代码块中。

```
# coding = utf - 8
# 代码文件:chapter4/4.4/hello.py

_hello = "HelloWorld"
score_for_student = 10.0;      # 没有错误发生
y = 20

name1 = "Tom"; name2 = "Tony"

# 链式赋值语句
a = b = c = 10

if y > 10:
    print(y)                                                 ①
    print(score_for_student)                                 ②
else:
    print(y * 10)                                            ③
print(_hello)                                                ④
```

代码第①行和第②行是同一个缩进级别,它们是在相同的代码块中。而代码第③行和第④行不是在同一个缩进级别中,它们在不同的代码块中。

提示 一个缩进级别一般是一个制表符(Tab)或 4 个空格,考虑到不同的编辑器制表符显示的宽度不同,大部分编程语言规范推荐使用 4 个空格作为一个缩进级别。

4.5 模块

Python 中一个模块就是一个文件,模块是保存代码的最小单位,模块中可以声明变量、常量、函数、属性和类等 Python 程序元素。一个模块可提供访问另外一个模块的元素。

下面通过示例介绍模块的使用，现有两个模块 module1 和 hello。module1 模块代码如下：

```
# coding = utf - 8
# 代码文件:chapter4/4.5/module1.py

y = True
z = 10.10

print('进入 module1 模块')
```

hello 模块会访问 module1 模块的变量，hello 模块代码如下：

```
# coding = utf - 8
# 代码文件:chapter4/4.5/hello.py

import module1                                              ①
from module1 import z                                       ②

y = 20

print(y)                # 访问当前模块变量 y                 ③
print(module1.y)        # 访问 module1 模块变量 y            ④
print(z)                # 访问 module1 模块变量 z            ⑤
```

上述代码中 hello 模块访问 module1 模块的变量 y 和 z。为了实现这个目的，可以通过两种 import 语句导入模块 module1 中的代码元素：

(1) import <模块名>，见代码第①行。这种方式会导入模块中所有代码元素，访问时需要加"模块名."，见代码第④行的 module1. y，其中 module1 是模块名，y 是模块 module1 中的变量。

(2) from <模块名> import <代码元素>，见代码第②行。这种方式只是导入特定的代码元素，访问时不需要加"模块名."，见代码第⑤行 z 变量。但是需要注意，如果在当前模块中也有 z 变量，那么 z 变量不能导入，即 z 变量是当前模块中的变量。

运行 hello. py 代码的输出结果如下：

```
进入 module1 模块
20
True
10.1
```

从运行结果可见，import 语句会运行导入的模块。注意示例中使用了两次 import 语句，但只执行了一次模块内容。

模块事实上提供了一种命名空间(namespace)[①]。同一个模块内部不能有相同名字的

---

① 命名空间，也称名字空间、名称空间等，它表示一个标识符(identifier)的可见范围。一个标识符可在多个命名空间中定义，它在不同命名空间中的含义是互不相干的。这样在一个新的命名空间中可定义任何标识符，它们不会与任何已有的标识符发生冲突，因为已有的定义都处于其他命名空间中。——引自维基百科 https://zh. wikipedia. org/wiki/命名空间

代码元素，但是不同模块可以，上述示例中以 y 命名的变量就存在于两个模块中。

4.6 包

如果有两个相同名字的模块，应如何防止命名冲突呢？那就是使用包(package)，很多语言都提供了包，例如 Java、Kotlin 等，它们的作用都是一样的，即提供一种命名空间。

4.6.1 创建包

下面重构 4.5 节的示例。现有两个 hello 模块，它们放在不同的包 com.pkg1 和 com.pkg2 中，如图 4-1 所示。从图中可见，包是按照文件夹的层次结构管理的，而且每个包下面会有一个__init__.py 文件，它告诉解释器这是一个包，该文件一般情况下是空的，但可以编写代码。

既然包是一个文件夹加上一个空的__init__.py 文件，那么开发人员就可以在资源管理器中创建包。作者推荐使用 PyCharm 工具创建包，它在创建文件夹的同时还会创建一个空的__init__.py 文件。

具体步骤：使用 PyCharm 打开创建的项目，右击项目选择 New→Python Package 菜单，在弹出的对话框中输入包名 com.pkg(见图 4-2)，其中 com 是一个包，pkg 是它的下一个层次的包，中间用点(.)符号分隔。

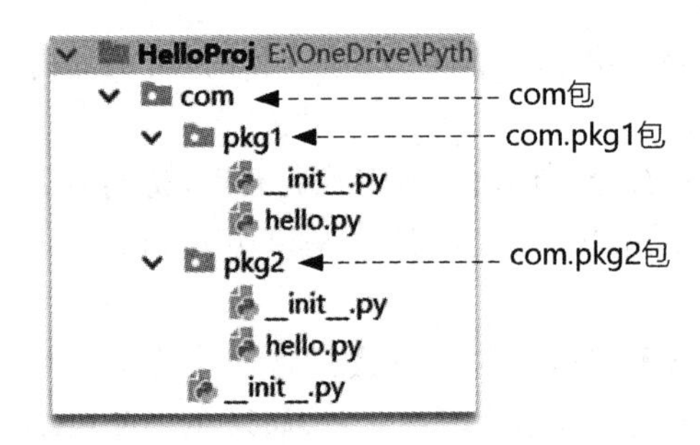

图 4-1 包层次

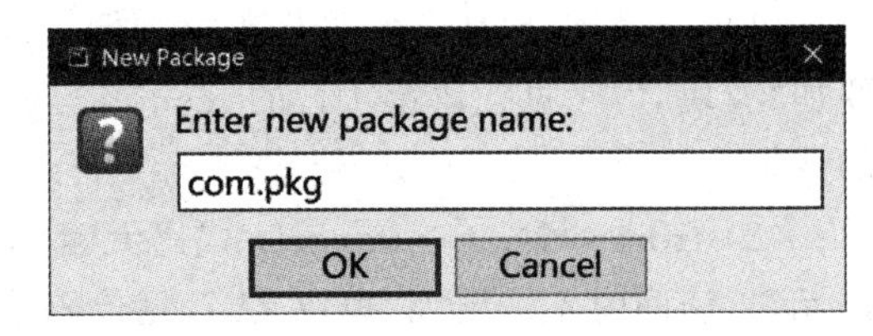

图 4-2 在 PyCharm 项目中创建包

4.6.2 导入包

创建包后，将两个 hello 模块放到不同的包 com.pkg1 和 com.pkg2 中。com.pkg1 的 hello 模块需要访问 com.pkg2 的 hello 模块中的元素，应该如何导入呢？事实上还是通过 import 语句在模块前面加上包名来实现。

重构 4.5 节示例，com.pkg2 的 hello 模块代码如下：

```
# coding = utf - 8
# 代码文件:chapter4/4.5/com/pkg2/hello.py

y = True
z = 10.10

print('进入 com.pkg2.hello 模块')
```

com.pkg1 的 hello 模块代码如下：

```
# coding = utf - 8
# 代码文件:chapter4/4.5/com/pkg1/hello.py

import com.pkg2.hello as module1                                    ①
from com.pkg2.hello import z                                        ②

y = 20

print(y)                    # 访问当前模块变量 y
print(module1.y)            # 访问 com.pkg2.hello 模块变量 y        ③
print(z)                    # 访问 com.pkg2.hello 模块变量 z
```

代码第①行是使用 import 语句导入 com.pkg2.hello 模块的所有代码元素，由于 com.pkg2.hello 模块名中的 hello 与当前模块名冲突，因此需要 as module1 语句为 com.pkg2.hello 模块提供一个别名 module1，访问时需要使用 module1.前缀。

代码第②行是导入 com.pkg2.hello 模块中的 z 变量。from com.pkg2.hello import z 语句可以带有别名，将该语句修改为如下代码：

```
from com.pkg2.hello import z as x
print(x)                    # 访问 com.pkg2.hello 模块变量 z
```

使用别名的目的是防止发生命名冲突，也就是说要导入的 z 变量在当前模块中已经存在了，所以给变量 z 一个别名 x。

4.7 本章小结

本章主要介绍了 Python 语言中最基本的语法。首先介绍了标识符和关键字，读者需要掌握标识符构成，了解 Python 关键字；然后介绍了 Python 中的变量、常量、注释和语句；最后介绍了模块和包，其中读者要理解模块和包的作用，熟悉模块和包的导入方式。

4.8 同步练习

1. 下列是 Python 合法标识符的是(　　)。
   A. 2variable　　B. variable2　　C. _whatavariable　　D. _3_
   E. $anothervar　　F. 体重
2. 下列不是 Python 关键字的是(　　)。
   A. if　　B. then　　C. goto　　D. while
3. 判断对错：在 Python 语言中，一行代码表示一条语句，语句结束可以加分号，也可以省略分号。(　　)
4. 判断对错：包与文件夹的区别是包下面会有一个__init__.py 文件。(　　)

第5章 数据类型

CHAPTER 5

在声明变量时会用到数据类型，前面章节已经用到过一些数据类型，例如整数和字符串等。在 Python 中所有的数据类型都是类，每一个变量都是类的“实例”。Python 中没有基本数据类型的概念，所以整数、浮点和字符串也都是类。

Python 有 6 种标准数据类型：数字、字符串、列表、元组、集合和字典，其中列表、元组、集合和字典可以保存多项数据。它们每一个都是一种数据结构，本书中把它们统称为“数据结构”类型。

本章介绍数字和字符串，列表、元组、集合和字典这 4 种数据类型在后面章节会详细介绍。

5.1 数字类型

Python 数字类型有 4 种：整数类型、浮点类型、复数类型和布尔类型。需要注意的是，布尔类型也是数字类型，事实上它是整数类型的一种。

5.1.1 整数类型

Python 整数类型为 int，整数类型的范围很大，可以表示很大的整数，最大范围只受计算机硬件的限制。

提示 Python 3 不再区分整数和长整数，所有需要的整数都可以是长整数。

默认情况下一个整数值表示十进制，例如 16 表示的是十进制整数。其他进制，如二进制数、八进制数和十六进制整数的表示方式如下：

(1) 二进制数：以 0b 或 0B 为前缀，注意 0 是阿拉伯数字，不要认为是英文字母 o。

(2) 八进制数：以 0o 或 0O 为前缀，第一个字符是阿拉伯数字 0，第二个字符是英文字母 o 或 O。

(3) 十六进制数：以 0x 或 0X 为前缀，注意 0 是阿拉伯数字。

例如整数值 28、0b11100、0B11100、0o34、0O34、0x1C 和 0X1C 都表示同一个数字。在 Python Shell 的输出结果如下：

```
>>> 28
28
>>> 0b11100
28
```

```
>>> 0034
28
>>> 0o34
28
>>> 0x1C
28
>>> 0X1C
28
```

5.1.2　浮点类型

浮点类型主要用来储存小数数值，Python 浮点类型为 float，Python 只支持双精度浮点类型，而且与本机相关。

浮点类型可以用小数表示，也可以用科学计数法表示，科学计数法中使用大写或小写的 e 表示 10 的指数，如 e2 表示 10^2。

在 Python Shell 中运行示例如下：

```
>>> 1.0
1.0
>>> 0.0
0.0
>>> 3.36e2
336.0
>>> 1.56e-2
0.0156
```

其中，3.36e2 表示 3.36×10^2，1.56e－2 表示 1.56×10^{-2}。

5.1.3　复数类型

复数在数学中是非常重要的概念，无论是理论物理学，还是在电气工程实践中都经常使用。但是很多计算机语言都不支持复数，而 Python 是支持复数的，这使得 Python 能够很好地进行科学计算。

Python 中复数类型为 complex，例如 1＋2j 表示的是实部为 1、虚部为 2 的复数。在 Python Shell 中运行示例如下：

```
>>> 1 + 2j
(1 + 2j)
>>> (1 + 2j) + (1 + 2j)
(2 + 4j)
```

上述代码实现了两个复数(1＋2j)的相加。

5.1.4　布尔类型

Python 中布尔类型为 bool，bool 是 int 的子类，它只有 True 和 False 两个值。

注意　任何类型数据都可以通过 bool()函数转换为布尔值，那些被认为“没有的”、“空的”值会转换为 False，其余转换为 True。如 None(空对象)、False、0、0.0、0j(复数)、''

(空字符串)、[](空列表)、()(空元组)和{}(空字典)等都会转换为 False,其余的转换为 True。

示例代码如下:

```
>>> bool(0)
False
>>> bool(2)
True
>>> bool(1)
True
>>> bool('')
False
>>> bool(' ')
True
>>> bool([])
False
>>> bool({})
False
```

上述代码中 bool(2)和 bool(1)表达式输出的都是 True,这说明 2 和 1 都能转换为 True,在整数中只有 0 转换为 False,其他类型亦是如此。

5.2 数字类型相互转换

学习了数据类型后,读者可能会思考一个问题,数据类型之间是否可以转换呢? Python 通过一些函数可以实现不同数据类型之间的转换,如数字类型之间互相转换以及整数与字符串之间的转换。本节先讨论数字类型的互相转换。

除复数外,其他三种数字类型(整数、浮点和布尔)都可以互相进行转换,转换分为隐式类型转换和显式类型转换。

5.2.1 隐式类型转换

多个数字类型数据之间可以进行数学计算,若参与计算的数字类型不同,则会发生隐式类型转换。隐式类型转换规则如表 5-1 所示。

表 5-1 隐式类型转换规则

操作数 1 类型	操作数 2 类型	转换后的类型
布尔	整数	整数
布尔、整数	浮点	浮点

布尔数值可以隐式转换为整数类型,布尔值 True 则转换为整数 1,布尔值 False 则转换为整数 0。在 Python Shell 中运行示例如下:

```
>>> a = 1 + True
>>> print(a)
2
```

```
>>> a = 1.0 + 1
>>> type(a)                                                    ①
<class 'float'>
>>> print(a)
2.0
>>> a = 1.0 + True
>>> print(a)
2.0
>>> a = 1.0 + 1 + False
>>> print(a)
2.0
```

从上述代码的运算结果可知表5-1所示的类型转换规则，这里不再赘述。另外，上述代码第①行使用了type()函数，type()函数可以返回传入数据的类型，<class 'float'>说明数据是浮点类型。

5.2.2 显式类型转换

在不能进行隐式转换的情况下，就可以使用转换函数进行显式转换了。除复数外，三种数字类型（整数、浮点和布尔）都有自己的转换函数，分别是int()、float()和bool()函数。bool()函数在5.1.4节已经介绍过了，这里不再赘述。

int()函数可以将布尔、浮点和字符串类型转换为整数类型。布尔数值为True时，使用int()函数则返回1；布尔数值为False时，使用int()函数则返回0。浮点数值使用int()函数则会截掉小数部分。int()函数转换字符串会在5.3节再介绍。

float()函数可以将布尔、整数和字符串类型转换为浮点类型。布尔数值为True时，使用float()函数则返回1.0；布尔数值为False时，使用float()函数则返回0.0；整数值使用float()函数则会加上小数部分(.0)。float()函数转换字符串也会在5.3节再介绍。

在Python Shell中运行示例如下：

```
>>> int(False)
0
>>> int(True)
1
>>> int(19.6)
19
>>> float(5)
5.0
>>> float(False)
0.0
>>> float(True)
1.0
```

5.3 字符串类型

由字符组成的一串字符序列称为“字符串”，字符串是有顺序的，从左到右，索引从0开始依次递增。Python中字符串类型是str。

5.3.1 字符串表示方式

Python 中字符串有三种表示方式：

(1) 普通字符串：采用单引号(')或双引号(")包裹起来的字符串。

(2) 原始字符串(raw string)：在普通字符串前加 r，字符串中的特殊字符不需要转义，按照字符串的本来"面目"呈现。

(3) 长字符串：字符串中包含了换行、缩进等排版字符，可以使用三重单引号(''')或三重双引号(""")包裹起来，这就是长字符串。

1. 普通字符串

很多程序员习惯于使用单引号(')表示字符串。下面四行示例表示的都是 Hello World 字符串。

```
'Hello World'
"Hello World"
'\u0048\u0065\u006c\u006c\u006f\u0020\u0057\u006f\u0072\u006c\u0064'        ①
"\u0048\u0065\u006c\u006c\u006f\u0020\u0057\u006f\u0072\u006c\u0064"        ②
```

Python 中的字符采用 Unicode 编码，所以字符串可以包含中文等亚洲字符。代码第①行和第②行的字符串是用 Unicode 编码表示的字符串，事实上它表示的也是 Hello World 字符串，若通过 print 函数将 Unicode 编码表示的字符串输出到控制台，则会看到 Hello World 字符串。在 Python Shell 中运行示例如下：

```
>>> s = 'Hello World'
>>> print(s)
Hello World
>>> s = "Hello World"
>>> print(s)
Hello World
>>> s = '\u0048\u0065\u006c\u006c\u006f\u0020\u0057\u006f\u0072\u006c\u0064'
>>> print(s)
Hello World
>>> s = "\u0048\u0065\u006c\u006c\u006f\u0020\u0057\u006f\u0072\u006c\u0064"
>>> print(s)
Hello World
```

如果想在字符串中包含一些特殊的字符，例如换行符、制表符等，需要在普通字符串中转义，在字符串前面要加上反斜杠(\)，这称为字符转义。表 5-2 所示是常用的几个转义符。

表 5-2 转义符

字符表示	Unicode 编码	说　明
\t	\u0009	水平制表符
\n	\u000a	换行
\r	\u000d	回车
\"	\u0022	双引号
\'	\u0027	单引号
\\	\u005c	反斜线

在 Python Shell 中运行示例如下：

```
>>> s = 'Hello\n World'
>>> print(s)
Hello
 World
>>> s = 'Hello\t World'
>>> print(s)
Hello World
>>> s = 'Hello\' World'
>>> print(s)
Hello' World
>>> s = "Hello' World"                                    ①
>>> print(s)
Hello' World
>>> s = 'Hello" World'                                    ②
>>> print(s)
Hello" World
>>> s = 'Hello\\ World'                                   ③
>>> print(s)
Hello\ World
>>> s = 'Hello\u005c World'                               ④
>>> print(s)
Hello\ World
```

对于字符串中的单引号(')和双引号(")，也可以不用转义符。可以在包含单引号的字符串中使用双引号包裹字符串，见代码第①行；可以在包含双引号的字符串中使用单引号包裹字符串，见代码第②行。另外，可以使用 Unicode 编码替代需要转义的特殊字符，代码第④行与代码第③行是等价的。

2. 原始字符串(raw string)

在普通字符串前面加字母 r，表示字符串是原始字符串。原始字符串直接按照字符串的字面意思来使用，没有转义字符。在 Python Shell 中运行示例代码如下：

```
>>> s = 'Hello\tWorld'                                    ①
>>> print(s)
Hello World
>>> s = r'Hello\tWorld'                                   ②
>>> print(s)
Hello\tWorld
```

代码第①行是普通字符串，代码第②行是原始字符串，它们的区别只是在字符串前面加字母 r。从输出结果可见，原始字符串中的\t 没有被当作制表符使用。

3. 长字符串

若字符串中包含了换行、缩进等排版字符，则可以使用长字符串。在 Python Shell 中运行示例代码如下：

```
>>> s = '''Hello
 World'''
>>> print(s)
```

```
Hello
 World
>>> s = """ Hello \t                                          ①
          World"""
>>> print(s)
 Hello
          World
```

长字符串中如果包含特殊字符，也是需要转义的，见代码第①行。

5.3.2 字符串格式化

在实际的编程过程中，经常会遇到将其他类型变量与字符串拼接到一起并进行格式化输出的情况。例如计算的金额需要保留小数点后四位、数字需要右对齐等，这些都需要进行字符串格式化。

字符串格式化需要使用字符串的format()方法以及占位符。在Python Shell中运行示例如下：

```
>>> name = 'Mary'
>>> age = 18
>>> s = '她的年龄是{0}岁。'.format(age)                          ①
>>> print(s)
她的年龄是18岁。
>>> s = '{0}芳龄是{1}岁。'.format(name, age)                     ②
>>> print(s)
Mary芳龄是18岁。
>>> s = '{1}芳龄是{0}岁。'.format(age, name)                     ③
>>> print(s)
Mary芳龄是18岁。
>>> s = '{n}芳龄是{a}岁。'.format(n = name, a = age)             ④
>>> print(s)
Mary芳龄是18岁。
```

字符串中可以有占位符({}表示的内容)，配合format()方法使用会将format()方法中的参数替换为占位符的内容。占位符可以用参数索引表示，见代码第①行、第②行和第③行；也可以使用参数的名字表示占位符，见代码第④行，n和a都是参数名字。

占位符还包括格式化控制符，可对字符串的格式进行更加精准的控制。不同的数据类型在进行格式化时需要不同的控制符，这些格式化控制符如表5-3所示。

表5-3 字符串格式化控制符

控 制 符	说 明
s	字符串格式化
d	十进制整数
f、F	十进制浮点数
g、G	十进制整数或浮点数
e、E	科学计数法表示浮点数
o	八进制整数，符号是小写英文字母o
x、X	十六进制整数，x是小写表示，X是大写表示

格式化控制符位于占位符索引或占位符名字的后面，之间用冒号分隔，例如{1:d}表示索引为1的占位符格式参数是十进制整数。在Python Shell中运行示例如下：

```
>>> name = 'Mary'
>>> age = 18
>>> money = 1234.5678
>>> "{0}芳龄是{1:d}岁。".format(name, age)                    ①
'Mary芳龄是18岁。'
>>> "{1}芳龄是{0:5d}岁。".format(age, name)                   ②
'Mary芳龄是   18岁。'
>>> "{0}今天收入是{1:f}元。".format(name, money)               ③
'Mary今天收入是1234.567800元。'
>>> "{0}今天收入是{1:.2f}元。".format(name, money)             ④
'Mary今天收入是1234.57元。'
>>> "{0}今天收入是{1:10.2f}元。".format(name, money)           ⑤
'Mary今天收入是   1234.57元。'
>>> "{0}今天收入是{1:g}元。".format(name, money)
'Mary今天收入是1234.57元。'
>>> "{0}今天收入是{1:G}元。".format(name, money)
'Mary今天收入是1234.57元。'
>>> "{0}今天收入是{1:e}元。".format(name, money)
'Mary今天收入是1.234568e+03元。'
>>> "{0}今天收入是{1:E}元。".format(name, money)
'Mary今天收入是1.234568E+03元。'
>>> '十进制数{0:d}的八进制表示为{0:o},十六进制表示为{0:x}'.format(28)
'十进制数28的八进制表示为34,十六进制表示为1c'
```

上述代码第①行中{1:d}是格式化十进制整数。代码第②行中{0:5d}是指定输出长度为5的字符串，若不足则用空格补齐。代码第③行中{1:f}是格式化十进制浮点数，从输出的结果可见，小数部分过长。如果想控制小数部分可以使用代码第④行的{1:.2f}占位符，其中.2f表示保留两位小数(四舍五入)。如果想设置长度可以使用代码第⑤行的{1:10.2f}占位符，其中10表示总长度，包括小数点和小数部分，若不足则用空格补位。

5.3.3 字符串查找

在给定的字符串中查找子字符串是比较常见的操作。字符串类(str)中提供了find和rfind方法用于查找子字符串，返回值是查找子字符串所在的位置，没有找到则返回−1。下面具体说明find和rfind方法。

(1) str.find(sub[,start[,end]])。在索引start到end之间查找子字符串sub，如果找到则返回最左端位置的索引，如果没有找到则返回−1。start是开始索引，end是结束索引，这两个参数都可以省略。如果start省略则说明查找从字符串头开始；如果end省略则说明查找到字符串尾结束；如果全部省略则查找全部字符串。

(2) str.rfind(sub[,start[,end]])。与find方法类似，区别是如果找到子字符串则返回最右端位置的索引。如果在查找的范围内只找到一处子字符串，那么find和rfind方法的返回值是相同的。

提示 在Python文档中[]表示可以省略的部分，find和rfind方法的参数[,start

[,end]]表示 start 和 end 都可以省略。

在 Python Shell 中运行示例代码如下：

```
>>> source_str = "There is a string accessing example."
>>> len(source_str)                                                    ①
36
>>> source_str[16]                                                     ②
'g'
>>> source_str.find('r')
3
>>> source_str.rfind('r')
13
>>> source_str.find('ing')
14
>>> source_str.rfind('ing')
24
>>> source_str.find('e', 15)
21
>>> source_str.rfind('e', 15)
34
>>> source_str.find('ing', 5)
14
>>> source_str.rfind('ing', 5)
24
>>> source_str.find('ing', 18, 28)
24
>>> source_str.rfind('ingg', 5)
-1
```

上述代码第①行中的 len(source_str)返回字符串长度，注意 len 是函数，不是查找字符串的一个方法，它的参数是字符串。代码第②行中的 source_str[16]访问字符串中索引为 16 的字符。

上述字符串查找方法比较类似，这里重点解释一下 source_str.find('ing',5)和 source_str.rfind('ing',5)表达式。从图 5-1 可见，ing 字符串出现过两次，索引分别是 14 和 24。source_str.find('ing',5)返回最左端索引 14，source_str.rfind('ing',5)返回最右端索引 24。

0	1	2	3	4	5	6	7	8	9	10	11	12	13	14	15	16	17	18	19	20	21	22	23	24	25	26	27	28	29	30	31	32	33	34	35
T	h	e	r	e		i	s		a		s	t	r	i	n	g		a	c	c	e	s	s	i	n	g		e	x	a	m	p	l	e	.

图 5-1 source_str 字符串索引

提示 函数与方法的区别是，方法是定义在类中的函数，在类的外部调用时需要通过类或对象调用，例如上述代码 source_str.find('r')就是调用字符串对象 source_str 的 find 方法，find 方法是在 str 类中定义的。而一般情况下函数不是在类中定义的，也称为顶层函数，它们不属于任何一个类，调用时直接使用函数即可，例如上述代码中的 len(source_str)就调用了 len 函数，只不过它的参数是字符串对象 source_str。

5.3.4 字符串与数字相互转换

在实际的编程过程中，经常会用到字符串与数字相互转换。下面从两个不同的方面介绍字符串与数字相互转换。

1. 字符串转换为数字

字符串转换为数字可以使用int()和float()实现，5.2.2节介绍了这两个函数如何实现数字类型之间的转换。事实上这两个函数也可以接收字符串参数，如果字符串能成功转换为数字，则返回数字，否则引发异常。

在Python Shell中运行示例代码如下：

```
>>> int('9')
9
>>> int('9.6')
Traceback(most recent call last):
  File "<pyshell#2>", line 1, in <module>
    int('9.6')
ValueError: invalid literal for int() with base 10: '9.6'
>>> float('9.6')
9.6
>>> int('AB')
Traceback(most recent call last):
  File "<pyshell#4>", line 1, in <module>
    int('AB')
ValueError: invalid literal for int() with base 10: 'AB'
>>>
```

默认情况下int()函数都将字符串参数当作十进制数字进行转换，所以int('AB')会转换失败。int()函数也可以指定基数(进制)，在Python Shell中运行示例如下：

```
>>> int('AB', 16)
171
```

2. 数字转换为字符串

数字转换字符串有很多种方法，5.3.2节介绍了字符串格式化可以将数字转换为字符串。另外，Python中提供的str()函数也可将数字转化为字符串。

str()函数可以将任何类型的数字转换为字符串。在Python Shell中运行示例代码如下：

```
>>> str(3.24)
'3.24'
>>> str(True)
'True'
>>> str([])
'[]'
>>> str([1,2,3])
'[1, 2, 3]'
>>> str(34)
'34'
```

从上述代码可知str()函数很强大,什么类型都可以转换。但缺点是不能格式化,如果格式化字符串需要使用format()函数。在Python Shell中运行示例代码如下:

```
>>> '{0:.2f}'.format(3.24)
'3.24'
>>> '{:.1f}'.format(3.24)
'3.2'
>>> '{:10.1f}'.format(3.24)
'       3.2'
```

提示 在格式化字符串时,如果只有一个参数,占位符索引可以省略。

5.4 本章小结

本章主要介绍了Python中的数据类型。读者需要重点掌握数字类型与字符串类型,熟悉数字类型的互相转换,以及数字类型与字符串之间的转换。

5.5 同步练习

1. 在Python中字符串的表示方式是(　　)。
   A. 采用单引号(')包裹　　B. 采用双引号(")包裹
   C. 采用三重单引号(''')包裹　　D. 以上都不是
2. 下列表示数字正确的是(　　)。
   A. 29　　B. 0X1C　　C. 0x1A
   D. 1.96e−2　　E. 9_600_000
3. 判断对错:Python中布尔类型只有True和False两个值。(　　)
4. 判断对错:bool()函数可以将None、0、0.0、0j(复数)、''(空字符串)、[](空列表)、()(空元组)和{}(空字典)这些数值都转换为False。(　　)

第6章 运　算　符

CHAPTER 6

本章介绍 Python 语言中一些主要的运算符（也称操作符），包括算术运算符、关系运算符、逻辑运算符、位运算符和其他运算符。

6.1　算术运算符

Python 中的算术运算符用来组织整型数据和浮点型数据的算术运算，按照参加运算的操作数不同，可以分为一元运算符和二元运算符。

6.1.1　一元运算符

Python 中有多个一元运算符，但是算数一元运算符只有一个，即－。－是取反运算符，例如－a 是对 a 取反运算。

在 Python Shell 中运行示例代码如下：

```
>>> a = 12
>>> -a
-12
>>>
```

上述代码是把 a 变量取反，输出结果是－12。

6.1.2　二元运算符

二元运算符包括＋、－、*、/、%、** 和//，这些运算符主要是对数字类型数据进行操作，而＋和 * 可以用于字符串、元组和列表等类型的数据操作，具体说明如表 6-1 所示。

表 6-1　二元算术运算符

运　算　符	名　　称	说　　明	例　　子
＋	加	可用于数字、序列等类型数据操作 对于数字类型是求和；其他类型是连接操作	a＋b
－	减	求 a 减 b 的差	a－b
*	乘	可用于数字、序列等类型数据操作 对于数字类型是求积；其他类型是重复操作	a * b
/	除	求 a 除以 b 的商	a/b
%	取余	求 a 除以 b 的余数	a%b
**	幂	求 a 的 b 次幂	a ** b
//	地板除法	求小于 a 除以 b 的商的最大整数	a//b

在 Python Shell 中运行示例代码如下：

```
>>> 1 + 2
3
>>> 2 - 1
1
>>> 2 * 3
6
>>> 3 / 2
1.5
>>> 3 % 2
1
>>> 3 // 2
1
>>> -3 // 2
-2
>>> 10 ** 2
100
>>> 10.22 + 10
20.22
>>> 10.0 + True + 2
13.0
```

上述例子中分别对数字类型数据进行了二元运算，其中 True 被当作整数 1 参与运算，操作数中有浮点数字，表达式计算结果也是浮点类型。其他代码比较简单，不再赘述。

字符串属于序列的一种，所以字符串可以使用"+"和"*"运算符，在 Python Shell 中运行示例代码如下：

```
>>> 'Hello' + 'World'
'HelloWorld'
>>> 'Hello' + 2
Traceback(most recent call last):
  File "<pyshell#35>", line 1, in <module>
    'Hello' + 2
TypeError: must be str, not int
>>>
>>> 'Hello' * 2
'HelloHello'
>>> 'Hello' * 2.2
Traceback(most recent call last):
  File "<pyshell#36>", line 1, in <module>
    'Hello' * 2.2
TypeError: can't multiply sequence by non-int of type 'float'
```

"+"运算符会将两个字符串连接起来，但不能将字符串与其他类型数据连接起来。"*"运算符的第一操作数是字符串，第二操作数是整数，表示多次重复字符串。因此'Hello' * 2 的结果是'HelloHello'，注意第二操作数只能是整数。

6.2 关系运算符

关系运算是比较两个表达式大小关系的运算，它的结果是布尔类型数据，即 True 或 False。关系运算符有 6 种：==、!=、>、<、>=和<=，具体说明如表 6-2 所示。

表 6-2 关系运算符

运 算 符	名 称	说 明	例 子
==	等于	a 等于 b 时返回 True，否则返回 False	a==b
!=	不等于	与==相反	a!=b
>	大于	a 大于 b 时返回 True，否则返回 False	a>b
<	小于	a 小于 b 时返回 True，否则返回 False	a<b
>=	大于或等于	a 大于等于 b 时返回 True，否则返回 False	a>=b
<=	小于或等于	a 小于等于 b 时返回 True，否则返回 False	a<=b

在 Python Shell 中运行示例代码如下：

```
>>> a = 1
>>> b = 2
>>> a > b
False
>>> a < b
True
>>> a >= b
False
>>> a <= b
True
>>> 1.0 == 1
True
>>> 1.0 != 1
False
```

Python 中关系运算符可比较序列或数字的大小。整数、浮点数都是对象，可以使用关系运算符进行比较；字符串、列表和元组属于序列，也可以使用关系运算符进行比较。在 Python Shell 中运行示例代码如下：

```
>>> a = 'Hello'
>>> b = 'Hello'
>>> a == b
True
>>> a = 'World'
>>> a > b
True
>>> a < b
False
>>> a = []                                          ①
>>> b = [1, 2]                                      ②
>>> a == b
False
>>> a < b
True
>>> a = [1, 2]
>>> a == b
True
```

代码第①行创建一个空列表，代码第②行创建一个具有两个元素的列表，它们也可以进行比较。

6.3 逻辑运算符

逻辑运算符对布尔型变量进行运算，其结果也是布尔型，具体说明如表 6-3 所示。

表 6-3　逻辑运算符

运算符	名称	说明	例子
not	逻辑非	a 为 True 时，值为 False；a 为 False 时，值为 True	not a
and	逻辑与	a、b 全为 True 时，计算结果为 True，否则为 False	a and b
or	逻辑或	a、b 全为 False 时，计算结果为 False，否则为 True	a or b

Python 中的“逻辑与”和“逻辑或”都采用“短路”设计，例如 a and b，如果 a 为 False，则不计算 b(因为不论 b 为何值，“与”操作的结果都为 False)；而对于 a or b，如果 a 为 True，则不计算 b(因为不论 b 为何值，“或”操作的结果都为 True)。

这种短路形式的设计，使它们在计算过程中就像电路短路一样采用最优化的计算方式，从而提高效率。示例代码如下：

```
# 代码文件:chapter6/6.3/hello.py

i = 0
a = 10
b = 9

if a > b or i == 1:
    print("或运算为 真")
else:
    print("或运算为 假")

if a < b and i == 1:
    print("与运算为 真")
else:
    print("与运算为 假")


def f1():                                              ①
    return a > b


def f2():                                              ②
    print('-- f2 --')
    return a == b


print(f1() or f2())                                    ③
```

输出结果如下：

```
或运算为　真
与运算为　假
True
```

上述代码第①行和第②行定义的两个函数返回的都是布尔值。代码第③行进行“或”运算，由于短路计算，f1 函数返回 True 之后，不再调用 f2 函数。

6.4 位运算符

位运算以二进位(bit)为单位进行运算，操作数和结果都是整型数据。位运算符有如下几个运算符：&、|、^、～、>>和<<，具体说明如表 6-4 所示。

表 6-4　位运算符

运　算　符	名　　称	例　　子	说　　明
～	位反	～x	将 x 的值按位取反
&	位与	x&y	x 与 y 位进行位与运算
|	位或	x|y	x 与 y 位进行位或运算
^	位异或	x^ y	x 与 y 位进行位异或运算
>>	右移	x>>a	x 右移 a 位，高位采用符号位补位
<<	左移	x<<a	x 左移 a 位，低位用 0 补位

位运算示例代码如下：

```
# 代码文件:chapter6/6.4/hello.py

a = 0b10110010                                                ①
b = 0b01011110                                                ②

print("a | b = {0}".format(a | b))      # 0b11111110          ③
print("a & b = {0}".format(a & b))      # 0b00010010          ④
print("a ^ b = {0}".format(a ^ b))      # 0b11101100          ⑤
print("~a = {0}".format(~a))            # -179                ⑥
print("a >> 2 = {0}".format(a >> 2))    # 0b00101100          ⑦
print("a << 2 = {0}".format(a << 2))    # 0b11001000          ⑧

c = -0b1100                                                   ⑨
print("c >> 2 = {0}".format(c >> 2))    # -0b00000011         ⑩
print("c << 2 = {0}".format(c << 2))    # -0b00110000         ⑪
```

输出结果如下：

```
a | b = 254
a & b = 18
a ^ b = 236
~a = -179
a >> 2 = 44
a << 2 = 712
```

```
c >> 2 = -3
c << 2 = -48
```

上述代码中,第①行和第②行分别声明了整数变量 a 和 b,采用二进制表示方式。第⑨行声明变量 c 是采用二进制表示的负整数。

注意 a 和 b 的位数是与本机相关的,虽然只写出了 8 位,但作者计算机是 64 位的,所以 a 和 b 都是 64 位数字,只是在本例中省略了前 56 个 0。位数的多少并不会影响位反和位移运算。

代码第③行(a|b)表达式是进行位或运算,结果是二进制的 0b11111110(十进制是 254),它的运算过程如图 6-1 所示。从图中可见,a 和 b 按位进行或计算,只要有一个为 1,这一位就为 1,否则为 0。

代码第④行(a&b)是进行位与运算,结果是二进制的 0b00010010(十进制是 18),它的运算过程如图 6-2 所示。从图中可见,a 和 b 按位进行与计算,只有两位全部为 1,这一位才为 1,否则为 0。

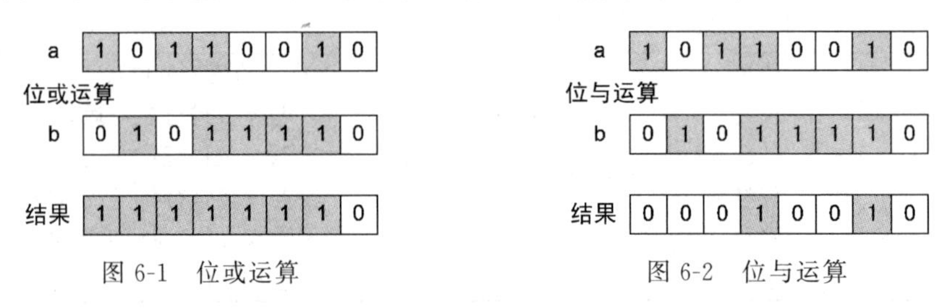

图 6-1 位或运算　　图 6-2 位与运算

代码第⑤行(a^b)是进行位异或运算,结果是二进制的 0b11101100(十进制是 236),它的运算过程如图 6-3 所示。从图中可见,a 和 b 按位进行异或计算,只有两位相反时这一位才为 1,否则为 0。

代码第⑥行(~a)是按位取反运算,这个过程中需要补码运算,而且与计算机位数有关。作者使用的是 64 位机,所以计算结果是−179。

代码第⑦行(a＞＞2)是进行右位移 2 位运算,结果是二进制的 0b00101100(十进制是 44),它的运算过程如图 6-4 所示。从图中可见,a 的低位被移除掉,高位用 0 补位(注意最高位不是 1,而是 0,在 1 前面还有 56 个 0)。

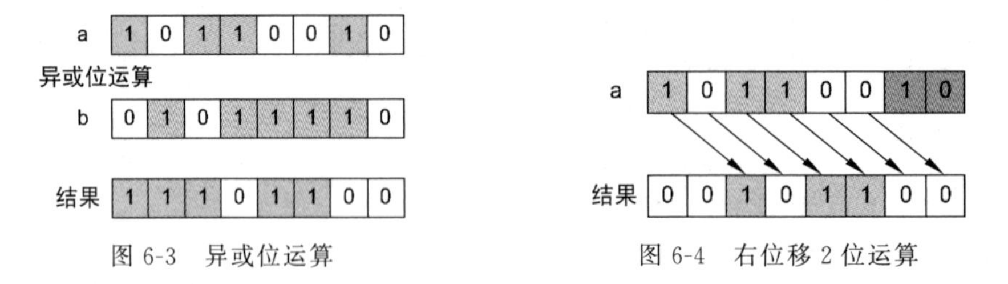

图 6-3 异或位运算　　图 6-4 右位移 2 位运算

代码第⑧行(a＜＜2)是进行左位移 2 位运算,结果是二进制的 0b1011001000(十进制是 712),它的运算过程如图 6-5 所示。从图中可见,由于本机是 64 位,所以高位不会被移除掉,低位用 0 补位。但是需要注意,如果本机是 8 位的,那么高位会被移除

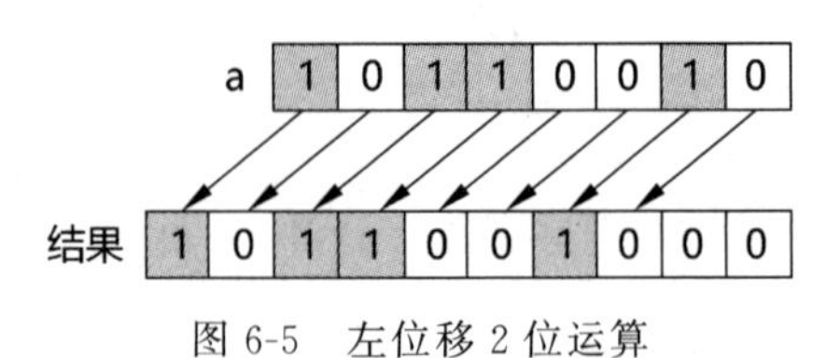

图 6-5 左位移 2 位运算

掉,结果是二进制的 0b11001000(十进制是 310)。

提示　代码第⑩行和第⑪行是对负数进行位运算,负数也涉及到补码运算,如果不理解负数位移运算,可以先忽略负号,把负数当成正整数,运算出结果后再加上负号。

提示　右移n位相当于操作数除以 2^n,例如代码第⑦行(a>>2)表达式相当于($a/2^2$),即 178/4,所以结果等于 44。另外,左位移n位相当于操作数乘以 2^n,例如代码第⑩行(a<<2)表达式相当于($a*2^2$),即 178*4,所以结果等于 712,类似的还有代码第⑧行。

6.5 赋值运算符

赋值运算符只是一种简写,一般用于变量自身的变化,例如将 a 与其操作数进行运算后的结果再赋值给 a,算术运算符和位运算符中的二元运算符都有对应的赋值运算符。具体说明如表 6-5 所示。

表 6-5　算术赋值运算符

运算符	名称	例子	说明
+=	加赋值	a+=b	等价于 a=a+b
-=	减赋值	a-=b	等价于 a=a-b
*=	乘赋值	a*=b	等价于 a=a*b
/=	除赋值	a/=b	等价于 a=a/b
%=	取余赋值	a%=b	等价于 a=a%b
**=	幂赋值	a**=b	等价于 a=a**b
//=	地板除法赋值	a//=b	等价于 a=a//b
&=	位与赋值	a&=b	等价于 a=a&b
|=	位或赋值	a|=b	等价于 a=a|b
^=	位异或赋值	a^=b	等价于 a=a^b
<<=	左移赋值	a<<=b	等价于 a=a<<b
>>=	右移赋值	a>>=b	等价于 a=a>>b

示例代码如下:

```
# 代码文件:chapter6/6.5/hello.py

a = 1
b = 2

a += b                                  # 相当于 a = a + b
print("a | b = {0}".format(a))          # 输出结果 3

a += b + 3                              # 相当于 a = a + b + 3
print("a + b + 3 = {0}".format(a))      # 输出结果 7
a -= b                                  # 相当于 a = a - b
print("a - b = {0}".format(a))          # 输出结果 6

a *= b                                  # 相当于 a = a * b
print("a * b = {0}".format(a))          # 输出结果 12
```

```
a /= b                                # 相当于 a = a / b
print("a / b = {0}".format(a))        # 输出结果 6

a %= b                                # 相当于 a = a % b
print("a % b = {0}".format(a))        # 输出结果 0

a = 0b10110010
b = 0b01011110

a |= b
print("a | b = {0}".format(a))
a ^= b
print("a ^ b = {0}".format(a ^ b))
```

输出结果如下：

```
a | b = 3
a + b + 3 = 8
a - b = 6
a * b = 12
a / b = 6.0
a % b = 0.0
a | b = 254
a ^ b = 254
```

上述例子分别对整型数据进行了赋值运算，具体语句不再赘述。

6.6 其他运算符

除了前面介绍的主要运算符，Python 还有一些其他运算符，本节先介绍其中两个重要的“测试”运算符，其他运算符会在后面涉及相关内容时再详细介绍。这两个“测试”运算符是同一性测试运算符和成员测试运算符，所谓“测试”就是判断之意，因此它们的运算结果是布尔值，它们也属于关系运算符。

6.6.1 同一性测试运算符

同一性测试运算符就是测试两个对象是否为同一个对象，类似于==运算符，不同之处是，==是测试两个对象的内容是否相同，当然如果是同一对象==也返回 True。

同一性测试运算符有两个：is 和 is not。is 判断是否为同一对象，is not 判断是否不是同一对象。示例代码如下：

```
# coding = utf - 8
# 代码文件:chapter6/6.6/ch6.6.1.py

class Person:                                                    ①
    def _init_(self, name, age):
        self.name = name
        self.age = age
```

```
p1 = Person('Tony', 18)
p2 = Person('Tony', 18)

print(p1 == p2)          # False
print(p1 is p2)          # False

print(p1 != p2)          # True
print(p1 is not p2)      # True
```

上述代码第①行自定义类 Person，它有两个实例变量 name 和 age，然后创建了两个 Person 对象 p1 和 p2，它们具有相同的 name 和 age 实例变量。那么是否可以说 p1 与 p2 是同一个对象(p1 is p2 为 True)？程序运行结果为不是同一对象，因为这里实例化了两个 Person 对象(Person('Tony',18)语句是创建对象)。

那么 p1==p2 为什么会返回 False 呢？因为==虽然是比较两个对象的内容是否相等，但是也需要告诉对象比较的规则是什么，是比较 name 还是 age？这需要在定义类时重写_eq_方法，指定比较规则。修改代码如下：

```
class Person:
    def__init__(self, name, age):
        self.name = name
        self.age = age

    def__eq__(self, other):
        if self.name == other.name and self.age == other.age:
            return True
        else:
            return False


p1 = Person('Tony', 18)
p2 = Person('Tony', 18)

print(p1 == p2)          # True
print(p1 is p2)          # False

print(p1 != p2)          # False
print(p1 is not p2)      # True
```

上述代码重写__eq__方法，其中定义了只有在 name 和 age 都相等时，两个 Person 对象 p1 和 p2 才相等，即 p1==p2 为 True。注意此时 p1 is p2 还是为 False 的。有关类和对象等细节问题，读者只需要知道 is 和==两种运算符的不同即可。

6.6.2 成员测试运算符

成员测试运算符可以测试在一个序列(sequence)对象中是否包含某一个元素，成员测试运算符有两个：in 和 not in。in 测试是否包含某一个元素，not in 测试是否不包含某一个元素。

示例代码如下：

```
# coding = utf - 8
# 代码文件:chapter6/6.6/ch6.6.2.py

string_a = 'Hello'
print('e' in string_a)          # True                                      ①
print('ell' not in string_a)    # False                                     ②

list_a = [1, 2]
print(2 in list_a)              # True                                      ③
print(1 not in list_a)          # False                                     ④
```

上述代码中第①行是判断字符串 Hello 中是否包含 e 字符，第②行是判断字符串 Hello 中是否不包含字符串 ell。这里需要注意的是字符串本质上也属于序列，此外还有列表和元组也都属于序列，有关序列的知识会在第 8 章详细介绍。

代码第③行是判断 list_a 列表中是否包含 2 元素，代码第④行是判断 list_a 列表中是否不包含 1 元素。

6.7 运算符优先级

在一个表达式计算过程中，运算符的优先级非常重要。表 6-6 中从上到下优先级依次从高到低，同一行具有相同的优先级。

表 6-6 运算符优先级

优先级	运算符	说明
1	()	小括号
2	f(参数)	函数调用
3	[start:end],[start:end:step]	分片
4	[index]	下标
5	.	引用类成员
6	**	幂
7	~	位反
8	+,-	正负号
9	*,/,%	乘法、除法、取余
10	+,-	加法、减法
11	<<,>>	位移
12	&	位与
13	^	位异或
14			位或
15	in,not in,is,is not,<,<=,>,>=,<>,!=,==	比较
16	not	逻辑非
17	and	逻辑与
18	or	逻辑或
19	lambda	Lambda 表达式

通过表 6-6 读者可对运算符优先级有一个大体上的了解，运算符优先级从高到低的大体顺序是：算术运算符→位运算符→关系运算符→逻辑运算符→赋值运算符。还有一些运算符没有介绍，后面章节会逐一介绍。

6.8　本章小结

通过对本章内容的学习，读者可以了解到 Python 语言运算符，这些运算符包括算术运算符、关系运算符、逻辑运算符、位运算符和其他运算符，最后还可以了解到 Python 运算符的优先级。

6.9　同步练习

1. 设有变量赋值 x＝3.5；y＝4.6；z＝5.7，则以下的表达式中值为 True 的是（　　）。
   A. x＞y or x＞z　　　　B. x!＝y
   C. z＞(y＋x)　　　　D. x＜y and not(x＞z)
2. 下列使用"＜＜"和"＞＞"操作符的结果正确的是（　　）。
   A. 0b1010000000000000＞＞4 的结果是 2560
   B. 0b1010000000000000＞＞4 的结果是 256
   C. 0b0000101000000000＜＜2 的结果是 10240
   D. 0b0000101000000000＜＜2 的结果是 1024
3. 下列表达式中哪两个相等？（　　）
   A. 16＞＞2　　B. 16/2 ** 2　　C. 16 * 4　　D. 16＜＜2
4. 判断对错：同一性测试运算符有 is 和 is not 两个，is 判断是否为同一对象，is not 判断是否不是同一对象。（　　）

第7章 控制语句

CHAPTER 7

程序设计中的控制语句有三种，即顺序、分支和循环语句。Python 程序通过控制语句来管理程序流，完成一定的任务。程序流是由若干个语句组成的，语句可以是一条单一的语句，也可以是复合语句。Python 中的控制语句有以下几类：

（1）分支语句：if。

（2）循环语句：while 和 for。

（3）跳转语句：break、continue 和 return。

7.1 分支语句

分支语句提供了一种控制机制，使得程序具有了“判断能力”，能够像人类的大脑一样分析问题。分支语句又称条件语句，条件语句使部分程序可根据某些表达式的值被有选择地执行。

Python 中的分支语句只有 if 语句。if 语句有三种结构：if 结构、if-else 结构和 elif 结构。

7.1.1 if 结构

如果条件计算为 True 就执行语句组，否则就执行 if 结构后面的语句。语法结构如下：

```
if 条件 :
    语句组
```

if 结构示例代码如下：

```
# coding = utf - 8
# 代码文件:chapter7/7.1.1/hello.py

import sys

score = int(sys.argv[1])        # 获得命令行传入的参数                ①

if score >= 85:
    print("您真优秀!")

if score < 60:
```

```
    print("您需要加倍努力!")

if (score >= 60) and (score < 85):
    print("您的成绩还可以,仍需继续努力!")
```

为了灵活输入分数(score),本例中使用了 sys.argv,sys.argv 能够返回命令行参数列表,见代码第①行。sys.argv[1]返回参数列表的第二个元素,因为第一个元素(sys.argv[0])是执行的 Python 文件名。由于参数列表中的元素有字符串,所以还需要使用 int 函数将字符串转换为 int 类型。另外,为了使用 sys.argv 返回命令行参数列表,还需要在文件开始时通过 import sys 语句导入 sys 模块。

执行时需要打开 Windows 命令提示符窗口,输入如下指令,如图 7-1 所示。

```
python ch7.1.1.py 80
```

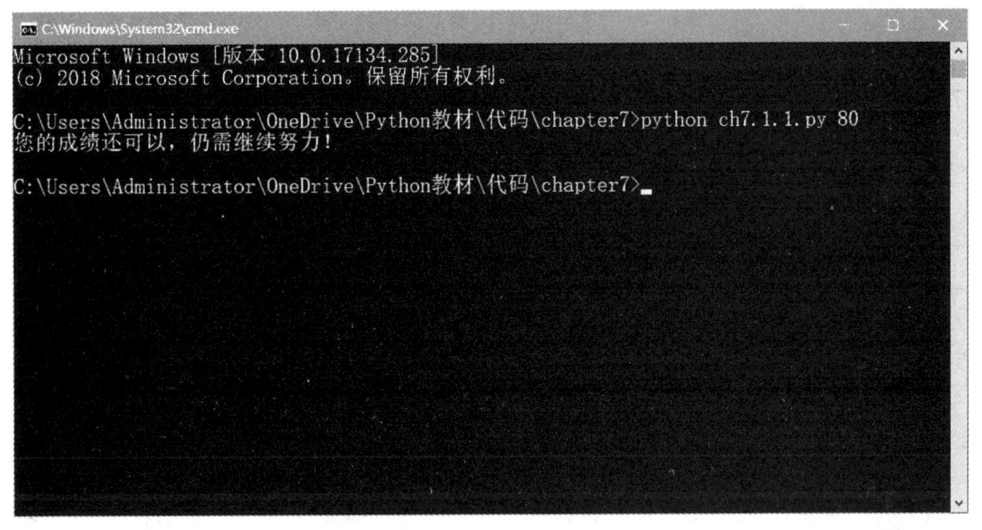

图 7-1　命令行参数

注意　sys.argv[0]元素的返回值是 ch7.1.1.py,该元素代表执行的 Python 文件名。使用 sys.argv 获取命令行参数列表的程序代码,不能在 Python Shell 环境下运行获得参数列表。

7.1.2　if-else 结构

几乎所有的计算机语言都有这个结构,而且结构的格式基本相同,语句如下:

```
if 条件 :
    语句组 1
else :
    语句组 2
```

当程序执行到 if 语句时,先判断条件,如果值为 True,则执行语句组 1,然后跳过 else 语句及语句组 2,继续执行后面的语句。如果条件为 False,则忽略语句组 1 而直接执行语句组 2,然后继续执行后面的语句。

if-else 结构示例代码如下：

```
# coding = utf - 8
# 代码文件:chapter7/ch7.1.2.py

import sys

score = int(sys.argv[1])        # 获得命令行传入的参数

if score >= 60:
    print("及格")
    if score >= 90:
        print("优秀")
else:
    print("不及格")
```

示例执行过程参考 7.1.1 节，这里不再赘述。

7.1.3 elif 结构

elif 结构如下：

```
if 条件 1 :
    语句组 1
elif 条件 2 :
    语句组 2
elif 条件 3 :
    语句组 3
    ⋮
elif 条件 n :
    语句组 n
else :
    语句组 n + 1
```

可以看出，elif 结构实际上是 if-else 结构的多层嵌套，它明显的特点就是在多个分支中只执行一个语句组，而其他分支都不执行，所以这种结构可以用于有多种判断结果的分支中。

elif 结构示例代码如下：

```
# coding = utf - 8
# 代码文件:chapter7/ch7.1.3.py

import sys

score = int(sys.argv[1])        # 获得命令行传入的参数

if score >= 90:
    grade = 'A'
elif score >= 80:
    grade = 'B'
elif score >= 70:
```

```
    grade = 'C'
elif score >= 60:
    grade = 'D'
else:
    grade = 'F'

print("Grade = " + grade)
```

示例执行过程参考 7.1.1 节，这里不再赘述。

7.1.4 三元运算符替代品——条件表达式

在前面学习运算符时，并没有提到类似 Java 语言的三元运算符[①]。为提供类似的功能，Python 提供了条件表达式，其语法如下：

```
表达式 1 if 条件 else 表达式 2
```

其中，当条件计算为 True 时，返回表达式 1，否则返回表达式 2。

条件表达式示例代码如下：

```
# coding=utf-8
# 代码文件:chapter7/ch7.1.4.py

import sys

score = int(sys.argv[1])          # 获得命令行传入的参数

result = '及格' if score >= 60 else '不及格'
print(result)
```

示例执行过程参考 7.1.1 节，这里不再赘述。

从示例可见，条件表达式事实上就是 if-else 结构。普通的 if-else 结构不是表达式，不会有返回值，而条件表达式不但进行条件判断，而且还会有返回值。

7.2 循环语句

循环语句能够使程序代码重复执行。Python 支持 while 和 for 两种循环构造类型。

7.2.1 while 语句

while 语句是一种先判断的循环结构，格式如下：

```
while 循环条件 :
    语句组
[else:
    语句组]
```

while 循环不初始化语句，循环次数是不可知的，只要循环条件满足，就会一直执行循

① 三元运算符的语法形式为"条件？表达式 1:表达式 2"。当条件为真时，返回表达式 1，否则返回表达式 2。

环体。while 循环中可以带有 else 语句，else 语句将在 7.3 节详细介绍。

下面看一个简单的示例，代码如下：

```
# coding = utf - 8
# 代码文件:chapter7/ch7.2.1.py

i = 0

while i * i < 100_000:
    i += 1

print("i = {0}".format(i))
print("i * i = {0}".format(i * i))
```

输出结果如下：

```
i = 317
i * i = 100489
```

上述程序代码的目的是找到平方数大于 100_000 的最小整数。使用 while 循环需要注意，while 循环条件语句中只能写一个表达式，而且是一个布尔型表达式，那么如果循环体中需要循环变量，就必须在 while 语句之前对循环变量进行初始化。本例中先给 i 赋值为 0，然后在循环体内部通过语句更改循环变量的值，这样才能避免发生死循环。

提示 为了阅读方便，整数和浮点数均可添加多个 0 或下画线以提高可读性，如 000.01563 和_360_000，两种格式均不会影响实际值。下画线一般是每三位加一个。

7.2.2 for 语句

for 语句是应用最广泛、功能最强的一种循环语句。Python 语言中没有 C 语言风格的 for 语句，它的 for 语句相当于 Java 中的增强 for 循环语句，只用于序列，序列包括字符串、列表和元组。

for 语句一般格式如下：

```
for 迭代变量 in 序列 :
    语句组
[else:
    语句组]
```

“序列”表示所有的实现序列的类型都可以使用 for 循环。“迭代变量”是从序列中迭代取出的元素，然后执行循环体。for 循环中也可以带有 else 语句，else 语句将在 7.3 节详细介绍。

示例代码如下：

```
# coding = utf - 8
# 代码文件:chapter7/ch7.2.2.py

print("---- 范围 -------")
for num in range(1, 10):            # 使用范围                       ①
    print("{0} x {0} = {1}".format(num, num * num))
```

```
print("----字符串-------")
# for 语句
for item in 'Hello':                                    ②
    print(item)

# 声明整数列表
numbers = [43, 32, 53, 54, 75, 7, 10]                   ③

print("----整数列表-------")

# for 语句
for item in numbers:                                    ④
    print("Count is : {0}".format(item))
```

输出结果如下：

```
----范围-------
1 x 1 = 1
2 x 2 = 4
3 x 3 = 9
4 x 4 = 16
5 x 5 = 25
6 x 6 = 36
7 x 7 = 49
8 x 8 = 64
9 x 9 = 81
----字符串-------
H
e
l
l
o
----整数列表-------
Count is : 43
Count is : 32
Count is : 53
Count is : 54
Count is : 75
Count is : 7
Count is : 10
```

上述代码第①行 range(1, 10)函数是创建范围(range)对象,它的取值范围是 1≤range(1,10)<10,步长为 1,总共 9 个整数。范围也是一种整数序列,关于范围会在 7.4 节详细介绍。代码第②行是循环字符串 Hello,字符串也是一个序列,所以可以用 for 循环变量。代码第③行是定义整数列表,关于列表会在第 8 章详细介绍。代码第④行是遍历列表 numbers。

7.3 跳转语句

跳转语句能够改变程序的执行顺序,可以实现程序的跳转。Python 有 3 种跳转语句:break、continue 和 return。本节重点介绍 break 和 continue 语句的使用。return 语句将在后面章节介绍。

7.3.1 break 语句

break 语句可用于 7.2 节介绍的 while 和 for 循环结构，它的作用是强行退出循环体，不再执行循环体中剩余的语句。

下面看一个示例，代码如下：

```
# coding = utf - 8
# 代码文件:chapter7/ch7.3.1.py

for item in range(10):
    if item == 3:
        # 跳出循环
        break
    print("Count is : {0}".format(item))
```

在上述程序代码中，当条件满足 item==3 时执行 break 语句，break 语句会终止循环。range(10)函数省略了开始参数，默认是从 0 开始的。程序运行的结果如下：

```
Count is : 0
Count is : 1
Count is : 2
```

7.3.2 continue 语句

continue 语句用来结束本次循环，跳过循环体中尚未执行的语句，接着进行终止条件的判断，以决定是否继续循环。

下面看一个示例，代码如下：

```
# coding = utf - 8
# 代码文件:chapter7/ch7.3.2.py

for item in range(10):
    if item == 3:
        continue
    print("Count is : {0}".format(item))
```

在上述程序代码中，当条件满足 item==3 时执行 continue 语句，continue 语句会终止本次循环，循环体中 continue 之后的语句将不再执行，接着进行下次循环，所以输出结果中没有 3。程序运行结果如下：

```
Count is: 0
Count is: 1
Count is: 2
Count is: 4
Count is: 5
Count is: 6
Count is: 7
Count is: 8
Count is: 9
```

7.3.3 while 和 for 中的 else 语句

在前面 7.2 节介绍 while 和 for 循环时，还提到它们都可以有 else 语句，但与 if 语句中的 else 不同。这里的 else 是在循环体正常结束时才运行的代码，当循环被中断时不执行，break、return 和异常抛出都会中断循环。循环中的 else 语句流程如图 7-2 所示。

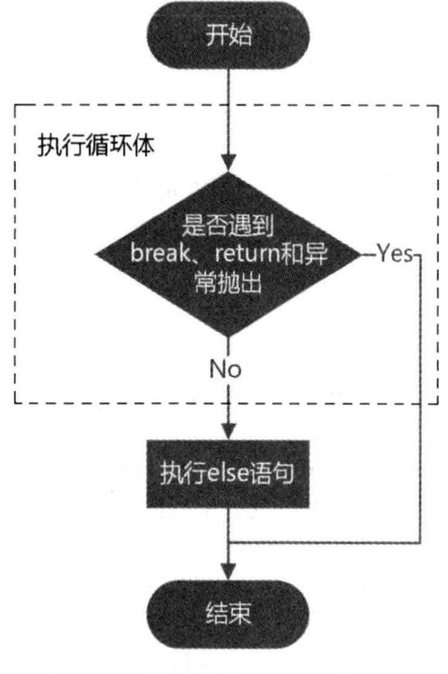

图 7-2　循环中的 else 语句流程

示例代码如下：

```
# coding = utf - 8
# 代码文件:chapter7/ch7.3.3.py

i = 0

while i * i < 10:
    i += 1
    # if i == 3:
    #     break
    print("{0} * {0} = {1}".format(i, i * i))
else:
    print('While Over!')

print('-------------')

for item in range(10):
    if item == 3:
        break
    print("Count is : {0}".format(item))
else:
    print('For Over!')
```

运行结果如下：

```
1 * 1 = 1
2 * 2 = 4
3 * 3 = 9
4 * 4 = 16
While Over!
-------------
Count is : 0
Count is : 1
Count is : 2
```

上述代码中 while 循环中的 break 语句被注释掉了，因此会进入 else 语句，所以最后输出“While Over!”。而在 for 循环中，当条件满足时会执行 break 语句，程序不会进入 else 语句，最后没有输出“For Over!”。

7.4 使用范围

在前面的学习过程中多次需要使用范围，范围在 Python 中类型是 range，表示一个整数序列，创建范围对象需使用 range()函数，range()函数语法如下：

```
range([start,] stop[, step])
```

其中的三个参数全部是整数类型，start 是开始值，可以省略，表示从 0 开始；stop 是结束值；step 是步长。注意 start≤整数序列取值<stop，步长 step 可以为负数，可以创建递减序列。

示例代码如下：

```
# coding = utf - 8
# 代码文件:chapter7/ch7.3.4.py

for item in range(1, 10, 2):                                    ①
    print("Count is : {0}".format(item))

print('--------------')

for item in range(0, -10, -3):                                  ②
    print("Count is : {0}".format(item))
```

输出结果如下：

```
Count is : 1
Count is : 3
Count is : 5
Count is : 7
Count is : 9
--------------
Count is : 0
Count is : -3
Count is : -6
Count is : -9
```

上述代码第①行是创建一个范围，步长是 2，有 5 个元素，包含的元素见输出结果。代码第②行是创建一个递减范围，步长是−3，有 4 个元素，包含的元素见输出结果。

7.5 本章小结

通过对本章内容的学习，读者可以了解到 Python 语言的控制语句，其中包括分支语句 if、循环语句(while 和 for)和跳转语句(break 和 continue)等，以及如何创建范围。

7.6 同步练习

1. 编程题：水仙花数是一个三位数，该三位数各位的立方之和等于三位数本身。

(1) 请使用 while 循环计算水仙花数。

(2) 请使用 for 循环计算水仙花数。

2. 编程题：编写程序以输出以下形式的金字塔图案。

```
   *
  ***
 *****
*******
```

3. 能从循环语句的循环体中跳出的语句是(　　)。

A. for 语句　　B. break 语句　　C. while 语句　　D. continue 语句

4. 下列语句执行后，x 的值是(　　)。

```
a = 3; b = 4; x = 5

if a < b:
    a += 1
    x += 1
```

A. 5　　B. 3　　C. 4　　D. 6

第8章 数据结构

CHAPTER 8

当你有很多书时，你会考虑用一个书柜将书分门别类地摆放进去。使用书柜不仅仅使房间变得整洁，也便于以后使用书时方便查找。在计算机程序中会有很多数据，这些数据也需要一个容器将它们管理起来，这就是数据结构。常见的数据结构有数组（Array）、集合（Set）、列表（List）、队列（Queue）、链表（Linkedlist）、树（Tree）、堆（Heap）、栈（Stack）和字典（Dictionary）等结构。

Python 中数据容器主要有序列、集合和字典。

注意 Python 中并没有数组结构，因为数组要求元素类型是一致的。而 Python 作为动态类型语言，不强制声明变量的数据类型，也不能强制检查元素的数据类型。

8.1 元组

元组（tuple）是一种序列（sequence）结构，下面先来介绍一些序列。

8.1.1 序列

序列（sequence）是一种可迭代的、元素有序、可重复出现的数据结构。序列可以通过索引访问元素。图 8-1 是一个班级序列，其中有一些学生，这些学生是有序的，顺序是他们被放到序列中的顺序，可以通过序号访问他们。这就像老师给进入班级的学生分配学号，第一个报到的是“张三”，老师给他分配的是 0，第二个报到的是“李四”，老师给他分配的是 1，以此类推，最后一个序号应该是“学生人数－1”。

图 8-1 序列

序列包括的结构有列表（list）、字符串（str）、元组（tuple）、范围（range）和字节序列（bytes）。序列可进行的操作有索引、分片、加和乘。

1. 索引操作

序列中第一个元素的索引是 0，其他元素的索引是第一个元素的偏移量。可以有正偏移量，称为正值索引；也可以有负偏移量，称为负值索引。正值索引的最后一个元素索引是“序列长度－1”，负值索引的最后一个元素索引是“－1”。例如 Hello 字符串，它的正值索引如图 8-2(a)所示，它的负值索引如图 8-2(b)所示。

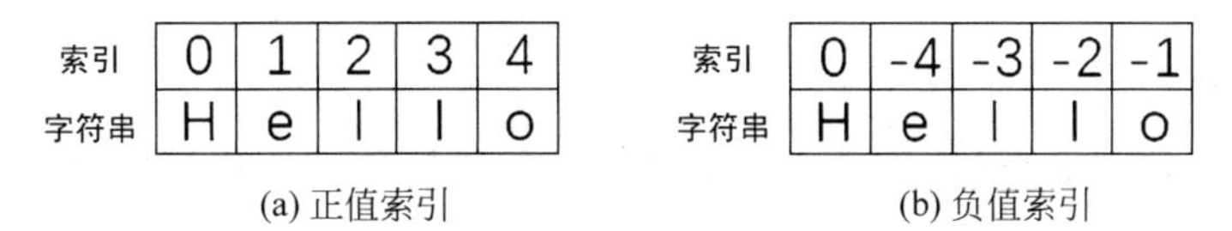

图 8-2 正值、负值索引示例

序列中的元素是通过索引下标访问的，即中括号[index]方式访问。在 Python Shell 中运行示例如下：

```
>>> a = 'Hello'
>>> a[0]
'H'
>>> a[1]
'e'
>>> a[4]
'o'
>>> a[-1]
'o'
>>> a[-2]
'l'
>>> a[5]
Traceback(most recent call last):
  File "<pyshell#2>", line 1, in <module>
    a[5]
IndexError: string index out of range
>>> max(a)
'o'
>>> min(a)
'H'
>>> len(a)
5
```

a[0]是访问序列第一个元素，最后一个元素的索引可以是 4 或－1。但是索引超过范围，则会发生 IndexError 错误。另外，获取序列的长度使用 len 函数，类似的序列还有 max 和 min 函数，max 函数返回最大字符，min 函数返回最小字符。

2. 序列的加和乘

下面看看序列的加和乘，在前面第 6 章介绍＋和＊运算符时，提到过它们可以应用于序列。＋运算符可以将两个序列连接起来，＊运算符可以将序列重复多次。

在 Python Shell 中运行示例如下：

```
>>> a = 'Hello'
>>> a * 3
'HelloHelloHello'
>>> print(a)
Hello
>>> a += ' '
>>> a += 'World'
```

```
>>> print(a)
Hello World
```

3. 序列分片

序列的分片(Slicing)就是从序列中切分出小的子序列。分片使用分片运算符,分片运算符有两种形式:

(1) [start:end]: start是开始索引,end是结束索引。

(2) [start:end:step]: start是开始索引,end是结束索引,step是步长,步长在分片时获取元素的间隔。步长可以为正整数,也可为负整数。

注意 切下的分片包括start位置元素,但不包括end位置元素,start和end都可以省略。

在Python Shell中运行示例代码如下:

```
>>> a[1:3]
'el'
>>> a[:3]
'Hel'
>>> a[0:3]
'Hel'
>>> a[0:]
'Hello'
>>> a[0:5]
'Hello'
>>> a[:]
'Hello'
>>> a[1:-1]
'ell'
```

上述代码表达式a[1:3]是切出1～3之间的子字符串,注意不包括3,所以结果是el。表达式a[:3]省略了开始索引,默认开始索引是0,所以a[:3]与a[0:3]的分片结果是一样的。表达式a[0:]省略了结束索引,默认结束索引是序列的长度,即5。所以a[0:]与a[0:5]的分片结果是一样的。表达式a[:]是省略了开始索引和结束索引,a[:]与a[0:5]的结果一样。

另外,表达式a[1:-1]使用了负值索引,对照图8-2,不难计算出a[1:-1]的结果是ell。

分片时使用[start:end:step]可以指定步长(step),步长与当次元素索引、下次元素索引之间的关系如下:

```
下次元素索引 = 当次元素索引 + 步长
```

在Python Shell中运行示例代码如下:

```
>>> a[1:5]
'ello'
>>> a[1:5:2]
'el'
>>> a[0:3]
```

```
'Hel'
>>> a[0:3:2]
'Hl'
>>> a[0:3:3]
'H'
>>> a[::-1]
'olleH'
```

表达式 a[1:5]省略了步长参数，步长默认值是 1。表达式 a[1:5:2]是步长为 2，结果是 el。a[0:3]分片后的字符串是 Hel。而 a[0:3:3]的步长为 3，分片结果是 H 字符。当步长为负数时比较麻烦，负数时是从右往左获取元素，所以表达式 a[::-1]分片的结果是原始字符串的倒置。

8.1.2 创建元组

元组(tuple)是一种不可变序列，一旦创建就不能修改。创建元组可以使用 tuple([iterable])函数或直接用逗号(,)将元素分隔。

在 Python Shell 中运行示例代码如下：

```
>>> 21,32,43,45                                    ①
(21, 32, 43, 45)
>>> (21, 32, 43, 45)                               ②
(21, 32, 43, 45)
>>> a = (21,32,43,45)
>>> print(a)
(21, 32, 43, 45)
>>> ('Hello', 'World')                             ③
('Hello', 'World')
>>> ('Hello', 'World', 1,2,3)                      ④
('Hello', 'World', 1, 2, 3)
>>> tuple([21,32,43,45])                           ⑤
(21, 32, 43, 45)
```

代码第①行创建了一个有 4 个元素的元组，创建元组时使用小括号把元素包裹起来不是必需的。代码第②行使用括号将元素包裹起来，这只是为了提高程序的可读性。Python 中没有强制声明数据类型，因此元组中的元素可以是任何数据类型。代码第③行创建了一个字符串元组。代码第④行创建了字符串和整数混合的元组。

另外，元组还可通过 tuple([iterable])函数创建，参数 iterable 是任何可迭代对象。代码第⑤行是使用 tuple()函数创建元组对象，实参[21,32,43,45]是一个列表，列表是可迭代对象，可以作为 tuple()函数参数创建元组对象。

创建元组还需要注意如下极端情况：

```
>>> a = (21)
>>> type(a)
<class 'int'>
>>> a = (21,)
>>> type(a)
<class 'tuple'>
```

```
>>> a = ()
>>> type(a)
<class 'tuple'>
```

从上述代码可见,如果一个元组只有一个元素时,后面的逗号不能省略,即(21,)表示的是只有一个元素的元组,而(21)表示的是一个整数。另外,()可以创建空元组。

8.1.3 访问元组

元组作为序列可以通过下标索引访问其中的元素,也可以对其进行分片。在 Python Shell 中运行示例代码如下:

```
>>> a = ('Hello', 'World', 1,2,3)                          ①
>>> a[1]
'World'
>>> a[1:3]
('World', 1)
>>> a[2:]
(1, 2, 3)
>>> a[:2]
('Hello', 'World')
```

上述代码第①行是元组 a,a[1]是访问元组第二个元素,表达式 a[1:3]、a[2:]和 a[:2]都是进行分片操作。

元组还可以进行拆包(Unpack)操作,就是将元组的元素取出并赋值给不同变量。在 Python Shell 中运行示例代码如下:

```
>>> a = ('Hello', 'World', 1,2,3)
>>> str1, str2, n1,n2, n3 = a                              ①
>>> str1
'Hello'
>>> str2
'World'
>>> n1
1
>>> n2
2
>>> n3
3
>>> str1, str2, *n = a                                     ②
>>> str1
'Hello'
>>> str2
'World'
>>> n
[1, 2, 3]
>>> str1,_,n1,n2,_ = a                                     ③
```

上述代码第①行是将元组 a 进行拆包操作,接收拆包元素的变量个数应该与元组个数相同。接收变量个数也可以少于元组个数,代码第②行接收变量个数只有 3 个,最后一个很特殊,变量 n 前面有星号,表示将剩下的元素作为一个列表赋值给变量 n。另外,还可以使用下画线指定哪些元素不取值,代码第③行是不取第二个和第五个元素。

8.1.4 遍历元组

遍历元组一般是使用 for 循环,示例代码如下:

```
# coding = utf - 8
# 代码文件:chapter8/ch8.1.4.py


a = (21, 32, 43, 45)

for item in a:                                              ①
    print(item)

print('----------- ')
for i, item in enumerate(a):                                ②
    print('{0} - {1}'.format(i, item))
```

输出结果如下:

```
21
32
43
45
-----------
0 - 21
1 - 32
2 - 43
3 - 45
```

一般情况下遍历目的只是取出每一个元素值,见代码第①行的 for 循环。但有时需要在遍历过程中同时获取索引,则可以使用代码第②行的 for 循环,其中 enumerate(a)函数可以获得元组对象,该元组对象有两个元素,第一个元素是索引,第二个元素是数值。所以"i, item"是元组拆包过程,最后变量 i 是元组 a 的当前索引,item 是元组 a 的当前元素值。

注意 本节虽然介绍的是元组的遍历,但上述遍历方式适合于所有序列,如字符串、范围和列表等。

8.2 列表

列表(list)也是一种序列结构,与元组不同,列表具有可变性,可以追加、插入、删除和替换列表中的元素。

8.2.1 创建列表

创建列表可以使用 list([iterable])函数,或者用中括号[]将元素包裹,元素之间用逗号分隔。在 Python Shell 中运行示例代码如下:

```
>>> [20, 10, 50, 40, 30]                                ①
[20, 10, 50, 40, 30]
>>> []
[]
>>> ['Hello', 'World', 1, 2, 3]                         ②
['Hello', 'World', 1, 2, 3]
>>> a = [10]                                            ③
>>> type(a)
<class 'list'>
>>> a = [10,]                                           ④
>>> type(a)
<class 'list'>
>>> list((20, 10, 50, 40, 30))                          ⑤
[20, 10, 50, 40, 30]
```

上述代码第①行创建了一个有5个元素的列表，注意中括号不能省略，如果省略了中括号那就变成元组了。创建空列表是[]表达式。列表中可以放入任何对象，代码第②行是创建一个字符串和整数混合的列表。代码第③行是创建只有一个元素的列表，中括号不能省略。另外，无论是元组还是列表，每一个元素后面都跟着一个逗号，只是最后一个元素的逗号经常是省略的，但代码第④行最后一个元素没有省略逗号。

另外，列表还可以通过list([iterable])函数创建，参数iterable是任何可迭代对象。代码第⑤行是使用list()函数创建列表对象，实参(20,10,50,40,30)是一个元组，元组是可迭代对象，可以作为list()函数参数创建列表对象。

8.2.2 追加元素

列表中可以使用append()方法追加单个元素。如果想追加另一列表，可以使用+运算符或extend()方法。

append()方法语法如下：

```
list.append(x)
```

其中x参数是要追加的单个元素值。

extend()方法语法如下：

```
list.extend(t)
```

其中t参数是要追加的另外一个列表。

在Python Shell中运行示例代码如下：

```
>>> student_list = ['张三', '李四', '王五']
>>> student_list.append('董六')                          ①
>>> student_list
['张三', '李四', '王五', '董六']
>>> student_list += ['刘备', '关羽']                      ②
>>> student_list
['张三', '李四', '王五', '董六', '刘备', '关羽']
>>> student_list.extend(['张飞', '赵云'])                 ③
>>> student_list
```

```
['张三', '李四', '王五', '董六', '刘备', '关羽', '张飞', '赵云']
```

上述代码中第①行使用了 append 方法，在列表后面追加一个元素，append()方法不能同时追加多个元素。代码第②行是利用+=运算符追加多个元素，能够支持+=运算是因为列表支持+运算。代码第③行是使用 extend()方法追加多个元素。

8.2.3 插入元素

插入元素可以使用列表的 insert()方法，该方法可以在指定索引位置插入一个元素。insert()方法语法如下：

```
list.insert(i, x)
```

其中，参数 i 是要插入的索引，参数 x 是要插入的元素数值。

在 Python Shell 中运行示例代码如下：

```
>>> student_list = ['张三', '李四', '王五']
>>> student_list.insert(2, '刘备')
>>> student_list
['张三', '李四', '刘备', '王五']
```

上述代码中 student_list 调用 insert 方法，在索引 2 位置插入一个元素，新元素的索引为 2。

8.2.4 替换元素

列表具有可变性，其中的元素替换很简单，通过列表下标将索引元素放在赋值符号(=)左边，进行赋值即可替换。在 Python Shell 中运行示例代码如下：

```
>>> student_list = ['张三', '李四', '王五']
>>> student_list[0] = "诸葛亮"
>>> student_list
['诸葛亮', '李四', '刘备', '王五']
```

其中，student_list[0] = "诸葛亮"是替换列表 student_list 的第一个元素。

8.2.5 删除元素

列表中实现删除元素的方式有两种：一种是使用列表的 remove()方法，另一种是使用列表的 pop()方法。

1. remove()方法

remove()方法从左往右查找列表中的元素，如果找到匹配元素则删除，注意如果找到多个匹配元素，只是删除第一个。如果没有找到则会抛出错误。

remove()方法语法如下：

```
list.remove(x)
```

其中，x 参数是要找到的元素值。

使用 remove()方法删除元素的示例代码如下：

```
>>> student_list = ['张三', '李四', '王五', '王五']
>> student_list.remove('王五')
>>> student_list
['张三', '李四', '王五']
>>> student_list.remove('王五')
>>> student_list
['张三', '李四']
```

2. pop()方法

pop()方法也会删除列表中的元素，但它会将成功删除的元素返回。

pop()方法语法如下：

```
item = list.pop(i)
```

其中，参数 i 是指定删除元素的索引，i 可以省略，表示删除最后一个元素。返回值 item 是删除的元素。

使用 pop()方法删除元素的示例代码如下：

```
>>> student_list = ['张三', '李四', '王五']
>>> student_list.pop()
'王五'
>>> student_list
['张三', '李四']
>>> student_list.pop(0)
'张三'
>>> student_list
['李四']
```

8.2.6 其他常用方法

前面介绍列表追加、插入和删除时，已经介绍了一些方法。事实上列表还有很多方法，本节再介绍几个常用的方法，主要有

(1) reverse()：倒置列表。

(2) copy()：复制列表。

(3) clear()：清除列表中所有元素。

(4) index(x[, i[, j]])：返回查找 x 第一次出现的索引，i 是开始查找索引，j 是结束查找索引。该方法继承自序列，元组和字符串也可以使用该方法。

(5) count(x)：返回 x 出现的次数。该方法继承自序列，元组和字符串也可以使用该方法。

在 Python Shell 中运行示例代码如下：

```
>>> a = [21, 32, 43, 45]
>>> a.reverse()                                                    ①
>>> a
[45, 43, 32, 21]
>>> b = a.copy()                                                   ②
>>> b
```

```
[45, 43, 32, 21]
>>> a.clear()                                                    ③
>>> a
[]
>>> b
[45, 43, 32, 21]
>>> a = [45, 43, 32, 21, 32]
>>> a.count(32)                                                  ④
2
>>> student_list = ['张三', '李四', '王五']
>>> student_list.index('王五')                                   ⑤
2
>>> student_tuple = ('张三', '李四', '王五')
>>> student_tuple.index('王五')                                  ⑥
2
>>> student_tuple.index('李四', 1 , 2)
1
```

上述代码中第①行是调用 reverse()方法将列表 a 倒置。代码第②行是调用 copy()方法复制 a,并赋值给 b。代码第③行是清除 a 中所有元素。代码第④行是返回 a 列表中 32 元素的个数。代码第⑤行是返回'王五'在 student_list 列表中的位置。代码第⑥行是返回'王五'在 student_tuple 元组中的位置。

8.2.7 列表推导式

Python 中有一种特殊表达式——推导式,它可以将一种数据结构作为输入,经过过滤、计算等处理,最后输出另一种数据结构。根据数据结构的不同可分为列表推导式、集合推导式和字典推导式。本节先介绍列表推导式。

如果想获得 0~9 中偶数的平方数列,那么可以通过 for 循环实现,代码如下:

```
# coding = utf - 8
# 代码文件:chapter8/ch8.2.7.py

n_list = []
for x in range(10):
    if x % 2 == 0:
        n_list.append(x ** 2)
print(n_list)
```

输出结果如下:

```
[0, 4, 16, 36, 64]
```

0~9 中偶数的平方数列可以通过列表推导式实现,代码如下:

```
n_list = [x ** 2 for x in range(10) if x % 2 == 0]               ①
print(n_list)
```

上述代码第①行就是列表推导式,输出的结果与 for 循环是一样的。图 8-3 所示是列表推导式语法结构,其中 in 后面的表达式是“输入序列”; for 前面的表达式是“输出表达式”,

它的运算结果会保存到一个新列表中；if 条件语句用来过滤输入序列，符合条件的才传递给输出表达式，“条件语句”是可以省略的，所有元素都传递给输出表达式。

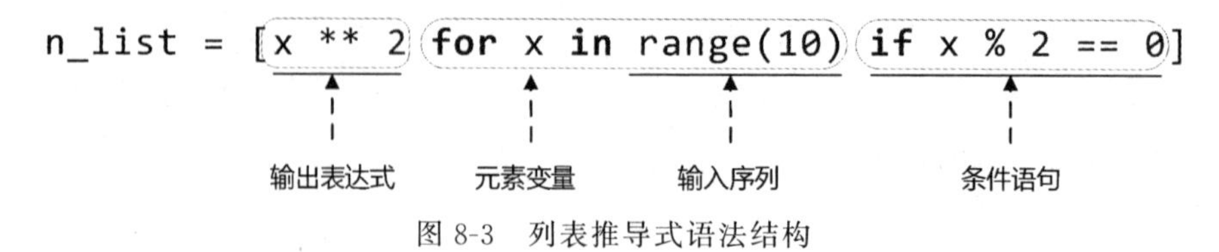

图 8-3 列表推导式语法结构

条件语句可以包含多个条件，如果想找出 0～99 之间可以被 5 整除的偶数数列，代码如下：

```
n_list = [x for x in range(100) if x % 2 == 0 if x % 5 == 0]
print(n_list)
```

列表推导式的条件语句有两个，if x % 2 == 0 和 if x % 5 == 0，可见它们具有“与”的关系。

8.3 集合

集合(set)是一种可迭代的、无序的、不能包含重复元素的数据结构。图 8-4 是一个班级的集合，其中包含一些学生，这些学生是无序的，不能通过序号访问，而且不能有重复。

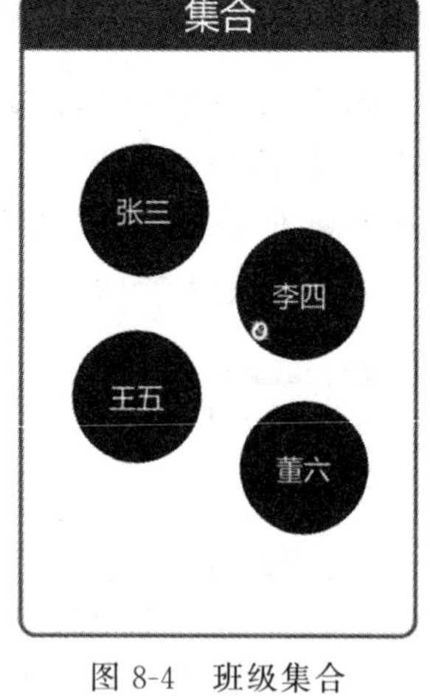

图 8-4 班级集合

提示 序列中的元素是有序的，可以重复出现，而集合中是无序的，不能有重复的元素。序列强调的是有序，集合强调的是不重复。当不考虑顺序，而且没有重复的元素时，序列和集合可以互相替换。

集合又分为可变集合(set)和不可变集合(frozenset)。

8.3.1 创建可变集合

可变集合类型是 set，创建可变集合可以使用 set([iterable]) 函数，或者用大括号{}将元素包裹，元素之间用逗号分隔。在 Python Shell 中运行示例代码如下：

```
>>> a = {'张三', '李四', '王五'}                    ①
>>> a
{'张三', '李四', '王五'}
>>> a = {'张三', '李四', '王五', '王五'}            ②
>>> len(a)
3
>>> a
{'张三', '李四', '王五'}
>>> set((20, 10, 50, 40, 30))                      ③
{40, 10, 50, 20, 30}
>>> b = {}                                         ④
```

```
>>> type(b)
<class 'dict'>
>>> b = set()                                                    ⑤
>>> type(b)
<class 'set'>
```

上述代码第①行是使用大括号创建集合,如果元素有重复会怎样呢?代码第②行包含重复的元素,创建时会剔除重复元素。代码第③行是使用set()函数创建集合对象。如果要创建一个空的集合不能使用{}表示,见代码第④行,b并不是集合而是字典,等价于使用空参数的set()函数,见代码第⑤行。

提示 要获得集合中元素的个数,可以使用len()函数,注意len()是函数不是方法,本例中len(a)表达式返回集合a的元素个数。

8.3.2 修改可变集合

可变集合类似于列表,内容可以被修改,可以插入和删除元素。修改可变集合几个常用的方法如下:

(1) add(elem):添加元素,如果元素已经存在,则不能添加,不会抛出错误。

(2) remove(elem):删除元素,如果元素不存在,则抛出错误。

(3) discard(elem):删除元素,如果元素不存在,不会抛出错误。

(4) pop():删除返回集合中任意一个元素,返回值是删除的元素。

(5) clear():清除集合。

在Python Shell中运行示例代码如下:

```
>>> student_set = {'张三', '李四', '王五'}
>>> student_set.add('董六')
>>> student_set
{'张三', '董六', '李四', '王五'}
>>> student_set.remove('李四')
>>> student_set
{'张三', '董六', '王五'}
>>> student_set.remove('李四')                                   ①
Traceback(most recent call last):
  File "<pyshell#144>", line 1, in <module>
    student_set.remove('李四')
KeyError: '李四'
>>> student_set.discard('李四')                                  ②
>>> student_set
{'张三', '董六', '王五'}
>>> student_set.discard('王五')
>>> student_set
{'张三', '董六'}
>>> student_set.pop()
'张三'
>>> student_set
{'董六'}
>>> student_set.clear()
```

```
>>> student_set
set()
```

上述代码第①行使用 remove()方法删除元素时，由于要删除的'李四'已经不在集合中，所以会抛出错误。而同样是删除集合中不存在的元素，discard()方法不会抛出错误，见代码第②行。

8.3.3 遍历集合

集合是无序的，没有索引，不能通过下标访问单个元素。但可以遍历集合，访问集合每一个元素。

遍历集合一般是使用 for 循环，示例代码如下：

```
# coding = utf - 8
# 代码文件:chapter8/ch8.3.3.py

student_set = {'张三', '李四', '王五'}

for item in student_set:
    print(item)

print('-----------')
for i, item in enumerate(student_set):                          ①
    print('{0} - {1}'.format(i, item))
```

输出结果如下：

```
张三
王五
李四
-----------
0 - 张三
1 - 王五
2 - 李四
```

代码第①行的 for 循环中使用了 enumerate()函数，该函数在 8.1.4 节遍历元组时已经介绍过了，但是需要注意的是，此时变量 i 不是索引，只是遍历集合的次数。

8.3.4 不可变集合

不可变集合类型是 frozenset，创建不可变集合使用 frozenset([iterable])函数，不能使用大括号{}。在 Python Shell 中运行示例代码如下：

```
>>> student_set = frozenset({'张三', '李四', '王五'})            ①
>>> student_set
frozenset({'张三', '李四', '王五'})
>>> type(student_set)
<class 'frozenset'>
>>> student_set.add('董六')                                      ②
Traceback(most recent call last):
  File "<pyshell#168>", line 1, in <module>
```

```
    student_set.add('董六')
AttributeError: 'frozenset' object has no attribute 'add'
>>> a = (21, 32, 43, 45)
>>> seta = frozenset(a)                                    ③
>>> seta
frozenset({32, 45, 43, 21})
```

上述代码第①行是创建不可变集合,frozenset()的参数{'张三', '李四', '王五'}是另一个集合对象,因为集合也是可迭代对象,可以作为 frozenset()的参数。代码第③行中函数使用了一个元组 a 作为 frozenset()的参数。

由于创建的是不可变集合,不能被修改,若试图修改会发生错误,见代码第②行,使用 add()函数发生了错误。

8.3.5 集合推导式

集合推导式与列表推导式类似,区别只是输出结果是集合。修改 8.2.7 节代码如下:

```
# coding = utf - 8
# 代码文件:chapter8/ch8.3.5.py

n_list = {x for x in range(100) if x % 2 == 0 if x % 5 == 0}
print(n_list)
```

输出结果如下:

```
{0, 70, 40, 10, 80, 50, 20, 90, 60, 30}
```

由于集合是不能有重复元素的,集合推导式的输出结果会过滤掉重复的元素,示例代码如下:

```
input_list = [2, 3, 2, 4, 5, 6, 6, 6]

n_list = [x ** 2 for x in input_list]                      ①
print(n_list)

n_set = {x ** 2 for x in input_list}                       ②
print(n_set)
```

输出结果如下:

```
[4, 9, 4, 16, 25, 36, 36, 36]
{4, 36, 9, 16, 25}
```

上述代码第①行是列表推导式,代码第②行是集合推导式,从结果可见没有重复的元素。

8.4 字典

字典(dict)是可迭代的、可变的数据结构,通过键来访问元素的数据结构。字典结构比较复杂,它是由两部分视图构成的,一个是键(key)视图,另一个是值(value)视图。键视图不能包含重复的元素，而值视图可以，键和值是成对出现的。

图 8-5 所示是字典结构的“国家代号”。键是国家代号，值是国家。

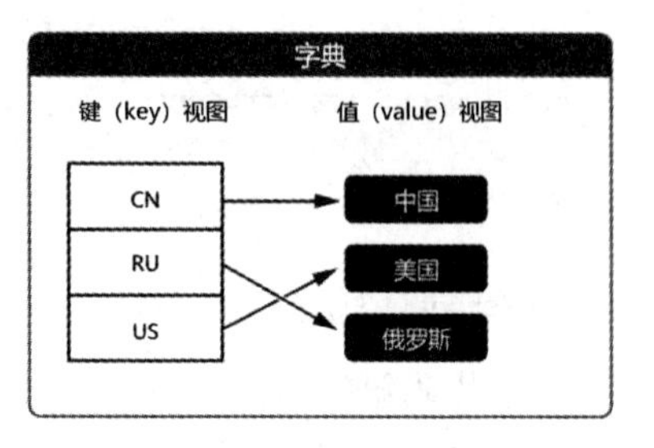

图 8-5 字典结构的国家代号

提示 字典更适合通过键快速访问值，就像查英文字典一样，键就是要查的英文单词，而值是英文单词的翻译和解释等内容。有时一个英文单词会对应多个翻译和解释，这也是与字典集合特性对应的。

8.4.1 创建字典

字典类型是 dict，创建字典可以使用 dict()函数，或者用大括号{}将“键:值”对包裹，“键:值”对之间用逗号分隔。

在 Python Shell 中运行示例代码如下：

```
>>> dict1 = {102: '张三', 105: '李四', 109: '王五'}                    ①
>>> len(dict1)
3
>>> dict1
{102: '张三', 105: '李四', 109: '王五'}
>>> type(dict1)
<class 'dict'>
>>> dict1 = {}
>>> dict1
{}
>>> dict({102: '张三', 105: '李四', 109: '王五'})                      ②
{102: '张三', 105: '李四', 109: '王五'}
>>> dict(((102, '张三'), (105, '李四'), (109, '王五')))                ③
{102: '张三', 105: '李四', 109: '王五'}
>>> dict([(102, '张三'), (105, '李四'), (109, '王五')])                ④
{102: '张三', 105: '李四', 109: '王五'}
>>> t1 = (102, '张三')
>>> t2 = (105, '李四')
>>> t3 = (109, '王五')
>>> t = (t1, t2, t3)
>>> dict(t)                                                            ⑤
{102: '张三', 105: '李四', 109: '王五'}
>>> list1 = [t1, t2, t3]
>>> dict(list1)                                                        ⑥
{102: '张三', 105: '李四', 109: '王五'}
>>> dict(zip([102, 105, 109], ['张三', '李四', '王五']))               ⑦
{102: '张三', 105: '李四', 109: '王五'}
```

上述代码第①行是使用大括号将“键:值”对创建字典，这是最简单的创建字典方式，创建一个空字典表达式是{}。获得字典长度(键值对个数)也是使用 len()函数。

代码第②行、第③行、第④行、第⑤行和第⑥行都用 dict()函数创建字典。代码第②行 dict()函数参数是另外一个字典{102: '张三', 105: '李四', 109: '王五'}，使用这种方式不如直接使用大括号包裹“键:值”这种方式方便。

代码第③行和第⑤行的参数是一个元组,这个元组中要包含三个只有两个元素的元组,创建过程如图 8-6 所示。代码第④行和第⑥行的参数是一个列表,这个列表中包含三个只有两个元素的元组。

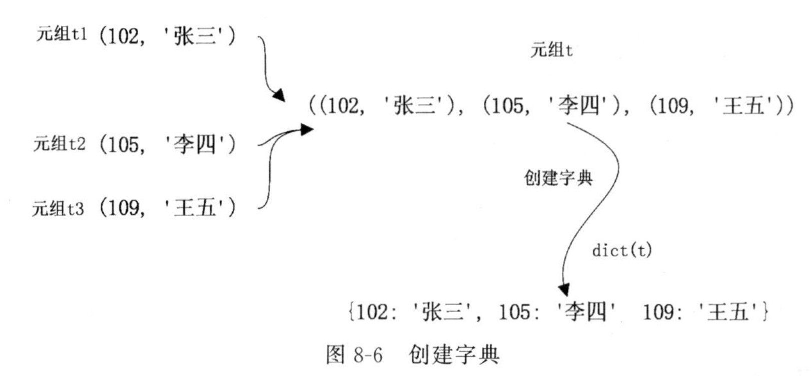

图 8-6 创建字典

代码第⑦行是使用 zip()函数,zip()函数将两个可迭代对象打包成元组,在创建字典时,可迭代对象元组需要两个可迭代对象,第一个是键([102, 105, 109]),第二个是值(['张三', '李四', '王五']),它们包含的元素个数相同,并且一一对应。

注意 使用 dict()函数创建字典还可以使用一种 key=value 形式参数,语法如下:

```
dict(key1 = value1, key2 = value2, key3 = value3 … )
```

key=value 形式只能创建键是字符串类型的字典,使用时需要省略包裹字符串的引号(包括双引号或单引号)。在 Python Shell 中运行示例代码如下:

```
>>> dict(102 = '张三', 105 = '李四', 109 = '王五')                ①
SyntaxError: keyword can't be an expression
>>> dict('102' = '张三', '105' = '李四', '109' = '王五')          ②
SyntaxError: keyword can't be an expression
>>> dict(S102 = '张三', S105 = '李四', S109 = '王五')             ③
{'S102': '张三', 'S105': '李四', 'S109': '王五'}
```

代码第①行试图通过 dict()函数创建键是整数类型的字典,结果发生错误。代码第②行试图使用字符串作为键创建字典,但是该 dict()函数需要省略字符串键的引号,因此会发生错误。需要注意本例中键是由数字构成的字符串,它们很特殊,如果省略包裹它们的引号,那么它们会表示为数字,使用该 dict()函数是不允许的,所以此时的键不会识别字符串类型。代码第③行的键是在数字前面加了 S 字母,这样不会被识别为数字类型。

8.4.2 修改字典

字典可以被修改,但都是针对键和值同时操作,修改字典包括添加、替换和删除“键:值”对。

在 Python Shell 中运行示例代码如下:

```
>>> dict1 = {102: '张三', 105: '李四', 109: '王五'}
>>> dict1[109]                                                   ①
```

```
'王五'
>>> dict1[110] = '董六'                                        ②
>>> dict1
{102: '张三', 105: '李四', 109: '王五', 110: '董六'}
>>> dict1[109] = '张三'                                        ③
>>> dict1
{102: '张三', 105: '李四', 109: '张三', 110: '董六'}
>>> del dict1[109]                                             ④
>>> dict1
{102: '张三', 105: '李四', 110: '董六'}
>>> dict1.pop(105)
'李四'
>>> dict1
{102: '张三', 110: '董六'}
>>> dict1.pop(105, '董六')                                     ⑤
'董六'
>>> dict1.popitem()                                            ⑥
(110, '董六')
>>> dict1
{102: '张三'}
```

访问字典中元素可通过下标实现，下标参数是键，返回对应的值。代码第①行中dict1[109]是取出字典dict1中键为109的值。字典下标访问元素也可以在赋值符号(=)左边，代码第②行是给字典110键赋值，注意此时字典dict1中没有110键，那么这样的操作会添加110：'董六'键值对。如果键存在那么会替换对应的值，如代码第③行会将键109对应的值替换为'张三'，虽然此时值视图中已经有'张三'了，但仍然可以添加，这说明值是可以重复的。代码第④行是删除109键对应的值，注意del是语句不是函数。使用del语句删除键值对时，如果键不存在会抛出错误。

如果喜欢使用一种方法删除元素，可以使用字典的pop(key[, default])和popitem()方法。pop(key[, default])方法删除键值对时，如果键不存在则返回默认值(default)，见代码第⑤行，105键不存在所以返回默认值'董六'。popitem()方法删除任意键值对时，返回所删除的键值对构成的元组，如上述代码第⑥行删除了一个键值对，返回了一个元组对象(110, '董六')。

8.4.3 访问字典

字典还有一些方法用来访问它的键或值，这些方法如下：

(1) get(key[, default])：通过键返回值，如果键不存在返回默认值。

(2) items()：返回字典的所有键值对。

(3) keys()：返回字典键视图。

(4) values()：返回字典值视图。

在Python Shell中运行示例代码如下：

```
>>> dict1 = {102: '张三', 105: '李四', 109: '王五'}
>>> dict1.get(105)                                             ①
'李四'
```

```
>>> dict1.get(101)                                                    ②
>>> dict1.get(101, '董六')                                            ③
'董六'
>>> dict1.items()
dict_items([(102, '张三'), (105, '李四'), (109, '王五')])
>>> dict1.keys()
dict_keys([102, 105, 109])
>>> dict1.values()
dict_values(['张三', '李四', '王五'])
```

上述代码第①行是通过get()方法返回105键对应的值,如果没有键对应的值,而且还没有为get()方法提供默认值,则不会有返回值,见代码第②行。代码第③行提供了返回值。

在访问字典时,也可以使用in和not in运算符,但是需要注意的是,in和not in运算符只在测试键视图中进行。在Python Shell中运行示例代码如下:

```
>>> student_dict = {'102': '张三', '105': '李四', '109': '王五'}
>>> 102 in dict1
True
>>> '李四' in dict1
False
```

8.4.4 遍历字典

字典遍历也是字典的重要操作。与集合不同,字典有两个视图,因此遍历过程可以只遍历值视图,也可以只遍历键视图,也可以同时遍历。这些遍历过程都是通过for循环实现的。

示例代码如下:

```
# coding = utf - 8
# 代码文件:chapter8/ch8.4.4.py

student_dict = {102: '张三', 105: '李四', 109: '王五'}

print('--- 遍历键 --- ')
for student_id in student_dict.keys():                                ①
    print('学号:' + str(student_id))

print('--- 遍历值 --- ')
for student_name in student_dict.values():                            ②
    print('学生:' + student_name)

print('--- 遍历键:值 --- ')
for student_id, student_name in student_dict.items():                 ③
    print('学号:{0} - 学生:{1}'.format(student_id, student_name))
```

输出结果如下:

```
--- 遍历键 ---
学号:102
学号:105
```

```
学号:109
--- 遍历值 ---
学生:张三
学生:李四
学生:王五
--- 遍历键:值 ---
学号:102 - 学生:张三
学号:105 - 学生:李四
学号:109 - 学生:王五
```

上述代码第③行遍历字典的键值对,items()方法返回键值对元组序列,student_id 和 student_name 是从元组拆包出来的两个变量。

8.4.5 字典推导式

因为字典包含了键和值两个不同的结构,因此字典推导式结果可以非常灵活。字典推导示例代码如下:

```
# coding = utf - 8
# 代码文件:chapter8/ch8.4.5.py

input_dict = {'one': 1, 'two': 2, 'three': 3, 'four': 4}

output_dict = {k: v for k, v in input_dict.items() if v % 2 == 0}        ①
print(output_dict)

keys = [k for k, v in input_dict.items() if v % 2 == 0]                  ②
print(keys)
```

输出结果如下:

```
{'two': 2, 'four': 4}
['two', 'four']
```

上述代码第①行是字典推导式,注意输入结构不能直接使用字典,因为字典不是序列,可以通过字典的 item()方法返回字典中键值对序列。代码第②行是字典推导式,但只返回键结果。

8.5 本章小结

本章介绍了 Python 中的几种数据结构,其中包括序列、元组、集合和字典。首先介绍了序列的特点及结构,然后详细介绍了元组、集合和字典。

8.6 同步练习

1. 下列选项中属于序列的是(　　)。

   A. (21,32,43,45)　　B. 21,32,43,45　　C. [21,32,43,45]　　D. 'Hello'

2. 下列选项中属于元组的是(　　)。

A. (21,32,43,45)　　B. 21,　　C. [21,32,43,45]　　D. 21

3. 下列选项中属于列表的是(　　)。

A. (21,32,43,45)　　B. 21,　　C. [21,32,43,45]　　D. [21]

4. 下列语句序列执行后,打印输出结果是(　　)。

```
ages = {"张三": 23, "李四": 35, "王五": 65, "董六": 19}
copiedAges = ages
copiedAges["张三"] = 24
print(ages["张三"])
```

A. 65　　B. 35　　C. 24　　D. 23

5. 在一个应用程序中定义 a=[1,2,3,4,5,6,7,8,9,10],为了打印输出列表 a 的最后一个元素,下面正确的代码是(　　)。

A. print(a[10])　　B. print(a[9])

C. print(a[len(a)−1])　　D. print(a(9))

6. 判断对错:列表的元素是不能重复的。(　　)

7. 判断对错:集合的元素是不能重复的。(　　)

8. 判断对错:字典由键和值两个视图构成,键视图中的元素不能重复,值视图中的元素可以重复。(　　)

9. 判断对错:在序列的分片运算符[start:end]中,start 是开始索引,end 是结束索引。(　　)

10. 判断对错:列表中实现删除元素的方式有两种:一种是使用列表的 remove()方法,另一种是使用列表的 pop()方法。(　　)

第9章 函　　数

CHAPTER 9

程序中反复执行的代码可以封装到一个代码块中，这个代码块模仿了数学中的函数，具有函数名、参数和返回值，这就是程序中的函数。

Python 中的函数很灵活，它可以在模块中、但在类之外定义，作用域是当前模块；也可以在别的函数中定义，即嵌套函数；还可以在类中定义，即方法。

9.1 定义函数

在前面的学习过程中也用到了一些函数，如 len()、min()和 max()，这些函数都是由 Python 官方提供的，称为内置函数(Built-in Functions,BIF)。

注意 Python 作为解释性语言，函数必须先定义后调用，也就是定义函数必须在调用函数之前，否则会发生错误。

本节介绍自定义函数，自定义函数的语法格式如下：

```
def 函数名(参数列表) :
    函数体
    return 返回值
```

Python 中定义函数的关键字是 def，函数名需要符合标识符的命名规范。多个参数列表之间可以用逗号(,)分隔，当然函数也可以没有参数。如果函数有返回数据，就需要在函数体最后使用 return 语句将数据返回；如果没有返回数据，则函数体中可以使用 return None 或省略 return 语句。

函数定义示例代码如下：

```
# coding = utf - 8
# 代码文件:chapter9/ch9.1.py


def rectangle_area(width, height):                    ①
    area = width * height
    return area                                       ②


r_area = rectangle_area(320.0, 480.0)                 ③
```

```
print("320x480 的长方形的面积:{0:.2f}".format(r_area))
```

上述代码第①行是定义计算长方形面积的函数 rectangle_area，它有两个参数，分别是长方形的宽和高，width 和 height 是参数名。代码第②行是通过 return 返回函数的计算结果。代码第③行是调用 rectangle_area 函数。

9.2 函数参数

Python 中的函数参数很灵活，具体体现在传递参数有多种形式上。本节介绍几种不同形式的函数参数和调用方式。

9.2.1 使用关键字参数调用函数

为了提高函数调用的可读性，在函数调用时可以使用关键字参数调用。若采用关键字参数调用函数，在函数定义时不需要做额外的工作。

示例代码如下：

```
# coding = utf - 8
# 代码文件:chapter9/ch9.2.1.py


def print_area(width, height):
    area = width * height
    print("{0} x {1} 长方形的面积:{2}".format(width, height, area))


print_area(320.0, 480.0)                       # 不采用关键字参数函数调用      ①
print_area(width = 320.0, height = 480.0)      # 采用关键字参数函数调用        ②
print_area(320.0, height = 480.0)              # 采用关键字参数函数调用        ③
# print_area(width = 320.0, height)            # 发生错误                      ④
print_area(height = 480.0, width = 320.0)      # 采用关键字参数函数调用        ⑤
```

print_area 函数有两个参数，不采用关键字参数函数调用的情形见代码第①行；采用关键字参数调用函数的情形见代码第②行、第③行和第⑤行，其中 width 和 height 是参数名。从上述代码比较可见，若采用关键字参数调用函数，调用者能够清晰地看出传递参数的含义，关键字参数对于有多个参数的函数调用非常有用。另外，采用关键字参数函数调用时，参数顺序可以与函数定义时的参数顺序不同。

注意 在调用函数时，一旦其中一个参数采用了关键字参数形式传递，那么其后的所有参数都必须采用关键字参数形式传递。代码第④行的函数调用中，第一个参数 width 采用了关键字参数形式，而它后面的参数没有采用关键字参数形式，因此发生错误。

9.2.2 参数默认值

在定义函数时可以为参数设置一个默认值，当调用函数时可以忽略该参数。看下面的一个示例：

```
# coding = utf - 8
```

```
# 代码文件:chapter9/ch9.2.2.py

def make_coffee(name = "卡布奇诺"):
    return "制作一杯{0}咖啡.".format(name)
```

上述代码定义了 makeCoffee 函数，其中把卡布奇诺设置为默认值。在参数列表中，默认值可以跟在参数类型的后面，通过等号提供给参数。在调用的时候，如果调用者没有设置传递参数，则使用默认值。调用代码如下：

```
coffee1 = make_coffee("拿铁")                                    ①
coffee2 = make_coffee()                                          ②

print(coffee1)          # 制作一杯拿铁咖啡.
print(coffee2)          # 制作一杯卡布奇诺咖啡.
```

其中第①行代码是传递"拿铁"参数，没有使用默认值。第②行代码没有传递参数，因此使用默认值。

提示 **在其他语言中，make_coffee 函数可以采用重载实现多个版本。Python 不支持函数重载，而是使用参数默认值的方式提供类似函数重载的功能。参数默认值只需要定义一个函数，而重载则需要定义多个函数。**

9.2.3 可变参数

Python 中函数的参数个数可以变化，它可以接受不确定数量的参数，这种参数称为可变参数。Python 中的可变参数有两种，在参数前加 * 或 ** 形式，* 可变参数在函数中被组装成为一个元组，** 可变参数在函数中被组装成为一个字典。

1. * 可变参数

下面看一个示例：

```
def sum( * numbers, multiple = 1):
    total = 0.0
    for number in numbers:
        total += number
    return total * multiple
```

上述代码定义了一个 sum()函数，用来计算传递给它的所有参数之和，其中 * numbers 是可变参数。在函数体中参数 numbers 被组装成为一个元组，可以使用 for 循环遍历 numbers 元组，计算它们的总和，然后返回给调用者。

下面是三次调用 sum()函数的代码：

```
print(sum(100.0, 20.0, 30.0))            # 输出 150.0
print(sum(30.0, 80.0))                   # 输出 110.0
print(sum(30.0, 80.0, multiple = 2))     # 输出 220.0          ①

double_tuple = (50.0, 60.0, 0.0)         # 元组或列表          ②
print(sum(30.0, 80.0, * double_tuple))   # 输出 220.0          ③
```

可以看到，每次所传递参数的个数是不同的，前两次调用时都省略了 multiple 参数，第三次调用时传递了 multiple 参数，此时 multiple 应该使用关键字参数传递，否则会有错误发生。

如果已经有一个元组变量(见代码第②行)，能否传递给可变参数呢？这需要对元组进行拆包，见代码第③行，在元组 double_tuple 前面加上单星号(*)，单星号在这里表示将 double_tuple 拆包为 50.0，60.0，0.0 的形式。另外，double_tuple 也可以是列表对象。

注意 可变参数不是最后一个参数时，后面的参数需要采用关键字参数形式传递。代码第①行中 30.0，80.0 是可变参数，后面 multiple 参数需要关键字参数形式传递。

2. ** 可变参数

下面看一个示例：

```
def show_info(sep = ':', ** info):
    print('----- info ------')
    for key, value in info.items():
        print('{0} {2} {1}'.format(key, value, sep))
```

上述代码定义了一个 show_info()函数，用来输出一些信息，其中参数 sep 为信息分隔符号，默认值是冒号(:)。** info 是可变参数，在函数体中参数 info 被组装成一个字典。

注意 ** 可变参数必须在正规参数之后，如果本例函数定义改为 show_info(** info，sep=':')形式，则会发生错误。

下面是三次调用 show_info()函数的代码：

```
show_info('->', name = 'Tony', age = 18, sex = True)                    ①
show_info(student_name = 'Tony', student_no = '1000', sep = '-')        ②

stu_dict = {'name': 'Tony', 'age': 18}           # 创建字典对象
show_info( ** stu_dict, sex = True, sep = '=')   # 传递字典 stu_dict      ③
```

上述代码第①行是调用函数 show_info()，第一个参数'->'传递给 sep，其后的参数 name='Tony'，age=18，sex=True 是传递给 info，这种参数形式事实上就是关键字参数，注意键不要用引号包裹起来。

代码第②行是调用函数 show_info()，sep 也采用关键字参数传递，这种方式下 sep 参数可以放置在参数列表的任何位置，其中的关键字参数被收集到 info 字典中。

代码第③行是调用函数 show_info()，其中字典对象为 stu_dict，传递时在 stu_dict 前面加上双星号(**)，双星号在这里表示将 stu_dict 拆包为 key=value 对的形式。

9.3 函数返回值

Python 函数的返回值也是比较灵活的，主要有三种形式：无返回值、单一返回值和多返回值。前面使用的函数基本都是单一返回值，本节重点介绍无返回值和多返回值两种形式。

9.3.1 无返回值函数

有的函数只是为了处理某个过程，此时可以将函数设计为无返回值函数。所谓无返回

值，事实上是返回 None，None 表示没有实际意义的数据。

无返回值函数示例代码如下：

```
# coding = utf - 8
# 代码文件:chapter9/ch9.3.1.py

def show_info(sep = ':', ** info):                                  ①
    """定义 ** 可变参数函数"""
    print('----- info ------')
    for key, value in info.items():
        print('{0} {2} {1}'.format(key, value, sep))
    return                      # return None 或省略                 ②


result = show_info('->', name = 'Tony', age = 18, sex = True)
print(result)                   # 输出 None


def sum( * numbers, multiple = 1):                                  ③
    """定义 * 可变参数函数"""
    if len(numbers) == 0:
        return                  # return None 或省略                 ④
    total = 0.0
    for number in numbers:
        total += number
    return total * multiple


print(sum(30.0, 80.0))          # 输出 110.0
print(sum(multiple = 2))        # 输出 None
```

上述代码定义了两个函数，这两个函数事实上是在 9.2.3 节示例基础上的重构。其中代码第①行的 show_info()只是输出一些信息，不需要返回数据，因此可以省略 return 语句。如果一定要使用 return 语句，见代码第②行在函数结束前使用 return 或 return None。

本例中的 show_info()函数强加了 return 语句，显然是多此一举，但是有时使用 return 或 return None 是必要的。代码第③行定义了 sum()函数，如果 numbers 中数据是空的，后面的求和计算也就没有意义了，可以在函数开始就判断 numbers 中是否有数据，如果没有数据则使用 return 或 return None 跳出函数，见代码第④行。

9.3.2 多返回值函数

有时需要函数返回多个值，实现返回多个值的方式有很多，简单的方式是使用元组返回多个值，因为元组作为数据结构可以容纳多个数据，且元组是不可变的，使用起来比较安全。

下面来看一个示例：

```
# coding = utf - 8
# 代码文件:chapter9/ch9.3.2.py
```

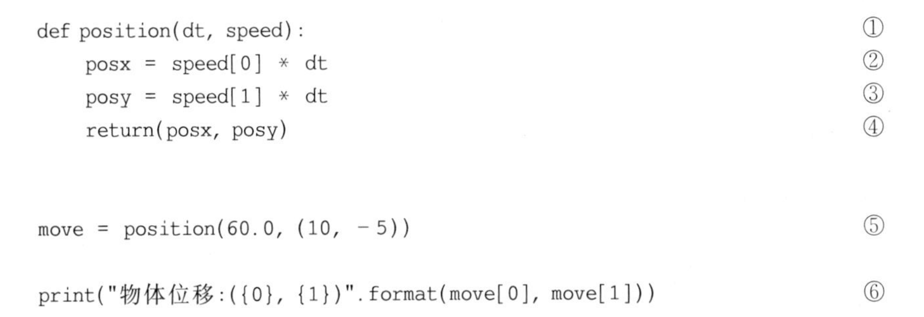

```
def position(dt, speed):                                      ①
    posx = speed[0] * dt                                      ②
    posy = speed[1] * dt                                      ③
    return(posx, posy)                                        ④


move = position(60.0, (10, -5))                               ⑤

print("物体位移:({0}, {1})".format(move[0], move[1]))          ⑥
```

这个示例是计算物体在指定时间和速度时的位移。第①行代码是定义 position 函数，其中 dt 参数是时间，speed 参数是元组类型，speed 第一个元素是 X 轴上的速度，speed 第二个元素是 Y 轴上的速度。position 函数的返回值也是元组类型。

函数体中的第②行代码是计算 X 方向的位移，第③行代码是计算 Y 方向的位移。第④行代码将计算后的数据返回，(posx，posy)是元组类型实例。

第⑤行代码调用函数，传递的时间是 60.0 秒，速度是(10，−5)。第⑥行代码打印输出结果，结果如下：

```
物体位移: (600.0, -300.0)
```

9.4 函数变量作用域

变量可以在模块中创建，作用域是整个模块，称为全局变量。变量也可以在函数中创建，默认情况下作用域是整个函数，称为局部变量。

示例代码如下：

```
# coding=utf-8
# 代码文件:chapter9/ch9.4.py

# 创建全局变量 x
x = 20                                                        ①

def print_value():
    print("函数中 x = {0}".format(x))                          ②

print_value()
print("全局变量 x = {0}".format(x))
```

输出结果如下：

```
函数中 x = 20
全局变量 x = 20
```

上述代码第①行是创建全局变量 x，全局变量的作用域是整个模块，所以在 print_value() 函数中也可以访问变量 x，见代码第②行。

修改上述示例代码如下：

```
# 创建全局变量 x
```

```
x = 20

def print_value():
    # 创建局部变量 x
    x = 10                                                  ①
    print("函数中 x = {0}".format(x))

print_value()
print("全局变量 x = {0}".format(x))
```

输出结果如下：

```
函数中 x = 10
全局变量 x = 20
```

上述代码在 print_value()函数中添加 x = 10 语句，见代码第①行，这会在函数中创建 x 变量，函数中的 x 变量与全局变量 x 命名相同，所以在函数作用域内会屏蔽全局 x 变量。

函数中创建的变量默认作用域是当前函数，这可以让程序员少犯错误，因为是在函数中创建的变量。如果作用域是整个模块，那么在其他函数中也可以访问。Python 无法从语言层面定义常量，所以在其他函数中可能会由于误操作修改变量，这样很容易导致程序出现错误。Python 还提供了一种可能，即在函数中将变量声明为 global，这样就可以把变量的作用域变成全局的。

修改上述示例代码如下：

```
# 创建全局变量 x
x = 20

def print_value():
    global x                                                ①
    x = 10                                                  ②
    print("函数中 x = {0}".format(x))

print_value()
print("全局变量 x = {0}".format(x))
```

输出结果如下：

```
函数中 x = 10
全局变量 x = 10
```

代码第①行是在函数中声明 x 变量的作用域为全局变量，所以代码第②行修改 x 值就是修改全局变量 x 的数值。

9.5 生成器

在一个函数中经常使用 return 关键字返回数据，但是有时候会使用 yield 关键字返回数据。使用 yield 关键字的函数返回的是一个生成器(generator)对象，生成器对象是一种可迭代对象。

如果想计算平方数列，通常的实现代码如下：

```
def square(num):                                    ①
    n_list = []

    for i in range(1, num + 1):
        n_list.append(i * i)                        ②

    return n_list                                   ③

for i in square(5):                                 ④
    print(i, end = ' ')
```

返回结果如下：

```
1 4 9 16 25
```

首先定义一个函数，见代码第①行。代码第②行通过循环计算一个数的平方，并将结果保存到一个列表对象 n_list 中。最后返回列表对象，见代码第③行。代码第④行是遍历返回的列表对象。

在 Python 中还可以有更好的解决方案，实现代码如下：

```
def square(num):

    for i in range(1, num + 1):
        yield i * i                                 ①


for i in square(5):                                 ②
    print(i, end = ' ')
```

返回结果如下：

```
1 4 9 16 25
```

代码第①行使用了 yield 关键字返回平方数，不再需要 return 关键字。代码第②行调用函数 square()返回生成器对象。生成器对象是一种可迭代对象，可迭代对象通过__next__()方法获得元素。代码第②行的 for 循环能够遍历可迭代对象，就是因为其隐式地调用了生成器的__next__()方法来获得元素。

显式调用生成器的__next__()方法的示例代码如下：

```
>>> def square(num):

    for i in range(1, num + 1):
            yield i * i


>>> n_seq = square(5)
<generator object square at 0x000001C8F123CE60>
>>> n_seq.__next__()                                ①
1
```

```
>>> n_seq.__next__()
4
>>> n_seq.__next__()
9
>>> n_seq.__next__()
16
>>> n_seq.__next__()
25
>>> n_seq.__next__()                                                  ②
Traceback(most recent call last):
  File "<pyshell#33>", line 1, in <module>
    n_seq.__next__()
StopIteration
>>>
```

上述代码第①行～第②行调用了 6 次__next__()方法，但第 6 次调用会抛出 StopIteration 异常，这是因为已经没有元素可迭代了。

生成器函数通过 yield 返回数据，与 return 不同的是，return 语句一次返回所有数据，然后函数调用结束；而 yield 语句只返回一个元素数据，函数调用不会结束，只是暂停，直到__next__()方法被调用，程序继续执行 yield 语句之后的语句代码，然后函数调用才结束，过程如图 9-1 所示。

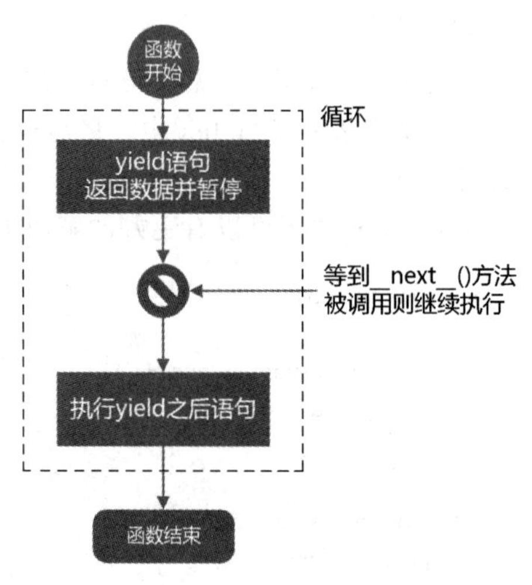

图 9-1 生成器函数执行过程

注意 生成器特别适用于遍历一些大序列对象，它无须将对象的所有元素都载入内存后才开始进行操作，仅在迭代至某个元素时才会将该元素载入内存。

9.6 嵌套函数

在本节之前定义的函数都是全局函数，且它们被定义在全局作用域中。函数还可定义在另外的函数体中，称作“嵌套函数”。

示例代码如下：

```
# coding = utf - 8
# 代码文件:chapter9/ch9.6.py

def calculate(n1, n2, opr):
    multiple = 2

    # 定义相加函数
    def add(a, b):                                                    ①
        return (a + b) * multiple

    # 定义相减函数
```

```
    def sub(a, b):                                                    ②
        return (a - b) * multiple

    if opr == '+':
        return add(n1, n2)
    else:
        return sub(n1, n2)

print(calculate(10, 5, '+'))      # 输出结果是 30
# add(10, 5) 发生错误                                                 ③
# sub(10, 5) 发生错误                                                 ④
```

上述代码中定义了两个嵌套函数 add()和 sub()，见代码第①行和第②行。嵌套函数可以访问所在外部函数 calculate()中的变量 multiple，而外部函数不能访问嵌套函数的局部变量。另外，嵌套函数的作用域在外部函数体内，因此在外部函数体之外直接访问嵌套函数会发生错误，见代码第③行和第④行。

9.7　函数式编程基础

函数式编程(functional programming)与面向对象编程一样都是一种编程范式，函数式编程也称为面向函数的编程。

Python 并不是彻底的函数式编程语言，但还是提供了一些函数式编程必备的技术，主要有函数类型和 Lambda 表达式，它们是实现函数式编程的基础。

9.7.1　函数类型

Python 提供了一种函数类型 function，任何一个函数都有函数类型，函数调用时就创建了函数类型实例，即函数对象。函数类型实例与其他类型实例一样，在使用场景上没有区别：它可以赋值给一个变量，也可以作为参数传递给另一个函数，还可以作为函数返回值使用。

为了理解函数类型，下面重构 9.6 节中嵌套函数的示例，示例代码如下：

```
# coding = utf - 8
# 代码文件:chapter9/ch9.7.1.py

def calculate_fun(opr):                                               ①
    # 定义相加函数
    def add(a, b):
        return a + b

    # 定义相减函数
    def sub(a, b):
        return a - b

    if opr == '+':
        return add                                                    ②
    else:
```

```
        return sub                                          ③

f1 = calculate_fun('+')                                     ④
f2 = calculate_fun('-')                                     ⑤

print(type(f1))

print("10 + 5 = {0}".format(f1(10, 5)))                     ⑥
print("10 - 5 = {0}".format(f2(10, 5)))                     ⑦
```

输出结果如下：

```
<class 'function'>
10 + 5 = 15
10 - 5 = 5
```

上述代码第①行重构了 calculate_fun()函数的定义，现在只接收一个参数 opr。代码第②行是在 opr=='+'为 True 时返回 add 函数名，否则返回 sub 函数名，见代码第③行。这里的函数名本质上为函数对象。calculate_fun()函数与 9.5 节示例的 calculate()函数的不同之处在于，calculate_fun()函数返回的是函数对象，calculate()函数返回的是整数（相加或相减计算之后的结果）。所以代码第④行的 f1 是 add()函数对象，代码第⑤行的 f2 是 sub()函数对象。

函数对象是可以与函数一样进行调用的。事实上在第⑥行之前，代码没有真正调用 add()函数进行相加计算，f1(10,5)表达式才真正调用了 add()函数。第⑦行的 f2(10,5)表达式是调用了 sub()函数。

9.7.2 Lambda 表达式

理解了函数类型和函数对象，学习 Lambda 表达式就简单了。Lambda 表达式本质上是一种匿名函数，匿名函数也是函数，有函数类型，也可以创建函数对象。

定义 Lambda 表达式语法如下：

```
lambda 参数列表: Lambda 体
```

lambda 是关键字声明，声明这是一个 Lambda 表达式。“参数列表”与函数的参数列表是一样的，但不需要用小括号包裹起来。冒号后面是“Lambda 体”，Lambda 表达式中主要的代码在此处编写，类似于函数体。

注意 Lambda 体不是一个代码块，不能包含多条语句，只有一条语句，语句会计算一个结果并返回给 Lambda 表达式，但是与函数不同的是，不需要使用 return 语句返回。与其他语言中的 Lambda 表达式相比，Python 中提供的 Lambda 表达式只能处理一些简单的计算。

重构 9.7.1 节示例，代码如下：

```
# coding = utf - 8
# 代码文件:chapter9/ch9.7.2.py

def calculate_fun(opr):
```

```
    if opr == '+':
        return lambda a, b: (a + b)                          ①
    else:
        return lambda a, b: (a - b)                          ②

f1 = calculate_fun('+')
f2 = calculate_fun('-')

print(type(f1))

print("10 + 5 = {0}".format(f1(10, 5)))
print("10 - 5 = {0}".format(f2(10, 5)))
```

输出结果如下：

```
<class 'function'>
10 + 5 = 30
10 - 5 = 10
```

上述代码第①行替代了 add()函数，第②行替代了 sub()函数，代码变得非常简单。

9.7.3 三大基础函数

函数式编程的本质是通过函数处理数据，过滤、映射和聚合是处理数据的三大基本操作。针对这三大基本操作，Python 提供了三个基础的函数 filter()、map()和 reduce()。

1. filter()

过滤操作使用 filter()函数，它可以对可迭代对象的元素进行过滤，filter()函数语法如下：

```
filter(function, iterable)
```

其中参数 function 是一个函数，参数 iterable 是可迭代对象。filter()函数调用时 iterable 会被遍历，它的元素被逐一传入 function 函数，function 函数返回布尔值。在 function 函数中编写过滤条件，如果为 True 则元素被保留，如果为 False 则元素被过滤掉。

下面通过一个示例介绍一下 filter()函数的使用，示例代码如下：

```
users = ['Tony', 'Tom', 'Ben', 'Alex']

users_filter = filter(lambda u: u.startswith('T'), users)          ①
print(list(users_filter))
```

输出结果如下：

```
['Tony', 'Tom']
```

代码第①行调用 filter()函数过滤 users 列表，过滤条件是 T 开头的元素，lambda u：u.startswith('T')是一个 Lambda 表达式，它提供了过滤条件。filter()函数还不是一个列表，需要使用 list()函数转换过滤之后的数据为列表。

再看一个示例：

```
number_list = range(1, 11)
nmber_filter = filter(lambda it: it % 2 == 0, number_list)
print(list(nmber_filter))
```

该示例实现了获取1～10数字中的偶数，输出结果如下：

```
[2, 4, 6, 8, 10]
```

2. map()

映射操作使用map()函数，它可以对可迭代对象的元素进行变换，map()函数语法如下：

```
map(function, iterable)
```

其中参数function是一个函数，参数iterable是可迭代对象。map()函数调用时iterable会被遍历，它的元素被逐一传入function函数，在function函数中对元素进行变换。

下面通过一个示例介绍一下map()函数的使用，示例代码如下：

```
users = ['Tony', 'Tom', 'Ben', 'Alex']

users_map = map(lambda u: u.lower(), users)                 ①
print(list(users_map))
```

输出结果如下：

```
['tony', 'tom', 'ben', 'alex']
```

上述代码第①行调用map()函数将users列表元素转换为小写字母，使用Lambda表达式lambda u：u.lower()实现。map()函数返回的不是一个列表，需要使用list()函数将过滤之后的数据转换为列表。

在进行函数式编程时，数据可以从一个函数“流”入另外一个函数，但遗憾的是Python并不支持“链式”API。例如，若想获取users列表中“T”开头的名字，再将其转换为小写字母，这样的需求需要使用filter()函数进行过滤，再使用map()函数进行映射变换。实现代码如下：

```
users = ['Tony', 'Tom', 'Ben', 'Alex']

users_filter = filter(lambda u: u.startswith('T'), users)

# users_map = map(lambda u: u.lower(), users_filter)                          ①
users_map = map(lambda u: u.lower(), filter(lambda u: u.startswith('T'), users))   ②

print(list(users_map))
```

上述代码第①行和第②行实现的功能相同。

3. reduce()

聚合操作会将多个数据聚合起来并输出单个数据，聚合操作中最基础的是归纳函数reduce()，reduce()函数会将多个数据按照指定的算法积累叠加起来，最后输出一个数据。

reduce()函数语法如下：

```
reduce(function, iterable[, initializer])
```

参数 function 是聚合操作函数，该函数有两个参数，参数 iterable 是可迭代对象，参数 initializer 是初始值。

下面通过一个示例介绍一下 reduce()函数的使用。下面示例实现了对一个数列的求和运算，代码如下：

```
from functools import reduce                                    ①

a = (1, 2, 3, 4)
a_reduce = reduce(lambda acc, i: acc + i, a) # 10               ②
# a_reduce = reduce(lambda acc, i: acc + i, a, 2) # 12          ③
print(a_reduce)
```

reduce()函数是在 functools 模块中定义的，所以使用 reduce()函数需要导入 functools 模块，见代码第①行。代码第②行是调用 reduce()函数，其中 lambda acc，i：acc ＋ i 是进行聚合操作的 Lambda 表达式，该 Lambda 表达式有两个参数，其中 acc 参数是上次的累积计算结果，i 是当前元素，acc ＋ i 表达式是进行累加。reduce()函数最后的计算结果是一个数值，直接可以通过 reduce()函数返回。代码第③行是传入了初始值 2，计算的结果是 12。

9.8 本章小结

通过对本章内容的学习，读者可以熟悉如何在 Python 中定义函数、函数参数和函数返回值，了解函数变量作用域和嵌套函数，以及 Python 中函数式编程基础。

9.9 同步练习

1. 有下列 sum 函数的定义代码，调用语句正确的是(　　)。

```
def sum( * numbers):
    total = 0.0
    for number in numbers:
        total += number
    return total
```

A. print(sum(100.0, 20.0, 30.0))

B. print(sum(30.0, 80.0))

C. print(sum(30.0,'80'))

D. print(sum(30.0, 80.0, *(50.0, 60.0, 0.0)))

2. 判断对错：Python 支持函数重载。(　　)

3. 有下列函数 area 的定义代码，调用语句正确的是(　　)。

```
def area(width, height):
    return width * height
```

A. area(320.0, 480.0)　　　　B. area(width=320.0, height=480.0)

C. area(320.0, height=480.0)　　D. area(width=320.0, height)

E. area(height=480.0, width=320.0)

4. 填空题：请在下列代码横线处填写一些代码使之能够获得期望的运行。

```
x = 200

def print_value():
    ______ x
    x = 100
    print("函数中 x = {0}".format(x))

print_value()
print("全局变量 x = {0}".format(x))
```

输出结果如下：

```
函数中 x = 100
全局变量 x = 100
```

5. 判断对错：函数式编程的本质是通过函数处理数据，过滤、映射和聚合是处理数据的三大基本操作，针对其中三大基本操作，Python 提供了 filter()、map()和 reduce()这三个基础的函数。(　　)

第 10 章 面向对象编程

CHAPTER 10

面向对象是 Python 最重要的特性，在 Python 中一切数据类型都是面向对象的。本章将介绍面向对象的基础知识。

10.1 面向对象概述

面向对象的编程思想是，按照真实世界中客观事物的自然规律进行分析，客观世界中存在什么样的实体，构建的软件系统就存在什么样的实体。

例如，真实世界的学校里有学生和老师等实体，学生有学号、姓名、所在班级等属性(数据)，学生还有学习、提问、吃饭和走路等操作。学生只是抽象的描述，这个抽象的描述称为“类”。学校里有很多学生个体，即张同学、李同学等，这些具体的个体称为“对象”，“对象”也称为“实例”。

在现实世界中有类和对象，面向对象的软件世界也有这些，只不过它们会以某种计算机语言编写的程序代码形式存在，这就是面向对象编程(Object Oriented Programming，OOP)。

10.2 面向对象三个基本特性

面向对象有三个基本特性：封装性、继承性和多态性。

10.2.1 封装性

在现实世界中封装的例子到处都是。例如，一台计算机内部极其复杂，有主板、CPU、硬盘和内存，而一般用户不需要了解它的内部细节，不需要知道主板的型号、CPU 主频、硬盘和内存的大小，于是计算机制造商用机箱把计算机封装起来，对外提供了一些接口，如鼠标、键盘和显示器等，这样当用户使用计算机时就变得非常方便。

面向对象的封装与真实世界的封装目的是一样的。封装使外部访问者不能随意存取对象的内部数据，隐藏了对象的内部细节，只保留有限的对外接口。外部访问者不用关心对象的内部细节，所以操作对象变得简单。

10.2.2 继承性

在现实世界中继承也是无处不在。例如，轮船与客轮之间的关系，客轮是一种特殊轮船，拥有轮船的全部特征和行为，即数据和操作。在面向对象中，轮船是一般类，客轮是特殊类，特殊类拥有一般类的全部数据和操作，称为特殊类继承一般类。一般类称为“父类”或“超类”，特殊类称为“子类”或“派生类”。为了统一，本书中将一般类统称为“父类”，特殊类统称为“子类”。

10.2.3 多态性

多态性是指父类中成员被子类继承之后，可以具有不同的状态或表现行为。

10.3 类和对象

Python 中数据类型都是类，类是组成 Python 程序的基本要素，它封装了一类对象的数据和操作。

10.3.1 定义类

Python 语言中一个类的实现包括类定义和类体。类的定义语法格式如下：

```
class 类名[ (父类) ] :
    类体
```

其中，class 是声明类的关键字，“类名”是自定义的类名，自定义类名首先应该是合法的标识符，具体要求参考 4.1.1 节。“父类”声明当前类继承的父类，可以省略父类声明，表示直接继承 object 类。

定义动物(Animal)类代码如下：

```
class Animal(object):
    #类体
    pass
```

上述代码声明了动物(Animal)类，它继承了 object 类，object 是所有类的根类，在 Python 中任何一个类都直接或间接继承 object，所以(object)部分代码可以省略。

提示 代码的 pass 语句什么操作都不执行，用来维持程序结构的完整性。有些不想编写的代码，又不想有语法错误，可以使用 pass 语句占位。

10.3.2 创建和使用对象

前面章节已经多次用到了对象，类实例化可以生成对象，所以“对象”也称为“实例”。一个对象的生命周期包括三个阶段：创建、使用和销毁。销毁对象时，Python 的垃圾回收机制释放，不再使用对象的内存，不需要程序员负责。程序员只关心创建和使用对象，本节介绍创建和使用对象。

创建对象很简单，就是在类后面加上一对小括号，表示调用类的构造方法。这就创建了一个对象，示例代码如下：

```
animal = Animal()
```

Animal是上一节定义的动物类，Animal()表达式创建一个动物对象，并把创建的对象赋值给animal变量，animal是指向动物对象的一个引用。通过animal变量可以使用刚刚创建的动物对象。如下代码打印输出动物对象。

```
print(animal)
```

输出结果如下：

```
<__main__.Animal object at 0x0000024A18CB90F0>
```

print函数打印对象时会输出一些很难懂的信息，事实上print函数是调用了对象的__str__()方法输出字符串信息，__str__()是object类的一个方法，它会返回有关该对象的描述信息。由于本例中Animal类的__str__()方法是默认实现的，所以会返回这些难懂的信息。如果要打印出友好的信息，需要重写__str__()方法。

提示　__str__()这种两个下画线开始和结尾的方法是Python保留的，有着特殊的含义，称为魔法方法。

10.3.3　实例变量

在类体中可以包含类的成员，类成员如图10-1所示，其中包括成员变量、成员方法和属性。成员变量又分为实例变量和类变量，成员方法又分为实例方法、类方法和静态方法。

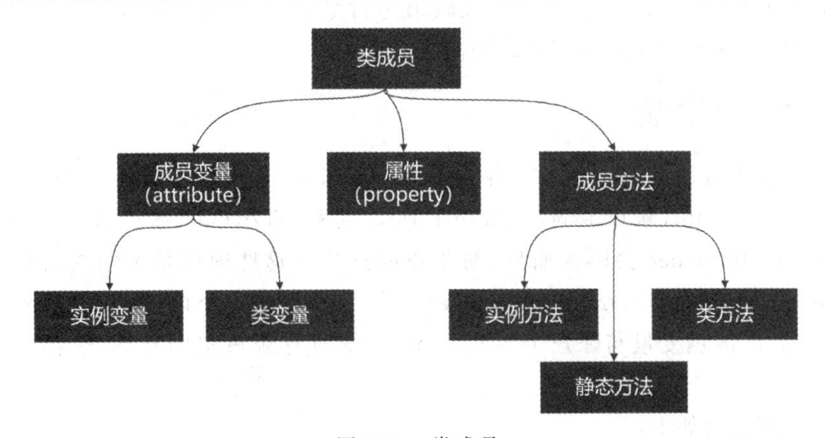

图10-1　类成员

提示　在Python类成员中有attribute和property，见图10-1。attribute是类中保存数据的变量，如果需要对attribute进行封装，那么在类的外部为了访问这些attribute，往往会提供一些setter和getter访问器，setter访问器是对attribute赋值的方法，getter访问器是取attribute值的方法，这些方法在创建和调用时都比较麻烦，于是Python又提供了property，property本质上就是setter和getter访问器，是一种方法。一般情况下attribute和property中文都翻译为"属性"，这样很难区分两者的含义，也有很多书将attribute翻译为"特性"。"属性"和"特性"中文的区别也不大。其实很多语言都有attribute和property

概念，例如 Objective-C 中将 attribute 称为成员变量(或字段)，property 称为属性。本书采用 Objective-C 提法将 attribute 翻译为“成员变量”，而 property 翻译为“属性”。

“实例变量”就是某个实例(或对象)个体特有的“数据”，例如你家狗狗的名字、年龄和性别，与邻居家狗狗的名字、年龄和性别是不同的。本节先介绍实例变量。

Python 中定义实例变量的示例代码如下：

```
class Animal(object):                                       ①
    """定义动物类"""

    def __init__(self, age, sex, weight):                   ②
        self.age = age              # 定义年龄实例变量      ③
        self.sex = sex              # 定义性别实例变量
        self.weight = weight        # 定义体重实例变量


animal = Animal(2, 1, 10.0)

print('年龄:{0}'.format(animal.age))                         ④
print('性别:{0}'.format('雌性' if animal.sex == 0 else '雄性'))
print('体重:{0}'.format(animal.weight))
```

上述代码第①行是定义 Animal 动物类，代码第②行的__init__()方法是构造方法，构造方法用来创建和初始化实例变量，有关构造方法将在 10.3.5 节详细介绍，这里不再赘述。构造方法中的 self 指向当前对象实例的引用，代码第③行是创建和初始化实例变量 age，其中 self.age 表示对象的 age 实例变量。代码第④行是 animal.age 访问 age 实例变量，实例变量需要通过“实例名.实例变量”形式访问。

10.3.4 类变量

“类变量”是所有实例(或对象)共有的变量。例如，有一个 Account(银行账户)类，它有三个成员变量：amount(账户金额)、interest_rate(利率)和 owner(账户名)。在这三个成员变量中，amount 和 owner 会因人而异，对于不同的账户这些内容是不同的，但所有账户的 interest_rate 都是相同的。amount 和 owner 成员变量与账户个体实例有关，称为“实例变量”，interest_rate 成员变量与账户个体实例无关，即所有账户实例共享，这种变量称为“类变量”。

类变量示例代码如下：

```
class Account:
    """定义银行账户类"""

    interest_rate = 0.0668          # 类变量利率            ①

    def __init__(self, owner, amount):
        self.owner = owner          # 定义实例变量账户名
        self.amount = amount        # 定义实例变量账户金额

account = Account('Tony', 1_800_000.0)
```

```
print('账户名:{0}'.format(account.owner))                    ②
print('账户金额:{0}'.format(account.amount))
print('利率:{0}'.format(Account.interest_rate))              ③
```

输出结果如下：

```
账户名:Tony
账户金额:1800000.0
利率:0.0668
```

代码第①行是创建并初始化类变量,创建类变量与实例变量不同,类变量要在方法之外定义。代码第②行是访问实例变量,通过"实例名.实例变量"形式访问。代码第③行是访问类变量,通过"类名.类变量"形式访问。"类名.类变量"事实上是提供有别于包和模块的另外一种形式的命名空间。

注意　不要通过实例存取类变量数据。当通过实例读取变量时,首先Python解释器会先在实例中找这个变量,如果没有再到类中去找;当通过实例为变量赋值时,无论类中是否有该同名变量,Python解释器都会创建一个同名实例变量。

在类变量示例中添加如下代码：

```
print('Account 利率:{0}'.format(Account.interest_rate))
print('ac1 利率:{0}'.format(account.interest_rate))          ①

print('ac1 实例所有变量:{0}'.format(account.__dict__))       ②
account.interest_rate = 0.01                                 ③
account.interest_rate2 = 0.01                                ④
print('ac1 实例所有变量:{0}'.format(account.__dict__))       ⑤
```

输出结果如下：

```
Account 利率:0.0668
ac1 利率:0.0668
ac1 实例所有变量:{'owner': 'Tony', 'amount': 1800000.0}
ac1 实例所有变量:{'owner': 'Tony', 'amount': 1800000.0, 'interest_rate': 0.01, 'interest_rate2':
0.01}
```

上述代码第①行通过实例读取interest_rate变量,解释器发现account实例中没有该变量,然后会在Account类中寻找,如果类中也没有,会发生AttributeError错误。虽然通过实例读取interest_rate变量可以实现,但不符合设计规范。

代码第③行为account.interest_rate变量赋值,这样的操作下无论类中是否有同名类变量都会创建一个新的实例变量。为了查看实例变量有哪些,可以通过object提供的__dict__变量查看,见代码第②行和第⑤行。从输出结果可见,代码第③行和第④行的赋值操作会导致创建了两个实例变量interest_rate和interest_rate2。

提示　代码第③行和第④行能够在类之外创建实例变量,主要原因是Python的动态语言特性,Python不能从语法层面禁止此事的发生。这样创建实例变量会引起很严重的问题,一方面,类的设计者无法控制一个类中有哪些成员变量;另一方面,这些实例变量无法通过类中的方法访问。

10.3.5 构造方法

在 10.3.3 节和 10.3.4 节中都使用了__init__()方法，该方法用来创建和初始化实例变量，这种方法就是“构造方法”。__init__()方法也属于“魔法方法”，该方法的第一个参数应该是 self，其后的参数才是用来初始化实例变量的。调用构造方法时不需要传入 self。

构造方法示例代码如下：

```
class Animal(object):
    """定义动物类"""

    def __init__(self, age, sex = 1, weight = 0.0):                    ①
        self.age = age             # 定义年龄实例变量
        self.sex = sex             # 定义性别实例变量
        self.weight = weight       # 定义体重实例变量


a1 = Animal(2, 0, 10.0)                                                ②
a2 = Animal(1, weight = 5.0)
a3 = Animal(1, sex = 0)                                                ③

print('a1 年龄:{0}'.format(a1.age))
print('a2 体重:{0}'.format(a2.weight))
print('a3 性别:{0}'.format('雌性' if a3.sex == 0 else '雄性'))
```

上述代码第①行是定义构造方法，其中参数除了第一个 self 外，其他参数可以有默认值，这也提供了默认值的构造方法，能够给调用者提供多个不同版本的构造方法。代码第②行～第③行是调用构造方法创建 Animal 对象，其中不需要传入 self，只需要提供后面三个实际参数。

10.3.6 实例方法

实例方法与实例变量一样，都是某个实例(或对象)个体特有的。本节先介绍实例方法。

方法是在类中定义的函数，实例方法在定义时的第一个参数也应该是 self，这个过程是将当前实例与该方法绑定起来，使该方法成为实例方法。

下面看一个定义实例方法示例。

```
class Animal(object):
    """定义动物类"""

    def __init__(self, age, sex = 1, weight = 0.0):
        self.age = age             # 定义年龄实例变量
        self.sex = sex             # 定义性别实例变量
        self.weight = weight       # 定义体重实例变量

    def eat(self):                                                     ①
        self.weight += 0.05
        print('eat...')
```

```
    def run(self):                                                    ②
        self.weight -= 0.01
        print('run...')

a1 = Animal(2, 0, 10.0)
print('a1 体重:{0:0.2f}'.format(a1.weight))
a1.eat()                                                              ③
print('a1 体重:{0:0.2f}'.format(a1.weight))
a1.run()                                                              ④
print('a1 体重:{0:0.2f}'.format(a1.weight))
```

运行结果如下：

```
a1 体重:10.00
eat...
a1 体重:10.05
run...
a1 体重:10.04
```

上述代码第①行和第②行声明了两个方法，其中第一个参数是 self。代码第③行和第④行是调用这些实例方法，注意其中不需要传入 self 参数。

10.3.7 类方法

"类方法"与"类变量"类似，是属于类而不属于个体实例的方法。类方法不需要与实例绑定，但需要与类绑定。定义时它的第一个参数不是 self，而是类的 type 实例。type 是描述 Python 数据类型的类，Python 中所有数据类型都是 type 的一个实例。

定义类方法示例代码如下：

```
class Account:
    """定义银行账户类"""

    interest_rate = 0.0668          # 类变量利率

    def __init__(self, owner, amount):
        self.owner = owner          # 定义实例变量账户名
        self.amount = amount        # 定义实例变量账户金额

    # 类方法
    @classmethod
    def interest_by(cls, amt):                                        ①
        return cls.interest_rate * amt                                ②

interest = Account.interest_by(12_000.0)                              ③
print('计算利息:{0:.4f}'.format(interest))
```

运行结果如下：

```
计算利息:801.6000
```

定义类方法有两个关键：第一，方法的第一个参数 cls（见代码①行）是 type 类型的实例；第二，方法使用装饰器@classmethod声明该方法是类方法。

提示 装饰器(Decorators)是Python3.0之后加入的新特性，以@开头修饰函数、方法和类，用来修饰和约束它们，类似于Java中的注解。

代码第②行是方法体，在类方法中可以访问其他的类变量和类方法，cls.interest_rate是访问类变量interest_rate。

注意 类方法可以访问类变量和其他类方法，但不能访问其他实例方法和实例变量。

代码第③行是调用类方法interest_by()，采用"类名.类方法"形式调用。虽然可以通过实例调用类方法，但不符合语法规范。

10.3.8 静态方法

如果定义的方法既不想与实例绑定，也不想与类绑定，只是想把类作为它的命名空间。那么可以定义静态方法。

定义静态方法示例代码如下：

```
class Account:
    """定义银行账户类"""

    interest_rate = 0.0668          # 类变量利率

    def __init__(self, owner, amount):
        self.owner = owner          # 定义实例变量账户名
        self.amount = amount        # 定义实例变量账户金额

    # 类方法
    @classmethod
    def interest_by(cls, amt):
        return cls.interest_rate * amt

    # 静态方法
    @staticmethod
    def interest_with(amt):                                          ①
        return Account.interest_by(amt)                              ②

interest1 = Account.interest_by(12_000.0)
print('计算利息:{0:.4f}'.format(interest1))
interest2 = Account.interest_with(12_000.0)                          ③
print('计算利息:{0:.4f}'.format(interest2))
```

上述代码第①行是定义静态方法，使用@staticmethod装饰器，声明方法是静态方法，方法参数不指定self和cls。代码第②行是调用类方法。调用静态方法与调用类方法类似，都通过类名实现，但也可以通过实例调用。

类方法与静态方法在很多场景都是类似的，只是在定义时有一些区别。类方法需要绑定类，静态方法不需要绑定类，静态方法与类的耦合度更加松散。在一个类中定义静态方法只是为了提供一个基于类名的命名空间。

10.4 封装性

封装性是面向对象的三大特性之一，Python 语言没有封装性相关的关键字，它是通过特定的名称实现对变量和方法的封装。

10.4.1 私有变量

默认情况下 Python 中变量是公有的，可以在类的外部访问它们。如果想让它们成为私有变量，在变量前加上两个下画线(__)即可。

示例代码如下：

```
class Animal(object):
    """定义动物类"""

    def __init__(self, age, sex = 1, weight = 0.0):
        self.age = age              # 定义年龄实例变量
        self.sex = sex              # 定义性别实例变量
        self.__weight = weight      # 定义体重实例变量                  ①

    def eat(self):
        self.__weight += 0.05
        print('eat...')

    def run(self):
        self.__weight -= 0.01
        print('run...')


a1 = Animal(2, 0, 10.0)

print('a1 体重:{0:0.2f}'.format(a1.weight))                          ②
a1.eat()
a1.run()
```

运行结果如下：

```
Traceback(most recent call last):
  File "C:/Users/tony/PycharmProjects/HelloProj/ch10.4.1.py", line 24, in <module>
    print('a1 体重:{0:0.2f}'.format(a1.weight))
AttributeError: 'Animal' object has no attribute 'weight'
```

上述代码第①行在 weight 变量前加上两个下画线，这会定义私有变量__weight。__weight 变量在类内部访问是没有问题的，但是如果在外部访问则会发生错误，见代码第②行。

提示 Python 中并没有严格意义上的封装，所谓的私有变量只是形式上的限制。如果想在类的外部访问这些私有变量也是可以的，这些两个下画线(__)开头的私有变量其实只是换了一个名字，它们的命名规律为“_类名__变量”，所以将上述代码 a1.weight 改成

a1._Animal__weight 就可以访问了,但这种访问方式并不符合规范,会破坏封装。可见 Python 的封装性靠的是程序员的自律,而非强制性的语法。

10.4.2 私有方法

私有方法与私有变量的封装是类似的,只要在方法前加上两个下画线(__)就是私有方法了。

示例代码如下:

```
class Animal(object):
    """定义动物类"""

    def __init__(self, age, sex = 1, weight = 0.0):
        self.age = age              # 定义年龄实例变量
        self.sex = sex              # 定义性别实例变量
        self.__weight = weight      # 定义体重实例变量

    def eat(self):
        self.__weight += 0.05
        self.__run()
        print('eat...')

    def __run(self):                                                    ①
        self.__weight -= 0.01
        print('run...')

a1 = Animal(2, 0, 10.0)

a1.eat()
a1.run()                                                                ②
```

运行结果如下:

```
eat...
Traceback(most recent call last):
  File "C:/Users/tony/PycharmProjects/HelloProj/ch10.4.2.py", line 25, in <module>
    a1.run()
AttributeError: 'Animal' object has no attribute 'run'
```

上述代码①行__run()方法是私有方法,__run()方法可以在类的内部访问,不能在类的外部访问,否则会发生错误,见代码第②行。

提示 如果一定要在类的外部访问私有方法也是可以的。与私有变量访问类似,命名规律为"_类名__方法"。但这也不符合规范,也会破坏封装。

10.4.3 定义属性

封装性通常是对成员变量进行的封装。在严格意义上的面向对象设计中,一个类是不应该有公有的实例成员变量的,这些实例成员变量应该被设计为私有的,然后通过公有的 setter 和 getter 访问器访问。

使用 setter 和 getter 访问器的示例代码如下：

```
class Animal(object):
    """定义动物类"""

    def __init__(self, age, sex = 1, weight = 0.0):
        self.age = age              # 定义年龄实例成员变量
        self.sex = sex              # 定义性别实例成员变量
        self.__weight = weight      # 定义体重实例成员变量

    def set_weight(self, weight):                                    ①
        self.__weight = weight

    def get_weight(self):                                            ②
        return self.__weight


a1 = Animal(2, 0, 10.0)
print('a1 体重:{0:0.2f}'.format(a1.get_weight()))                   ③
a1.set_weight(123.45)                                                ④
print('a1 体重:{0:0.2f}'.format(a1.get_weight()))
```

运行结果如下：

```
a1 体重:10.00
a1 体重:123.45
```

上述代码①行 set_weight()方法是定义 setter 访问器，它有一个参数，用来替换现有成员变量。代码第②行的 get_weight()方法是定义 getter 访问器。代码第③行是调用 getter 访问器。代码第④行是调用 setter 访问器。

访问器形式的封装需要一个私有变量，需要提供 getter 访问器和一个 setter 访问器，只读变量不用提供 setter 访问器。总之，访问器形式的封装在编写代码时比较麻烦。为了解决这个问题，Python 中提供了属性(property)，定义属性可以使用@property 和@属性名.setter 装饰器。@property 用来修饰 getter 访问器，@属性名. setter 用来修饰 setter 访问器。

使用属性修改前面的示例代码如下：

```
class Animal(object):
    """定义动物类"""

    def __init__(self, age, sex = 1, weight = 0.0):
        self.age = age              # 定义年龄实例成员变量
        self.sex = sex              # 定义性别实例成员变量
        self.__weight = weight      # 定义体重实例成员变量

    @property
    def weight(self):               # 替代 get_weight(self):        ①
        return self.__weight
```

```
    @weight.setter
    def weight(self, weight):          # 替代 set_weight(self, weight):    ②
        self.__weight = weight

a1 = Animal(2, 0, 10.0)
print('a1 体重:{0:0.2f}'.format(a1.weight))                             ③
a1.weight = 123.45                     # a1.set_weight(123.45)            ④
print('a1 体重:{0:0.2f}'.format(a1.weight))
```

上述代码①行是定义属性 getter 访问器，使用了@property 装饰器进行修饰，方法名就是属性名，这样就可以通过属性取值了，见代码第③行。

代码②行是定义属性 setter 访问器，使用@weight.setter 装饰器进行修饰，weight 是属性名，与 getter 和 setter 访问器方法名保持一致，可以通过 a1.weight = 123.45 赋值，见代码第④行。

从上述示例可见，属性本质上就是两个方法，在方法前加上装饰器使得方法成了属性。属性使用起来类似于公有变量，可以在赋值符(=)左边或右边，左边是被赋值，右边是取值。

提示 定义属性时应该先定义 getter 访问器，再定义 setter 访问器，即代码第①行和第②行不能颠倒，否则会出现错误。这是因为@property 在修饰 getter 访问器时会定义 weight 属性，这样后面使用@weight.setter 装饰器才是合法的。

10.5 继承性

类的继承性是面向对象语言的基本特性，且多态性的前提就是继承性。

10.5.1 继承概念

为了了解继承性，首先看这样一个场景：一位面向对象的程序员小赵，在编程过程中需要描述和处理个人信息，于是定义了类 Person，如下所示：

```
class Person:

    def __init__(self, name, age):
        self.name = name               # 名字
        self.age = age                 # 年龄

    def info(self):
        template = 'Person [name = {0}, age = {1}]'
        s = template.format(self.name, self.age)
        return s
```

一周以后，小赵又遇到了新的需求，需要描述和处理学生信息，于是他又定义了一个新的类 Student，如下所示：

```
class Student:

    def __init__(self, name, age, school)
```

```
        self.name = name            # 名字
        self.age = age              # 年龄
        self.school = school        # 所在学校

    def info(self):
        template = 'Student [name = {0}, age = {1}, school = {2}]'
        s = template.format(self.name, self.age, self.school)
        return s
```

很多人能够理解小赵的做法并相信这是可行的，但问题在于 Student 和 Person 这两个类的结构太接近了，后者只比前者多了一个 school 实例变量，却要重复定义其他所有的内容。Python 提供了解决类似问题的机制，那就是类的继承，代码如下所示：

```
class Student(Person):                                          ①

    def __init__(self, name, age, school):                      ②
        super().__init__(name, age)                             ③
        self.school = school        # 所在学校                  ④
```

上述代码第①行是声明 Student 类继承 Person 类，其中小括号中是父类，如果没有指明父类（一对空的小括号或省略小括号），则默认父类为 object，object 类是 Python 的根类。代码第②行定义构造方法，在子类中定义构造方法首先要调用父类的构造方法，然后初始化父类实例变量。代码第③行 super().__init__(name, age)语句是调用父类的构造方法，super()函数是返回父类引用，通过它可以调用父类中的实例变量和方法。代码第④行是定义 school 实例变量。

提示 子类继承父类只是继承父类中公有的成员变量和方法，私有的成员变量和方法不能继承。

10.5.2 重写方法

如果子类方法名与父类方法名相同，且参数列表也相同，只是方法体不同，那么子类就可以重写(Override)父类的方法。

示例代码如下：

```
class Animal(object):
    """定义动物类"""
    def __init__(self, age, sex = 1, weight = 0.0):
        self.age = age
        self.sex = sex
        self.weight = weight

    def eat(self):                                              ①
        self.weight += 0.05
        print('动物吃...')


class Dog(Animal):
    def eat(self):                                              ②
```

```
        self.weight += 0.1
        print('狗狗吃...')


a1 = Dog(2, 0, 10.0)
a1.eat()
```

输出结果如下：

```
狗狗吃...
```

上述代码第①行是在父类中定义 eat()方法，子类继承父类并重写了 eat()方法，见代码第②行。通过子类实例调用 eat()方法时，就会调用子类重写的 eat()方法。

10.5.3 多继承

所谓多继承，就是一个子类有多个父类。大部分计算语言如 Java、Swift 等，只支持单继承，不支持多继承，主要原因是多继承会发生方法冲突。例如，客轮是轮船，也是交通工具，客轮的父类是轮船和交通工具，如果两个父类都定义了 run()方法，子类客轮继承哪一个 run()方法呢？

Python 支持多继承，但 Python 给出了解决方法名字冲突的方案。这个方案是，当子类实例调用一个方法时，先从子类中查找，如果没有找到再查找父类。父类的查找顺序是按照子类声明的父类列表从左到右查找，如果没有找到再找父类的父类，依次查找下去。

多继承示例代码如下：

```
class ParentClass1:
    def run(self):
        print('ParentClass1 run...')

class ParentClass2:
    def run(self):
        print('ParentClass2 run...')

class SubClass1(ParentClass1, ParentClass2):
    pass

class SubClass2(ParentClass2, ParentClass1):
    pass

class SubClass3(ParentClass1, ParentClass2):
    def run(self):
        print('SubClass3 run...')

sub1 = SubClass1()
sub1.run()
sub2 = SubClass2()
sub2.run()
sub3 = SubClass3()
sub3.run()
```

输出结果如下：

```
ParentClass1 run...
ParentClass2 run...
SubClass3 run...
```

上述代码定义了两个父类 ParentClass1 和 ParentClass2，以及三个子类 SubClass1、SubClass2 和 SubClass3，这三个子类都继承了 ParentClass1 和 ParentClass2 两个父类。当子类 SubClass1 的实例 sub1 调用 run()方法时，解释器会先查找当前子类是否有 run()方法，如果没有再到父类中查找，按照父类列表从左到右的顺序，最后在 ParentClass1 中找到 run()方法，所以最后调用的是 ParentClass1 中的 run()方法。按照这个规律，其他两个实例 sub2 和 sub3 调用哪一个 run()方法就很容易知道了。

10.6　多态性

在面向对象程序设计中，多态是一个非常重要的特性，理解多态有利于进行面向对象的分析与设计。

10.6.1　多态概念

发生多态要有两个前提条件：第一，继承——多态一定发生在子类和父类之间；第二，重写——子类重写父类的方法。

下面通过一个示例理解什么是多态。如图 10-2 所示，父类 Figure(几何图形)有一个 draw(绘图)函数，Figure(几何图形)有两个子类 Ellipse(椭圆形)和 Triangle(三角形)，Ellipse 和 Triangle 重写 draw()方法。Ellipse 和 Triangle 都有 draw()方法，但具体实现的方式不同。

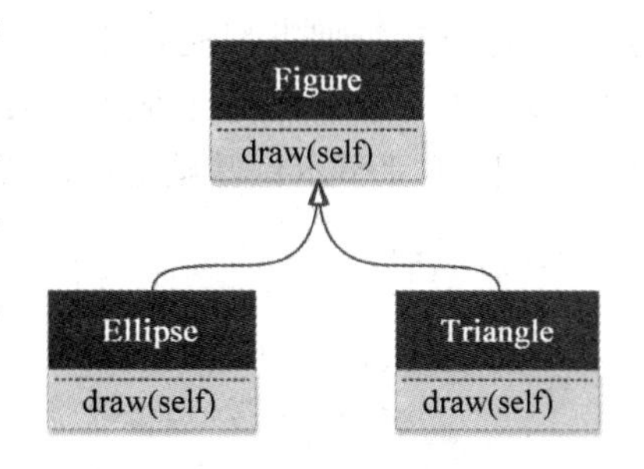

图 10-2　几何图形类图

具体代码如下：

```
# 几何图形
class Figure:
    def draw(self):
        print('绘制 Figure...')

# 椭圆形
class Ellipse(Figure):
    def draw(self):
        print('绘制 Ellipse...')

# 三角形
class Triangle(Figure):
    def draw(self):
        print('绘制 Triangle...')

f1 = Figure()                                            ①
```

```
f1.draw()

f2 = Ellipse()                                                    ②
f2.draw()

f3 = Triangle()                                                   ③
f3.draw()
```

输出结果如下：

```
绘制 Figure...
绘制 Ellipse...
绘制 Triangle...
```

上述代码第②行和第③行符合多态的两个前提，因此会发生多态。而代码第①行不符合，所以没有发生多态。多态发生时，Python 解释器根据引用指向的实例调用它的方法。

提示　与 Java 等静态语言相比，多态性对动态语言 Python 的意义不大。多态性的优势在于运行期的动态特性。例如，Java 的多态性是指在编译期声明变量是父类的类型，在运行期确定变量所引用的实例。而 Python 不需要声明变量的类型，没有编译，直接由解释器运行，在运行期确定变量所引用的实例。

10.6.2 类型检查

Python 作为面向对象的语言，无论多态性对其影响有多大，多态性总是存在的。这一点可以通过运行期类型检查证实，运行期类型检查使用 isinstance(object, classinfo)函数，它可以检查 object 实例是否由 classinfo 类或 classinfo 子类创建。

在 10.6.1 节示例基础上修改代码如下：

```
# 几何图形
class Figure:
    def draw(self):
        print('绘制 Figure...')

# 椭圆形
class Ellipse(Figure):
    def draw(self):
        print('绘制 Ellipse...')

# 三角形
class Triangle(Figure):
    def draw(self):
        print('绘制 Triangle...')

f1 = Figure()                      # 没有发生多态
f1.draw()

f2 = Ellipse()                     # 发生多态
f2.draw()
```

```
f3 = Triangle()                                # 发生多态
f3.draw()

print(isinstance(f1, Triangle))                # False              ①
print(isinstance(f2, Triangle))                # False
print(isinstance(f3, Triangle))                # True
print(isinstance(f2, Figure))                  # True               ②
```

上述代码第①行～第②行是添加的代码，需要注意代码第②行的 isinstance(f2, Figure)表达式是 True，f2 是 Ellipse 类创建的实例，Ellipse 是 Figure 类的子类，所以这个表达式返回 True，通过这样的表达式可以判断是否发生了多态。另外，还有一个类似于 isinstance(object, classinfo)的 issubclass(class, classinfo)函数，issubclass(class, classinfo)函数用来检查 class 是否为 classinfo 的子类。示例代码如下：

```
print(issubclass(Ellipse, Triangle))           # False
print(issubclass(Ellipse, Figure))             # True
print(issubclass(Triangle, Ellipse))           # False
```

10.6.3 鸭子类型

多态性对于动态语言的意义不是很大，在动态语言中有一种类型检查称为"鸭子类型"，即一只鸟走起来像鸭子，游起来像鸭子，叫起来也像鸭子，那它就可以被当作鸭子。鸭子类型不关注变量的类型，而关注变量具有的方法。鸭子类型像多态一样工作，但是没有继承，只要有像"鸭子"一样的行为(方法)就可以了。

鸭子类型示例代码如下：

```
class Animal(object):
    def run(self):
        print('动物跑...')

class Dog(Animal):
    def run(self):
        print('狗狗跑...')

class Car:
    def run(self):
        print('汽车跑...')

def go(animal):                                # 接收参数是 Animal       ①
    animal.run()

go(Animal())
go(Dog())
go(Car())                                                               ②
```

运行结果如下：

```
动物跑...
狗狗跑...
```

```
汽车跑...
```

上述代码定义了三个类 Animal、Dog 和 Car，从代码和图 10-3 可知 Dog 继承了 Animal，而 Car 与 Animal 和 Dog 没有任何的关系，只是它们都有 run()方法。代码第①行定义的 go()函数在设计时考虑接收 Animal 类型参数，但是由于 Python 解释器不做任何的类型检查，所以可以传入任何的实际参数。当代码第②行给 go()函数传入 Car 实例时，它可以正常执行。这就是“鸭子类型”。

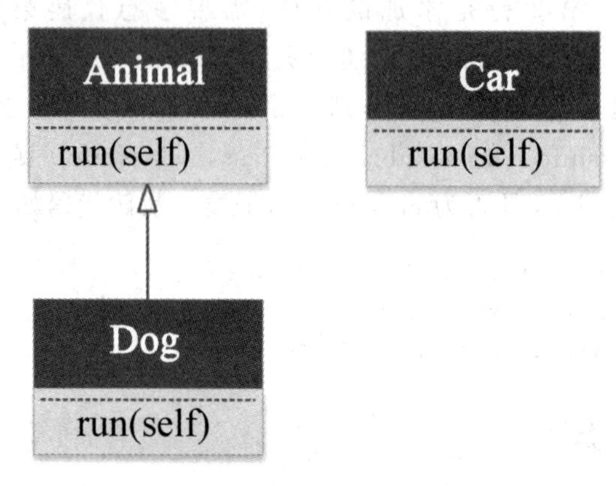

图 10-3 鸭子类型类图

在 Python 这样的动态语言中，使用“鸭子类型”替代多态性设计能够充分地发挥 Python 动态语言的特点，但是也给软件设计者带来了困难，对程序员的要求也更高。

10.7 Python 根类——object

Python 所有类都直接或间接继承 object 类，它是所有类的“祖先”。object 类有很多方法，本节重点介绍如下两个方法：

(1) __str__()：返回该对象的字符串表示。

(2) __eq__(other)：指示其他某个对象是否与此对象“相等”。

这些方法都是需要在子类中重写的，下面详细解释它们的用法。

10.7.1 __str__()方法

为了方便日志输出等处理，所有的对象都可以输出自己的描述信息。为此，可以重写__str__()方法。如果没有重写__str__()方法，则默认返回对象的类名，以及内存地址等信息，例如下面的信息：

```
<__main__.Person object at 0x000001FE0F349AC8>
```

下面看一个示例，在 10.5 节介绍过 Person 类，重写它的__str__()方法代码如下：

```
class Person:
    def __init__(self, name, age):
        self.name = name              # 名字
        self.age = age                # 年龄
```

```
    def __str__(self):                                          ①
        template = 'Person [name = {0}, age = {1}]'
        s = template.format(self.name, self.age)
        return s

person = Person('Tony', 18)
print(person)                                                   ②
```

运行输出结果如下：

```
Person [name = Tony, age = 18]
```

上述代码第①行覆盖__str__()方法，返回什么样的字符串完全是自定义的，只要能表示当前类和当前对象即可，本例是将 Person 成员变量拼接成为一个字符串。代码第②行是打印 person 对象，print()函数会将对象的__str__()方法返回字符串，并打印输出。

10.7.2　对象比较方法

在 6.6.1 节介绍同一性测试运算符时，曾经介绍过内容相等比较运算符==，==是比较两个对象的内容是否相等。当使用运算符==进行比较两个对象时，在对象的内部通过__eq__()方法进行比较。

两个人(Person 对象)相等是指什么？是名字？是年龄？问题的关键是需要指定相等的规则，就是要指定比较的是哪些实例变量，所以为了比较两个 Person 对象是否相等，需要重写__eq__()方法，并在该方法中指定比较规则。

修改 Person 代码如下：

```
class Person:
    def __init__(self, name, age):
        self.name = name                # 名字
        self.age = age                  # 年龄

    def __str__(self):
        template = 'Person [name = {0}, age = {1}]'
        s = template.format(self.name, self.age)
        return s

    def __eq__(self, other):                                        ①
        if self.name == other.name and self.age == other.age:       ②
            return True
        else:
            return False

p1 = Person('Tony', 18)
p2 = Person('Tony', 18)

print(p1 == p2)                         # True
```

上述代码第①行重写 Person 类的__eq__()方法，代码第②行提供比较规则，即只有 name 和 age 都相等时才认为两个对象相等。代码中创建了两个 Person 对象 p1 和 p2，它们具有相同的 name 和 age，所以 p1==p2 为 True。若不重写__eq__()方法，那么 p1==p2 为 False。

10.8 枚举类

枚举用来管理一组相关的有限的常量的集合，使用枚举可以提高程序的可读性，使代码更清晰且更易于维护。Python 中提供了枚举类型，它本质上是一种类。

10.8.1 定义枚举类

在 Python 中定义枚举类的语法格式如下：

```
class 枚举类名 (enum.Enum) :
      枚举常量列表
```

枚举类继承自 enum.Enum 类，说明这是定义了一个枚举类，枚举中会定义多个常量成员。枚举类 WeekDays 的具体代码如下：

```
# coding = utf - 8
# 代码文件:chapter10/ch10.8.1.py

import enum


class WeekDays(enum.Enum):                                       ①
    # 枚举常量列表
    MONDAY = 1                                                   ②
    TUESDAY = 2
    WEDNESDAY = 3
    THURSDAY = 4
    FRIDAY = 10                                                  ③


day = WeekDays.FRIDAY                                            ④

print(day)                          # WeekDays.FRIDAY
print(day.value)                    # 10
print(day.name)                     # FRIDAY
```

输出结果如下：

```
WeekDays.FRIDAY
10
FRIDAY
```

上述代码第①行是定义 WeekDays 枚举类，它有 5 个常量成员，每一个常量成员值都需要进行初始化，见代码第②行～第③行。代码第④行是实例化枚举类 WeekDays，该实例为 FRIDAY，注意枚举类实例化与类不同，枚举类不能调用构造方法。枚举实例的 value 属性返回枚举值，name 属性返回枚举名。

提示　常量成员值可以是任意类型，多个成员的值也可以相同。

10.8.2　限制枚举类

为了存储和使用方便，枚举类中的常量成员取值应该是整数，而且每一常量成员应该有不同的取值。为了使枚举类常量成员只能使用整数类型，可以使用 enum.IntEnum 作为枚举父类。为了防止常量成员值重复，可以为枚举类加上@enum.unique 装饰器。具体示例代码如下：

```
# coding = utf - 8
# 代码文件:chapter10/ch10.8.2.py

import enum

@enum.unique                                                ①
class WeekDays(enum.IntEnum):                               ②
    # 枚举常量列表
    MONDAY = 1
    TUESDAY = 2
    WEDNESDAY = 3                    # 'Wed.'
    THURSDAY = 4
    FRIDAY = 5                       # 1


day = WeekDays.FRIDAY

print(day)
print(day.value)
print(day.name)
```

上述代码第①行是 WeekDays 枚举类的装饰器。代码第②行是定义枚举类 WeekDays，其父类是 enum.IntEnum。如果将其中的成员值修改为其他数据类型或修改为相同值，则会发生异常。

10.8.3　使用枚举类

定义枚举类的主要目的是提高程序可读性，特别是在比较时，枚举类非常实用。示例代码如下：

```
# coding = utf - 8
# 代码文件:chapter10/ch10.8.3.py

import enum


@enum.unique
class WeekDays(enum.IntEnum):
    # 枚举常量列表
    MONDAY = 1
    TUESDAY = 2
    WEDNESDAY = 3                    # 'Wed.'
```

```
    THURSDAY = 4
    FRIDAY = 5                                    # 1


day = WeekDays.FRIDAY

if day == WeekDays.MONDAY:                                                  ①
    print('工作')
elif day == WeekDays.FRIDAY:                                                ②
    print('学习')
```

上述代码第①行判断 day 是否为星期一，代码第②行判断 day 是否为星期五。从中可见，使用枚举成员要好于使用 1 和 5 这种无意义的数值。

10.9 本章小结

本章主要介绍了面向对象编程的知识。首先介绍了面向对象的一些基本概念和面向对象的三个基本特性，然后介绍了类、对象、封装、继承和多态，最后介绍了 object 类和枚举类。

10.10 同步练习

1. 判断对错：在 Python 中，类具有面向对象的基本特征，即封装性、继承性和多态性。(　　)

2. 判断对错：__str__()这种两个下画线开始和结尾的方法是 Python 所保留的，有着特殊的含义，称为魔法方法。(　　)

3. 下列(　　)是类的成员。

A. 成员变量　　B. 成员方法　　C. 属性　　D. 实例变量

4. 判断对错：__init__()方法用来创建和初始化实例变量，这种方法就是"构造方法"，__init__()方法也属于"魔法方法"。(　　)

5. 判断对错：类方法不需要与实例绑定，需要与类绑定，定义时它的第一个参数不是 self，而是类的 type 实例，type 是描述 Python 数据类型的类，Python 中所有数据类型都是 type 的一个实例。(　　)

6. 判断对错：实例方法是在类中定义的，它的第一个参数也应该是 self，这个过程是将当前实例与该方法绑定起来。(　　)

7. 判断对错：静态方法不与实例绑定，也不与类绑定，只是把类作为它的命名空间。(　　)

8. 判断对错：公有成员变量就是在变量前加上两个下画线(__)。(　　)

9. 判断对错：私有方法就是在方法前加上两个下画线(__)。(　　)

10. 判断对错：属性是为了替代 getter 访问器和 setter 访问器。(　　)

11. 判断对错：子类继承父类是继承父类中所有的成员变量和方法。(　　)

12. 判断对错：Python 语言的继承是单继承。(　　)

13. 请介绍什么是"鸭子类型"？

第11章 异常处理

CHAPTER 11

很多事件并非总能按照人们的意愿顺利发展，而是会出现这样那样的异常情况。例如，计划周末郊游时，计划会安排得满满的。计划可能是这样的：从家里出发→到达目的地→游泳→烧烤→回家。但天有不测风云，可能准备烧烤时天降大雨，这时只能终止郊游提前回家。“天降大雨”是一种异常情况，计划应该考虑到这种情况，并且应该有处理这种异常的预案。

为了增强程序的健壮性，计算机程序的编写也需要考虑处理这些异常情况，Python 语言提供了异常处理功能。本章介绍 Python 异常处理机制。

11.1 异常问题举例

为了学习 Python 异常处理机制，首先看看下面进行除法运算的示例。在 Python Shell 中运行如下代码：

```
>>> i = input('请输入数字:')                                    ①

请输入数字:0
>>> print(i)
0
>>> print(5/int(i))
Traceback(most recent call last):
  File "<pyshell#2>", line 1, in <module>
    print(5/int(i))
ZeroDivisionError: division by zero
```

上述代码第①行通过 input()函数从控制台读取字符串，该函数语法如下：

```
input([prompt])
```

prompt 参数是提示字符串，可以省略。

从控制台读取字符串 0 赋值给 i 变量，当执行 print(5/int(i))语句时，会抛出 ZeroDivisionError 异常，ZeroDivisionError 是除 0 异常。这是因为在数学上除数不能为 0，所以执行表达式(5/a)时会有异常。

重新输入如下字符串：

```
>>> i = input('请输入数字:')
```

```
请输入数字:QWE
>>> print(i)
QWE
>>> print(5/int(i))
Traceback(most recent call last):
  File "<pyshell#5>", line 1, in <module>
    print(5/int(i))
ValueError: invalid literal for int() with base 10: 'QWE'
```

这次输入的是字符串 QWE,因为它不能转换为整数类型,因此会抛出 ValueError 异常。

程序运行过程中难免会发生异常,发生异常并不可怕,程序员应该考虑到有可能发生的异常,编程时应处理这些异常,不能让程序终止,这就是健壮的程序。

11.2 异常类继承层次

Python 中异常根类是 BaseException,异常类继承层次如下所示。

```
BaseException
 +-- SystemExit
 +-- KeyboardInterrupt
 +-- GeneratorExit
 +-- Exception
      +-- StopIteration
      +-- StopAsyncIteration
      +-- ArithmeticError
      |    +-- FloatingPointError
      |    +-- OverflowError
      |    +-- ZeroDivisionError
      +-- AssertionError
      +-- AttributeError
      +-- BufferError
      +-- EOFError
      +-- ImportError
           +-- ModuleNotFoundError
      +-- LookupError
      |    +-- IndexError
      |    +-- KeyError
      +-- MemoryError
      +-- NameError
      |    +-- UnboundLocalError
      +-- OSError
      |    +-- BlockingIOError
      |    +-- ChildProcessError
      |    +-- ConnectionError
      |    |    +-- BrokenPipeError
      |    |    +-- ConnectionAbortedError
      |    |    +-- ConnectionRefusedError
      |    |    +-- ConnectionResetError
      |    +-- FileExistsError
```

```
|    +-- FileNotFoundError
|    +-- InterruptedError
|    +-- IsADirectoryError
|    +-- NotADirectoryError
|    +-- PermissionError
|    +-- ProcessLookupError
|    +-- TimeoutError
+-- ReferenceError
+-- RuntimeError
|    +-- NotImplementedError
|    +-- RecursionError
+-- SyntaxError
|    +-- IndentationError
|         +-- TabError
+-- SystemError
+-- TypeError
+-- ValueError
|    +-- UnicodeError
|         +-- UnicodeDecodeError
|         +-- UnicodeEncodeError
|         +-- UnicodeTranslateError
+-- Warning
     +-- DeprecationWarning
     +-- PendingDeprecationWarning
     +-- RuntimeWarning
     +-- SyntaxWarning
     +-- UserWarning
     +-- FutureWarning
     +-- ImportWarning
     +-- UnicodeWarning
     +-- BytesWarning
     +-- ResourceWarning
```

从异常类的继承层次可见，BaseException 的子类很多，其中 Exception 是非系统退出的异常，它包含了很多常用异常。如果自定义异常需要继承 Exception 及其子类，不要直接继承 BaseException。另外，还有一类异常是 Warning，Warning 是警告，提示程序潜在的问题。

提示　从异常类继承的层次可见，Python 中的异常类命名主要的后缀有 Exception、Error 和 Warning，也有少数几个没有采用这几个后缀命名的，这些后缀命名的类都有它的含义。但是，有些中文资料将异常类后缀名有时翻译为“异常”，有时翻译为“错误”。为了不引起误会，本书将它们统一翻译为“异常”，特殊情况会另行说明。

11.3　常见异常

虽然 Python 有很多异常，熟悉几个常见异常是有必要的，本节就介绍几个常见异常。

11.3.1　AttributeError 异常

AttributeError 异常是试图访问一个类中不存在的成员（包括成员变量、属性和成员方法)而引发的异常。

在 Python Shell 执行如下代码:

```
>>> class Animal(object):                                    ①
        pass

>>> a1 = Animal()
>>> a1.run()                                                 ②
Traceback(most recent call last):
  File "<pyshell#3>", line 1, in <module>
    a1.run()
AttributeError: 'Animal' object has no attribute 'run'
>>>
>>> print(a1.age)                                            ③
Traceback(most recent call last):
  File "<pyshell#4>", line 1, in <module>
    print(a1.age)
AttributeError: 'Animal' object has no attribute 'age'
>>>
>>> print(Animal.weight)                                     ④
Traceback(most recent call last):
  File "<pyshell#5>", line 1, in <module>
    print(Animal.weight)
AttributeError: type object 'Animal' has no attribute 'weight'
```

上述代码第①行是定义 Animal 类。代码第②行是试图访问 Animal 类的 run()方法,由于 Animal 类中没有定义 run()方法,所以抛出 AttributeError 异常。代码第③行是试图访问 Animal 类的实例变量(或属性)age,结果抛出 AttributeError 异常。代码第④行是试图访问 Animal 类的类变量 weight,结果抛出 AttributeError 异常。

11.3.2 OSError 异常

OSError 是操作系统相关异常。Python 3.3 版本后 IOError(输入输出异常)也并入到 OSError 异常,所以输入输出异常也属于 OSError 异常,例如"未找到文件"或"磁盘已满"异常都属于该异常。

在 Python Shell 中执行如下代码:

```
>>> f = open('abc.txt')
Traceback(most recent call last):
  File "<pyshell#10>", line 1, in <module>
    f = open('abc.txt')
FileNotFoundError: [Errno 2] No such file or directory: 'abc.txt'
```

上述代码 f = open('abc.txt')是打开当前目录下的 abc.txt 文件,由于不存在该文件,所以抛出 FileNotFoundError 异常。FileNotFoundError 属于 OSError 异常。

11.3.3 IndexError 异常

IndexError 异常是访问序列元素时,下标索引超出取值范围所引发的异常。在 Python

Shell 中执行如下代码：

```
>>> code_list = [125, 56, 89, 36]
>>> code_list[4]
Traceback(most recent call last):
  File "<pyshell#12>", line 1, in <module>
    code_list[4]
IndexError: list index out of range
```

上述代码 code_list[4]试图访问 code_list 列表的第 5 个元素，由于 code_list 列表最多只有 4 个元素，所以会引发 IndexError 异常。

11.3.4 KeyError 异常

KeyError 异常是试图访问字典里不存在的键时而引发的异常。在 Python Shell 中执行如下代码：

```
>>> dict1[104]
Traceback(most recent call last):
  File "<pyshell#14>", line 1, in <module>
    dict1[104]
KeyError: 104
```

上述代码 dict1[104]试图访问字典 dict1 中键为 104 的值，104 键在字典 dict1 中不存在，所以会引发 KeyError 异常。

11.3.5 NameError 异常

NameError 是试图使用一个不存在的变量而引发的异常。在 Python Shell 中执行如下代码：

```
>>> value1                                                    ①
Traceback(most recent call last):
  File "<pyshell#16>", line 1, in <module>
    value1
NameError: name 'value1' is not defined
>>> a = value1                                                ②
Traceback(most recent call last):
  File "<pyshell#17>", line 1, in <module>
    a = value1
NameError: name 'value1' is not defined
>>> value1 = 10                                               ③
```

上述代码第①行和第②行都是读取 value1 变量值，由于之前没有创建过 value1，所以会引发 NameError 异常。但代码第③行 value1=10 语句却不会引发异常，因为赋值时如果变量不存在就会创建它，所以不会引发异常。

11.3.6 TypeError 异常

TypeError 是试图传入的变量类型与要求的类型不符合时而引发的异常。在 Python

Shell 中执行如下代码：

```
>>> i = '2'
>>> print(5/i)                                                    ①
Traceback(most recent call last):
  File "<pyshell#20>", line 1, in <module>
    print(5/i)
TypeError: unsupported operand type(s) for /: 'int' and 'str'
```

上述代码第①行(5/i)表达式是进行除法计算，i 变量需是一个数字类型。然而传入的却是一个字符串，所以引发 TypeError 异常。

11.3.7 ValueError 异常

ValueError 异常是由于传入一个无效的参数值而引发的。ValueError 异常在 11.1 节已经出现了。在 Python Shell 中执行如下代码：

```
>>> i = 'QWE'
>>> print(5/int(i))                                               ①
Traceback(most recent call last):
  File "<pyshell#22>", line 1, in <module>
    print(5/int(i))
ValueError: invalid literal for int() with base 10: 'QWE'
```

上述代码第①行(5/int(i))表达式是进行除法计算，变量 i 是能使用 int()函数转换为数字的参数。然而传入的字符串'QWE'不能转换为数字，所以引发 ValueError 异常。

11.4 捕获异常

在学习本节内容之前，可以先考虑一下，现实生活中如何对待领导交给你的任务呢？当然无非是两种：自己有能力解决的自己处理；自己无力解决的反馈给领导，让领导自己处理。

那么对待异常亦是如此。当前函数有能力解决，则捕获异常进行处理；没有能力解决，则抛出给上层调用者(函数)处理。如果上层调用者(函数)还无力解决，则继续抛给它的上层调用者(函数)。异常就是这样向上传递直到有函数处理它。如果所有的函数都没有处理该异常，那么 Python 解释器会终止程序运行。这就是异常的传播过程。

下面首先介绍捕获异常。

11.4.1 try-except 语句

捕获异常是通过 try-except 语句实现的，最基本的 try-except 语句的语法如下：

```
try :
    <可能会抛出异常的语句>
except [异常类型] :
    <处理异常>
```

1）try 代码块

try 代码块中包含执行过程中可能会抛出异常的语句。

2）except 代码块

每个 try 代码块可以伴随一个或多个 except 代码块，用于处理 try 代码块中所有可能抛出的多种异常。except 语句中如果省略“异常类型”，即不指定具体异常，则会捕获所有类型的异常；如果指定具体类型异常，则会捕获该类型异常以及它的子类型异常。

下面看一个 try-except 示例。

```
# coding = utf - 8
# 代码文件:chapter11/ch11.4.1.py

import datetime as dt                                              ①

def read_date(in_date):                                            ②
    try:
        date = dt.datetime.strptime(in_date, '%Y - %m - %d')       ③
        return date
    except ValueError:                                             ④
        print('处理 ValueError 异常')

str_date = '2018 - 8 - 18'
print('日期 = {0}'.format(read_date(str_date)))
```

上述代码第①行是导入 datetime 模块，datetime 是 Python 内置的日期时间模块。代码第②行是定义一个函数，在函数中将传入的字符串转换为日期，并进行格式化。但并非所有的字符串都是有效的日期字符串，因此调用代码第③行的 strptime()方法有可能抛出 ValueError 异常。代码第④行是捕获 ValueError 异常。本例中的 2018-8-18 字符串是有效的日期字符串，因此不会抛出异常。如果将字符串改为无效的日期字符串，如 201B-8-18，则会打印以下信息：

```
处理 ValueError 异常
日期 = None
```

如果需要还可以获得异常对象，修改代码如下：

```
def read_date(in_date):
    try:
        date = dt.datetime.strptime(in_date, '%Y - %m - %d')
        return date
    except ValueError as e:
        print('处理 ValueError 异常')
        print(e)
```

ValueError as e 中的 e 是异常对象，print(e)可以打印异常对象，打印异常对象会输出异常描述信息，打印信息如下：

```
time data '201B - 8 - 18' does not match format '%Y - %m - %d'
```

11.4.2 多 except 代码块

如果 try 代码块中有很多语句抛出异常，且抛出的异常种类很多，那么可以在 try 后面跟有多个 except 代码块。多 except 代码块语法如下：

```
try :
    <可能会抛出异常的语句>
except [异常类型 1] :
    <处理异常>
except [异常类型 2] :
    <处理异常>
...
except [异常类型 n] :
    <处理异常>
```

在存在多个 except 代码的情况下，当一个 except 代码块捕获到一个异常时，其他的 except 代码块就不再进行匹配。

注意 **当捕获的多个异常类之间存在父子关系时，捕获异常的顺序与 except 代码块的顺序有关。从上到下先捕获子类，再捕获父类，否则子类捕获不到。**

示例代码如下：

```
# coding = utf - 8
# 代码文件:chapter11/ch11.4.2.py

import datetime as dt


def read_date_from_file(filename):                                    ①
    try:
        file = open(filename)                                         ②
        in_date = file.read()                                         ③
        in_date = in_date.strip()                                     ④
        date = dt.datetime.strptime(in_date, '%Y-%m-%d')              ⑤
        return date
    except ValueError as e:                                           ⑥
        print('处理 ValueError 异常')
        print(e)
    except FileNotFoundError as e:                                    ⑦
        print('处理 FileNotFoundError 异常')
        print(e)
    except OSError as e:                                              ⑧
        print('处理 OSError 异常')
        print(e)


date = read_date_from_file('readme.txt')
print('日期 = {0}'.format(date))
```

上述代码通过 open()函数从文件 readme.txt 中读取字符串，然后解析为日期。由于

Python 文件操作技术还没有介绍，读者先不要关注 open()函数的技术细节，只考虑调用它们的方法，会抛出异常就可以了。

在 try 代码块中，代码第①行定义函数 read_date_from_file(filename)用来从文件中读取字符串，并解析成为日期。代码第②行调用 open()函数读取文件，它有可能抛出 FileNotFoundError 等 OSError 异常。如果抛出 FileNotFoundError 异常，则被代码第⑦行的 except 捕获。如果抛出 OSError 异常，则被代码第⑧行的 except 捕获。代码第③行 file.read()方法是从文件中读取数据，它也可能抛出 OSError 异常。如果抛出 OSError 异常，则被代码第⑧行的 except 捕获。代码第④行 in_date.strip()方法是剔除字符串前后的空白字符(包括空格、制表符、换行和回车等字符)。代码第⑤行 strptime()方法可能抛出 ValueError 异常。如果抛出则被代码第⑥行的 except 捕获。

如果将 FileNotFoundError 和 OSError 的捕获顺序调换，代码如下：

```
try:
    file = open(filename)
    in_date = file.read()
    in_date = in_date.strip()
    date = dt.datetime.strptime(in_date, '%Y-%m-%d')
    return date
except ValueError as e:
    print('处理 ValueError 异常')
    print(e)
except OSError as e:
    print('处理 OSError 异常')
    print(e)
except FileNotFoundError as e:
    print('处理 FileNotFoundError 异常')
    print(e)
```

那么 except FileNotFoundError as e 代码块永远不会进入，FileNotFoundError 异常处理永远不会执行，因为 OSError 是 FileNotFoundError 的父类。而 ValueError 异常与 OSError 和 FileNotFoundError 异常没有父子关系，捕获 ValueError 异常的位置可以随意放置。

11.4.3 try-except 语句嵌套

Python 提供的 try-except 语句可以任意嵌套，修改 11.4.2 节的示例代码如下：

```
# coding=utf-8
# 代码文件:chapter11/ch11.4.3.py
import datetime as dt
def read_date_from_file(filename):
    try:
        file = open(filename)
        try:                                                        ①
            in_date = file.read()                                   ②
            in_date = in_date.strip()
            date = dt.datetime.strptime(in_date, '%Y-%m-%d')        ③
```

```
            return date
        except ValueError as e:
            print('处理 ValueError 异常')
            print(e)                                        ④
    except FileNotFoundError as e:                          ⑤
        print('处理 FileNotFoundError 异常')
        print(e)
    except OSError as e:                                    ⑥
        print('处理 OSError 异常')
        print(e)

date = read_date_from_file('readme.txt')
print('日期 = {0}'.format(date))
```

上述代码第①行～第④行是捕获 ValueError 异常的 try-except 语句，可见这个 try-except 语句就嵌套在捕获 FileNotFoundError 和 OSError 异常的 try-except 语句中。

程序执行时内层如果抛出异常，首先由内层 except 进行捕获，如果捕获不到，则由外层 except 捕获。例如，代码第②行的 read()方法可能抛出 OSError 异常，该异常无法被内层捕获，最后被代码第⑥行的外层 except 捕获。

注意 try-except 不仅可以嵌套在 try 代码块中，还可以嵌套在 except 代码块或 finally 代码块中，finally 代码块后面会详细介绍。try-except 嵌套会使程序流程变得复杂，如果能用多 except 捕获异常，尽量不要使用 try-except 嵌套。要梳理好程序的流程后再考虑 try-except 嵌套的必要性。

11.4.4 多重异常捕获

多个 except 代码块客观上提高了程序的健壮性，但是也大大增加了程序代码量。有些异常虽然种类不同，但捕获之后的处理是相同的，比如下面的代码：

```
try:
    <可能会抛出异常的语句>
except ValueError as e:
    <调用方法 method1 处理>
except OSError as e:
    <调用方法 method1 处理>
except FileNotFoundError as e:
    <调用方法 method1 处理>
```

三个不同类型的异常要求捕获之后的处理都是调用 method1 方法。是否可以把这些异常合并处理呢？Python 中可以把这些异常放到一个元组中，这就是多重异常捕获，可以帮助解决此类问题。将上述代码修改如下：

```
# coding = utf - 8
# 代码文件:chapter11/ch11.4.4.py

import datetime as dt
```

```
def read_date_from_file(filename):
    try:
        file = open(filename)
        in_date = file.read()
        in_date = in_date.strip()
        date = dt.datetime.strptime(in_date, '%Y-%m-%d')
        return date
    except (ValueError, OSError) as e:
        print('调用方法 method1 处理...')
        print(e)
```

代码中的(ValueError，OSError)是多重异常捕获。

注意 有读者会问为什么不写成(ValueError，FileNotFoundError，OSError)呢？这是因为 FileNotFoundError 属于 OSError 异常，OSError 异常可以捕获它的所有子类异常。

11.5 异常堆栈跟踪

当需要知道更加详细的异常信息时，可以打印堆栈跟踪信息。打印堆栈跟踪信息可以通过 Python 内置模块 traceback 提供的 print_exc()函数实现，print_exc()函数的语法格式如下：

```
traceback.print_exc(limit=None, file=None, chain=True)
```

其中，参数 limit 限制堆栈跟踪的个数，默认 None 是不限制；参数 file 判断是否输出堆栈跟踪信息到文件，默认 None 是不输出到文件；参数 chain 为 True，表示将__cause__和__context__等属性连起来，就像解释器本身打印未处理异常一样。

堆栈跟踪示例代码如下：

```
# coding=utf-8
# 代码文件:chapter11/ch11.5.py

import datetime as dt
import traceback as tb                                              ①

def read_date_from_file(filename):
    try:
        file = open(filename)
        in_date = file.read()
        in_date = in_date.strip()
        date = dt.datetime.strptime(in_date, '%Y-%m-%d')
        return date
    except (ValueError, OSError) as e:
        print('调用方法 method1 处理...')
        tb.print_exc()                                              ②

date = read_date_from_file('readme.txt')
print('日期 = {0}'.format(date))
```

上述代码第②行 tb. print_exc()语句是打印异常堆栈信息，print_exc()函数使用 traceback 模块，因此需要在文件开始时导入 traceback 模块。

发生异常的输出结果如下：

```
Traceback (most recent call last):
日期 = None
  File "C:/Users/tony/PycharmProjects/HelloProj/ch11.4.4.py", line 12, in read_date_from_
file                                                                                    ①
    date = dt.datetime.strptime(in_date, '%Y-%m-%d')                                    ②
  File "C:\Python\Python36\lib\_strptime.py", line 565, in _strptime_datetime
    tt, fraction = _strptime(data_string, format)
  File "C:\Python\Python36\lib\_strptime.py", line 362, in _strptime
    (data_string, format)
ValueError: time data '201B-8-18' does not match format '%Y-%m-%d'
```

上述堆栈信息从上往下为程序执行过程中函数（或方法）的调用顺序，其中每一条信息都明确指出了哪一个文件（见代码第①行的 ch11.4.4.py）、哪一行（见代码第①行的 line 12）、调用了哪个函数或方法（见代码第②行的 line 12）。通过堆栈信息，程序员能够很快定位程序哪里出了问题。

提示 在捕获到异常之后通过 print_exc()函数打印异常堆栈跟踪信息，往往只是用于调试，能给程序员提示信息。堆栈跟踪信息对最终用户是没有意义的，本例中如果出现异常则很有可能是用户输入的日期无效，捕获到异常之后会给用户弹出一个对话框，提示用户输入的日期无效，请用户重新输入，用户重新输入后再重新调用上述函数。这才是捕获异常之后的正确处理方案。

11.6 释放资源

有时 try-except 语句会占用一些资源，如打开文件、网络连接，打开数据库连接和使用数据结果集等，这些资源不能通过 Python 的垃圾收集器回收，需要程序员释放。为了确保这些资源能够被释放，可以使用 finally 代码块或 with as 自动管理资源。

11.6.1 finally 代码块

try-except 语句后面还可以跟有一个 finally 代码块，try-except-finally 语句语法如下：

```
try:
    <可能会抛出异常的语句>
except [异常类型 1]:
    <处理异常>
except [异常类型 2]:
    <处理异常>
...
except [异常类型 n]:
    <处理异常>
finally:
    <释放资源>
```

无论 try 正常结束还是 except 异常结束，都会执行 finally 代码块，如图 11-1 所示。

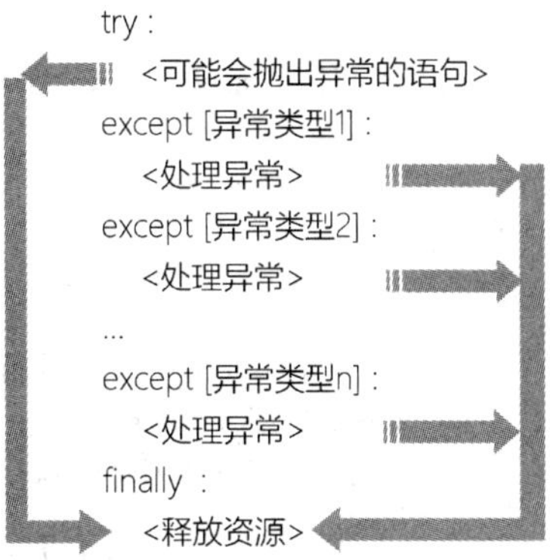

```
try:
    <可能会抛出异常的语句>
except [异常类型1]:
    <处理异常>
except [异常类型2]:
    <处理异常>
...
except [异常类型n]:
    <处理异常>
finally:
    <释放资源>
```

图 11-1 finally 代码块流程

使用 finally 代码块示例代码如下：

```
# coding = utf - 8
# 代码文件:chapter11/ch11.6.1.py

import datetime as dt

def read_date_from_file(filename):
    try:
        file = open(filename)
        in_date = file.read()
        in_date = in_date.strip()
        date = dt.datetime.strptime(in_date, '%Y - %m - %d')
        return date
    except ValueError as e:
        print('处理 ValueError 异常')
    except FileNotFoundError as e:
        print('处理 FileNotFoundError 异常')
    except OSError as e:
        print('处理 OSError 异常')
    finally:                                                    ①
        file.close()                                            ②

date = read_date_from_file('readme.txt')
print('日期 = {0}'.format(date))
```

上述代码第①行是 finally 代码块，在这里通过关闭文件释放资源，见代码第②行 file.close()关闭文件。上述代码还是存在问题的，如果在执行 open(filename)打开文件时，即便抛出了异常也会执行 finally 代码块。执行 file.close()关闭文件会抛出如下异常：

```
Traceback (most recent call last):
  File "C:/Users/tony/PycharmProjects/HelloProj/ch11.6.1.py", line 24, in <module>
    date = read_date_from_file('readme.txt')
  File "C:/Users/tony/PycharmProjects/HelloProj/ch11.6.1.py", line 21, in read_date_from_
    file file.close()
UnboundLocalError: local variable 'file' referenced before assignment
```

UnboundLocalError 异常是 NameError 异常的子类，异常信息提示没有找到 file 变量，这是因为 open(filename)打开文件失败，所以 file 变量没有被创建。事实上 file.close()关闭的前提是文件已经成功打开，为了解决此问题可以使用 else 代码块。

11.6.2 else 代码块

与 while 和 for 循环类似，try 语句也可以带有 else 代码块，它是在程序正常结束时执行的代码块，程序流程如图 11-2 所示。

11.6.1 节示例问题也可以使用 else 代码块解决，修改 11.6.1 节示例代码如下：

```
# coding = utf - 8
# 代码文件:chapter11/ch11.6.2.py

import datetime as dt

def read_date_from_file(filename):
    try:
        file = open(filename)          ①
    except OSError as e:
        print('打开文件失败')
    else:                              ②
        print('打开文件成功')
        try:
            in_date = file.read()
            in_date = in_date.strip()
            date = dt.datetime.strptime(in_date, '%Y-%m-%d')
            return date
        except ValueError as e:
            print('处理 ValueError 异常')
        except OSError as e:
            print('处理 OSError 异常')
        finally:                                                    ③
            file.close()

date = read_date_from_file('readme.txt')
print('日期 = {0}'.format(date))
```

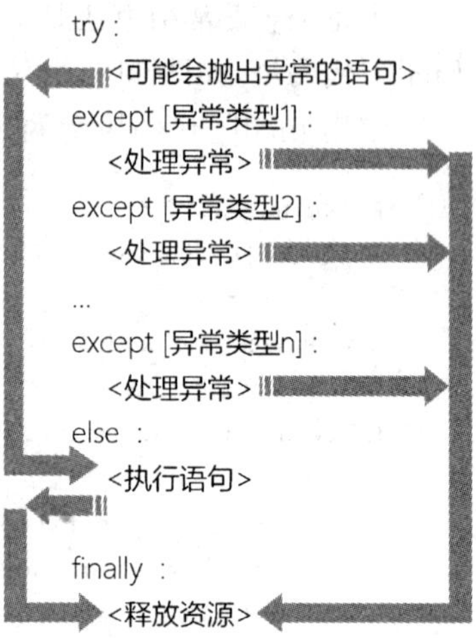

try :
<可能会抛出异常的语句>
except [异常类型1] :
<处理异常>
except [异常类型2] :
<处理异常>
...
except [异常类型n] :
<处理异常>
else :
<执行语句>
finally :
<释放资源>

图 11-2 else 代码块流程

上述代码 open(filename)语句单独放在一个 try 中,见代码第①行。如果正常打开文件,程序会执行 else 代码块,见代码第②行。在 else 代码块中嵌套了 try 语句,在这个 try 代码中读取文件内容和解析日期,最后在嵌套 try 对应的 finally 代码块中执行 file.close()关闭文件。

11.6.3 with as 代码块自动管理资源

11.6.2 节中的示例程序虽然"健壮",但程序流程比较复杂,程序代码难以维护。为此 Python 提供了一个 with as 代码块帮助自动释放资源,它可以替代 finally 代码块,优化代码结构,提高程序可读性。with as 提供了一个代码块,在 as 后面声明一个资源变量,当 with as 代码块结束之后自动释放资源。

示例代码如下:

```
# coding = utf - 8
# 代码文件:chapter11/ch11.6.3.py

import datetime as dt

def read_date_from_file(filename):
    try:
        with open(filename) as file:                                ①
```

```
            in_date = file.read()

        in_date = in_date.strip()
        date = dt.datetime.strptime(in_date, '%Y-%m-%d')
        return date
    except ValueError as e:
        print('处理 ValueError 异常')
    except OSError as e:
        print('处理 OSError 异常')

    date = read_date_from_file('readme.txt')
    print('日期 = {0}'.format(date))
```

上述代码第①行是使用 with as 代码块，with 语句后面的 open(filename)语句可以创建资源对象，然后赋值给 as 后面的 file 变量。with as 代码块中包含了资源变量相关代码，完成后自动释放资源。采用了自动资源管理后不再需要 finally 代码块，不需要自己释放这些资源。

注意 所有可以自动管理的资源都需要遵从上下文管理协议(Context Management Protocol)。

11.7 自定义异常类

有些公司为了提高代码的可重用性，自己开发了一些 Python 类库，其中必然有自己编写的一些异常类。实现自定义异常类需要继承 Exception 类或其子类。

实现自定义异常类示例代码如下：

```
# coding=utf-8
# 代码文件:chapter11/ch11.7.py

class MyException(Exception):
    def __init__(self, message):                              ①
        super().__init__(message)                             ②
```

上述代码实现了自定义异常，代码第①行是定义构造方法类，其中的参数 message 是异常描述信息。代码第②行 super().__init__(message)是调用父类构造方法，并把参数 message 传入给父类构造方法。自定义异常就是这样简单，只需要提供一个字符串参数的构造方法就可以了。

11.8 显式抛出异常

本节之前读者接触到的异常都是由系统生成的，当异常抛出时，系统会创建一个异常对象，并将其抛出。但也可以通过 raise 语句显式抛出异常，语法格式如下：

```
raise BaseException 或其子类的实例
```

显式抛出异常的目的有很多，例如不让某些异常传给上层调用者，在捕获之后重新显式抛出另外一种异常给调用者。

修改 11.4.2 节示例代码如下：

```
# coding = utf - 8
# 代码文件:chapter11/ch11.8.py

import datetime as dt

class MyException(Exception):
    def __init__(self, message):
        super().__init__(message)

def read_date_from_file(filename):
    try:
        file = open(filename)
        in_date = file.read()
        in_date = in_date.strip()
        date = dt.datetime.strptime(in_date, '%Y-%m-%d')
        return date
    except ValueError as e:
        raise MyException('不是有效的日期')                    ①
    except FileNotFoundError as e:
        raise MyException('文件找不到')                        ②
    except OSError as e:
        raise MyException('文件无法打开或无法读取')            ③

date = read_date_from_file('readme.txt')
print('日期 = {0}'.format(date))
```

如果软件设计者不希望 read_date_from_file()函数捕获的 ValueError、FileNotFoundError 和 OSError 异常出现在上层调用者中，那么可以在捕获到这些异常后，通过 raise 语句显式抛出一个异常，见代码第①行、第②行和第③行显式抛出自定义的 MyException 异常。

注意 raise 显式抛出的异常与系统生成并抛出的异常在处理方式上没有区别，就是两种方法：要么捕获后自己处理，要么抛出给上层调用者。

11.9 本章小结

本章介绍了 Python 异常处理机制，其中包括 Python 异常类继承层次、捕获异常、释放资源、自定义异常类和显式抛出异常。

11.10 同步练习

1. 请列举一些常见的异常。
2. 显式抛出异常的语句有(　　)。

   A. throw　　B. raise　　C. try　　D. except

3. 判断题：每个 try 代码块可以伴随一个或多个 except 代码块，用于处理 try 代码块中所有可能抛出的多种异常。（　　）

4. 判断题：为了确保这些资源能够被释放，可以使用 finally 代码块或 with as 自动管理资源。（　　）

5. 判断题：实现自定义异常类需要继承 Exception 类或其子类。（　　）

第12章 常用模块

CHAPTER 12

Python 官方提供了数量众多的模块,称为内置模块,本书不再一一介绍。本章归纳了 Python 中一些在日常开发过程中常用的模块,至于其他的不常用类,读者可以自己查询 Python 官方的 API 文档。

12.1 math 模块

Python 官方提供 math 模块进行数学运算,如指数、对数、平方根和三角函数等。math 模块中的函数只是整数和浮点,不包括复数,复数计算需要使用 cmath 模块。

12.1.1 舍入函数

math 模块提供的舍入函数有 math.ceil(a)和 math.floor(a),math.ceil(a)是返回大于或等于 a 的最小整数,math.floor(a)返回小于或等于 a 的最大整数。另外 Python 还提供了一个内置函数 round(a),该函数对 a 进行四舍五入计算。

在 Python Shell 中运行示例代码如下:

```
>>> import math
>>> math.ceil(1.4)
2
>>> math.floor(1.4)
1
>>> round(1.4)
1

>>> math.ceil(1.5)
2
>>> math.floor(1.5)
1
>>> round(1.5)
2

>>> math.floor(1.6)
1
>>> math.ceil(1.6)
```

```
2
>>> round(1.6)
2
```

12.1.2 幂和对数函数

math 模块提供的幂和对数相关函数如下：

(1) 对数运算：math.log(a[, base])返回以 base 为底的 a 的对数；若省略底数 base，则表示 a 的自然对数。

(2) 平方根：math.sqrt(a)返回 a 的平方根。

(3) 幂运算：math.pow(a, b)返回 a 的 b 次幂的值。

在 Python Shell 中运行示例代码如下：

```
>>> import math
>>> math.log(8, 2)
3.0
>>> math.pow(2, 3)
8.0
>>> math.log(8)
2.0794415416798357
>>> math.sqrt(1.6)
1.2649110640673518
```

12.1.3 三角函数

math 模块中提供的三角函数如下：

(1) math.sin(a)：返回弧度 a 的三角正弦。

(2) math.cos(a)：返回弧度 a 的三角余弦。

(3) math.tan(a)：返回弧度 a 的三角正切。

(4) math.asin(a)：返回弧度 a 的反正弦。

(5) math.acos(a)：返回弧度 a 的反余弦。

(6) math.atan(a)：返回弧度 a 的反正切。

上述函数中 a 参数是弧度，有时需要将弧度转换为角度，或将角度转换为弧度，math 模块中提供了转换弧度和角度的函数：

(1) math.degrees(a)：将弧度 a 转换为角度。

(2) math.radians(a)：将角度 a 转换为弧度。

在 Python Shell 中运行示例代码如下：

```
>>> import math
>>> math.degrees(0.5 * math.pi)                    ①
90.0
>>> math.radians(180 / math.pi)                    ②
1.0
>>> a = math.radians(45 / math.pi)                 ③
>>> a
0.25
```

```
>>> math.sin(a)
0.24740395925452294
>>> math.asin(math.sin(a))
0.25
>>> math.asin(0.2474)
0.24999591371483254
>>> math.asin(0.24740395925452294)
0.25

>>> math.cos(a)
0.9689124217106447
>>> math.acos(0.9689124217106447)
0.2500000000000002
>>> math.acos(math.cos(a))
0.2500000000000002

>>> math.tan(a)
0.25534192122103627
>>> math.atan(math.tan(a))
0.25
>>> math.atan(0.25534192122103627)
0.25
```

上述代码第①行的 degrees()函数将弧度转换为角度，其中 math.pi 是数学常量 π。代码第②行的 radians()函数是将角度转换为弧度。代码第③行 math.radians(45/math.pi)表达式是将角度值 45 转换为了弧度值 0.25。

12.2 random 模块

random 模块提供了一些生成随机数的函数，相关函数如下：

(1) random.random()：返回范围大于等于 0.0 且小于 1.0 的随机浮点数。

(2) random.randrange(stop)：返回范围大于等于 0 且小于 stop、步长为 1 的随机整数。

(3) random.randrange(start,stop[,step])：返回范围大于等于 start 且小于 stop、步长为 step 的随机整数。

(4) random.randint(a, b)：返回范围大于等于 a 且小于等于 b 之间的随机整数。

示例代码如下：

```
# coding = utf - 8
# 代码文件:chapter12/ch12.2.py

import random

# 0.0 <= x < 1.0 随机数
print('0.0 <= x < 1.0 随机数')
for i in range(0, 10):
```

```
    x = random.random()                                        ①
    print(x)

# 0 <= x < 5 随机数
print('0 <= x < 5 随机数')
for i in range(0, 10):
    x = random.randrange(5)                                    ②
    print(x, end = ' ')

# 5 <= x < 10 随机数
print()
print('5 <= x < 10 随机数')
for i in range(0, 10):
    x = random.randrange(5, 10)                                ③
    print(x, end = ' ')

# 5 <= x <= 10 随机数
print()
print('5 <= x <= 10 随机数')
for i in range(0, 10):
    x = random.randint(5, 10)                                  ④
    print(x, end = ' ')
```

运行结果如下：

```
0.0 <= x < 1.0 随机数
0.14679067744719398                                            ⑤
0.5376298257414011
0.35184111423811737
0.5563606040766139
0.16577538496133093
0.05700144637207416
0.37028445782666264
0.5922162613642523
0.9030691129412981
0.4284071290039221                                             ⑥
0 <= x < 5 随机数
4 4 4 4 2 1 2 4 0 3                                            ⑦
5 <= x < 10 随机数
5 9 9 8 7 6 7 6 5 8                                            ⑧
5 <= x <= 10 随机数
10 7 5 10 6 10 9 7 8 6                                         ⑨
```

上述代码第①行调用 random()函数产生 10 个大于或等于 0.0 且小于 1.0 的随机浮点数，生成结果见代码第⑤行～第⑥行。

代码第②行调用 randrange()函数产生 10 个大于或等于 0 且小于 5 的随机整数，生成结果见代码第⑦行。

代码第③行调用 randrange()函数产生 10 个大于或等于 5 且小于 10 的随机整数，生成结果见代码第⑧行。

代码第④行调用 randint()函数产生 10 个大于或等于 5 且小于或等于 10 的随机整数，

生成结果见代码第⑨行。

12.3 datetime 模块

Python 官方提供的日期和时间模块主要有 time 和 datetime 两个模块。time 偏重于底层平台，模块中大多数函数会调用本地平台上的 C 链接库，因此有些函数运行的结果在不同的平台上会有所不同。datetime 模块对 time 模块进行了封装，提供了高级 API，因此本节重点介绍 datetime 模块。

datetime 模块中提供了以下 5 个类：

（1）datetime：包含时间和日期。

（2）date：只包含日期。

（3）time：只包含时间。

（4）timedelta：计算时间跨度。

（5）tzinfo：时区信息。

12.3.1 datetime、date 和 time 类

datetime 模块的核心类是 datetime、date 和 time 类，本节介绍如何创建这三种不同类的对象。

1. datetime 类

一个 datetime 对象可以表示日期和时间等信息，创建 datetime 对象可以使用如下构造方法：

```
datetime.datetime(year, month, day, hour = 0, minute = 0, second = 0, microsecond = 0, tzinfo = 
None)
```

其中的 year、month 和 day 三个参数是不能省略的；tzinfo 是时区参数，默认值 None 表示不指定时区；除了 tzinfo 外，其他参数全部为合理范围内的整数。这些参数的取值范围如表 12-1 所示，注意如果超出这个范围会抛出 ValueError。

表 12-1 参数取值范围

参 数	取 值 范 围	说 明
year	datetime.MINYEAR≤year≤datetime.MAXYEAR	datetime.MINYEAR 常量是最小年 datetime.MAXYEAR 常量是最大年
month	1≤month≤12	
day	1≤day≤给定年份和月份时该月的最大天数	注意闰年二月份是比较特殊的，有 29 天
hour	0≤hour<24	
minute	0≤minute<60	
second	0≤second<60	
microsecond	0≤microsecond<1000000	

在 Python Shell 中运行示例代码如下：

```
>>> import datetime                                         ①
```

```
>>> dt = datetime.datetime(2018, 2, 29)                                    ②
Traceback(most recent call last):
  File "<pyshell#24>", line 1, in <module>
    dt = datetime.datetime(2018, 2, 29)
ValueError: day is out of range for month
>>> dt = datetime.datetime(2018, 2, 28)
>>> dt
datetime.datetime(2018, 2, 28, 0, 0)
>>> dt = datetime.datetime(2018, 2, 28, 23, 60, 59, 10000)                 ③
Traceback(most recent call last):
  File "<pyshell#27>", line 1, in <module>
    dt = datetime.datetime(2018, 2, 28, 23, 60, 59, 10000)
ValueError: minute must be in 0..59
>>> dt = datetime.datetime(2018, 2, 28, 23, 30, 59, 10000)
>>> dt
datetime.datetime(2018, 2, 28, 23, 30, 59, 10000)
```

在使用 datetime 时需要导入模块，见代码第①行。代码第②行试图创建 datetime 对象，由于天数 29 超出范围，因此发生 ValueError 异常。代码第③行也会发生 ValueError 异常，因为 minute 参数超出范围。

除了通过构造方法创建并初始化 datetime 对象外，还可以通过 datetime 类提供的一些类方法获得 datetime 对象，这些类方法有

(1) datetime.today()：返回本地当前的日期和时间。

(2) datetime.now(tz=None)：返回本地当前的日期和时间，如果参数 tz 为 None 或未指定，则等同于 today()。

(3) datetime.utcnow()：返回当前 UTC[①] 日期和时间。

(4) datetime.fromtimestamp(timestamp, tz=None)：返回与 UNIX 时间戳[②]对应的本地日期和时间。

(5) datetime.utcfromtimestamp(timestamp)：返回与 UNIX 时间戳对应的 UTC 日期和时间。

在 Python Shell 中运行示例代码如下：

```
>>> import datetime
>>> datetime.datetime.today()                                          ①
datetime.datetime(2018, 2, 3, 18, 48, 8, 840671)
>>> datetime.datetime.now()                                            ②
datetime.datetime(2018, 2, 3, 18, 48, 22, 507119)
>>> datetime.datetime.utcnow()                                         ③
datetime.datetime(2018, 2, 3, 10, 49, 6, 763262)
>>> datetime.datetime.fromtimestamp(999999999.999)                     ④
datetime.datetime(2001, 9, 9, 9, 46, 39, 999000)
>>> datetime.datetime.utcfromtimestamp(999999999.999)                  ⑤
```

---

① UTC 即协调世界时间，它以原子时为基础，是时刻上尽量接近世界时间的一种时间计量系统，UTC 比 GMT 更加精准，它的出现基于现代社会对于精确计时的需要。GMT 即格林尼治标准时间，格林尼治标准时间是 19 世纪中叶大英帝国的基准时间，同时也是事实上的世界基准时间。

② 自 UTC 时间 1970 年 1 月 1 日 00:00:00 以来至现在的总秒数。

```
datetime.datetime(2001, 9, 9, 1, 46, 39, 999000)
```

由上述代码可见，如果没有指定时区，datetime.now()和 datetime.today()是相同的，见代码第①行和第②行。代码第③行中 datetime.utcnow()比 datetime.today()晚 8 个小时，这是因为 datetime.today()获得的是本地时间，作者所在地是北京，即东八区，本地时间比 UTC 时间早 8 个小时。代码第④行和第⑤行是通过时间戳创建 datetime，从结果可见，同样的时间戳 datetime.fromtimestamp()比 datetime.utcfromtimestamp()也早 8 个小时。

提示 在 Python 语言中时间戳单位是“秒”，所以它会有小数部分。而其他语言如 Java 的时间单位是“毫秒”，当跨平台计算时间时需要注意这个差别。

2. date 类

一个 date 对象可以表示日期等信息，创建 date 对象可以使用如下构造方法：

```
datetime.date(year, month, day)
```

其中的 year、month 和 day 三个参数不能省略，参数应为合理范围内的整数，这些参数的取值范围参考表 12-1，如果超出这个范围则会抛出 ValueError。

在 Python Shell 中运行示例代码如下：

```
>>> import datetime
>>> d = datetime.date(2018, 2, 29)                                    ①
Traceback(most recent call last):
  File "<pyshell#1>", line 1, in <module>
    d = datetime.date(2018, 2, 29)
ValueError: day is out of range for month
>>> d = datetime.date(2018, 2, 28)
>>> d
datetime.date(2018, 2, 28)
```

在使用 date 时需要导入 datetime 模块。代码第①行试图创建 date 对象，由于 2018 年 2 月只有 28 天，天数 29 超出范围，因此发生 ValueError 异常。

除了通过构造方法创建并初始化 date 对象外，还可以通过 date 类提供的一些类方法获得 date 对象，这些类方法有：

(1) date.today()：返回当前本地日期。

(2) date.fromtimestamp(timestamp)：返回与 UNIX 时间戳对应的本地日期。

在 Python Shell 中运行示例代码如下：

```
>>> import datetime
>>> datetime.date.today()
datetime.date(2018, 2, 3)
>>> datetime.date.fromtimestamp(999999999.999)
datetime.date(2001, 9, 9)
```

3. time 类

一个 time 对象可以表示一天中的时间信息，创建 time 对象可以使用如下构造方法：

```
datetime.time(hour = 0, minute = 0, second = 0, microsecond = 0, tzinfo = None)
```

其中所有参数都是可选的，除 tzinfo 外，其他参数应为合理范围内的整数，这些参数的取值范围参考表 12-1，如果超出这个范围则会抛出 ValueError。

在 Python Shell 中运行示例代码如下：

```
>>> import datetime
>>> datetime.time(24,59,58,1999)                                    ①
Traceback(most recent call last):
  File "<pyshell#19>", line 1, in <module>
    datetime.time(24,59,58,1999)
ValueError: hour must be in 0..23
>>> datetime.time(23, 59, 58, 1999)
datetime.time(23, 59, 58, 1999)
```

在使用 time 时需要导入 datetime 模块。代码第①行试图创建 time 对象，由于一天时间不能超过 24，因此发生 ValueError 异常。

12.3.2 日期和时间计算

如果想知道 10 天之后是哪一天，或想知道 2018 年 1 月 1 日前 5 周是哪一天，就需要使用 timedelta 类了，timedelta 对象用于计算 datetime、date 和 time 对象时间间隔。

timedelta 类构造方法如下：

```
datetime.timedelta(days = 0, seconds = 0, microseconds = 0, milliseconds = 0, minutes = 0, hours = 0,
weeks = 0)
```

其中所有参数都是可选的，参数可以为整数或浮点数，可以为正数或负数。在 timedelta 内部只保存 days（天）、seconds（秒）和 microseconds（微秒）变量，所以其他参数 milliseconds（毫秒）、minutes（分钟）和 weeks（周）都应换算为 days、seconds 和 microseconds 这三个参数。

在 Python Shell 中运行示例代码如下：

```
>>> import datetime
>>> datetime.date.today()
datetime.date(2018, 2, 3)
>>> d = datetime.date.today()                                       ①
>>> delta = datetime.timedelta(10)                                  ②
>>> d += delta                                                      ③
>>> d
datetime.date(2018, 2, 14)
>>> d = datetime.date(2018, 1, 1)                                   ④
>>> delta = datetime.timedelta(weeks = 5)                           ⑤
>>> d -= delta                                                      ⑥
>>> d
datetime.date(2017, 11, 27)
```

上述代码第①行获得当前本地日期；代码第②行创建 10 天的 timedelta 对象；代码第③行 d+=delta 是当前日期+10 天；代码第④行创建 2018 年 1 月 1 日期对象；代码第⑤行是创建 5 周的 timedelta 对象；代码第⑥行 d-=delta 表示 d 前 5 周的日期。

本例中只演示了日期的计算，使用 timedelta 对象可以精确到微秒，这里不再赘述。

12.3.3 日期和时间格式化和解析

无论日期还是时间，当显示在界面上时，则需要进行格式化输出，使它能够符合当地人查看日期和时间的习惯。另外，与日期时间格式化输出相反的操作是日期时间的解析，当用户使用应用程序界面输入日期时，计算机能够读入的是字符串，这些字符串经过解析获得日期时间对象。

Python 中日期时间格式化使用 strftime()方法，datetime、date 和 time 三个类中都有一个实例方法 strftime(format)；而日期时间解析使用 datetime. strptime(date_string, format)类方法，date 和 time 没有 strptime()方法。方法 strftime()和 strptime()中都有一个格式化参数 format，用来控制日期时间的格式。表 12-2 是常用的日期和时间格式控制符。

表 12-2 常用的日期和时间格式控制符

指令	含 义	示 例
%m	两位月份表示	01、02、12
%y	两位年份表示	08、18
%Y	四位年份表示	2008、2018
%d	月内中的一天	1、2、3
%H	两位小时表示(24 小时制)	00、01、23
%I	两位小时表示(12 小时制)	01、02、12
%p	AM 或 PM 区域性设置	AM 和 PM
%M	两位分钟表示	00、01、59
%S	两位秒表示	00、01、59
%f	以 6 位数表示微秒	000000,000001,…,999999
%z	+HHMM 或-HHMM 形式的 UTC 偏移	+0000、-0400、+1030，如果没有设置时区则为空
%Z	时区名称	UTC、EST、CST，如果没有设置时区则为空

提示 表 12-2 中的数字都是十进制数字。控制符会因不同平台有所区别，这是因为 Python 调用本地平台 C 库的 strftime()函数进行了日期和时间格式化。事实上这些控制符是 1989 版 C 语言控制符。表 12-2 只列出了常用的控制符，更多控制符可参考 https://docs.python.org/3/library/datetime.html#strftime-strptime-behavior。

在 Python Shell 中运行示例代码如下：

```
>>> import datetime
>>> d = datetime.datetime.today()
>>> d.strftime('%Y-%m-%d %H:%M:%S')                              ①
'2018-02-04 10:40:26'
>>> d.strftime('%Y-%m-%d')                                       ②
'2018-02-04'

>>> str_date = '2018-02-29 10:40:26'
>>> date = datetime.datetime.strptime(str_date, '%Y-%m-%d %H:%M:%S')   ③
Traceback(most recent call last):
  File "<pyshell#57>", line 1, in <module>
```

```
    date = datetime.datetime.strptime(str_date, '%Y-%m-%d %H:%M:%S')
  File "C:\Python\Python36\lib\_strptime.py", line 565, in _strptime_datetime
    tt, fraction = _strptime(data_string, format)
  File "C:\Python\Python36\lib\_strptime.py", line 528, in _strptime
    datetime_date(year, 1, 1).toordinal() + 1
ValueError: day is out of range for month

>>> str_date = '2018-02-28 10:40:26'
>>> date = datetime.datetime.strptime(str_date, '%Y-%m-%d %H:%M:%S')
>>> date
datetime.datetime(2018, 2, 28, 10, 40, 26)

>>> date = datetime.datetime.strptime(str_date, '%Y-%m-%d')                ④
Traceback(most recent call last):
  File "<pyshell#61>", line 1, in <module>
    date = datetime.datetime.strptime(str_date, '%Y-%m-%d')
  File "C:\Python\Python36\lib\_strptime.py", line 565, in _strptime_datetime
    tt, fraction = _strptime(data_string, format)
  File "C:\Python\Python36\lib\_strptime.py", line 365, in _strptime
    data_string[found.end():])
ValueError: unconverted data remains: 10:40:26
```

上述代码第①行对当前日期时间 d 进行格式化，d 包含日期和时间信息。如果只关心其中部分信息，在格式化时可以指定部分控制符，见代码第②行只是设置年月日。代码第③行试图解析日期时间字符串 str_date，因为 2018 年 2 月没有 29 日，所以解析过程会抛出 ValueError 异常。代码第④行设置的控制符只有年月日('%Y-%m-%d')，而要解析的字符串'2018-02-28 10:40:26'是有时、分、秒的，所以也会抛出 ValueError 异常。

12.3.4 时区

datetime 和 time 对象只是单纯地表示本地的日期和时间，没有时区信息。如果想有时区信息，可以使用 timezone 类，它是 tzinfo 的子类，可以实现 UTC 偏移时区。timezone 类构造方法如下：

```
datetime.timezone(offset, name = None)
```

其中 offset 是 UTC 偏移量，+8 是东八区，北京在此时区；-5 是西五区，纽约在此时区；0 是零时区，伦敦在此时区。name 参数是时区名字，如 Asia/Beijing，可以省略。

在 Python Shell 中运行示例代码如下：

```
>>> from datetime import datetime, timezone, timedelta                    ①

>>> utc_dt = datetime(2008, 8, 19, 23, 59, 59, tzinfo= timezone.utc)     ②
>>> utc_dt
datetime.datetime(2008, 8, 19, 23, 59, 59, tzinfo=datetime.timezone.utc)
>>> utc_dt.strftime('%Y-%m-%d %H:%M:%S %Z')                               ③
'2008-08-19 23:59:59 UTC'
>>>
>>> utc_dt.strftime('%Y-%m-%d %H:%M:%S %z')                               ④
'2008-08-19 23:59:59 +0000'
```

```
>>> bj_tz = timezone(offset = timedelta(hours = 8), name = 'Asia/Beijing')      ⑤
>>> bj_tz
datetime.timezone(datetime.timedelta(0, 28800), 'Asia/Beijing')
>>> bj_dt = utc_dt.astimezone(bj_tz)                                              ⑥
>>> bj_dt
datetime.datetime(2008, 8, 20, 7, 59, 59, tzinfo = datetime.timezone(datetime.timedelta(0,
28800), 'Asia/Beijing'))
>>> bj_dt.strftime('%Y-%m-%d %H:%M:%S %Z')
'2008-08-20 07:59:59 Asia/Beijing'
>>> bj_dt.strftime('%Y-%m-%d %H:%M:%S %z')
'2008-08-20 07:59:59 +0800'

>>> bj_tz = timezone(timedelta(hours = 8))                                        ⑦
>>> bj_dt = utc_dt.astimezone(bj_tz)
>>> bj_dt.strftime('%Y-%m-%d %H:%M:%S %z')
'2008-08-20 07:59:59 +0800'
```

上述代码第①行采用 from import 语句导入 datetime 模块，并明确指定导入 datetime、timezone 和 timedelta 类，这样在使用时就不必在类前面加 datetime 模块名，使用起来比较简洁。如果想导入所有的类可以使用 from datetime import * 语句。代码第②行创建 datetime 对象 utc_dt，tzinfo=timezone.utc 是设置 UTC 时区，相当于 timezone(timedelta(0))。代码第③行和第④行分别格式化输出 utc_dt，它们都分别带有时区控制符。代码第⑤行创建 timezone 对象 bj_tz，offset=timedelta(hours=8)是设置时区偏移量为东八区，即北京时间。实际参数 Asia/Beijing 是时区名，可以省略，见代码第⑦行。时区创建完成后还需要设置具体的 datetime 对象，代码第⑥行 utc_dt.astimezone(bj_tz)是调整时区，返回值 bj_dt 变为北京时间。

12.4 logging 日志模块

在程序开发过程中，有时需要输出一些调试信息；在程序发布后，有时需要一些程序的运行信息；在程序发生错误时，需要输出一些错误信息。这些都可以通过在程序中加入日志输出实现，大部分开发人员会使用 print()函数进行日志输出，但是 print()函数要想在输出日志信息的同时还输出时间、所在函数、所在线程等内容是比较困难的，让 print()函数输出日志到文件也是非常困难的。而且 print()函数不能分级输出日志，例如一些信息在调试时需要输出，而在程序发布后就不需要输出，这就需要分级输出，print()函数做不到这一点。

综上所述，要想满足复杂日志输出的需求，就不能使用 print()函数，可以使用 logging 模块，它是 Python 的内置模块。

12.4.1 日志级别

logging 模块提供了 5 种常用级别，如表 12-3 所示。这 5 种级别从上到下依次由低到高，如果设置了 DEBUG 级别，debug()函数和其他级别的函数的日志信息都会被输出；如果设置了 ERROR 级别，error()和 critical()函数的日志信息会被输出。

表 12-3 日志级别

日志级别	日志函数	说明
DEBUG	debug()	最详细的日志信息，主要用于输出调试信息
INFO	info()	输出一些关键节点信息，用于确定程序的流程
WARNING	warning()	一些不期望的事情发生时输出的信息(如磁盘可用空间较低)，但是此时程序还是正常运行的
ERROR	error()	由于一个更严重的问题导致某些功能不能正常运行时的日志信息
CRITICAL	critical()	发生严重错误并导致应用程序不能继续运行时的信息

示例代码如下：

```
# coding = utf - 8
# 代码文件:chapter12/ch12.4.1 - 1.py

import logging

logging.basicConfig(level = logging.ERROR)                                    ①

logging.debug('这是 DEBUG 级别信息。')
logging.info('这是 INFO 级别信息。')
logging.warning('这是 WARNING 级别信息。')
logging.error('这是 ERROR 级别信息。')
logging.critical('这是 CRITICAL 级别信息。')
```

输出结果如下：

```
ERROR:root:这是 ERROR 级别信息。
CRITICAL:root:这是 CRITICAL 级别信息。
```

上述代码第①行对日志进行基本配置，level＝logging. ERROR 中设置日志级别为 ERROR。如果改变日志级别为 DEBUG，那么所有日志函数信息都能输出，输出的结果如下：

```
DEBUG:root:这是 DEBUG 级别信息。
INFO:root:这是 INFO 级别信息。
WARNING:root:这是 WARNING 级别信息。
ERROR:root:这是 ERROR 级别信息。
CRITICAL:root:这是 CRITICAL 级别信息。
```

在输出的日志信息中会有 root 关键字，这说明进行日志输出的对象是 root 日志器(logger)。也可以使用 getLogger()函数创建日志器对象，代码如下：

```
logger = logging.getLogger(__name__)
```

getLogger()函数的参数是一个字符串，本例中__name__是当前模块名。使用自定义日志器的示例代码如下：

```
# coding = utf - 8
# 代码文件:chapter12/ch12.4.1 - 2.py
```

```
import logging

logging.basicConfig(level = logging.DEBUG)

logger = logging.getLogger(__name__)                                  ①

logger.debug('这是 DEBUG 级别信息。')                                    ②
logger.info('这是 INFO 级别信息。')
logger.warning('这是 WARNING 级别信息。')
logger.error('这是 ERROR 级别信息。')
logger.critical('这是 CRITICAL 级别信息。')
```

输出结果如下：

```
DEBUG:__main__:这是 DEBUG 级别信息。
INFO:__main__:这是 INFO 级别信息。
WARNING:__main__:这是 WARNING 级别信息。
ERROR:__main__:这是 ERROR 级别信息。
CRITICAL:__main__:这是 CRITICAL 级别信息。
```

代码第①行是自定义一个日志器 logger 对象，有了日志器对象就可以通过日志器调用日志函数，见代码第②行。

12.4.2 日志信息格式化

日志信息可以根据个人需要设置格式布局。常用的格式化参数如表 12-4 所示。

表 12-4 日志信息格式

日志格式参数	说　明
%(name)s	日志器名
%(asctime)s	输出日志时间
%(filename)s	包括路径的文件名
%(funcName)s	函数名
%(levelname)s	日志等级
%(processName)s	进程名
%(threadName)s	线程名
%(message)s	输出的消息

示例代码如下：

```
# coding = utf - 8
# 代码文件:chapter12/ch12.4.2.py

import logging

logging.basicConfig(level = logging.INFO,
                    format = '%(asctime)s - %(threadName)s - '
                             '%(name)s - %(funcName)s - %(levelname)s - %(message)s')①

logger = logging.getLogger(__name__)
```

```
logger.debug('这是 DEBUG 级别信息。')
logger.info('这是 INFO 级别信息。')
logger.warning('这是 WARNING 级别信息。')
logger.error('这是 ERROR 级别信息。')
logger.critical('这是 CRITICAL 级别信息。')

def funlog():
    logger.info('进入 funlog 函数。')

logger.info('调用 funlog 函数。')
funlog()
```

输出结果如下：

```
2018-03-24 18:08:25,972 - MainThread - __main__ - <module> - INFO - 这是 INFO 级别信息。
2018-03-24 18:08:25,972 - MainThread - __main__ - <module> - WARNING - 这是 WARNING 级别信息。
2018-03-24 18:08:25,972 - MainThread - __main__ - <module> - ERROR - 这是 ERROR 级别信息。
2018-03-24 18:08:25,972 - MainThread - __main__ - <module> - CRITICAL - 这是 CRITICAL 级别信息。
2018-03-24 18:08:25,972 - MainThread - __main__ - <module> - INFO - 调用 funlog 函数。
2018-03-24 18:08:25,972 - MainThread - __main__ - funlog - INFO - 进入 funlog 函数。
```

上述代码第①行通过 basicConfig()函数的 format 参数设置日志格式化信息。从输出结果可见，%(name)s 格式化输出日志器名__main__，%(funcName)s 格式化输出函数名，对于顶层代码输出< module >。

12.4.3 日志重定位

日志信息默认输出到控制台，也可以将日志信息输出到日志文件中，甚至可以是网络中的其他计算机。

输出到日志文件中的示例代码如下：

```
# coding = utf-8
# 代码文件:chapter12/ch12.4.3.py

import logging

logging.basicConfig(level = logging.INFO,
                    format = '%(asctime)s - %(threadName)s - '
                             '%(name)s - %(funcName)s - %(levelname)s - %(message)s',
                    filename = 'test.log')                    ①

logger = logging.getLogger(__name__)


logger.debug('这是 DEBUG 级别信息。')
```

```
logger.info('这是 INFO 级别信息。')
logger.warning('这是 WARNING 级别信息。')
logger.error('这是 ERROR 级别信息。')
logger.critical('这是 CRITICAL 级别信息。')

def funlog():
    logger.info('进入 funlog 函数。')

logger.info('调用 funlog 函数。')
funlog()
```

上述代码第①行中 basicConfig()函数的参数 filename='test.log'是设置日志文件名，也包括路径，但是需要注意的是，路径中的文件夹是存在的。程序运行日志不会在控制台输出，而是写入当前目录中的 test.log 文件，默认情况下日志信息是不断追加到文件中的。

12.4.4 配置文件的使用

之前的日志示例中，日志信息的配置都是在 basicConfig()函数中进行的，这样不是很方便，每次修改日志配置时需要修改程序代码。特别是在程序发布后，系统维护人员要想修改代码，可能会引起严重的责任问题。此时，可以使用配置文件，配置信息可以从配置文件中读取。

从配置文件中读取的示例代码如下：

```
# coding = utf - 8
# 代码文件:chapter12/ch12.4.4.py

import logging
import logging.config

logging.config.fileConfig("logger.conf")                                    ①

logger = logging.getLogger('logger1')                                        ②

logger.debug('这是 DEBUG 级别信息。')
logger.info('这是 INFO 级别信息。')
logger.warning('这是 WARNING 级别信息。')
logger.error('这是 ERROR 级别信息。')
logger.critical('这是 CRITICAL 级别信息。')

def funlog():
    logger.info('进入 funlog 函数。')

logger.info('调用 funlog 函数。')
funlog()
```

代码第①行是指定配置信息从文件 logger.conf 中读取，代码第②行是从配置文件中读取 logger1 配置信息创建日志器。

配置文件 logger.conf 代码如下：

```
[loggers]                          # 配置日志器                        ①
keys = root,simpleExample          # 日志器包含了 root 和 simpleExample

[logger_root]                      # 配置根日志器
level = DEBUG
handlers = consoleHandler          # 日志器对应的处理器

[logger_simpleExample]             # 配置 simpleExample 日志器
level = DEBUG
handlers = fileHandler             # 日志器对应的处理器
qualname = logger1                 # 日志器名字

[handlers]                         # 配置处理器                        ②
keys = consoleHandler,fileHandler  # 包含了两个处理器

[handler_consoleHandler]           # 配置 consoleHandler 日志器
class = StreamHandler                                                 ③
level = DEBUG
formatter = simpleFormatter                                           ④
args = (sys.stdout,)                                                  ⑤

[handler_fileHandler]              # 配置 fileHandler 日志器
class = FileHandler                                                   ⑥
level = DEBUG
formatter = simpleFormatter
args = ('test.log','a')                                               ⑦

[formatters]                       # 配置格式化器                      ⑧
keys = simpleFormatter             # 日志器包含 simpleFormatter        ⑨

[formatter_simpleFormatter]        # 配置 simpleFormatter 格式化器     ⑩
format = %(asctime)s - %(levelname)s - %(message)s
```

在配置文件中需要配置的主要项目是日志器、处理器和格式化器，见代码第①行、第②行和第⑧行，其中处理器就是指定日志信息输出到哪里，包括控制台、文件和网络等；格式化器就是指定日志信息如何进行格式化。它们之间的依赖关系是，日志器依赖于处理器，处理器依赖于格式化器。

这三项配置又可以分为多个子配置信息，例如日志器可以分为 root 和 simpleExample 两个，处理器有 consoleHandler 和 fileHandler 两个，格式化器只有 simpleFormatter 一个。

下面重点介绍处理器。代码第③行设置处理器类是 StreamHandler，即输入输出流处理器，包括了控制台、网络等。代码第④行设置该处理器采用的格式化器，代码第⑤行设置输出流是控制台。代码第⑥行设置处理器类是 FileHandler，即文件处理器。代码第⑦行是指定输出文件。

ch12.4.4.py 代码中指定的日志器名是 logger1，也就是配置文件中的 simpleExample 日志器，它依赖的处理器是 fileHandler 日志器，fileHandler 依赖的格式化器是 simpleFormatter。

12.5 本章小结

本章主要介绍了 math 模块、random 模块和 datetime 模块。在 math 模块中介绍了舍入函数、幂函数、对数函数和三角函数；random 模块中介绍了 random()、randrange()和 randint()函数；datetime 模块中介绍了 datetime、date 和 time 类，以及 timedelta 和 timezone 类。最后介绍了 logging 日志模块。

12.6 同步练习

1. 判断对错：math 模块进行数学运算，如指数、对数、平方根和三角函数等；math 模块中的函数只是整数和浮点，不包括复数，复数计算需要使用 cmath 模块。(　　)

2. 判断对错：四舍五入函数 round(a)是在 math 模块中定义的。(　　)

3. 填空题：表达式 math.floor(−1.6)输出的结果________。

4. 填空题：表达式 math.ceil(−1.6)输出的结果________。

5. 下列(　　)表达式能够生成大于等于 0 小于 10 的整数。

   A. int(random.random() * 10)　　　B. random.randrange(0,10,1)

   C. random.randint(0,10)　　　D. random.randrange(0,10)

6. 判断对错：datetime 模块的核心类是 datetime、date 和 time 类，datetime 对象可以表示日期和时间等信息，date 对象可以表示日期等信息，time 对象可以表示一天中的时间信息。(　　)

7. 判断对错：logging 模块提供 5 种常用级别，这 5 种级别从低到高是 DEBUG、INFO、WARNING、ERROR 和 CRITICAL。(　　)

第 13 章 正则表达式

CHAPTER 13

正则表达式(Regular Expression,常简写为 regex、regexp、RE 或 re)是预先定义好的一个“规则字符串”,通过这个“规则字符串”可以匹配、查找和替换那些符合“规则”的文本。

虽然文本的查找和替换功能可通过字符串提供的方法实现,但是实现起来极为困难,而且运算效率也很低。而使用正则表达式实现这些功能会比较简单,而且效率很高,唯一的困难之处在于编写合适的正则表达式。

Python 中正则表达式的应用非常广泛,如数据挖掘、数据分析、网络爬虫、输入有效性验证等。Python 也提供了利用正则表达式实现文本的匹配、查找和替换等操作的 re 模块。本章介绍正则表达式,且本章介绍的正则表达式与其他语言的正则表达式是通用的。

13.1 正则表达式字符串

正则表达式是一种字符串,正则表达式字符串是由普通字符和元字符(Metacharacters)组成的。

1. 普通字符

普通字符是按照字符字面意义表示的字符。图 13-1 所示是验证域名为 zhijieketang.com 的邮箱的正则表达式,其中标号②的字符(@zhijieketang 和 com)都属于普通字符,这里它们都表示字符本身的字面意义。

```
\w+@zhijieketang\.com
 ↑       ↑      ↑ ↑
 ❶       ❷      ❶ ❷
```

图 13-1 验证邮箱 zhijieketang.com 的正则表达式

2. 元字符

元字符是预先定义好的一些特定字符,图 13-1 中标号①的字符(\w+和\.)都属于元字符。

13.1.1 元字符

元字符(metacharacters)是用来描述其他字符的特殊字符,它由基本元字符和普通字符构成。基本元字符是构成元字符的基本组成要素,基本元字符主要有 13 个,具体如表 13-1 所示。

表 13-1 基本元字符

字　符	说　明
\	转义符,表示转义
.	表示任意一个字符
+	表示重复一次或多次
*	表示重复零次或多次
?	表示重复零次或一次
|	选择符号,表示“或关系”,例如 A|B 表示匹配 A 或 B
{ }	定义量词
[ ]	定义字符类
( )	定义分组
^	可以表示取反,或匹配一行的开始
$	匹配一行的结束

图 13-1 中“\w+”是元字符,它由两个基本元字符(“\”和“+”)和一个普通字符 w 构成。另外,还有“\.”元字符,它由两个基本元字符“\”和“.”构成。

从某种意义上讲,学习正则表达式就是在学习元字符的使用,元字符是正则表达式的重点,也是难点。下面将分门别类地介绍元字符的具体使用。

13.1.2 字符转义

在正则表达式中有时也需要字符转义,图 13-1 中的 w 字符不表示英文字母 w,而是想表示任何语言的单词字符(如英文字母、亚洲文字等)、数字和下画线等内容,那么需要在 w 字母之前加上反斜杠(\)。反斜杠(\)也是基本元字符,与 Python 语言中的字符转义是类似的。

不仅可以对普通字符进行转义,还可以对基本元字符进行转义。图 13-1 中,点(.)字符是希望按照点(.)的字面意义使用,是作为.com 域名的一部分,而不是作为“.”基本元字符使用,所以需要加反斜杠(\)进行转义,即“\.”才是表示点(.)的字面意义。

13.1.3 开始与结束字符

本节将通过一个示例介绍在 Python 中如何使用正则表达式。

在 13.1.1 节介绍基本元字符时介绍了^和 $,它们可以用于匹配一行字符串的开始和结束。当以^开始时,要求一行字符串的开始位置匹配;当以 $ 结束时,要求一行字符串的结束位置匹配。所以正则表达式\w+@zhijieketang\.com 和^\w+@zhijieketang\.com $ 是不同的。

示例代码如下:

```
# coding = utf - 8
# 代码文件:chapter13/ch13.1.3.py


import re                                                    ①
```

```
p1 = r'\w+@zhijieketang\.com'                                    ②
p2 = r'^\w+@zhijieketang\.com$'                                  ③

text = "Tony's email is tony_guan588@zhijieketang.com."
m = re.search(p1, text)                                          ④
print(m)                              # 匹配

m = re.search(p2, text)                                          ⑤
print(m)                              # 不匹配

email = 'tony_guan588@zhijieketang.com'
m = re.search(p2, email)                                         ⑥
print(m)                              # 匹配
```

输出结果如下：

```
<_sre.SRE_Match object; span=(16, 45), match='tony_guan588@zhijieketang.com'>
None
<_sre.SRE_Match object; span=(0, 29), match='tony_guan588@zhijieketang.com'>
```

上述代码第①行导入 Python 正则表达式模块 re。代码第②行和第③行定义了两个正则表达式。代码第④行通过 search()函数在字符串 text 中查找匹配 p1 正则表达式，如果找到第一个则返回 match 对象，如果没有找到则返回 None。注意 p1 正则表达式的开始和结束都没有^和 $ 符号，所以 re.search(p1, text)会成功返回 match 对象，见输出结果。代码第⑤行通过 search()函数在字符串 text 中查找匹配 p2 正则表达式，由于 p2 正则表达式开始和结束有^和 $ 符号，匹配时要求 text 字符串开始和结束时都要与正则表达式开始和结束时匹配。代码第⑥行中 re.search(p2, email)的 email 字符串开始和结束都能与正则表达式开始和结束匹配，所以会成功返回 match 对象。

注意 **正则表达式本身包含很多反斜杠(\)等特殊字符串，推荐使用 Python 中原始字符串表示正则表达式，否则需要对这些字符进行转义，所以 p1 变量也可以使用'\\w+@zhijieketang\\.com'普通字符串形式。**

13.2 字符类

正则表达式中可以使用字符类(Character class)，一个字符类定义一组字符，其中的任一字符出现在输入字符串中即匹配成功。注意每次匹配只能匹配字符类中的一个字符。

13.2.1 定义字符类

定义一个普通的字符类需要使用“[”和“]”元字符类。例如想在输入字符串中匹配 Java 或 java，可以使用正则表达式[Jj]ava。示例代码如下：

```
# coding=utf-8
# 代码文件:chapter13/ch13.2.1.py

import re
```

```
p = r'[Jj]ava'

m = re.search(p, 'I like Java and Python.')
print(m)                          # 匹配

m = re.search(p, 'I like JAVA and Python.')                              ①
print(m)                          # 不匹配

m = re.search(p, 'I like java and Python.')
print(m)                          # 匹配
```

输出结果如下：

```
<_sre.SRE_Match object; span=(7, 11), match='Java'>
None
<_sre.SRE_Match object; span=(7, 11), match='java'>
```

上述代码第①行中 JAVA 字符串不匹配正则表达式[Jj]ava，其他两个都是匹配的。

提示　如果也想匹配 JAVA 字符串，可以使用正则表达式 Java|java|JAVA，其中的“|”是基本元字符，在 13.1.1 节介绍过，表示或关系，即 Java 或 java 或 JAVA 都可以匹配。

13.2.2　字符类取反

有时需要在正则表达式中指定不想出现的字符，可以在字符类前加“^”符号。示例代码如下：

```
# coding=utf-8
# 代码文件:chapter13/ch13.2.2.py


import re

p = r'[^0123456789]'                                                    ①

m = re.search(p, '1000')
print(m)                          # 不匹配

m = re.search(p, 'Python 3')
print(m)                          # 匹配
```

输出结果如下：

```
None
<_sre.SRE_Match object; span=(0, 1), match='P'>
```

上述代码第①行定义正则表达式[^0123456789]，它表示输入字符串中出现非 0～9 数字即匹配，即匹配[0123456789]以外的任意一字符。

13.2.3　区间

13.2.2 节示例中的[^0123456789]正则表达式实际上有些麻烦，这种连续的数字可以用区间表示。区间是用连字符(-)表示的,[0123456789]采用区间表示为[0-9],[^0123456789]采用区间表示为[^0-9]。区间还可以表示连续的英文字母字符类,例如[a-z]表示所有小写字母字符类,[A-Z]表示所有大写字母字符类。

另外,也可以表示多个不同区间,[A-Za-z0-9]表示所有英文字母和数字字符类,[0-25-7]表示 0、1、2、5、6、7 几个字符组成的字符类。

示例代码如下:

```
# coding = utf - 8
# 代码文件:chapter13/ch13.2.3.py


import re

m = re.search(r'[A - Za - z0 - 9]', 'A10.3')
print(m)                              # 匹配

m = re.search(r'[0 - 25 - 7]', 'A3489C')
print(m)                              # 不匹配
```

输出结果如下:

```
<_sre.SRE_Match object; span = (0, 1), match = 'A'>
None
```

13.2.4 预定义字符类

有些字符类很常用,如[0-9]等。为了书写方便,正则表达式提供了预定义的字符类,如预定义字符类\d 等价于[0-9]字符类。预定义字符类如表 13-2 所示。

表 13-2 预定义字符类

字 符	说 明
.	匹配任意一个字符
\\	匹配反斜杠\字符
\n	匹配换行
\r	匹配回车
\f	匹配一个换页符
\t	匹配一个水平制表符
\v	匹配一个垂直制表符
\s	匹配一个空格符,等价于[\t\n\r\f\v]
\S	匹配一个非空格符,等价于[^\s]
\d	匹配一个数字字符,等价于[0-9]
\D	匹配一个非数字字符,等价于[^0-9]
\w	匹配任何语言的单词字符(如英文字母、亚洲文字等)、数字和下画线(_)等字符,如果正则表达式编译标志设置为 ASCII,则只匹配[a-zA-Z0-9_]
\W	等价于[^\w]

示例代码如下：

```
# coding = utf - 8
# 代码文件:chapter13/ch13.2.4.py


import re

# p = r'[^0123456789]'
p = r'\D'                                                    ①

m = re.search(p, '1000')
print(m)                        # 不匹配

m = re.search(p, 'Python 3')
print(m)                        # 匹配

text = '你们好 Hello'
m = re.search(r'\w', text)                                   ②
print(m)                        # 匹配
```

输出结果如下：

```
None
<_sre.SRE_Match object; span = (0, 1), match = 'P'>
<_sre.SRE_Match object; span = (0, 1), match = '你'>
```

上述代码第①行使用正则表达式\D替代[^0123456789]。代码第②行通过正则表达式\w在text字符串中查找匹配字符，找到的结果是'你'字符。\w默认是匹配任何语言的字符，所以找到'你'字符。

13.3 量词

在此之前学习的正则表达式元字符只能匹配显示一次字符或字符串，如果想匹配显示多次字符或字符串可以使用量词。

13.3.1 量词的使用

量词是表示字符或字符串重复的次数，正则表达式中的量词如表13-3所示。

表13-3 量词

字　　符	说　　明
?	出现零次或一次
*	出现零次或多次
+	出现一次或多次
{n}	出现n次
{n,m}	至少出现n次但不超过m次
{n,}	至少出现n次

使用量词的示例代码如下：

```
# coding = utf - 8
# 代码文件:chapter13/ch13.3.1.py


import re

m = re.search(r'\d?', '87654321')           # 出现数字一次
print(m)                                    # 匹配字符'8'

m = re.search(r'\d?', 'ABC')                # 出现数字零次
print(m)                                    # 匹配字符''

m = re.search(r'\d * ', '87654321')         # 出现数字多次
print(m)                                    # 匹配字符'87654321'

m = re.search(r'\d * ', 'ABC')              # 出现数字零次
print(m)                                    # 匹配字符''

m = re.search(r'\d + ', '87654321')         # 出现数字多次
print(m)                                    # 匹配字符'87654321'

m = re.search(r'\d + ', 'ABC')
print(m)                                    # 不匹配

m = re.search(r'\d{8}', '87654321')         # 出现数字 8 次
print(m)                                    # 匹配字符'87654321'

m = re.search(r'\d{8}', 'ABC')
print(m)                                    # 不匹配

m = re.search(r'\d{7,8}', '87654321')       # 出现数字 8 次
print(m)                                    # 匹配字符'87654321'

m = re.search(r'\d{9,}', '87654321')
print(m)                                    # 不匹配
```

输出结果如下：

```
<_sre.SRE_Match object; span = (0, 1), match = '8'>
<_sre.SRE_Match object; span = (0, 0), match = ''>
<_sre.SRE_Match object; span = (0, 8), match = '87654321'>
<_sre.SRE_Match object; span = (0, 0), match = ''>
<_sre.SRE_Match object; span = (0, 8), match = '87654321'>
None
<_sre.SRE_Match object; span = (0, 8), match = '87654321'>
None
<_sre.SRE_Match object; span = (0, 8), match = '87654321'>
None
```

13.3.2 贪婪量词和懒惰量词

量词还可以细分为贪婪量词和懒惰量词，贪婪量词会尽可能多地匹配字符，懒惰量词会尽可能少地匹配字符。大多数计算机语言的正则表达式量词默认是贪婪的，若想使用懒惰量词，在量词后面加"?"即可。

示例代码如下：

```
# coding = utf - 8
# 代码文件:chapter13/ch13.3.2.py


import re

# 使用贪婪量词
m = re.search(r'\d{5,8}', '87654321')      # 出现数字 8 次          ①
print(m)                                   # 匹配字符'87654321'

# 使用惰性量词
m = re.search(r'\d{5,8}?', '87654321')     # 出现数字 5 次          ②
print(m)                                   # 匹配字符'87654'
```

输出结果如下：

```
<_sre.SRE_Match object; span = (0, 8), match = '87654321'>
<_sre.SRE_Match object; span = (0, 5), match = '87654'>
```

上述代码第①行使用了贪婪量词{5,8}，输入的字符串'87654321'是长度为 8 位的数字字符串，尽可能多地匹配字符的结果是'87654321'。代码第②行使用惰性量词{5,8}?，输入的字符串'87654321'是长度为 8 位的数字字符串，尽可能少地匹配字符的结果是'87654'。

13.4 分组

在此之前学习的量词只能重复显示一个字符，如果想让一个字符串作为整体使用量词，可将这个字符串放到一对小括号中，这就是分组(也称子表达式)。

13.4.1 分组的使用

对正则表达式进行分组不仅可以对一个字符串整体使用量词，还可以在正则表达式中引用已经存在的分组。本节先介绍如何使用分组。

示例代码如下：

```
# coding = utf - 8
# 代码文件:chapter13/ch13.4.1.py


import re

p = r'(121){2}'                                                     ①
```

```
m = re.search(p, '121121abcabc')
print(m)                                    # 匹配
print(m.group())                            # 返回匹配字符串          ②
print(m.group(1))                           # 获得第一组内容          ③

p = r'(\d{3,4}) - (\d{7,8})'                                          ④
m = re.search(p, '010 - 87654321')
print(m)                                    # 匹配
print(m.group())                            # 返回匹配字符串
print(m.groups())                           # 获得所有组内容          ⑤
```

输出结果如下：

```
<_sre.SRE_Match object; span = (0, 6), match = '121121'>
121
<_sre.SRE_Match object; span = (0, 12), match = '010 - 87654321'>
('010', '87654321')
```

上述代码第①行定义的正则表达式中(121)是将121字符串分为一组，(121){2}表示将121重复两次，即121121。代码第②行调用match对象的group()方法返回匹配的字符串，group()方法语法如下：

```
match.group([group1, … ])
```

其中参数group1是组编号，在正则表达式中组编号是从1开始的，所以代码第③行的表达式m.group(1)是返回第一组内容。

代码第④行定义的正则表达式可以用来验证固定电话号码，在“-”之前是3～4位的区号，“-”之后是7～8位的电话号码。在该正则表达式中有两个分组。代码第⑤行是match对象的groups()方法返回所有分组，返回值是一个元组。

13.4.2　分组的命名

在Python程序中访问分组时，除了可以通过组编号进行访问，还可以通过组名进行访问，前提是要在正则表达式中为组命名。组命名语法通过在组开头添加“? P <分组名>”实现。

示例代码如下：

```
# coding = utf - 8
# 代码文件:chapter13/ch13.4.2.py


import re

p = r'(?P<area_code>\d{3,4}) - (?P<phone_code>\d{7,8})'              ①
m = re.search(p, '010 - 87654321')
print(m)                                    # 匹配
print(m.group())                            # 返回匹配字符串
print(m.groups())                           # 获得所有组内容

# 通过组编号返回组内容
```

```
print(m.group(1))
print(m.group(2))

# 通过组名返回组内容
print(m.group('area_code'))                                    ②
print(m.group('phone_code'))                                   ③
```

输出结果如下：

```
<_sre.SRE_Match object; span=(0, 12), match='010-87654321'>
010-87654321
('010', '87654321')
010
87654321
010
87654321
```

上述代码第①行定义了正则表达式，这个正则表达式与13.4.1节是一样的，可以用来验证电话号码，只是对其中的两个组进行了命名。当在程序中访问这些带有名字的组时，可以通过组编号或组名字访问，代码第②行和第③行就是通过组名字访问组内容。

13.4.3 反向引用分组

除了可以访问正则表达式匹配之后的分组内容，还可以访问在正则表达式内部引用之前的分组。

下面通过示例熟悉反向引用分组。若想解析一段XML代码，那么就需要找到某一个开始标签和结束标签，编写如下代码：

```
# coding=utf-8
# 代码文件:chapter13/ch13.4.3-1.py


import re

p = r'<([\w]+)>.*</([\w]+)>'                                   ①

m = re.search(p, '<a>abc</a>')                                 ②
print(m)                                  # 匹配

m = re.search(p, '<a>abc</b>')                                 ③
print(m)                                  # 匹配
```

输出结果如下：

```
<_sre.SRE_Match object; span=(0, 10), match='<a>abc</a>'>
<_sre.SRE_Match object; span=(0, 10), match='<a>abc</b>'>
```

上述代码第①行定义的正则表达式分成了两组，两组内容完全一样。代码第②行和第③行是进行测试，结果发现它们都是匹配的，而<a>abc</b>不是有效的XML代码，开始标签和结束标签应该是一致的。可见代码第①行的正则表达式不能保证开始标签和结束标签是一致的，它不能保证两个组保持一致。为了解决此问题，可以使用反向引用，即让第二组反向引用第一组，在正则表达式中反向引用的语法是“\组编号”，组编号是从1开始的。

重构上面的示例：

```
# coding = utf - 8
# 代码文件:chapter13/ch13.4.3 - 2.py


import re

p = r'<([\w] + )>. *<\1 >'                  # 使用反向引用              ①

m = re.search(p, '< a > abc </a >')
print(m)                                     # 匹配

m = re.search(p, '< a > abc </b >')
print(m)                                     # 不匹配
```

输出结果如下：

```
<_sre.SRE_Match object; span = (0, 10), match = '< a > abc </a >'>
None
```

上述代码第①行是定义正则表达式，其中\1是反向引用第一个组。从运行结果可见，字符串< a > abc </a >是匹配的，而< a > abc </b >字符串不匹配。

13.4.4　非捕获分组

前面介绍的分组称为捕获分组，捕获分组的匹配子表达式结果被暂时保存到内存中，以备表达式或其他程序引用，这个过程称为“捕获”，捕获结果可以通过组编号或组名进行引用。但是有时并不想引用子表达式的匹配结果，也不想捕获匹配结果，只是想将小括号内作为一个整体进行匹配，此时可以使用非捕获分组，在组开头使用“?:”可以实现非捕获分组。

示例代码如下：

```
# coding = utf - 8
# 代码文件:chapter13/ch13.4.4.py


import re

s = 'img1.jpg,img2.jpg,img3.bmp'

#捕获分组
p = r'\w + (\.jpg)'                                                  ①
mlist = re.findall(p, s)
print(mlist)

#非捕获分组
p = r'\w + (?:\.jpg)'                                                ②
mlist = re.findall(p, s)
```

```
print(mlist)
```

输出结果如下：

```
['.jpg', '.jpg']
['img1.jpg', 'img2.jpg']
```

上述代码实现了从字符串中查找.jpg结尾的文本，其中代码第①行和第②行的正则表达式区别在于前者是捕获分组，后者是非捕获分组。捕获分组将括号中的内容作为子表达式进行捕获匹配，将匹配的子表达式(即组的内容)返回，结果是['.jpg', '.jpg']。而非捕获分组将括号中的内容作为普通的正则表达式字符串进行整体匹配，即找到.jpg结尾的文本，所以最后结果是['img1.jpg', 'img2.jpg']。

13.5 re模块

re模块是Python内置的正则表达式模块，前面虽然已经使用了re模块的一些函数，但还有很多重要函数没有详细介绍，本节将详细介绍这些函数。

13.5.1 search()和match()函数

search()和match()函数非常相似，它们的区别如下：

(1) search()：在输入字符串中查找，返回第一个匹配内容，如果找到则返回match对象，如果没有找到则返回None。

(2) match()：在输入字符串开始处查找匹配内容，如果找到则返回match对象，如果没有找到则返回None。

示例代码如下：

```
# coding=utf-8
# 代码文件:chapter13/ch13.5.1.py


import re

p = r'\w+@zhijieketang\.com'

text = "Tony's email is tony_guan588@zhijieketang.com."          ①
m = re.search(p, text)
print(m)                                   # 匹配

m = re.match(p, text)
print(m)                                   # 不匹配

email = 'tony_guan588@zhijieketang.com'                          ②
m = re.search(p, email)
print(m)                                   # 匹配

m = re.match(p, email)
```

```
print(m)                                        # 匹配

# match 对象常用的几个方法
print('match 对象几个方法:')                                    ③
print(m.group())
print(m.start())
print(m.end())
print(m.span())
```

输出结果如下：

```
<_sre.SRE_Match object; span = (16, 45), match = 'tony_guan588@zhijieketang.com'>
None
<_sre.SRE_Match object; span = (0, 29), match = 'tony_guan588@zhijieketang.com'>
<_sre.SRE_Match object; span = (0, 29), match = 'tony_guan588@zhijieketang.com'>
match 对象几个方法:
tony_guan588@zhijieketang.com
0
29
(0, 29)
```

上述代码第①行输入的字符串开头不是 email，search()函数可以匹配成功，而 match()函数却匹配失败。代码第②行输入的字符串开头是 email，所以 search()和 match()函数都可匹配成功。

search()和 match()函数如果匹配成功就都返回 match 对象。match 对象有一些常用方法，见代码第③行。其中，group()方法返回匹配的子字符串；start()方法返回子字符串的开始索引；end()方法返回子字符串的结束索引；span()方法返回子字符串的跨度，它是一个二元素的元组。

13.5.2 findall()和 finditer()函数

findall()和 finditer()函数非常相似，它们的区别如下：

(1) findall()：在输入字符串中查找所有匹配内容，如果匹配成功则返回 match 列表对象，如果匹配失败则返回 None。

(2) finditer()：在输入字符串中查找所有匹配内容，如果匹配成功则返回容纳 match 的可迭代对象，通过迭代对象每次可以返回一个 match 对象。如果匹配失败则返回 None。

示例代码如下：

```
# coding = utf - 8
# 代码文件:chapter13/ch13.5.2.py


import re

p = r'[Jj]ava'
text = 'I like Java and java.'

match_list = re.findall(p, text)                                ①
```

```
print(match_list)

match_iter = re.finditer(p, text)                                    ②
for m in match_iter:                                                 ③
    print(m.group())
```

输出结果如下：

```
['Java', 'java']
Java
java
```

上述代码第①行的 findall()函数返回 match 列表对象。代码第②行的 finditer()函数返回可迭代对象。代码第③行通过 for 循环遍历可迭代对象。

13.5.3 字符串分割

字符串分割使用 split()函数，该函数按照匹配的子字符串来分割字符串，并返回字符串列表对象。

```
re.split(pattern, string, maxsplit = 0, flags = 0)
```

其中参数 pattern 是正则表达式；参数 string 是要分割的字符串；参数 maxsplit 是最大分割次数，maxsplit 默认值为零，表示分割次数没有限制；参数 flags 是编译标志，有关编译标志会在 13.6 节介绍。

示例代码如下：

```
# coding = utf - 8
# 代码文件:chapter13/ch13.5.3.py


import re

p = r'\d+'
text = 'AB12CD34EF'

clist = re.split(p, text)                                            ①
print(clist)

clist = re.split(p, text, maxsplit = 1)                              ②
print(clist)

clist = re.split(p, text, maxsplit = 2)                              ③
print(clist)
```

输出结果如下：

```
['AB', 'CD', 'EF']
['AB', 'CD34EF']
['AB', 'CD', 'EF']
```

上述代码调用 split()函数通过数字对'AB12CD34EF'字符串进行分割，\d+正则表达式匹配一到多个数字。代码第①行 split()函数中参数 maxsplit 和 flags 是默认的，分割的次数没有限制，分割结果是['AB','CD','EF']列表。代码第②行 split()函数指定 maxsplit 为 1，分割结果是['AB','CD34EF']列表，列表元素的个数是 maxsplit+1。代码第③行 split()函数指定 maxsplit 为 2，2 是最大的可能的分割次数，因此 maxsplit>=2 与 maxsplit=0 是一样的。

13.5.4　字符串替换

字符串替换使用 sub()函数，该函数替换匹配的子字符串，返回值是替换之后的字符串。

```
re.sub(pattern, repl, string, count = 0, flags = 0)
```

其中参数 pattern 是正则表达式；参数 repl 是替换字符串；参数 string 是要提供的字符串；参数 count 是要替换的最大数量，count 默认值为零，表示替换数量没有限制；参数 flags 是编译标志，有关编译标志会在 13.6 节介绍。

示例代码如下：

```
# coding = utf - 8
# 代码文件:chapter13/ch13.5.4.py


import re

p = r'\d+'
text = 'AB12CD34EF'

repace_text = re.sub(p, ' ', text)                    ①
print(repace_text)

repace_text = re.sub(p, ' ', text, count = 1)         ②
print(repace_text)

repace_text = re.sub(p, ' ', text, count = 2)         ③
print(repace_text)
```

输出结果如下：

```
AB CD EF
AB CD34EF
AB CD EF
```

上述代码调用 sub()函数替换'AB12CD34EF'字符串中的数字。代码第①行 sub()函数中的参数 count 和 flags 都是默认的，替换的最大数量没有限制，替换结果是 AB CD EF。代码第②行 sub()函数指定 count 为 1，替换结果是 AB CD34EF。代码第③行 sub()函数指定 count 为 2，2 是最大的可能的替换次数，因此 count>=2 与 count=0 是一样的。

13.6　编译正则表达式

到此为止，所介绍的 Python 正则表达式内容足以开发实际项目了。但是为了提高效率，还可以对 Python 正则表达式进行编译。编译的正则表达式可以重复使用，减少正则表达式的解析和验证，提高效率。

在 re 模块中的 compile()函数可以编译正则表达式，compile()函数语法如下：

```
re.compile(pattern[, flags = 0])
```

其中参数 pattern 是正则表达式，参数 flags 是编译标志。compile()函数返回一个编译的正则表达式对象 regex。

13.6.1 已编译正则表达式对象

compile()函数返回一个编译的正则表达式对象，该对象也提供了文本的匹配、查找和替换等操作方法，这些方法与 13.5 节介绍的 re 模块函数功能类似。表 13-4 是已编译正则表达式对象方法与 re 模块函数对照表。

表 13-4 已编译正则表达式对象方法与 re 模块函数对照

常用函数	已编译正则表达式对象方法	re 模块函数
search()	regex.search(string[,pos[,endpos]])	re.search(pattern,string,flags=0)
match()	regex.match(string[,pos[,endpos]])	re.match(pattern,string,flags=0)
findall()	regex.findall(string[,pos[,endpos]])	re.findall(pattern,string,flags=0)
finditer()	regex.finditer(string[,pos[,endpos]])	re.finditer(pattern,string,flags=0)
sub()	regex.sub(repl,string,count=0)	re.sub(pattern,repl,string,count=0,flags=0)
split()	regex.split(string,maxsplit=0)	re.split(pattern,string,maxsplit=0,flags=0)

正则表达式方法需要一个已编译的正则表达式对象才能调用，这些方法与 re 模块函数功能类似，这里不再一一赘述。注意方法 search()、match()、findall()和 finditer()中的参数 pos 为开始查找的索引，参数 endpos 为结束查找的索引。

示例代码如下：

```
# coding = utf - 8
# 代码文件:chapter13/ch13.6.1.py


import re

p = r'\w + @zhijieketang\.com'
regex = re.compile(p)                                           ①

text = "Tony's email is tony_guan588@zhijieketang.com."
m = regex.search(text)
print(m)                                    # 匹配

m = regex.match(text)
print(m)                                    # 不匹配

p = r'[Jj]ava'
regex = re.compile(p)                                           ②
text = 'I like Java and java.'
```

```
match_list = regex.findall(text)
print(match_list)                          # 匹配

match_iter = regex.finditer(text)
for m in match_iter:
    print(m.group())

p = r'\d+'
regex = re.compile(p)                                                  ③
text = 'AB12CD34EF'

clist = regex.split(text)
print(clist)

repace_text = regex.sub(' ', text)
print(repace_text)
```

输出结果如下：

```
<_sre.SRE_Match object; span=(16, 45), match='tony_guan588@zhijieketang.com'>
None
['Java', 'java']
Java
java
['AB', 'CD', 'EF']
AB CD EF
```

上述代码第①行、第②行和第③行都是编译正则表达式，然后通过已编译的正则表达式对象 regex 调用方法实现文本匹配、查找和替换等操作。这些方法与 re 模块函数类似，这里不再赘述。

13.6.2 编译标志

compile()函数编译正则表达式对象时，还可以设置编译标志。编译标志可以改变正则表达式引擎行为。本节详细介绍几个常用的编译标志。

1. ASCII 和 Unicode

在表 13.2 中介绍过预定义字符类\w 和\W，其中\w 匹配单词字符，在 Python 2 中是 ASCII 编码，而在 Python 3 中则是 Unicode 编码，所以可包含任何语言的单词字符。可以通过编译标志 re.ASCII(或 re.A)设置采用 ASCII 编码，通过编译标志 re.UNICODE(或 re.U)设置采用 Unicode 编码。

示例代码如下：

```
# coding=utf-8
# 代码文件:chapter13/ch13.6.2-1.py

import re

text = '你们好 Hello'
```

```
p = r'\w+'
regex = re.compile(p, re.U)                                          ①

m = regex.search(text)                                               ②
print(m)                              # 匹配

m = regex.match(text)                                                ③
print(m)                              # 匹配

regex = re.compile(p, re.A)                                          ④

m = regex.search(text)                                               ⑤
print(m)                              # 匹配

m = regex.match(text)                                                ⑥
print(m)                              # 不匹配
```

输出结果如下：

```
<_sre.SRE_Match object; span=(0, 8), match='你们好 Hello'>
<_sre.SRE_Match object; span=(0, 8), match='你们好 Hello'>
<_sre.SRE_Match object; span=(3, 8), match='Hello'>
None
```

上述代码第①行设置编译标志为 Unicode 编码，代码第②行 search()方法匹配“你们好 Hello”字符串，代码第③行 match()方法也可匹配“你们好 Hello”字符串。

代码第④行设置编译标志为 ASCII 编码，代码第⑤行 search()方法匹配“Hello”字符串，而代码第⑥行 match()方法不可匹配。

2. 忽略大小写

默认情况下正则表达式引擎对大小写是敏感的，但有时在匹配过程中需要忽略大小写，可以通过编译标志 re.IGNORECASE(或 re.I)实现。

示例代码如下：

```
# coding=utf-8
# 代码文件:chapter13/ch13.6.2-2.py

import re

p = r'(java).*(python)'                                              ①
regex = re.compile(p, re.I)                                          ②

m = regex.search('I like Java and Python.')
print(m)                              # 匹配

m = regex.search('I like JAVA and Python.')
print(m)                              # 匹配

m = regex.search('I like java and Python.')
print(m)                              # 匹配
```

输出结果如下：

```
<_sre.SRE_Match object; span=(7, 22), match='Java and Python'>
<_sre.SRE_Match object; span=(7, 22), match='JAVA and Python'>
<_sre.SRE_Match object; span=(7, 22), match='java and Python'>
```

上述代码第①行定义了正则表达式。代码第②行是编译正则表达式，设置编译参数 re.I 忽略大小写。由于忽略了大小写，代码中三个 search()方法都能找到匹配的字符串。

3. 点元字符匹配换行符

默认情况下正则表达式引擎中点(.)元字符可以匹配除换行符外的任何字符，但是有时需要点(.)元字符也能匹配换行符，可以通过编译标志 re.DOTALL(或 re.S)实现。

示例代码如下：

```
# coding=utf-8
# 代码文件:chapter13/ch13.6.2-3.py

import re

p = r'.+'
regex = re.compile(p)                                    ①

m = regex.search('Hello\nWorld.')                        ②
print(m)                           # 匹配

regex = re.compile(p, re.DOTALL)                         ③

m = regex.search('Hello\nWorld.')                        ④
print(m)                           # 匹配
```

输出结果如下：

```
<_sre.SRE_Match object; span=(0, 5), match='Hello'>
<_sre.SRE_Match object; span=(0, 12), match='Hello\nWorld.'>
```

上述代码第①行编译正则表达式，它没有设置编译标志。代码第②行匹配'Hello'字符串，因为正则表达式引擎遇到换行符(\n)时，认为它是不匹配的，所以就停止查找。而代码第③行编译了正则表达式，并设置编译标志 re.DOTALL。代码第④行匹配'Hello\nWorld.'字符串，因为正则表达式引擎遇到换行符(\n)时认为它是匹配的，所以会继续查找。

4. 多行模式

编译标志 re.MULTILINE(或 re.M)可以设置多行模式，多行模式对于元字符^和$行为会产生影响。默认情况下^和$匹配字符串的开始和结束，而在多行模式下^和$匹配任意一行的开始和结束。

示例代码如下：

```
# coding=utf-8
# 代码文件:chapter13/ch13.6.2-4.py
```

```
import re

p = r'^World'                                                     ①
regex = re.compile(p)                                             ②

m = regex.search('Hello\nWorld.')                                 ③
print(m)                                    # 不匹配

regex = re.compile(p, re.M)                                       ④

m = regex.search('Hello\nWorld.')                                 ⑤
print(m)                                    # 匹配
```

输出结果如下：

```
None
<_sre.SRE_Match object; span = (6, 11), match = 'World'>
```

上述代码第①行定义正则表达式^World，即匹配 World 开头的字符串。代码第②行进行编译时并没有设置多行模式，所以代码第③行'Hello\nWorld.'字符串是不匹配的，虽然'Hello\nWorld.'字符串事实上是两行，但默认情况^World 只匹配字符串的开始。代码第④行重新编译正则表达式，此时设置了编译标志 re.M，开启多行模式。在多行模式下，^和$匹配字符串任意一行的开始和结束，所以代码第⑤行会匹配 World 字符串。

5. 详细模式

编译标志 re.VERBOSE(或 re.X)可以设置详细模式，详细模式情况下可以在正则表达式中添加注释，可以有空格和换行，这样编写的正则表达式非常便于阅读。

示例代码如下：

```
# coding = utf - 8
# 代码文件:chapter13/ch13.6.2 - 5.py

p = """(java)                               #匹配 java 字符串
         .*                                 #匹配任意字符零个或多个
         (python)                           #匹配 python 字符串
    """                                                           ①
regex = re.compile(p, re.I | re.VERBOSE)                          ②

m = regex.search('I like Java and Python.')
print(m)                                    # 匹配

m = regex.search('I like JAVA and Python.')
print(m)                                    # 匹配

m = regex.search('I like java and Python.')
print(m)                                    # 匹配
```

上述代码第①行定义的正则表达式原本是(java).*(python)，现在写成多行表示，其中还有注释和空格等内容。如果没有设置详细模式，这样的正则表达式会抛出异常。注意，由于正则表达式中包含了换行等符号，所以需要使用双重单引号或三重双引号括起来，而不是原始字符串。

在代码第②行编译正则表达式时，设置了两个编译标志 re.I 和 re.VERBOSE，当需要设置多个编译标志时，编译标志之间需要位或运算符(|)。

13.7　本章小结

本章首先介绍了 Python 中的正则表达式，其中各种元字符是学习的难点和重点。然后介绍了 Python 正则表达式的 re 模块，读者需要重点掌握 search()、match()、findall()、finditer()、sub()和 split()函数。最后介绍了编译正则表达式，读者需要了解编译对象的方法和编译标志。

13.8　同步练习

1. 请简述正则表达式的元字符。
2. 请简述正则表达式的预定义字符类。
3. 请简述正则表达式的量词表示方式。
4. 请简述正则表达式的分组。
5. 单词字符编码的设置编译标志有(　　)。

   A. re.ASCII　　B. re.A　　C. re.UNICODE　　D. re.U
6. 忽略大小写的设置编译标志有(　　)。

   A. re.U　　B. re.I

   C. re.IGNORECASE　　D. re.S

   E. re.M　　F. re.X

第 14 章 文件操作与管理

CHAPTER 14

程序经常需要访问文件和目录，读取文件信息或写入信息到文件，在 Python 语言中对文件的读写是通过文件对象(file object)实现的。人们有时错误地将文件对象理解为“文件对象就是对文件操作的对象”。Python 的文件对象也称为类似文件对象(file-like object)或流(stream)，文件对象(类似文件对象或流)可以是实际的磁盘文件，也可以是其他存储或通信设备，如内存缓冲区、网络、键盘和控制台等。那么为什么称为类似文件对象呢？是因为 Python 提供一种类似于文件操作的 API(如 read()或 write()方法)实现对底层资源的访问。

本章首先介绍通过文件对象操作文件，然后再介绍文件与目录的管理。

14.1 文件操作

文件操作主要是对文件内容的读写操作，这些操作是通过文件对象(file object)实现的，通过文件对象可以读写文本文件和二进制文件。

14.1.1 文件打开

文件对象可以通过 open()函数获得。open()函数是 Python 的内置函数，它屏蔽了创建文件对象的细节，使创建文件对象变得简单。open()函数语法如下：

```
open(file, mode = 'r', buffering = -1, encoding = None, errors = None, newline = None, closefd =
True, opener = None)
```

open()函数共有 8 个参数，其中参数 file 和 mode 是最为常用的，其他参数一般情况下很少使用，下面分别说明这些参数的含义。

1. file 参数

file 参数是要打开的文件，可以是字符串或整数。如果 file 是字符串则表示文件名，文件名可以是相对当前目录的路径，也可以是绝对路径；如果 file 是整数则表示文件描述符，文件描述符指向一个已经打开的文件。

2. mode 参数

mode 参数用来设置文件打开模式，文件打开模式用字符串表示，最基本的文件打开模式如表 14-1 所示。

表 14-1　文件打开模式

字符串	说　　明
r	只读模式打开文件(默认)
w	写入模式打开文件,会覆盖已经存在的文件
x	独占创建模式,文件不存在时则创建并以写入模式打开,文件已存在时则抛出异常 FileExistsError
a	追加模式,如果文件存在则写入内容追加到文件末尾
b	二进制模式
t	文本模式(默认)
+	更新模式

表 14-1 中 b 和 t 是文件类型模式,如果是二进制文件需要设置 rb、wb、xb、ab,如果是文本文件需要设置 rt、wt、xt、at。由于 t 是默认模式,所以可以省略为 r、w、x、a。

+必须与 r、w、x 或 a 组合使用,设置文件为读写模式,对于文本文件可以使用 r+、w+、x+或 a+,对于二进制文件可以使用 rb+、wb+、xb+或 ab+。

注意　r+、w+ 和 a+ 的区别如下:r+ 打开文件时如果文件不存在则抛出异常;w+ 打开文件时如果文件不存在则创建文件,如果文件存在则清除文件内容;a+ 类似于 w+,打开文件时如果文件不存在则创建文件,如果文件存在则在文件末尾追加内容。

3. buffering 参数

buffering 是设置缓冲区策略,默认值为−1,当 buffering=−1 时系统会自动设置缓冲区,通常是 4096 或 8192 字节;当 buffering=0 时是关闭缓冲区,关闭缓冲区时数据直接写入文件中,这种模式主要应用于二进制文件的写入操作;当 buffering>0 时,buffering 用来设置缓冲区字节大小。

提示　缓冲区通过减少 IO 操作来提高效率,文件数据首先放到缓冲区中,当文件关闭或刷新缓冲区时,数据才真正写入到文件中。

4. encoding 和 errors 参数

encoding 用来指定打开文件时的文件编码,主要用于文本文件的打开。errors 参数用来指定当编码发生错误时如何处理。

5. newline 参数

newline 参数用来设置换行模式。

6. closefd 和 opener 参数

这两个参数是在 file 参数为文件描述符时使用的。closefd 为 True 时,文件对象调用 close()方法关闭文件,同时也会关闭文件描述符所对应的文件;closefd 为 False 时,文件对象调用 close()方法关闭文件,但不会关闭文件描述符所对应的文件。opener 参数用于打开文件时执行的一些操作,opener 参数执行一个函数,该函数返回一个文件描述符。

提示　文件描述符是一个整数值,它对应当前程序已经打开的一个文件。例如标准输入文件描述符是 0,标准输出文件描述符是 1,标准错误文件描述符是 2,打开其他文件的文件描述符依次是 3、4、5 等数字。

示例代码如下:

```
# coding = utf - 8
```

```
# 代码文件:chapter14/ch14.1.1.py

f = open('test.txt', 'w+')                                          ①
f.write('World')

f = open('test.txt', 'r+')                                          ②
f.write('Hello')

f = open('test.txt', 'a')                                           ③
f.write(' ')

fname = r'C:\Users\win-mini\PycharmProjects\HelloProj\test.txt'     ④
f = open(fname, 'a+')                                               ⑤
f.write('World')
```

运行上述代码会创建一个 test.txt 文件,文件内容是 Hello World。代码第①行通过 w+模式打开文件 test.txt,由于文件 test.txt 不存在,所以会创建 test.txt 文件。代码第②行通过 r+模式打开文件 test.txt,由于在此前已经创建了 test.txt 文件,r+模式会覆盖文件内容。代码第③行通过 a 模式打开文件 test.txt,会在文件末尾追加内容。代码第⑤行通过 a+模式打开文件 test.txt,也会在文件末尾追加内容。代码第④行是绝对路径文件名,由于字符串中有反斜杠,要么采用转义字符“\\”表示,要么采用原始字符串表示,本例中采用原始字符串表示,另外文件路径中反斜杠(\)也可以改为斜杠(/),在 UNIX 和 Linux 系统中都是采用斜杠分隔文件路径的。

14.1.2 文件关闭

当使用 open()函数打开文件后,若不再使用文件则应该调用文件对象的 close()方法关闭文件。文件的操作往往会抛出异常,为了保证文件操作在无论正常结束还是异常结束时都能够关闭文件,调用 close()方法应该放在异常处理的 finally 代码块中。但作者更推荐使用 with as 代码块进行自动资源管理,具体内容参考 11.6 节。

示例代码如下:

```
# coding=utf-8
# 代码文件:chapter14/ch14.1.2.py

# 使用 finally 关闭文件
f_name = 'test.txt'
try:                                                                ①
    f = open(f_name)                                                ②
except OSError as e:
    print('打开文件失败')
else:
    print('打开文件成功')
    try:                                                            ③
        content = f.read()
        print(content)
    except OSError as e:
```

```
        print('处理 OSError 异常')
    finally:
        f.close()                                               ④

# 使用 with as 自动资源管理
with open(f_name, 'r') as f:                                    ⑤
    content = f.read()                                          ⑥
    print(content)
```

上述示例通过两种方式关闭文件,代码第①行～第④行是在 finally 中关闭文件,该示例类似于 11.6.2 节介绍的示例,这里示例有点特殊,使用了两个 try 语句,而 finally 没有与代码第①行的 try 匹配,而是嵌套到 else 代码块中与代码第③行的 try 匹配。这是因为代码第①行的 open(f_name)如果打开文件失败则 f 为 None,此时调用 close()方法会引发异常。代码第⑤行使用了 with as 打开文件,open()返回文件对象赋值给 f 变量。在 with 代码块中 f.read()是读取文件内容,见代码第⑥行。最后在 with 代码结束,关闭文件。

14.1.3 文本文件读写

文本文件读写的单位是字符,而且字符是有编码的。文本文件读写的方法主要有

(1) read(size=－1):从文件中读取字符串,size 限制最多读取的字符数,size=－1 时没有限制,读取全部内容。

(2) readline(size=－1):读取到换行符或文件尾并返回单行字符串,如果已经到文件尾,则返回一个空字符串,size 是限制读取的字符数,size=－1 时没有限制。

(3) readlines(hint=－1):读取文件数据到一个字符串列表中,每一个行数据是列表的一个元素,hint 是限制读取的行数,hint=－1 时没有限制。

(4) write(s):将字符串 s 写入文件,并返回写入的字符数。

(5) writelines(lines):向文件中写入一个列表,不添加行分隔符,因此通常为每一行末尾提供行分隔符。

(6) flush():刷新写缓冲区,数据会写入到文件中。

下面通过文件复制示例熟悉文本文件的读写操作,代码如下:

```
# coding = utf-8
# 代码文件:chapter14/ch14.1.3.py

f_name = 'test.txt'

with open(f_name, 'r', encoding = 'utf-8') as f:                ①
    lines = f.readlines()                                       ②
    print(lines)
    copy_f_name = 'copy.txt'
    with open(copy_f_name, 'w', encoding = 'utf-8') as copy_f:  ③
        copy_f.writelines(lines)                                ④
        print('文件复制成功')
```

上述代码实现了将 test.txt 文件内容复制到 copy.txt 文件中。代码第①行打开 test.txt 文件,由于 test.txt 文件采用 UTF-8 编码,因此打开时需要指定 UTF-8 编码。代码第

②行通过 readlines()方法读取所有数据到一个列中，这里选择的读取方法要与代码第④行的写入方法对应，本例中是 writelines()方法。代码第③行打开要复制的文件，采用的打开模式是 w，如果文件不存在则创建，如果文件存在则覆盖，另外注意编码集也要与 test.txt 文件保持一致。

14.1.4 二进制文件读写

二进制文件读写的单位是字节，不需要考虑编码的问题。二进制文件读写的方法主要有

(1) read(size=－1)。从文件中读取字节，size 限制读取的最多字节数，如果 size=－1 则读取全部字节。

(2) readline(size=－1)。从文件中读取并返回一行。size 是限制读取的行数，size=－1 表示没有限制。

(3) readlines(hint=－1)。读取文件数据到一个列表中，每一个行数据是列表的一个元素。hint 是限制读取的行数，hint=－1 表示没有限制。

(4) write(b)。写入 b 字节，并返回写入的字节数。

(5) writelines(lines)。向文件中写入一个列表。不添加行分隔符，因此通常为每一行末尾提供行分隔符。

(6) flush()。刷新写缓冲区，数据会写入到文件中。

下面通过文件复制示例熟悉二进制文件的读写操作，代码如下：

```
# coding = utf - 8
# 代码文件:chapter14/ch14.1.4.py

f_name = 'coco2dxcplus.jpg'

with open(f_name, 'rb') as f:                                    ①
    b = f.read()                                                 ②
    copy_f_name = 'copy.jpg'
    with open(copy_f_name, 'wb') as copy_f:                      ③
        copy_f.write(b)                                          ④
        print('文件复制成功')
```

上述代码实现了将 coco2dxcplus.jpg 文件内容复制到当前目录的 copy.jpg 文件中。代码第①行打开 coco2dxcplus.jpg 文件，打开模式是 rb。代码第②行通过 read()方法读取所有数据，返回字节对象 b。代码第③行打开要复制的文件，打开模式是 wb，如果文件不存在则创建，如果文件存在则覆盖。代码第④行采用 write()方法将字节对象 b 写入到文件。

14.2 os 模块

Python 对文件的操作是通过文件对象实现的，文件对象属于 Python 的 io 模块。如果想用 Python 来管理文件或目录，如删除文件、修改文件名、创建目录、删除目录和遍历目录等，可以通过 Python 的 os 模块实现。

os 模块提供了使用操作系统功能的一些函数，如文件与目录的管理。本节介绍一些 os

模块中与文件和目录管理相关的函数。这些函数如下：

（1）os.rename(src,dst)：修改文件名，src是源文件，dst是目标文件，它们都可以是相对当前路径或绝对路径表示的文件。

（2）os.remove(path)：删除path所指的文件，如果path是目录，则会引发OSError。

（3）os.mkdir(path)：创建path所指的目录，如果目录已存在，则会引发FileExistsError。

（4）os.rmdir(path)：删除path所指的目录，如果目录非空，则会引发OSError。

（5）os.walk(top)：遍历top所指的目录树，自顶向下遍历目录树，返回值是一个三元组（目录路径、目录名列表、文件名列表）。

（6）os.listdir(dir)：列出指定目录中的文件和子目录。

常用的属性如下：

（1）os.curdir属性：获得当前目录。

（2）os.pardir属性：获得当前父目录。

示例代码如下：

```
# coding = utf - 8
# 代码文件:chapter14/ch14.2.py

import os

f_name = 'test.txt'
copy_f_name = 'copy.txt'

with open(f_name, 'r') as f:
    b = f.read()
    with open(copy_f_name, 'w') as copy_f:
        copy_f.write(b)

try:
    os.rename(copy_f_name, 'copy2.txt')                              ①
except OSError:
    os.remove('copy2.txt')                                           ②

print(os.listdir(os.curdir))                                         ③
print(os.listdir(os.pardir))                                         ④

try:
    os.mkdir('subdir')                                               ⑤
except OSError:
    os.rmdir('subdir')                                               ⑥

for item in os.walk('.'):                                            ⑦
    print(item)
```

上述代码第①行是修改文件名。代码第②行是在修改文件名失败情况下删除copy2.txt文件。代码第③行os.curdir属性是获得当前目录，os.listdir()函数是列出指定目录中的文件和子目录。代码第④行os.pardir属性是获得当前父目录。代码第⑤行os.mkdir('subdir')是在当前目录下创建子目录subdir。代码第⑥行是在创建目录失败时删除subdir子目录。

代码第⑦行 os.walk('.')返回当前目录树下所有目录和文件，然后通过 for 循环进行遍历。

14.3 os.path 模块

对于文件和目录的操作往往需要路径，Python 的 os.path 模块提供对路径、目录和文件等进行管理的函数。本节介绍一些 os.path 模块的常用函数。这些函数如下：

（1）os.path.abspath(path)：返回 path 的绝对路径。

（2）os.path.basename(path)：返回 path 路径的基础名部分，如果 path 指向的是一个文件，则返回文件名；如果 path 指向的是一个目录，则返回最后目录名。

（3）os.path.dirname(path)：返回 path 路径中目录部分。

（4）os.path.exists(path)：判断 path 文件是否存在。

（5）os.path.isfile(path)：如果 path 是文件，则返回 True。

（6）os.path.isdir(path)：如果 path 是目录，则返回 True。

（7）os.path.getatime(path)：返回最后一次的访问时间，返回值是一个 UNIX 时间戳（1970 年 1 月 1 日 00:00:00 以来至现在的总秒数），如果文件不存在或无法访问，则引发 OSError。

（8）os.path.getmtime(path)：返回最后的修改时间，返回值是一个 UNIX 时间戳，如果文件不存在或无法访问，则引发 OSError。

（9）os.path.getctime(path)：返回创建时间，返回值是一个 UNIX 时间戳，如果文件不存在或无法访问，则引发 OSError。

（10）os.path.getsize(path)：返回文件大小，以字节为单位，如果文件不存在或无法访问，则引发 OSError。

示例代码如下：

```
# coding = utf - 8
# 代码文件:chapter14/ch14.3.py

import os.path
from datetime import datetime

f_name = 'test.txt'
af_name = r'C:/Users/win - mini/PycharmProjects/HelloProj/test.txt'

# 返回路径中基础名部分
basename = os.path.basename(af_name)
print(basename)                          # test.txt

# 返回路径中目录部分
dirname = os.path.dirname(af_name)
print(dirname)

# 返回文件的绝对路径
print(os.path.abspath(f_name))
```

```
# 返回文件大小
print(os.path.getsize(f_name))        # 25
# 返回最近访问时间
atime = datetime.fromtimestamp(os.path.getatime(f_name))
print(atime)
# 返回创建时间
ctime = datetime.fromtimestamp(os.path.getctime(f_name))
print(ctime)
# 返回修改时间
mtime = datetime.fromtimestamp(os.path.getmtime(f_name))
print(mtime)

print(os.path.isfile(dirname))        # False
print(os.path.isdir(dirname))         # True
print(os.path.isfile(f_name))         # True
print(os.path.isdir(f_name))          # False
print(os.path.exists(f_name))         # True
```

输出结果如下：

```
test.txt
C:/Users/win-mini/PycharmProjects/HelloProj
C:\Users\win-mini\PycharmProjects\HelloProj\test.txt
25
2018-02-14 01:21:19.356459
2018-02-13 15:45:48.130517
2018-02-14 01:23:04.020678
False
True
True
False
True
```

14.4 本章小结

本章主要介绍了 Python 文件操作和管理技术，在文件操作部分介绍了文件打开和关闭，以及如何读写文本文件和二进制文件。最后还详细介绍了 os 和 os.path 模块。

14.5 同步练习

1. 请简述打开文件的函数 open(file, mode='r', buffering=-1, encoding=None, errors=None, newline=None, closefd=True, opener=None)。

2. 请介绍几个使用 os 模块的方法。

3. 请介绍几个使用 os.path 模块的方法。

第15章 数据库编程

CHAPTER 15

数据必须以某种方式存储起来才有价值，数据库实际上是一组相关数据的集合。例如，某个医疗机构中所有信息的集合可以被称为一个“医疗机构数据库”，这个数据库中的所有数据都与医疗机构相关。

数据库编程的相关技术有很多，涉及具体的数据库安装、配置和管理，还要掌握 SQL 语句，最后才能编写程序访问数据库。本章重点介绍 MySQL 数据库的安装和配置，以及 Python 数据库编程和 NoSQL 数据存储技术。

15.1 数据持久化技术概述

把数据保存到数据库中只是一种数据持久化方式。将数据保存到存储介质中，需要的时候能再找出来，并能够对数据进行修改，这就是数据持久化。

Python 中数据持久化技术有很多，主要有以下两种。

1. 文本文件

通过 Python 文件操作和管理技术将数据保存到文本文件中，然后进行读写操作，这些文件一般是结构化的文档，如 XML、JSON 和 CSV 等格式的文件。结构化文档就是文件内部采取某种方式将数据组织起来的文件。

2. 数据库

将数据保存到数据库中是不错的选择，数据库的后面是一个数据库管理系统，它支持事务处理、并发访问、高级查询和 SQL 语言。Python 中将数据保存到数据库中的技术有很多，但主要分为两类：遵循 Python DB-API 规范技术[①]和 Python ORM[②] 技术。Python DB-API 规范通过在 Python 中编写 SQL 语句访问数据库，这是本章介绍的重点；Python ORM 技术是面向对象的，数据的访问通过对象实现，程序员不需要使用 SQL 语句。Python ORM 技术超出了本书的范围，本章不作介绍。

---

① Python 官方规范 PEP 249（https://www.python.org/dev/peps/pep-0249/），目前是 Python Database API Specification v2.0，简称 Python DB-API2。

② 对象关系映射（Object-Relational mapping，ORM），它能将对象保存到数据库表中，对象与数据库表结构之间是有某种对应关系的。

15.2　MySQL 数据库管理系统

Python DB-API 规范一定会依托某个数据库管理系统(Database Management System，DBMS)，还会使用 SQL 语句，所以本节先介绍数据库管理系统。

数据库管理系统负责对数据进行管理、维护和使用。现在主流数据库管理系统有 Oracle、SQL Server、DB 2、Sysbase、MySQL 和 SQLite 等，本节介绍 MySQL 数据库管理系统的使用和管理。

提示　Python 内置模块提供了对 SQLite 数据库访问的支持，但 SQLite 主要是嵌入式系统设计的，虽然 SQLite 也很优秀，也可以应用于桌面和 Web 系统开发，但数据承载能力有限，并发访问处理性能比较差，因此本书不重点介绍 SQLite 数据库。

MySQL(https://www.mysql.com)是流行的开放源码 SQL 数据库管理系统，它由 MySQL AB 公司开发，先被 Sun 公司收购，后来又被 Oracle 公司收购，现在 MySQL 数据库是 Oracle 旗下的数据库产品，Oracle 负责提供技术支持和维护。

15.2.1　数据库安装与配置

目前 Oracle 提供了多个 MySQL 版本，其中社区版 MySQL Community Edition 是免费的，社区版比较适合中小企业数据库，本书对这个版本进行介绍。

社区版下载地址是 https://dev.mysql.com/downloads/windows/installer/5.7.html，如图 15-1 所示，可以选择不同的平台版本，MySQL 可在 Windows、Linux 和 UNIX 等操作

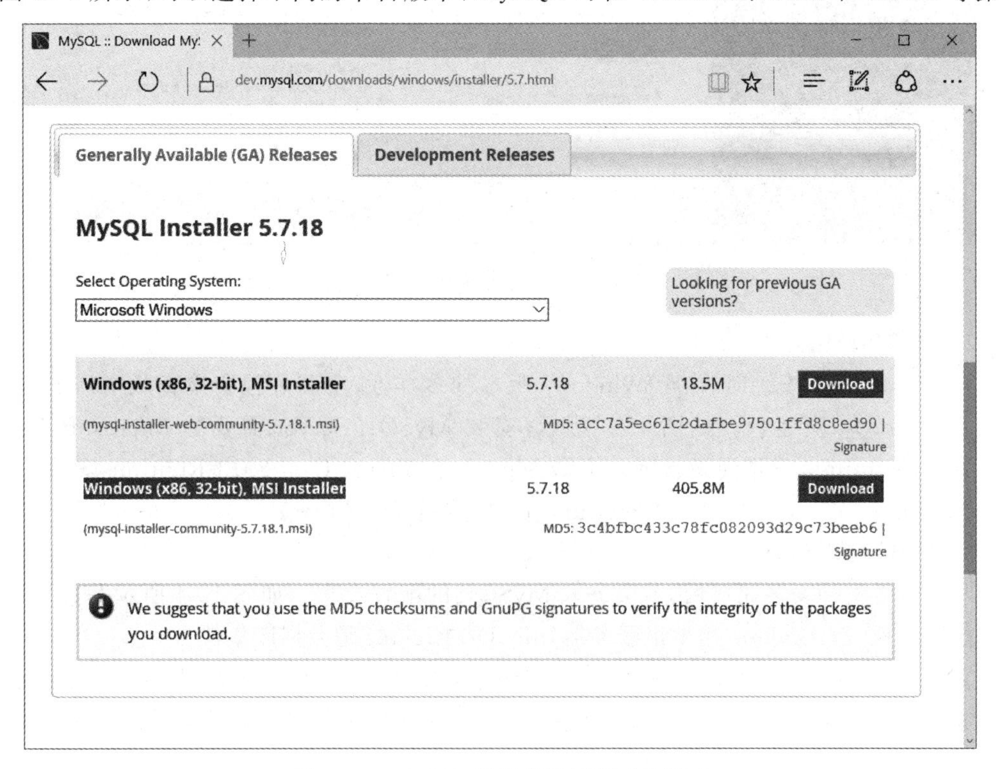

图 15-1　MySQL 数据库社区版下载界面

系统上安装和运行。本书选择的是 Windows 版中的 mysql-installer-community-5.7.18.1.msi 安装文件。

下载成功后，双击.msi 文件启动安装程序，安装过程比较简单，这里介绍几个关键步骤。

1. 安装类型选择

图 15-2 所示是安装类型选择对话框。在这个界面中可以选择安装类型，有 5 种安装类型：Developer Default(开发者安装)、Server only(只安装服务器)、Client only(只安装客户端)、Full(全部安装)和 Custom(自定义安装)。对于学习和开发而言，可以选择 Developer Default 安装。

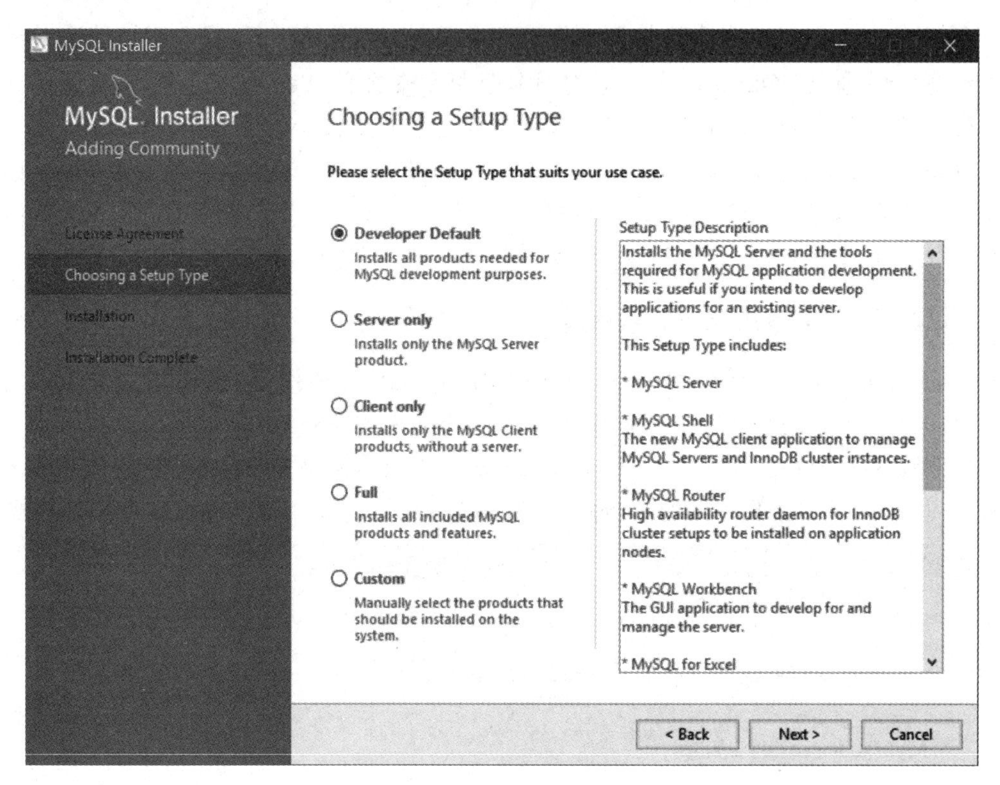

图 15-2 安装类型选择

2. 安装环境检查

在 Windows 下安装时，由于 Windows 版本的多样性，安装过程会检查版本需要，提示缺少的 Windows 安装包。如图 15-3 所示，安装 MySQL Server 需要的 Microsoft Visual C++ 2013 Runtime，需要到微软网站下载 Microsoft Visual C++ 2013 Runtime 安装包，安装好 Microsoft Visual C++ 2013 Runtime 后，再重新安装 MySQL。

3. 配置过程

所需要的文件安装完成后，就会进入 MySQL 的配置过程。如图 15-4 所示是数据库类型选择对话框，Standalone 是单个服务器，innoDB Cluster 是数据库集群。

在图 15-4 所示的对话框中选择 Standalone，单击 Next 按钮进入如图 15-5 所示的服务器配置类型选择对话框。在这里可以选择配置类型、通信协议和端口等，单击 Config Type 下拉列表可以选择如下的配置类型。

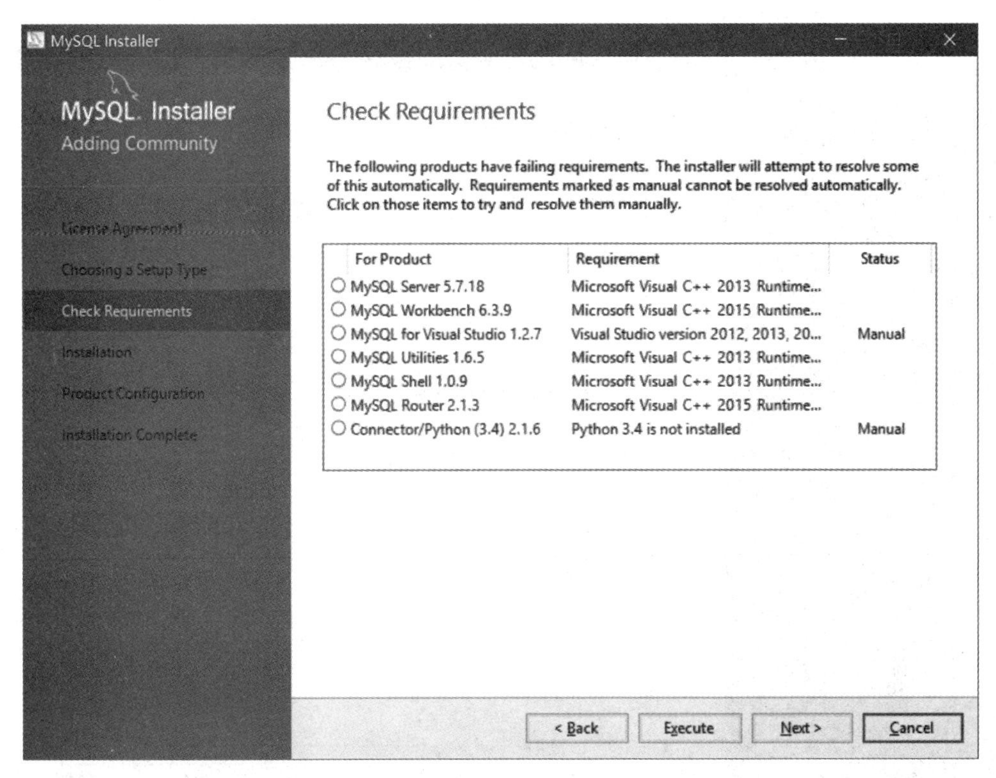

图 15-3　安装环境检查

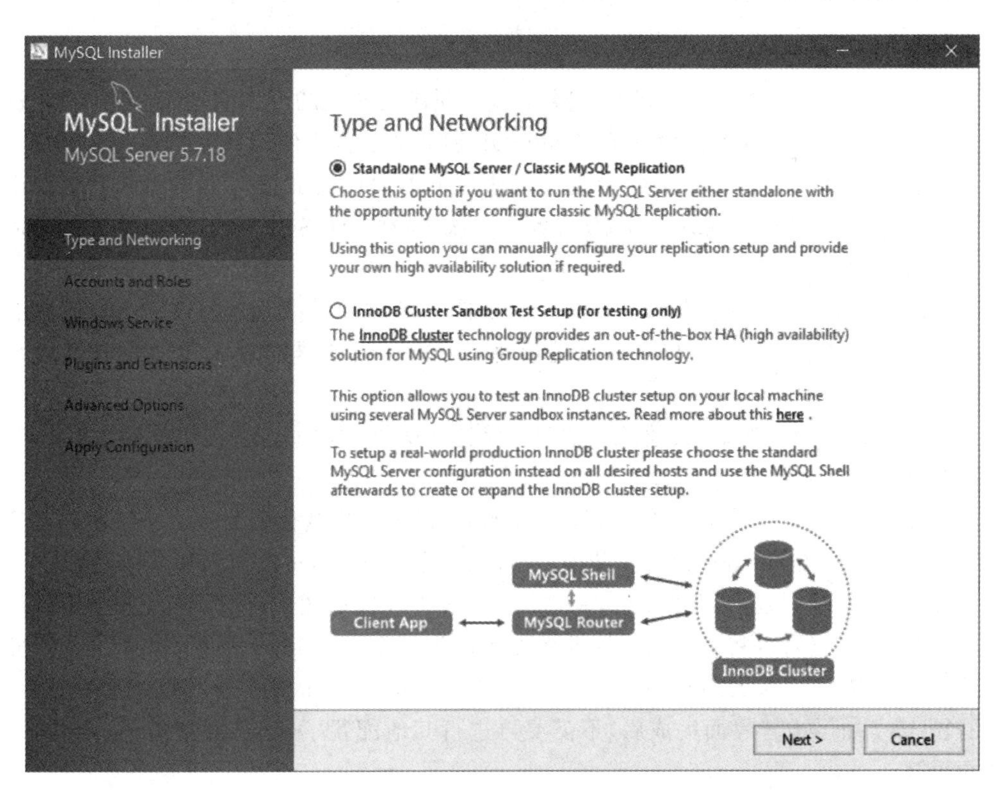

图 15-4　数据库类型选择对话框

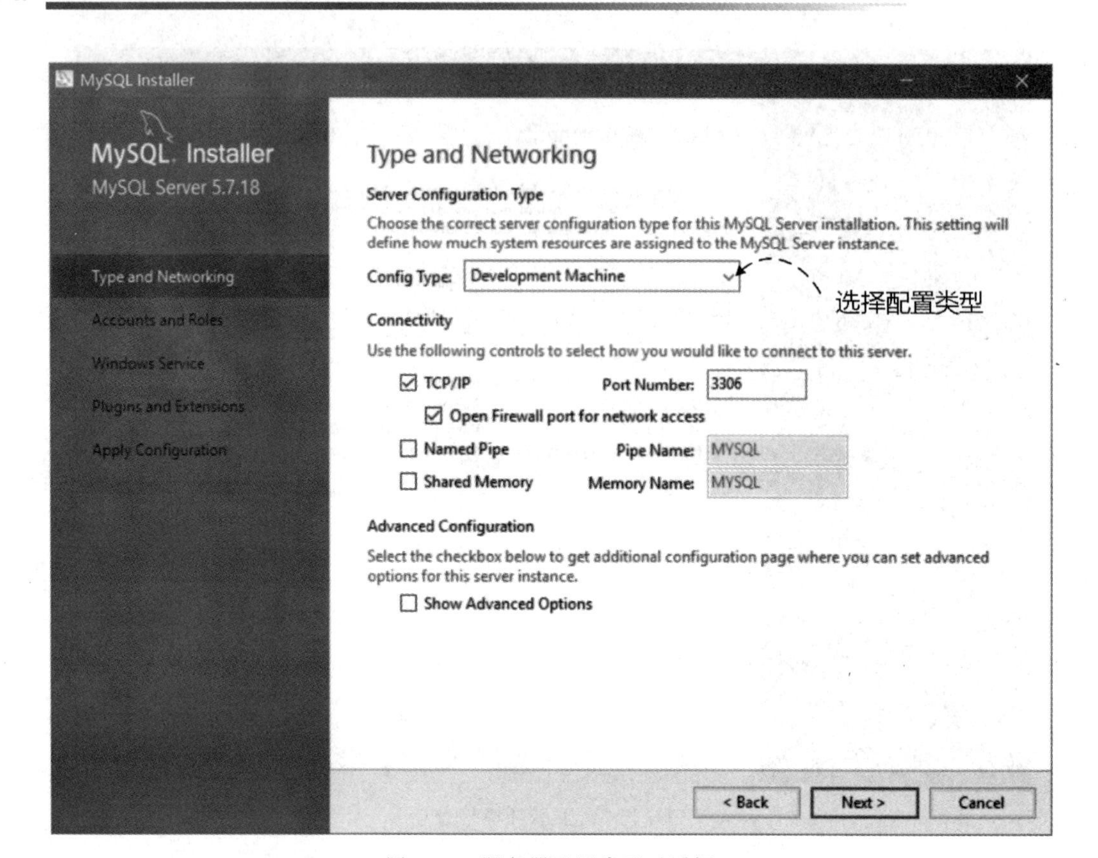

图 15-5　服务器配置类型对话框

(1) Development Machine(开发机器)：该选项代表典型的个人桌面工作站，假定机器上运行着多个桌面应用程序。该选项将 MySQL 服务器配置成使用最少的系统资源。

(2) Server Machine(服务器)：该选项代表服务器，MySQL 服务器可以同其他应用程序一起运行，例如 FTP、E-mail 和 Web 服务器。该选项将 MySQL 服务器配置成使用适当比例的系统资源。

(3) Dedicated Machine(专用 MySQL 服务器)：该选项代表只运行 MySQL 服务的服务器，假定没有运行其他应用程序。该选项将 MySQL 服务器配置成使用所有可用系统资源。

根据需要选择配置类型，其他的配置项目保持默认值，单击 Next 按钮进入如图 15-6 所示的账号和用户角色设置对话框。

在图 15-6 所示的对话框中可以设置 root 密码，以及添加其他账号等。root 密码必须是 4 位以上，根据需要设置 root 密码。此外，还可以单击 Add User 按钮添加其他的账号。

在图 15-6 的对话框设置完成后，单击 Next 按钮进入如图 15-7 所示的配置 Windows 服务对话框，在这里可以将 MySQL 数据库配置成为一个 Windows 服务，Windows 服务可以在后台随着 Windows 的启动而启动，不需要人为干预，其默认的服务名是 MySQL57。

在图 15-7 所示配置界面完成后，不需要再进行其他配置了，只需要单击 Next 按钮，这里不再赘述。

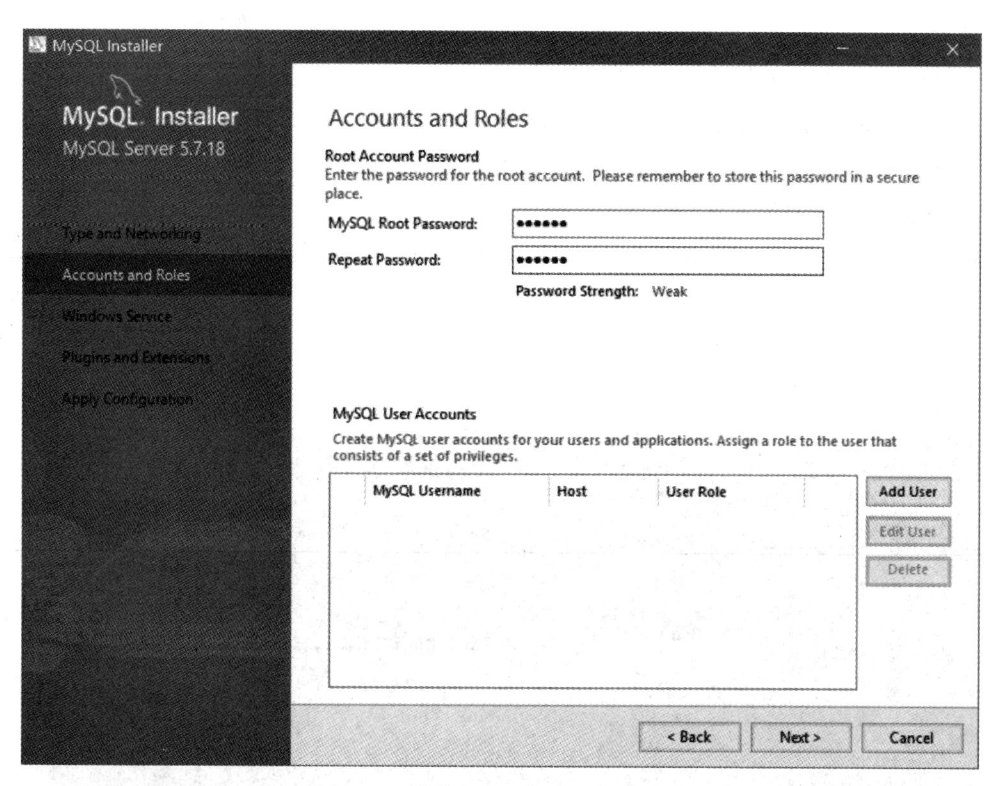

图 15-6 账号和用户角色设置对话框

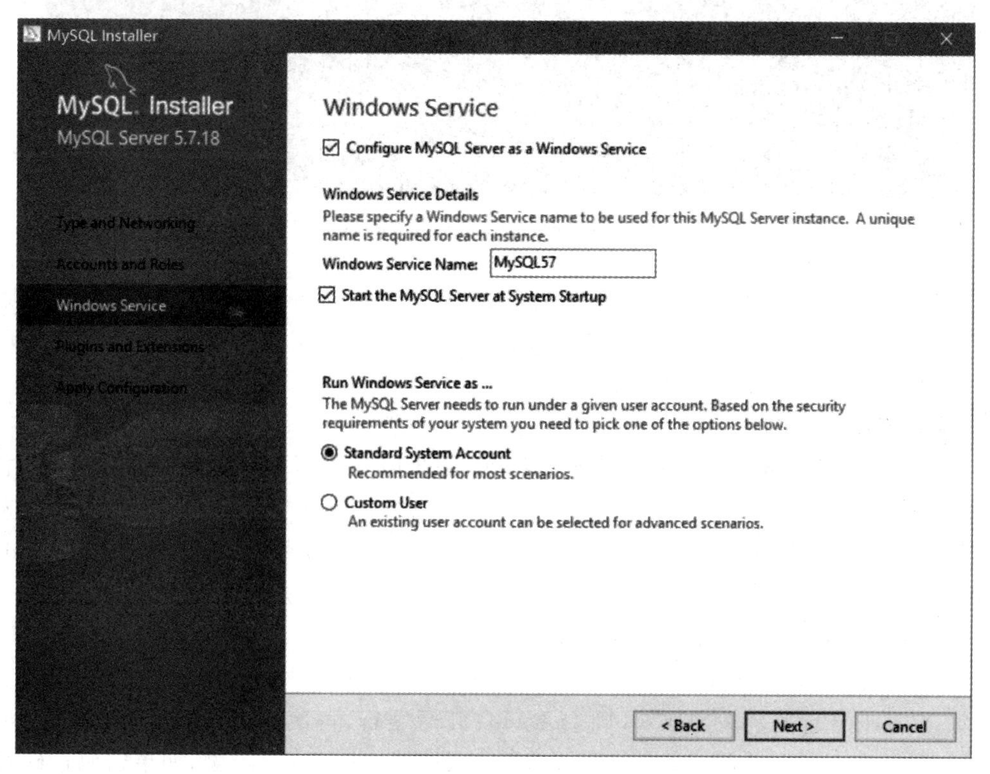

图 15-7 配置 Windows 服务对话框

15.2.2 连接 MySQL 服务器

由于 MySQL 是 C/S(客户端/服务器)结构,所以应用程序包括它的客户端必须连接到服务器才能使用其服务功能。下面主要介绍 MySQL 客户端如何连接到服务器。

1. 快速连接服务器方式

MySQL for Windows 版本提供一个菜单项目可以快速连接服务器,打开过程为右击屏幕左下角的 Windows 图标,在“最近添加”中找到 MySQL 5.7 Command Line Client,则会在打开一个终端界面,对话框如图 15-8 所示。

图 15-8 MySQL 命令行客户端

这个工具就是 MySQL 命令行客户端工具,可以使用 MySQL 命令行客户端工具连接到 MySQL 服务器,要求输入 root 密码。输入 root 密码后按 Enter 键,如果密码正确则连接到 MySQL 服务器,如图 15-9 所示。

2. 通用的连接方式

快速连接服务器方式连接的是本地数据库,如果服务器不在本地,而在一个远程主机上,那么需要使用通用的连接方式。

首先在操作系统中打开一个终端窗口,Windows 系统中是命令行工具,再次输入 mysql -h localhost -u root -p 命令,如图 15-10 所示。如果出现“'MySQL'不是内部或外部命令,也不是可运行的程序或批处理文件。”的错误,则说明在环境变量中的 Path 没有配置 MySQL 的 Path,这时需要追加 C:\Program Files\MySQL\MySQL Server 5.7\bin 到环境变量 Path 之后。

如果 Path 环境变量添加成功,则会重新打开命令行,再次输入 mysql -h localhost -u root -p 命令,然后系统会提示输入 root 密码,输入密码后按下 Enter 键,如果密码正确就会成功连接到服务器,将会看到如图 15-9 所示的界面。

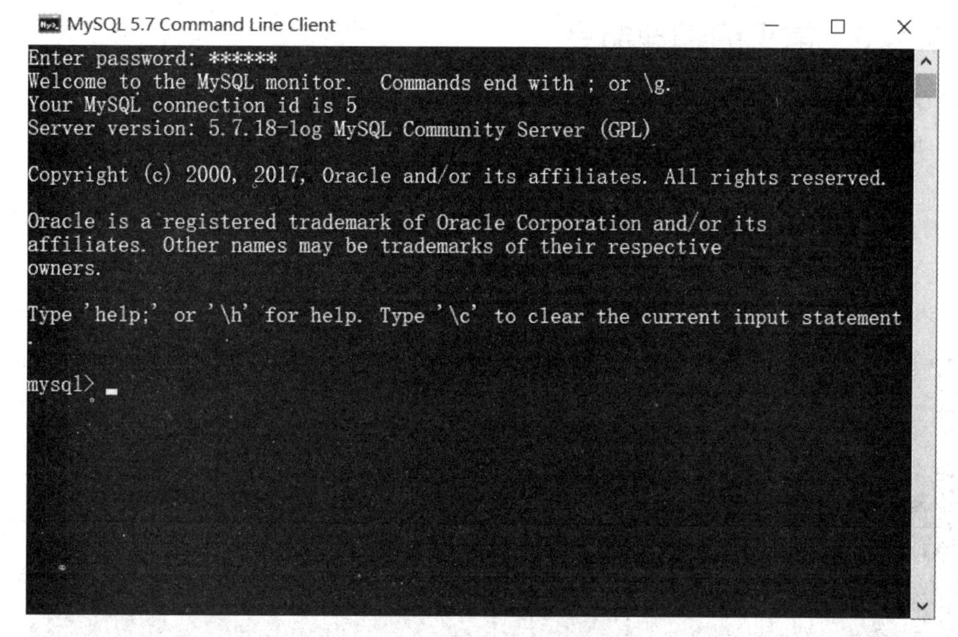

图 15-9 使用命令行客户端连接到服务器

图 15-10 环境变量中没有 MySQL 的 Path

提示 mysql -h localhost -u root -p 命令参数说明如下。

-h 是要连接的服务器主机名或 IP 地址，也可以是远程的一个服务器主机，-h localhost 也可以表示为-hlocalhost 形式，即没有空格。

-u 是服务器要验证的用户名，这个用户一定是数据库中存在的，并且具有连接服务器的权限。-u root 也可以表示为-uroot 形式，即没有空格。

-p 是与上面用户对应的密码，也可以直接输入密码-p123456，其中 123456 是 root 密码。

所以 mysql -h localhost -u root -p 命令也可以替换为 mysql -hlocalhost -uroot -p123456。

15.2.3 常见的管理命令

命令行客户端可管理 MySQL 数据库，下面了解一些常用的命令。

1. help

第一个应该熟悉的就是 help 命令，help 命令能够列出 MySQL 其他命令的帮助信息。在命令行客户端中输入 help，不需要以分号结尾，直接按下 Enter 键，如图 15-11 所示。这里都是 MySQL 的管理命令，这些命令大部分不需要以分号结尾。

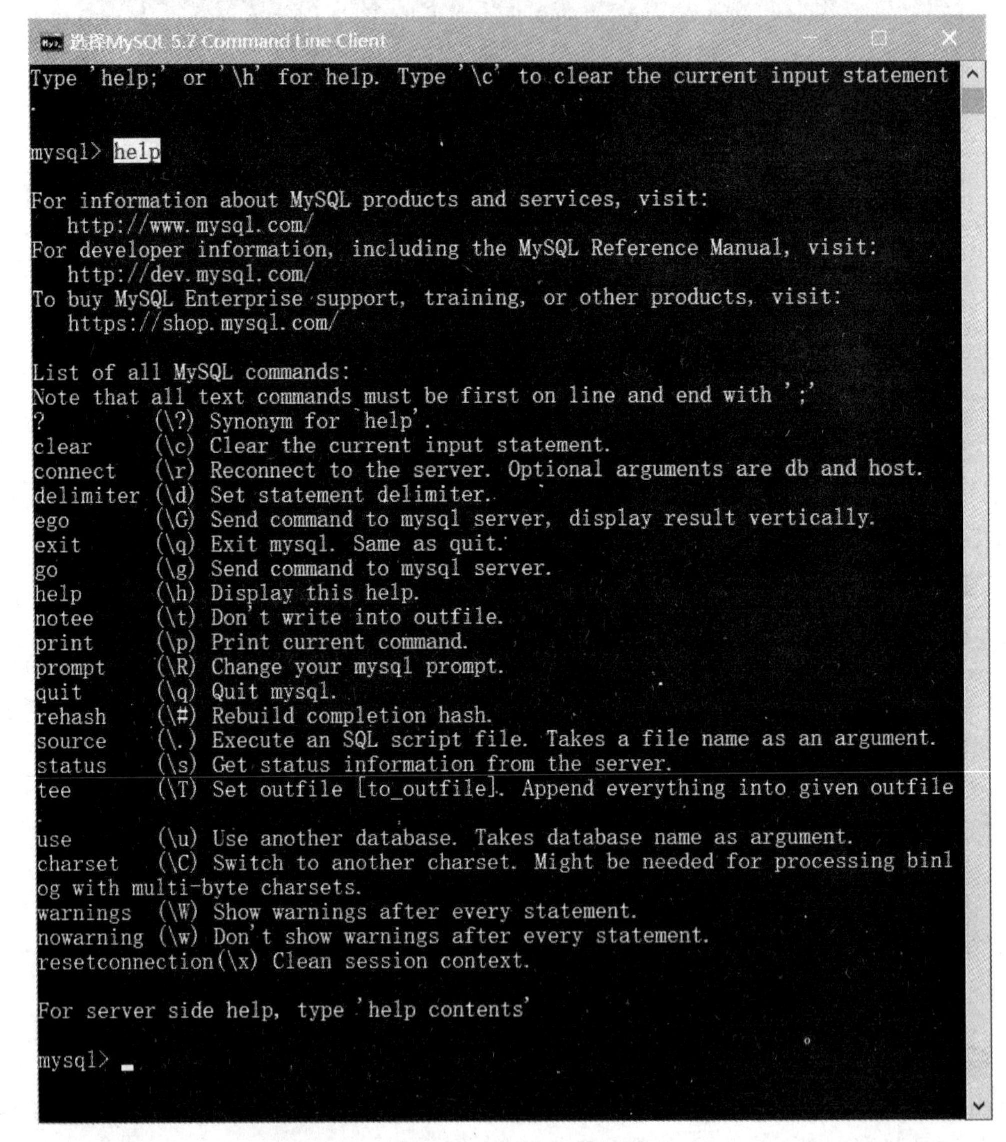

图 15-11 使用 help 命令

2. 退出命令

如果想中途退出命令行客户端，可以在命令行客户端中使用 quit 或 exit 命令，如图 15-12 所示。这两个命令也不需要以分号结尾。

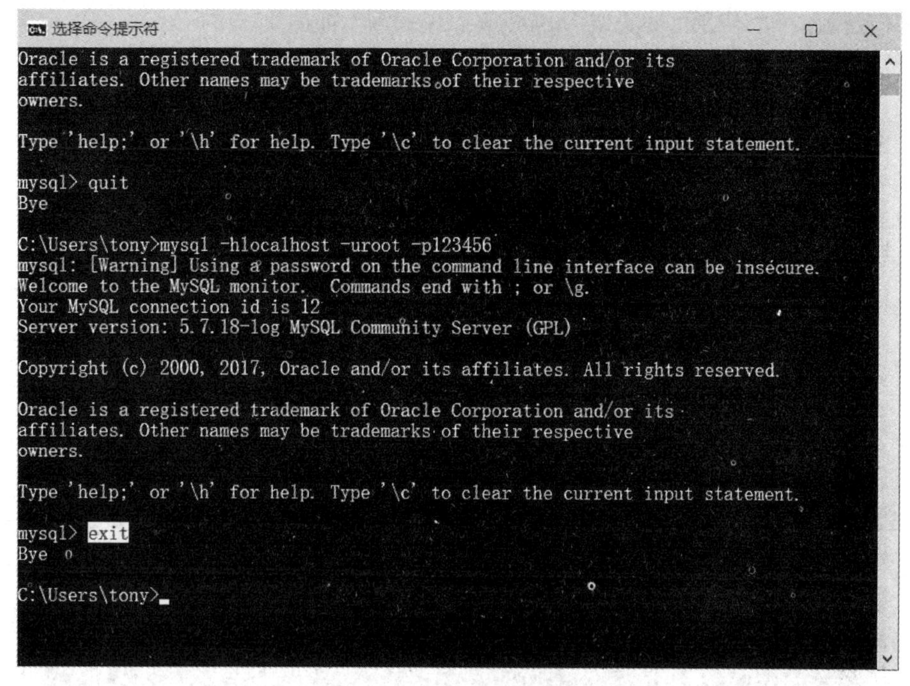

图 15-12　使用退出命令

3. 数据库管理

在使用数据库的过程中，有时需要知道服务器中有哪些数据库，或知道自己创建和删除了哪些数据库。查看数据库的命令是 show databases;命令，如图 15-13 所示，注意该命令后面是有分号结尾的。

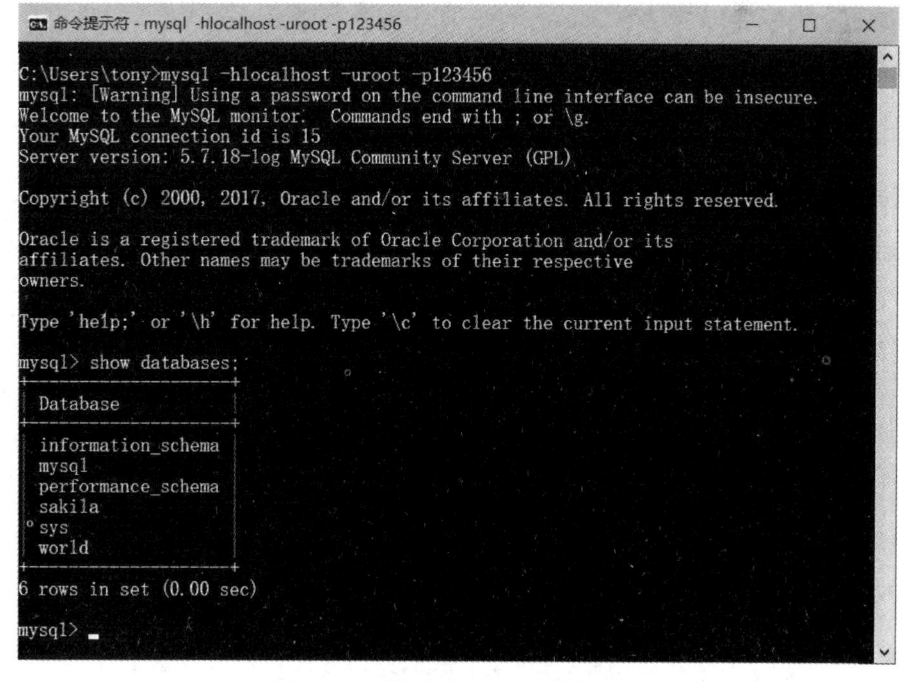

图 15-13　使用查看数据库信息命令

创建数据库可以使用 create database testdb;命令,如图 15-14 所示,testdb 是自定义数据库名,注意该命令后面是有分号结尾的。

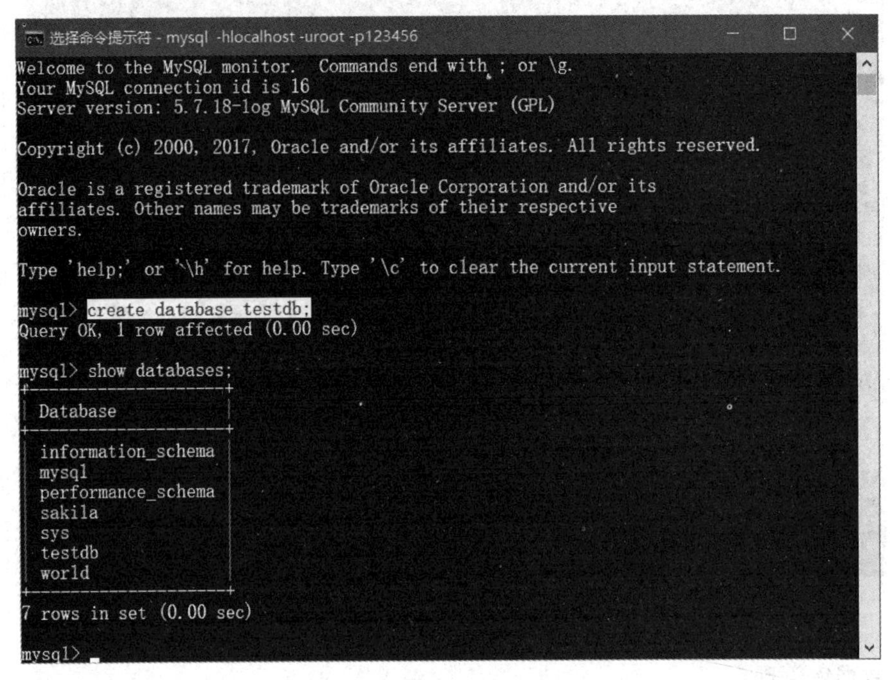

图 15-14　使用创建数据库命令

删除数据库可以使用 drop database testdb;命令,如图 15-15 所示,testdb 是自定义数据库名,注意该命令后面是有分号结尾的。

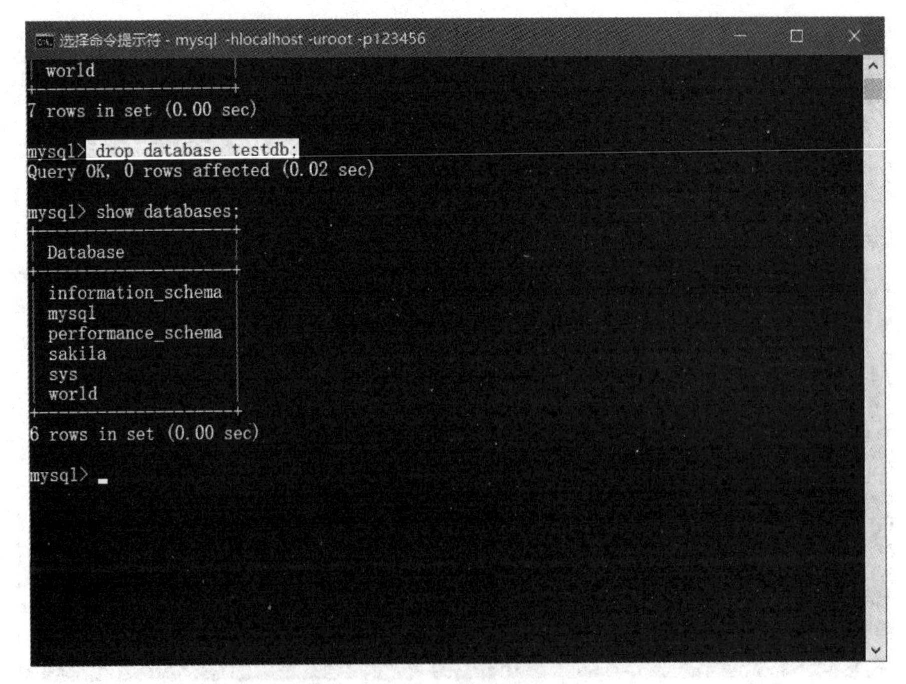

图 15-15　使用删除数据库命令

4. 数据表管理

在使用数据库的过程中,有时需要知道某个数据库下有多少个数据表,并需要查看表结构等信息。

查看有多少个数据表的命令是 show tables;,如图 15-16 所示,注意该命令后面是有分号结尾的。一个服务器中有很多数据库,应该先使用 use 选择数据库,如图 15-16 所示,use world 命令的结尾没有分号。如果没有选择数据库,则会发生错误,如图 15-16 所示。

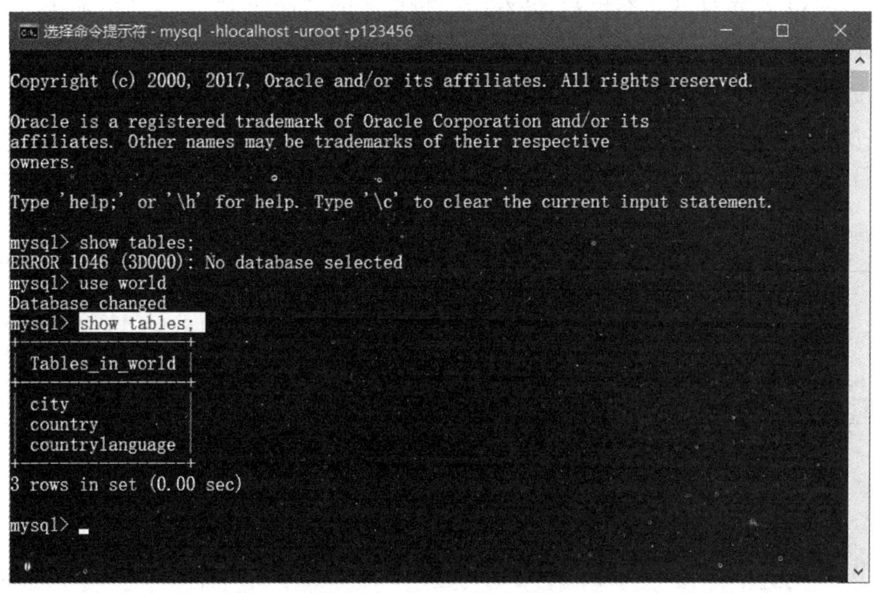

图 15-16 使用查看数据库中表信息命令

知道了有哪些表后,还需要知道表结构,可以使用 desc 命令,如想获得 city 表结构可以使用 desc city;命令,如图 15-17 所示,注意该命令后面是有分号结尾的。

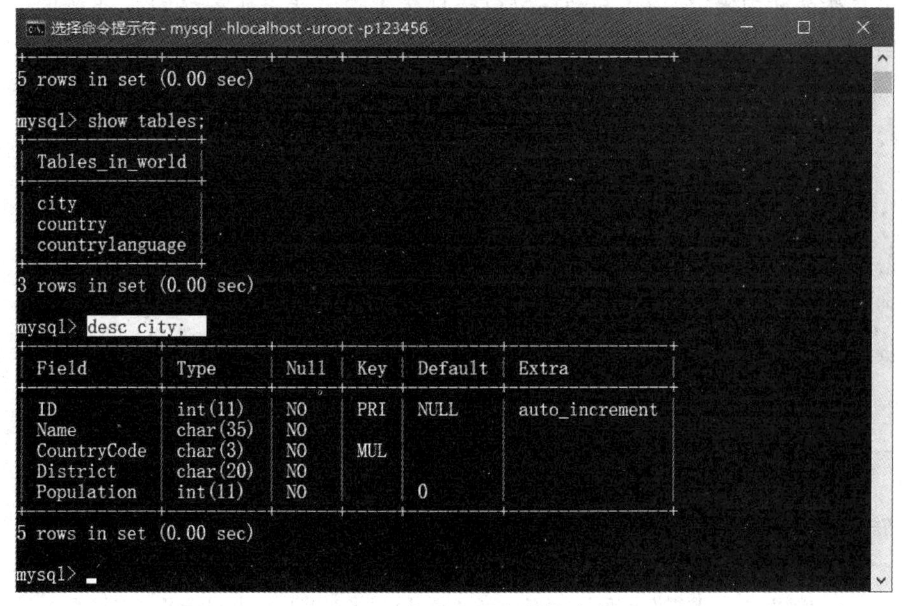

图 15-17 使用查看表结构命令

15.3 Python DB-API

在有 Python DB-API 规范之前，各个数据库编程接口非常混乱，实现方式差别很大，更换数据库的工作量非常大。Python DB-API 规范要求各个数据库厂商和第三方开发商遵循统一的编程接口，使得 Python 开发数据库变得统一而简单，更新数据库的工作量很小。

Python DB-API 只是一个规范，没有访问数据库的具体实现，规范是用来约束数据库厂商的，要求数据库厂商为开发人员提供访问数据库的标准接口。

Python DB-API 规范涉及三种不同的角色：Python 官方、开发人员和数据库厂商，如图 15-18 所示。

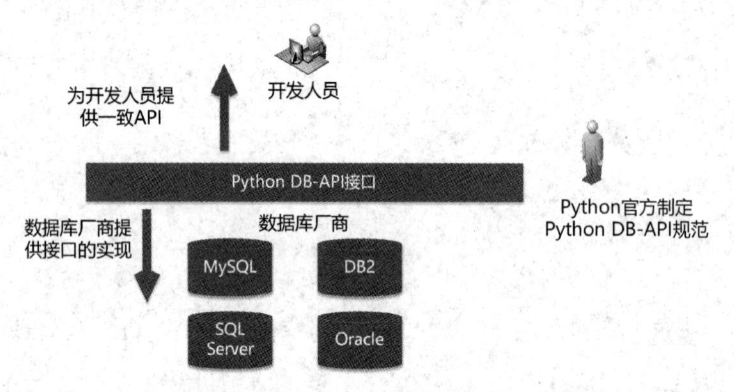

图 15-18　Python DB-API 规范的三种不同角色

（1）Python 官方制定 Python DB-API 规范，这个规范包括全局变量、连接、游标、数据类型和异常等内容。目前最新的是 Python DB-API2 规范。

（2）数据库厂商为了支持 Python 语言访问自己的数据库，根据这些 Python DB-API 规范提供了具体的实现类，如连接和游标对象的具体实现方式。当然针对某种数据库也可能有其他第三方具体实现。

（3）对于开发人员而言，Python DB-API 规范提供了一致的 API 接口，开发人员不用关心实现接口的细节。

15.3.1 建立数据连接

数据库访问的第一步是进行数据库连接。建立数据库连接可以通过 connect(parameters...)函数实现，该函数根据 parameters 参数连接数据库，连接成功则返回 Connection 对象。

连接数据库的关键是连接参数 parameters，使用 pymysql 库[①]连接数据库的示例代码如下。

```
import pymysql

connection = pymysql.connect(host = 'localhost',
```

① pymysql 访问 MySQL 数据库常用的开发模块，它由第三方开发商提供，不由 MySQL 官方提供。

```
user = 'root',
password = '12345',
database = 'mydb',
charset = 'utf8')
```

pymysql.connect()函数中常用的连接参数有

(1) host：数据库主机名或IP地址。

(2) port：连接数据库端口号。

(3) user：访问数据库账号。

(4) password或passwd：访问数据库密码。

(5) database或db：数据库中的库名。

(6) charset：数据库编码格式。

此外，还有很多参数，如果需要，读者可以参考http://pymysql.readthedocs.io/en/latest/modules/connections.html。

注意　连接参数虽然主要包括数据库主机名或IP地址、用户名、密码等内容，但是不同数据库厂商(或第三方开发商)提供的开发模块会有所不同，具体使用时需要查询开发文档。

Connection对象有一些重要的方法，这些方法如下。

(1) close()。关闭数据库连接，关闭之后若再使用数据库连接将引发异常。

(2) commit()。提交数据库事物。

(3) rollback()。回滚数据库事物。

(4) cursor()。获得Cursor游标对象。

提示　数据库事务通常包含了多个对数据库的读/写操作，这些操作是有序的。若事务被提交给了数据库管理系统，则数据库管理系统需要确保该事务中的所有操作都成功完成，结果被永久保存在数据库中。如果事务中有的操作没有成功完成，则事务中的所有操作都需要被回滚，回到事务执行前的状态。同时，该事务对数据库或其他事务的执行无影响，所有的事务都好像在独立地运行。

15.3.2　创建游标

一个Cursor游标对象表示一个数据库游标，游标暂时保存了SQL操作所影响的数据。在数据库事务管理中游标非常重要，游标是通过数据库连接创建的，相同数据库连接创建的游标所引起的数据变化会马上反映到同一连接中的其他游标对象。但是不同数据库连接中的游标是否能及时反映出来，则与数据库事务管理有关。

游标Cursor对象有很多方法和属性，其中基本SQL操作方法有以下几种：

(1) execute(operation[, parameters])。执行一条SQL语句，operation是SQL语句，parameters是为SQL提供的参数，可以是序列或字典类型。返回值是整数，表示执行SQL语句影响的行数。

(2) executemany(operation[,seq_of_params])。执行批量SQL语句，operation是SQL语句，seq_of_params是为SQL提供的参数，seq_of_params是序列。返回值是整数，表示执行SQL语句影响的行数。

(3) callproc(procname[, parameters])。执行存储过程，procname是存储过程名，

parameters 是为存储过程提供的参数。

执行 SQL 查询语句也是通过 execute()和 executemany()方法实现的，但是这两个方法返回的都是整数，对于查询没有意义。因此使用 execute()和 executemany()方法执行查询后，还要通过提取方法提取结果集，相关提取方法如下：

(1) fetchone()：从结果集返回一条记录的序列，如果没有数据则返回 None。

(2) fetchmany([size=cursor.arraysize])：从结果集返回小于等于 size 的记录数序列，如果没有数据则返回空序列，size 在默认情况下是整个游标的行数。

(3) fetchall()：从结果集返回所有数据。

15.4 案例：MySQL 数据库 CRUD 操作

对数据库表中数据可以进行 4 类操作：数据插入(Create)、数据查询(Read)、数据更新(Update)和数据删除(Delete)，也就是俗称的"增、删、改、查"。

本节通过一个案例介绍如何通过 Python DB-API 实现 Python 对数据的 CRUD 操作。

15.4.1 安装 PyMySQL 模块

PyMySQL 遵从 Python DB-API2 规范，其中包含了纯 Python 实现的 MySQL 客户端库。PyMySQL 兼容 MySQLdb，MySQLdb 是 Python 2 中使用的数据库开发模块。Python 3 中推荐使用 PyMySQL 模块。本节首先介绍如何安装 PyMySQL 模块。

通过 pip 安装 PyMySQL，打开命令提示(Linux、UNIX 和 Mac OS 终端)，输入指令如下：

```
pip install PyMySQL
```

在 Windows 平台下执行 pip 安装指令过程如图 15-19 所示，最后会有成功提供，其他平台安装过程也是类似的，这里不再赘述。

图 15-19 执行 pip 安装指令过程

提示 如果使用的是 Python 2.7.9 及以上和 Python 3.4 及以上版本，那么默认安装 pip 工具。如果没有 pip 工具，那么可以重新安装，可在 Windows 平台下自定义安装 pip(见图 15-20)，注意选中 pip 复选框。另外可以在 https://pypi.python.org/pypi/pip 寻求帮助。

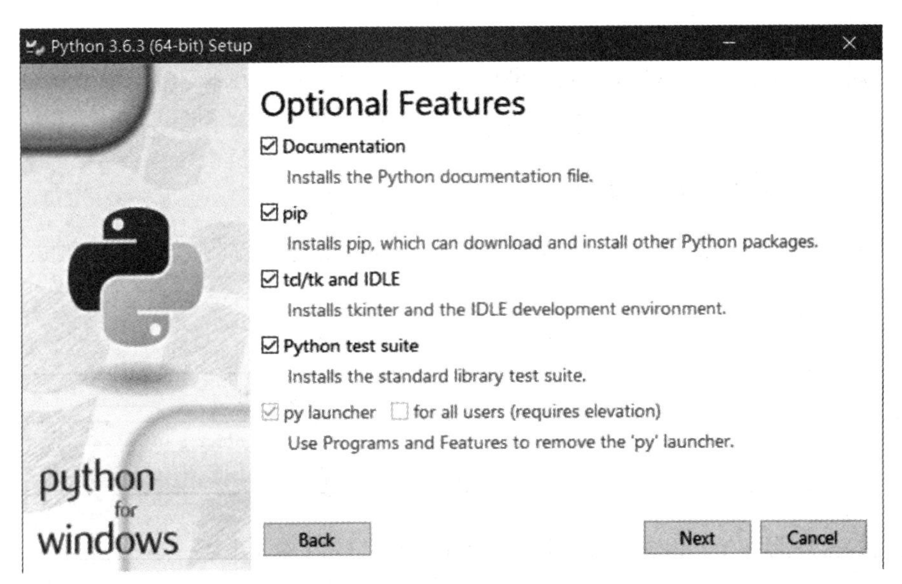

图 15-20 Windows 平台下自定义安装 pip

15.4.2 数据库编程的一般过程

在讲解案例之前,有必要先介绍通过 Python DB-API 进行数据库编程的一般过程。

图 15-21 所示是数据库编程的一般过程,其中查询(Read)过程和修改(C 插入、U 更新、

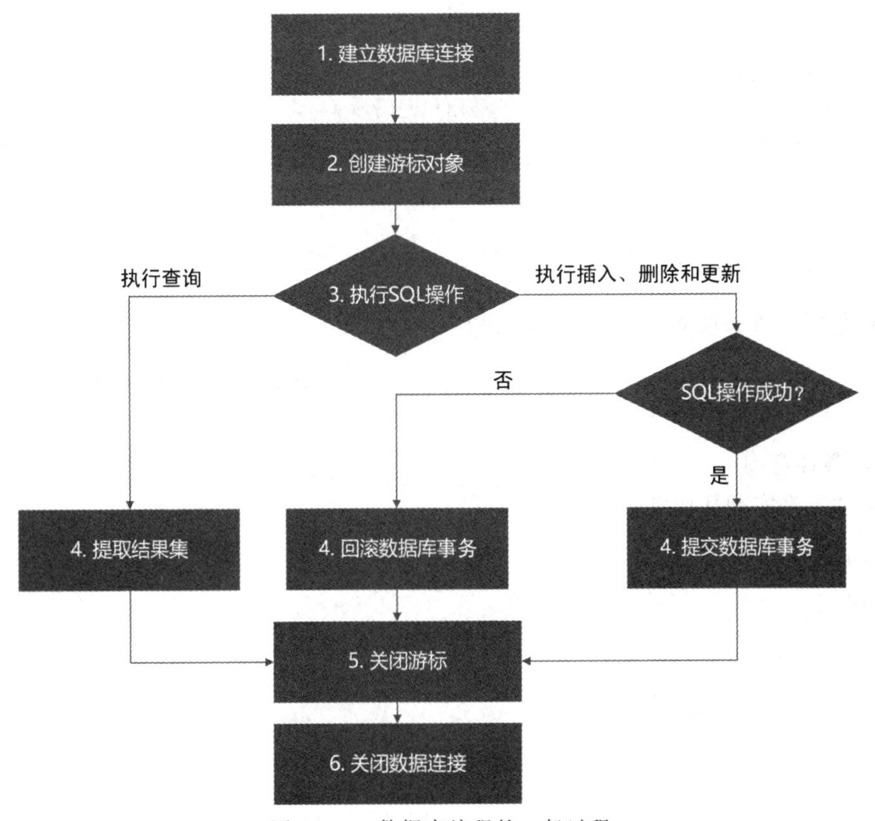

图 15-21 数据库编程的一般过程

D删除)过程都最多需要6个步骤。查询过程中需要提取数据结果集,这是修改过程中没有的步骤。而修改过程中如果执行SQL操作成功则提交数据库事物,如果失败则回滚事物。最后不要忘记释放资源,即关闭游标和数据库。

15.4.3 数据查询操作

为了介绍数据查询操作案例,首先介绍一个User表的结构,它有name和userid两个字段,如表15-1所示。

表15-1 User表结构

字段名	类型	是否可以为Null	主键
name	varchar(20)	是	否
userid	int	否	是

编写数据库脚本mydb-mysql-schema-gbk.sql文件内容如下:

```
/* chapter15/mydb-mysql-schema-gbk.sql */

/* 创建数据库 */
CREATE DATABASE IF NOT EXISTS MyDB;

use MyDB;

/* 用户表 */
CREATE TABLE IF NOT EXISTS user (
name varchar(20),                    /* 用户 Id */
userid int,                          /* 用户密码 */
PRIMARY KEY (userid));

/* 插入初始数据 */
INSERT INTO user VALUES('Tom',1);
INSERT INTO user VALUES('Ben',2);
```

下面介绍如何实现如下两条SQL语句的查询功能。

```
select name,userid from user where userid > ? order by userid      //有条件查询
select max(userid) from user                                        //使用 max 等函数,无条件查询
```

1. 有条件查询

有条件查询实现代码如下:

```
# coding=utf-8
# 代码文件:chapter15/ch15.4.3-1.py

import pymysql

# 1. 建立数据库连接
connection = pymysql.connect(host='localhost',
                             user='root',
                             password='12345',
```

```
                                database = 'MyDB',
                                charset = 'utf8')                   ①

try:
    # 2. 创建游标对象
    with connection.cursor() as cursor:                             ②

        # 3. 执行 SQL 操作
        # sql = 'select name, userid from user where userid > %s'   ③
        # cursor.execute(sql, [0])                                  ④# cursor.execute(sql, 0)
        sql = 'select name, userid from user where userid > %(id)s' ⑤
        cursor.execute(sql, {'id': 0})                              ⑥

        # 4. 提取结果集
        result_set = cursor.fetchall()                              ⑦

        for row in result_set:                                      ⑧
            print('id:{0} - name:{1}'.format(row[1], row[0]))       ⑨

    # with 代码块结束 5. 关闭游标

finally:
    # 6. 关闭数据连接
    connection.close()                                              ⑩
```

上述代码第①行是创建数据库连接，指定编码格式为UTF-8，MySQL数据库默认安装以及默认创建的数据库都是UTF-8编码格式。代码第⑩行是关闭数据库连接。

代码第②行connection.cursor()是创建游标对象，并且使用了with代码块自动管理游标对象，因此虽然在整个程序代码中没有关闭游标的close()语句，但是with代码块结束时就会关闭游标对象。

提示 为什么数据库连接不使用类似于游标的with代码块管理资源呢？数据库连接如果出现异常，程序再往后执行数据库操作已经没有意义了，因此数据库连接不需要放到try-except语句中，也不需要with代码块管理。

代码第⑤行是要执行的SQL语句，其中%(id)s是命名占位符。代码第⑥行执行SQL语句并绑定参数，绑定参数是字典类型，id是占位符中的名字，是字典中的键。另一种写法是，占位符是%s，见代码第③行，绑定参数是序列类型，见代码第④行。另外，如果参数只有一个时，可以直接绑定，所以第④行代码可以替换为cursor.execute(sql, 0)。

代码第⑦行是cursor.fetchall()方法提取的所有结果集。代码第⑧行遍历结果集。代码第⑨行是取出字段内容，row[0]取第一个字段内容，row[1]取第二个字段内容。

提示 提交字段时，字段的顺序是select语句中列出的字段顺序，不是数据表中字段的顺序，除非使用select *语句。

2. 无条件查询

无条件查询实现代码如下：

```
# coding = utf - 8
# 代码文件:chapter15/ch15.4.3 - 2.py
```

```
import pymysql

# 1. 建立数据库连接
connection = pymysql.connect(host = 'localhost',
                             user = 'root',
                             password = '12345',
                             database = 'MyDB',
                             charset = 'utf8')

try:
    # 2. 创建游标对象
    with connection.cursor() as cursor:

        # 3. 执行 SQL 操作
        sql = 'select max(userid) from user'
        cursor.execute(sql)

        # 4. 提取结果集
        row = cursor.fetchone()                                      ①

        if row is not None:                                          ②
            print(最大用户 Id:{0}'.format(row[0]))                   ③

    # with 代码块结束 5. 关闭游标

finally:
    # 6. 关闭数据连接
    connection.close()
```

上述代码第①行使用 cursor.fetchone()方法提取一条数据。代码第②行判断为非空时，提取字段内容，代码第③行是取出的第一个字段内容。

15.4.4 数据修改操作

数据修改操作包括数据插入、数据更新和数据删除。

1. 数据插入

数据插入代码如下：

```
# coding = utf - 8
# 代码文件:chapter15/ch15.4.4 - 1.py

import pymysql


# 查询最大用户 Id
def read_max_userid():
    <省略查询最大用户 Id 代码>


# 1. 建立数据库连接
```

```
connection = pymysql.connect(host = 'localhost',
                             user = 'root',
                             password = '12345',
                             database = 'MyDB',
                             charset = 'utf8')

# 查询最大值
maxid = read_max_userid()

try:
    # 2. 创建游标对象
    with connection.cursor() as cursor:

        # 3. 执行 SQL 操作
        sql = 'insert into user (userid, name) values (%s, %s)'          ①
        nextid = maxid + 1
        name = 'Tony' + str(nextid)
        cursor.execute(sql, (nextid, name))                              ②

        print('影响的数据行数:{0}'.format(affectedcount))

        # 4. 提交数据库事务
        connection.commit()                                              ③

    # with 代码块结束 5. 关闭游标

except pymysql.DatabaseError:                                            ④
    # 4. 回滚数据库事务
    connection.rollback()                                                ⑤
finally:
    # 6. 关闭数据连接
    connection.close()                                                   ⑥
```

代码第①行插入 SQL 语句,其中有两个占位符。代码第②行是绑定两个参数,参数放在一个元组中,也可以放在列表中。如果 SQL 执行成功,则通过代码第③行提交数据库事物,否则通过代码第⑤行回滚数据库事物。代码第④行是捕获数据库异常,DatabaseError 是数据库相关异常。

Python DB-API2 规范中的异常类继承层次如下所示:

```
StandardError
 +-- Warnin
 +-- Error
       +-- InterfaceError
       +-- DatabaseError
            +-- DataError
            +-- OperationalError
            +-- IntegrityError
            +-- InternalError
            +-- ProgrammingError
            +-- NotSupportedError
```

StandardError 是 Python DB-API 的基类,一般的数据库开发使用 DatabaseError 异常

及其子类。

2. 数据更新

数据更新代码如下：

```
# coding = utf - 8
# 代码文件:chapter15/ch15.4.4 - 2.py

import pymysql

# 1. 建立数据库连接
connection = pymysql.connect(host = 'localhost',
                             user = 'root',
                             password = '12345',
                             database = 'MyDB',
                             charset = 'utf8')

try:
    # 2. 创建游标对象
    with connection.cursor() as cursor:

        # 3. 执行 SQL 操作
        sql = 'update user set name = %s where userid > %s'
        affectedcount = cursor.execute(sql, ('Tom', 2))

        print('影响的数据行数:{0}'.format(affectedcount))
        # 4. 提交数据库事务
        connection.commit()

    # with代码块结束 5. 关闭游标

except pymysql.DatabaseError as e:
    # 4. 回滚数据库事务
    connection.rollback()
    print(e)
finally:
    # 6. 关闭数据连接
    connection.close()
```

3. 数据删除

数据删除代码如下：

```
# coding = utf - 8
# 代码文件:chapter15/ch15.4.4 - 3.py

import pymysql


# 查询最大用户 Id
def read_max_userid():
    <省略查询最大用户 Id 代码>
```

```
# 1. 建立数据库连接
connection = pymysql.connect(host = 'localhost',
                             user = 'root',
                             password = '12345',
                             database = 'MyDB',
                             charset = 'utf8')

# 查询最大值
maxid = read_max_userid()

try:
    # 2. 创建游标对象
    with connection.cursor() as cursor:

        # 3. 执行 SQL 操作
        sql = 'delete from user where userid = %s'
        affectedcount = cursor.execute(sql, (maxid))

        print('影响的数据行数:{0}'.format(affectedcount))
        # 4. 提交数据库事务
        connection.commit()

    # with 代码块结束 5. 关闭游标

except pymysql.DatabaseError:
    # 4. 回滚数据库事务
    connection.rollback()
finally:
    # 6. 关闭数据连接
    connection.close()
```

数据更新、数据删除与数据插入在程序结构上非常类似，差别主要在于 SQL 语句和绑定参数的不同。具体代码不再解释。

15.5 NoSQL 数据存储

目前大部分数据库都是关系型的，都通过 SQL 语句操作数据库。但也有一些数据库是非关系型的，不通过 SQL 语句操作数据库，这些数据库称为 NoSQL 数据库。dbm(DataBase Manager)数据库是最简单的 NoSQL 数据库，它不需要安装，通过键值对来存储数据。

Python 内置的 dbm 模块提供了存储 dbm 数据的 API。下面介绍这些 API。

15.5.1 dbm 数据库的打开和关闭

与关系型数据库类似，dbm 数据库使用前需要打开，使用完成后需要关闭。打开数据库使用 open()函数，它的语法如下：

```
dbm.open(file, flag = 'r')
```

参数 file 是数据库文件名，包括路径；参数 flag 是文件打开方式，flag 取值说明如下。

(1) 'r'：以只读方式打开现有数据库，这是默认值。

(2) 'w'：以读写方式打开现有数据库。

(3) 'c'：以读写方式打开数据库，如果数据库不存在则创建。

(4) 'n'：始终创建一个新的空数据库，打开方式为读写。

关闭数据库使用 close()函数，close()函数没有参数，使用起来比较简单。但作者更推荐使用 with as 语句块管理数据资源。示例代码如下：

```
with dbm.open(DB_NAME, 'c') as db:
Pass
```

使用 with as 语句块后不再需要自己关闭数据库。

15.5.2 dbm 数据存储

dbm 数据存储方式类似于字典数据结构，通过键来写入或读取数据。但需要注意的是，dbm 数据库保存的数据要么是字符串类型，要么是字节序列(bytes)类型。

dbm 数据存储相关语句如下。

1) 写入数据

```
d[key] = data
```

d 是打开的数据库对象，key 是键，data 是要保存的数据。如果 key 不存在则创建 key-data 数据项，如果 key 已经存在则使用 data 覆盖旧数据。

2) 读取数据

```
data = d[key]或 data = d.get(key, defaultvalue)
```

使用 data = d[key]语句读取数据时，如果没有 key 对应的数据则会抛出 KeyError 异常。为了防止这种情况的发生，可以使用 data = d.get(key, defaultvalue)语句，如果没有 key 对应的数据，则返回默认值 defaultvalue。

3) 删除数据

```
del d[key]
```

按照 key 删除数据，如果没有 key，对应的数据则会抛出 KeyError 异常。

4) 查找数据

```
flag = key in d
```

按照 key 在数据库中查找数据。

示例代码如下：

```
# coding = utf - 8
# 代码文件:chapter15/ch15.5.2.py

import dbm

with dbm.open('mydb', 'c') as db:
```

```
db['name'] = 'tony'                              # 更新数据
print(db['name'].decode())                       # 取出数据          ①

age = int(db.get('age', b'18').decode())         # 取出数据          ②
print(age)

if 'age' in db:                                  # 判断是否存在 age 数据
    db['age'] = '20'                             # 或者 b'20'

del db['name']                                   # 删除 name 数据
```

上述代码第①行按照 name 键取出数据，db['name']表达式取出的数据是字节序列，如果需要的是字符串则需要使用 decode()方法将字节序列转换为字符串。代码第②行读取 age 键数据，表达式 db.get('age', b'18')中默认值为 b'18'，b'18'是字节序列。

15.6 本章小结

本章首先介绍 MySQL 数据库的安装、配置和日常的管理命令。然后重点讲解了 Python DB-API 规范，读者需要熟悉如何建立数据库连接、创建游标和从游标中提取数据。最后介绍了 dbm NoSQL 数据库，读者需要了解 dbm 的使用方法。

15.7 同步练习

1. 判断对错：Python DB-API 规范是 Python 官方制定的，这个规范包括全局变量、连接、游标、数据类型和异常等内容。(　　)

2. 判断对错：Python DB-API 规范只是用来规范数据库厂商的。(　　)

3. 编写程序实现 MySQL 数据库 CRUD 操作。

4. 编写程序实现 NoSQL 数据存取操作。

第16章 网络编程

CHAPTER 16

现代的应用程序都离不开网络,网络编程是非常重要的技术。Python提供了两个不同层次的网络编程API:基于Socket的低层次网络编程和基于URL的高层次网络编程。Socket采用TCP、UDP等协议,这些协议属于低层次的通信协议;URL采用HTTP和HTTPS,这些属于高层次的通信协议。

本章会介绍基于Socket的低层次网络编程和基于URL的高层次网络编程。

16.1 网络基础

网络编程需要程序员掌握以下基础的网络知识,本节先介绍一些网络基础知识。

16.1.1 网络结构

首先了解网络结构,网络结构是网络的构建方式,目前流行的有客户端服务器结构网络和对等结构网络。

1. 客户端服务器结构网络

客户端服务器(Client/Server,C/S)结构网络是一种主从结构网络。如图16-1所示,服务器一般处于等待状态,如果有客户端请求,服务器会响应请求,建立连接并提供服务。服务器是被动的,有点像在餐厅吃饭时候的服务员,而客户端是主动的,像在餐厅吃饭的顾客。

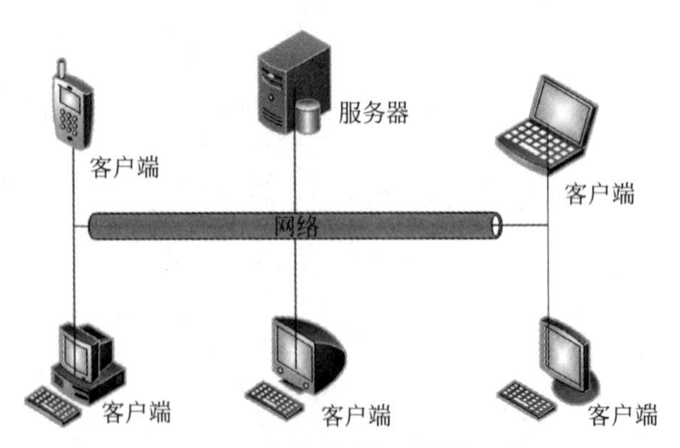

图16-1 客户端服务器结构网络

事实上,生活中很多网络服务都采用这种结构,如Web服务、文件传输服务和邮件服务等。虽然它们存在的目的不一样,但基本结构是一样的。这种网络结构与设备类型无关,服务器不一定是计算机，也可能是手机等移动设备。

2. 对等结构网络

对等结构网络也叫点对点网络(Peer to Peer，P2P)，每个节点之间是对等的。如图16-2所示，每个节点既是服务器又是客户端，这种结构有点像吃自助餐。

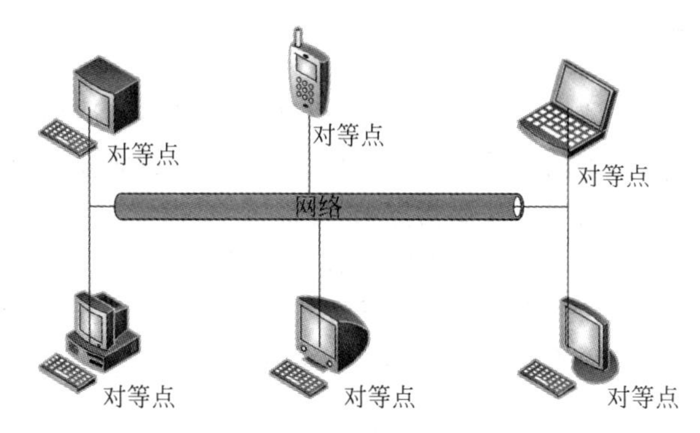

图16-2 对等结构网络

对等结构网络的分布范围比较小，通常在一间办公室或一个家庭内，因此它非常适合于移动设备间的网络通信，网络链路层由蓝牙和WiFi实现。

16.1.2 TCP/IP协议

网络通信会用到协议，其中TCP/IP协议簇是非常重要的。TCP/IP是由IP和TCP两个协议构成的，IP(Internet Protocol)协议是一种低级的路由协议，它将数据拆分成许多小的数据包，并通过网络将它们发送到某一特定地址，但无法保证所有包都抵达目的地，也不能保证包的顺序。

由于IP传输数据的不安全性，网络通信时还需要TCP，传输控制协议(Transmission Control Protocol，TCP)是一种高层次的协议，也是面向连接的可靠数据传输协议，如果有些数据包没有收到会重发，并对数据包内容准确性进行检查且保证数据包的顺序，所以该协议能保证数据包可安全地按照发送时顺序送达目的地。

16.1.3 IP地址

为实现网络中不同计算机之间的通信，每台计算机都必须有一个与众不同的标识，这就是IP地址，TCP/IP使用IP地址来标识源地址和目的地地址。最初所有的IP地址都是32位的数字，由4个8位的二进制数组成，每8位之间用圆点隔开，如192.168.1.1，这种类型的地址通过IPv4指定。而现在有一种新的地址模式称为IPv6，IPv6使用128位数字表示一个地址，分为8个16位块。尽管IPv6比IPv4有很多优势，但是由于习惯的问题，很多设备还是采用IPv4。不过Python语言同时支持IPv4和IPv6。

在IPv4地址模式中，IP地址分为A、B、C、D和E等5类。

(1) A类地址用于大型网络，地址范围：1.0.0.1～126.155.255.254。

(2) B类地址用于中型网络，地址范围：128.0.0.1～191.255.255.254。

(3) C类地址用于小规模网络，地址范围：192.0.0.1～223.255.255.254。

(4) D类地址用于多目的地信息的传输或作为备用。

(5) E类地址保留,仅做实验和开发用。

另外,有时还会用到一个特殊的IP地址127.0.0.1,称为回送地址,指本机。127.0.0.1主要用于网络软件测试以及本地机进程间通信,使用回送地址发送数据时,不进行任何网络传输,只在本机进程间通信。

16.1.4 端口

一个IP地址标识一台计算机,每一台计算机又有很多网络通信程序在运行,提供网络服务或进行通信,这就需要不同的端口进行通信。如果把IP地址比作电话号码,那么端口就是分机号码,进行网络通信时不仅要指定IP地址,还要指定端口号。

TCP/IP系统中的端口号是一个16位的数字,它的范围是0～65535。小于1024的端口号保留给预定义的服务,如HTTP是80,FTP是21,Telnet是23,E-mail是25等。除非要和那些服务进行通信,否则不应该使用小于1024的端口。

16.2 TCP Socket低层次网络编程

TCP/IP协议的传输层有两种传输协议:TCP(传输控制协议)和UDP(用户数据报协议)。TCP是面向连接的可靠数据传输协议。TCP就好比电话,电话接通后双方才能通话,在挂断电话之前,电话一直占线。TCP连接一旦建立起来会一直占用,直到关闭连接。另外,TCP为了保证数据的正确性,会重发一切没有收到的数据,还会对数据内容进行验证,并保证数据传输的正确顺序。因此TCP对系统资源的要求较高。

基于TCP Socket的编程很有代表性,下面首先介绍TCP Socket编程。

16.2.1 TCP Socket通信概述

Socket是网络上的两个程序,通过一个双向的通信连接来实现数据的交换。这个双向链路的一端称为一个Socket。Socket通常用来实现客户端和服务端的连接。Socket是TCP/IP协议簇的一个十分流行的编程接口,一个Socket由一个IP地址和一个端口号唯一确定,一旦建立连接Socket还会包含本机和远程主机的IP地址和远端口号,如图16-3所示,Socket是成对出现的。

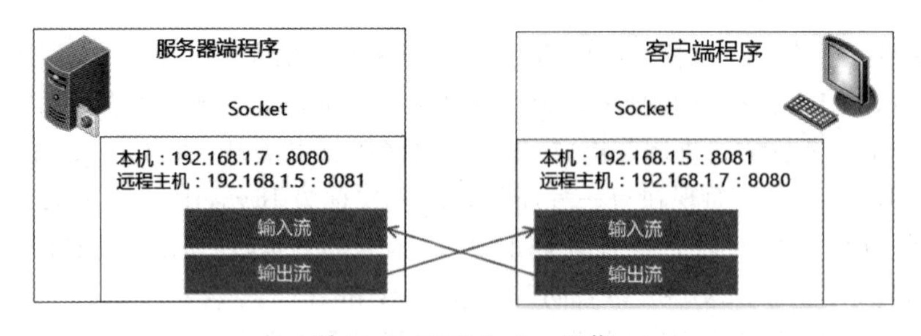

图16-3 TCP Socket通信

16.2.2 TCP Socket通信过程

使用TCP Socket进行C/S结构编程,通信过程如图16-4所示。

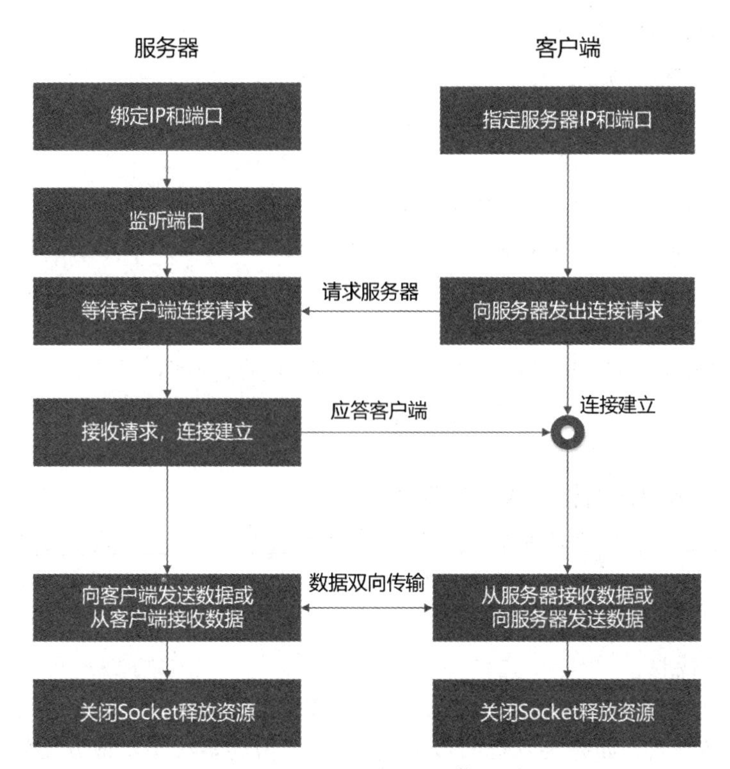

图 16-4 TCP Socket 通信过程

从图 16-4 可见，服务器首先绑定本机的 IP 和端口，如果端口已经被其他程序占用则抛出异常，如果绑定成功则监听该端口。服务器端调用 socket.accept()方法阻塞程序，等待客户端连接请求。当客户端向服务器发出连接请求时，服务器接收客户端请求并建立连接。一旦连接建立起来，服务器与客户端就可以通过 Socket 进行双向通信了，最后关闭 Socket 释放资源。

16.2.3 TCP Socket 编程 API

Python 提供了两个 socket 模块：socket 和 socketserver。socket 模块提供了标准的 BSD Socket[①] API；socketserver 的重点是网络服务器开发，它提供了 4 个基本服务器类，可以简化服务器开发。本书重点介绍 socket 模块实现的 Socket 编程。

1. 创建 TCP Socket

socket 模块提供的 socket()函数可以创建多种形式的 socket 对象，本节重点介绍创建 TCP Socket 对象，创建代码如下：

```
s = socket.socket(socket.AF_INET, socket.SOCK_STREAM)
```

参数 socket.AF_INET 设置 IP 地址类型是 IPv4，参数 socket.AF_INET6 设置 IP 地址类型为 IPv6。参数 socket.SOCK_STREAM 设置 Socket 通信类型是 TCP。

① BSD Socket，也叫伯克利套接字（Berkeley Socket），它是由加州大学伯克利分校（University of California，Berkeley）的学生开发的。BSD Socket 是 UNIX 平台下广泛使用的 Socket 编程。

2. TCP Socket 服务器编程方法

socket 对象有很多方法，其中与 TCP Socket 服务器编程有关的方法如下：

(1) socket.bind(address)。绑定地址和端口，address 是包含主机名（或 IP 地址）和端口的二元组对象。

(2) socket.listen(backlog)。监听端口，backlog 为最大连接数，backlog 默认值是 1。

(3) socket.accept()。等待客户端连接，连接成功则返回二元组对象(conn, address)，其中 conn 是新的 socket 对象，可以用来接收和发送数据，address 是客户端的地址。

3. 客户端编程 socket 方法

socket 对象中与 TCP Socket 客户端编程有关的方法如下：

socket.connect(address)。连接服务器 socket，address 是包含主机名（或 IP 地址）和端口的二元组对象。

4. 服务器和客户端编程 socket 共用方法

socket 对象中有一些方法是服务器和客户端编程的共用方法，这些方法如下：

(1) socket.recv(bufsize)。接受 TCP Socket 数据，该方法返回字节序列对象。参数 buffsize 指定一次接收的最大字节数，因此如果要接收的数据量大于 buffsize，则需要多次调用该方法进行接收。

(2) socket.send(bytes)。发送 TCP Socket 数据，将 bytes 数据发送到远程 Socket，返回成功发送的字节数。如果要发送的数据量很大，则需要多次调用该方法发送数据。

(3) socket.sendall(bytes)。发送 TCP Socket 数据，将 bytes 数据发送到远程 Socket，如果发送成功则返回 None，如果失败则抛出异常。与 socket.send(bytes)不同的是，该方法连续发送数据，直到发送完所有数据或发生异常才会停止。

(4) socket.settimeout(timeout)。设置 Socket 超时时间，timeout 是一个浮点数，单位是秒，值为 None 则表示永远不会超时。一般超时时间应在刚创建 Socket 时设置。

(5) socket.close()。关闭 Socket，该方法虽然可以释放资源，但不一定立即关闭连接，如果想及时关闭连接，需要在调用该方法之前调用 shutdown()方法。

注意 Python 中的 socket 对象是可以被垃圾回收的，当 socket 对象被垃圾回收时，socket 对象会自动关闭，但建议显式地调用 close()方法关闭 socket 对象。

16.2.4 案例：简单聊天工具

基于 TCP Socket 编程比较复杂，先从一个简单的聊天工具案例介绍 TCP Socket 编程的基本流程。该案例实现了从客户端发送字符串给服务器，然后服务器再返回字符串给客户端的过程。

案例服务器端代码如下：

```
# coding = utf - 8
# 代码文件:chapter16/16.2.4/tcp - server.py

import socket

s = socket.socket(socket.AF_INET, socket.SOCK_STREAM)                    ①
s.bind(('', 8888))                                                       ②
```

```
s.listen()                                                  ③
print('服务器启动...')

# 等待客户端连接
conn, address = s.accept()                                  ④
# 客户端连接成功
print(address)

# 从客户端接收数据
data = conn.recv(1024)                                      ⑤
print('从客户端接收消息:{0}'.format(data.decode()))
# 给客户端发送数据
conn.send('你好'.encode())                                  ⑥

# 释放资源
conn.close()                                                ⑦
s.close()                                                   ⑧
```

上述代码第①行是创建一个 socket 对象。代码第②行是绑定本机 IP 地址和端口,其中 IP 地址为空字符串,系统会自动为其分配可用的本机 IP 地址,8888 是绑定的端口。代码第③行是监听本机 8888 端口。

代码第④行 accept()方法阻塞程序,等待客户端连接,返回二元组,其中 conn 是一个新的 socket 对象,address 是当前连接的客户端地址。代码第⑤行使用 recv()方法接收数据,参数 1024 是设置一次接收的最大字节数,返回值是字节序列对象,字节序列可以通过 data.decode()方法转换为字符串,decode()方法可以指定字符集,默认字符集是 UTF-8。代码第⑥行使用 send()方法发送数据,参数是字节序列对象,如果发送字符串则需要转换为字节序列,并使用字符串的 encode()方法进行转换,encode()方法也可以指定字符集,默认字符集是 UTF-8。'你好'.encode()是将字符串'你好'转换为字节序列对象。

代码第⑦行是关闭 conn 对象,代码第⑧行是关闭 s 对象。它们都是 socket 对象。

案例客户端代码如下:

```
# coding = utf - 8
# 代码文件:chapter16/16.2.4/tcp - client.py

import socket

s = socket.socket(socket.AF_INET, socket.SOCK_STREAM)       ①
# 连接服务器
s.connect(('127.0.0.1', 8888))                              ②

# 给服务器端发送数据
s.send(b'Hello')                                            ③
# 从服务器端接收数据
data = s.recv(1024)
print('从服务器端接收消息:{0}'.format(data.decode()))

# 释放资源
s.close()
```

上述代码第①行创建 socket 对象。代码第②行连接远程服务器 socket，其参数('127.0.0.1', 8888)是二元组，'127.0.0.1'是远程服务器的 IP 地址或主机名，8888 是远程服务器端口。代码第③行是发送 Hello 字符串，在字符串前面加字母 b 可以将字符串转换为字节序列，b'Hello'是将 Hello 转换为字节序列对象，但是这种方法只适合 ASCII 字符串，非 ASCII 字符串会引发异常。

测试运行时首先运行服务器，然后再运行客户端。

服务器端输出结果如下：

```
服务器启动...
('127.0.0.1', 56802)
从客户端接收消息:Hello
```

客户端输出结果如下：

```
从服务器端接收消息:你好
```

16.2.5 案例：文件上传工具

16.2.4 节案例的功能非常简单，可以了解 TCP Socket 编程的基本流程。本节再介绍一个案例，该案例实现了文件上传功能：客户端读取本地文件，然后通过 Socket 通信发送给服务器，服务器接收数据后保存到本地。

案例服务器端代码如下：

```
# coding=utf-8
# 代码文件:chapter16/16.2.5/upload-server.py

import socket

HOST = ''
PORT = 8888

f_name = 'coco2dxcplus_copy.jpg'

with socket.socket(socket.AF_INET, socket.SOCK_STREAM) as s:                ①
    s.bind((HOST, PORT))
    s.listen(10)
    print('服务器启动...')

    while True:                                                             ②
        with s.accept()[0] as conn:                                         ③
            # 创建字节序列对象列表,作为接收数据的缓冲区
            buffer = []                                                     ④
            while True:                             # 反复接收数据          ⑤
                data = conn.recv(1024)                                      ⑥
                if data:                                                    ⑦
                    # 接收的数据添加到缓冲区
                    buffer.append(data)
                else:
```

```
                # 没有接收到数据则退出
                break
        # 将接收的字节序列对象列表合并为一个字节序列对象
        b = bytes().join(buffer)                                    ⑧
        with open(f_name, 'wb') as f:                               ⑨
            f.write(b)

        print('服务器接收完成。')
```

上述代码第①行创建 socket 对象,注意这里使用 with as 代码块自动管理 socket 对象。代码第②行是一个 while“死循环”,可以反复接收客户端请求,然后进行处理。代码第③行调用 accept()方法等待客户端连接,这里也使用 with as 代码块自动管理 socket 对象,但是需要注意的是,with as 不能管理多个变量,accept()方法返回元组是多个变量,而 s.accept()[0]表达式只是取出 conn 变量,它是一个 socket 对象。

代码第④行是创建一个空列表 buffer,由于一次从客户端接收的数据只是一部分,需要将接收的字节数据收集到 buffer 中。代码第⑤行是一个 while 循环,用来反复接收客户端的数据,当客户端不再有数据上传时退出循环,如代码第⑦行判断客户端是否有数据上传,如果有则追加到 buffer 中,否则退出 while 循环。代码第⑥行是接收客户端数据,指定一次接收的数据最大是 1024 字节。

代码第⑧行是将 buffer 中的字节连接合并为一个字节序列对象,bytes()是创建一个空的字节序列对象,字节序列对象 join(buffer)方法可以将 buffer 连接起来。

代码第⑨行是以写入模式打开二进制本地文件,将从客户端上传的数据 b 写入到文件中,从而将文件上传至服务器端处理。

案例客户端代码如下:

```
# coding=utf-8
# 代码文件:chapter16/16.2.5/upload-client.py

import socket

HOST = '127.0.0.1'
PORT = 8888
f_name = 'coco2dxcplus.jpg'

with socket.socket(socket.AF_INET, socket.SOCK_STREAM) as s:        ①

    s.connect((HOST, PORT))                                         ②

    with open(f_name, 'rb') as f:                                   ③
        b = f.read()                                                ④
        s.sendall(b)                                                ⑤
        print('客户端上传数据完成。')
```

上述代码第①行创建客户端 socket 对象。代码第②行连接远程服务器 socket。代码第③行是以只读模式打开二进制本地文件。代码第④行是读取文件到字节对象 b 中,注意 f.read()方法会读取全部的文件内容,也就是说 b 是文件的全部字节。发送数据可以使用

socket 对象的 send()方法分多次发送，也可以使用 socket 对象的 sendall()方法一次性发送，本例中是使用 sendall()方法，见代码第⑤行。

16.3 UDP Socket 低层次网络编程

UDP(用户数据报协议)就像日常生活中的邮件投递，不能保证可靠地寄到目的地。UDP 是无连接的，对系统资源的要求较少，UDP 可能丢包，且不保证数据顺序。但是对于网络游戏和在线视频等要求传输快、实时性高、质量可稍差的数据传输，UDP 还是非常不错的。

UDP Socket 网络编程比 TCP Socket 编程简单得多，UDP 是无连接协议，不需要像 TCP 一样监听端口并建立连接后才能进行通信。

16.3.1 UDP Socket 编程 API

socket 模块中 UDP Socket 编程 API 与 TCP Socket 编程 API 是类似的，都是使用 socket 对象，只是有些参数是不同的。

1. 创建 UDP Socket

创建 UDP Socket 对象也是使用 socket()函数，创建代码如下：

```
s = socket.socket(socket.AF_INET, socket.SOCK_DGRAM)
```

与创建 TCP Socket 对象不同，使用的 socket 类型是 socket.SOCK_DGRAM。

2. UDP Socket 服务器编程方法

socket 对象中与 UDP Socket 服务器编程有关的方法是 bind()方法，注意不需要 listen()和 accept()，这是因为 UDP 通信不需要像 TCP 一样监听端口并建立连接。

3. 服务器和客户端编程 socket 共用方法

socket 对象中有一些方法是服务器和客户端编程的共用方法，这些方法如下：

(1) socket.recvfrom(bufsize)。接受 UDP Socket 数据，该方法返回二元组对象(data, address)，data 是接收的字节序列对象，address 是发送数据的远程 Socket 地址。参数 buffsize 指定一次接收的最大字节数，因此如果要接收的数据量大于 buffsize，则需要多次调用该方法进行接收。

(2) socket.sendto(bytes, address)。发送 UDP Socket 数据，将 bytes 数据发送到地址为 address 的远程 Socket，返回成功发送的字节数。如果要发送的数据量很大，需要多次调用该方法发送数据。

(3) socket.settimeout(timeout)。同 TCP Socket。

(4) socket.close()。关闭 Socket，同 TCP Socket。

16.3.2 案例：简单聊天工具

与 TCP Socket 相比，UDP Socket 编程比较简单。为了比较，将 16.2.4 节案例采用 UDP Socket 重构。

案例服务器端代码如下：

```
# coding = utf - 8
# 代码文件:chapter16/16.3.2/udp - server.py

import socket

s = socket.socket(socket.AF_INET, socket.SOCK_DGRAM)                ①
s.bind(('', 8888))                                                  ②
print('服务器启动...')

# 从客户端接收数据
data, client_address = s.recvfrom(1024)                             ③
print('从客户端接收消息:{0}'.format(data.decode()))
# 给客户端发送数据
s.sendto('你好'.encode(), client_address)                           ④

# 释放资源
s.close()
```

上述代码第①行是创建一个 UDP socket 对象。代码第②行是绑定本机的 IP 地址和端口,其中 IP 地址为空字符串,系统会自动为其分配可用的本机 IP 地址,8888 是绑定的端口。

代码第③行使用 recvfrom()方法接收数据,参数 1024 是设置的一次接收的最大字节数,返回值是字节序列对象。代码第④行使用 sendto()方法发送数据。

案例客户端代码如下:

```
# coding = utf - 8
# 代码文件:chapter16/16.3.2/udp - client.py

import socket

s = socket.socket(socket.AF_INET, socket.SOCK_DGRAM)                ①

# 服务器地址
server_address = ('127.0.0.1', 8888)                                ②

# 给服务器端发送数据
s.sendto(b'Hello', server_address)
# 从服务器端接收数据
data, _ = s.recvfrom(1024)
print('从服务器端接收消息:{0}'.format(data.decode()))

# 释放资源
s.close()
```

上述代码第①行创建 UDP socket 对象,代码第②行创建服务器地址元组对象。

16.3.3　案例:文件上传工具

为了对比 TCP Socket,本节介绍一个采用 UDP Socket 实现的文本文件上传工具。

案例服务器端代码如下:

```
# coding = utf - 8
# 代码文件:chapter16/16.3.3/upload - server.py

import socket

HOST = '127.0.0.1'
PORT = 8888

f_name = 'test_copy.txt'

with socket.socket(socket.AF_INET, socket.SOCK_DGRAM) as s:
    s.bind((HOST, PORT))
    print('服务器启动...')

    # 创建字节序列对象列表,作为接收数据的缓冲区
    buffer = []
    while True:        # 反复接收数据
        data, _ = s.recvfrom(1024)
        if data:
            flag = data.decode()                                            ①
            if flag == 'bye':                                               ②
                break
            buffer.append(data)
        else:
            # 没有接收到数据,进入下次循环继续接收
            continue
    # 将接收的字节序列对象列表合并为一个字节序列对象
    b = bytes().join(buffer)
    with open(f_name, 'w') as f:
        f.write(b.decode())

    print('服务器接收完成。')
```

与 TCP Socket 不同,UDP Socket 无法知道哪些数据包已经是最后一个了,因此需要发送方发出一个特殊的数据包,包中包含了一些特殊标志。代码第①行解码数据包,代码第②行判断这个标志是否为'bye'字符串,如果是则结束接收数据。

案例客户端代码如下:

```
# coding = utf - 8
# 代码文件:chapter16/16.3.3/upload - client.py

import socket

HOST = '127.0.0.1'
PORT = 8888
f_name = 'test.txt'

# 服务器地址
server_address = (HOST, PORT)
```

```
with socket.socket(socket.AF_INET, socket.SOCK_DGRAM) as s:
    with open(f_name, 'r') as f:
        while True:      # 反复从文件中读取数据
            data = f.read(1024)                                    ①
            if data:
                # 发送数据
                s.sendto(data.encode(), server_address)            ②
            else:
                # 发送结束标志
                s.sendto(b'bye', server_address)                   ③
                # 文件中没有可读取的数据则退出
                break

    print('客户端上传数据完成。')
```

上述代码第①行是不断地从文件中读取数据，如果文件中有可读取的数据则通过代码第②行发送数据到服务器，如果没有数据则发送结束标志，见代码第③行。

16.4 访问互联网资源

Python 的 urllib 库提供了高层次网络编程 API，通过 urllib 库可以访问互联网资源。使用 urllib 库进行网络编程时不需要对协议本身有太多的了解，相对而言是比较简单的。

16.4.1 URL 概念

互联网资源是通过 URL 指定的，URL 是 Uniform Resource Locator 的简称，翻译过来是"一致资源定位器"，但人们都习惯 URL 简称。

URL 组成格式如下：

```
协议名://资源名
```

"协议名"获取资源所使用的传输协议，如 http、ftp、gopher 和 file 等，"资源名"则是资源的完整地址，包括主机名、端口号、文件名或文件内部的一个引用。例如：

```
http://www.sina.com/
http://home.sohu.com/home/welcome.html
http://www.zhijieketang.com:8800/Gamelan/network.html#BOTTOM
```

16.4.2 HTTP/HTTPS 协议

互联网访问大多都基于 HTTP/HTTPS 协议。下面将介绍 HTTP/HTTPS 协议。

1. HTTP 协议

HTTP 是 Hypertext Transfer Protocol 的缩写，即超文本传输协议。HTTP 是一个属于应用层的面向对象的协议，其简捷、快速的方式适用于分布式超文本信息的传输。它于 1990 年提出，经过多年的使用与发展，得到不断完善和扩展。HTTP 支持 C/S 网络结构，是无连接协议，即每一次请求时建立连接，服务器处理完客户端的请求后，应答给客户端然后断开连接，不会一直占用网络资源。

HTTP/1.1协议共定义了8种请求方法：OPTIONS、HEAD、GET、POST、PUT、DELETE()、TRACE和CONNECT。在HTTP访问中，一般使用GET和HEAD方法。

(1) GET方法：向指定的资源发出请求，发送的信息“显式”地跟在URL后面。GET方法应该只用于读取数据，例如静态图片等。GET方法有点像使用明信片给别人写信，“信内容”写在外面，接触到的人都可以看到，因此是不安全的。

(2) POST方法：向指定资源提交数据，请求服务器进行处理，例如提交表单或上传文件等。数据被包含在请求体中。POST方法像是把“信内容”装入信封中，接触到的人都看不到，因此是安全的。

2. HTTPS协议

HTTPS是Hypertext Transfer Protocol Secure的缩写，即超文本传输安全协议，是超文本传输协议和SSL的组合，用以提供加密通信及对网络服务器身份的鉴定。

简单地说，HTTPS是HTTP的升级版，HTTPS与HTTP的区别是，HTTPS使用https://代替http://，HTTPS使用端口443、而HTTP使用端口80来与TCP/IP进行通信。SSL使用40位关键字作为RC4流加密算法，这对于商业信息的加密是合适的。HTTPS和SSL支持使用X.509数字认证，如果需要的话，用户可以确认发送者是谁。

16.4.3 使用urllib库

Python的urllib库包含了4个模块：

(1) urllib.request模块。用于打开和读写URL资源。

(2) urllib.error模块。包含了由urllib.request引发的异常。

(3) urllib.parse模块。用于解析URL。

(4) urllib.robotparser模块。分析robots.txt文件[①]。

访问互联网资源时主要使用的模块是urllib.request、urllib.parse和urllib.error模块，其中最核心的是urllib.request模块，本章重点介绍urllib.request模块的使用。

在urllib.request模块中访问互联网资源主要使用的是urllib.request.urlopen()函数和urllib.request.Request对象，urllib.request.urlopen()函数可以用于简单的网络资源访问，而urllib.request.Request对象可以访问复杂网络资源。

使用urllib.request.urlopen()函数的最简单形式代码如下：

```
# coding = utf - 8
# 代码文件:chapter16/ch16.4.3.py

import urllib.request

with urllib.request.urlopen('http://www.sina.com.cn/') as response:        ①
    data = response.read()                                                 ②
    html = data.decode()                                                   ③
    print(html)
```

---

① 各大搜索引擎会有一个工具——搜索引擎机器人，也叫作“蜘蛛”，它会自动爬取网站信息。而robots.txt文件是放在网站根目录下，告诉搜索引擎机器人哪些页面可以爬取，哪些不可以爬取。

上述代码第①行使用 urlopen()函数打开 http://www.sina.com.cn 网站，urlopen()函数返回一个应答对象，应答对象是一种类似文件对象(file-like object)，该对象可以像使用文件一样使用，可以使用 with as 代码块自动管理资源释放。代码第②行使用 read()方法读取数据，但是该数据是字节序列数据。代码第③行是将字节序列数据转换为字符串。

16.4.4 发送 GET 请求

对于复杂的需求，需要使用 urllib.request.Request 对象，且 Request 对象需要与 urlopen()函数结合使用。

下面示例代码展示了通过 Request 对象发送 HTTP/HTTPS 的 GET 请求过程。

```
# coding = utf - 8
# 代码文件:chapter16/ch16.4.4.py

import urllib.request
import urllib.parse

url = 'http://www.51work6.com/service/mynotes/WebService.php'                 ①
params_dict = {'email': <换成自己的注册邮箱>, 'type': 'JSON', 'action': 'query'}
                                                                               ②
params_str = urllib.parse.urlencode(params_dict)                               ③
print(params_str)

url = url + '?' + params_str        # HTTP 参数放到 URL 之后                    ④
print(url)

req = urllib.request.Request(url)                                              ⑤
with urllib.request.urlopen(req) as response:                                  ⑥
    data = response.read()
    json_data = data.decode()
    print(json_data)
```

上述代码第①行是一个 Web 服务网址字符串。代码第②行是准备 HTTP 请求参数，这些参数被保存在字典对象中，键是参数名，值是参数值。代码第③行使用 urllib.parse.urlencode()函数将参数字典对象转换为参数字符串，另外，urlencode()函数还可以将普通字符串转换为 URL 编码字符串，例如“@”字符的 URL 编码为“%40”。代码第④行是将基本的 URL 与参数部分连接起来，注意之间有一个“?”符号，该符号之后是要发送的参数。

提示 发送 GET 请求时，发送给服务器的参数是放在 URL 的“?”之后的，参数采用键值对形式，例如，type=JSON 是一个参数，type 是参数名，JSON 是参数值，服务器端会根据参数名获得参数值。多个参数之间用“&”分隔，例如 type=JSON&action=query 就是两个参数。所有的 URL 字符串必须采用 URL 编码才能发送。

代码第⑤行通过 urllib.request.Request(url)创建 Request 对象，在该构造方法中还有一个 data 参数，如果 data 参数没有指定则是 GET 请求，否则是 POST 请求。代码第⑥行通过 urllib.request.urlopen(req)语句发送网络请求。

注意 比较代码第⑥行的 urlopen()函数与 16.4.3 节代码第①行的 urlopen()函

数，它们的参数是不同的，16.4.3 节传递的是 URL 字符串，而本例中传递的是 Request 对象。事实上 urlopen()函数可以接收两种形式的参数，即字符串和 Request 对象参数。

输出结果如下：

```
email=<换成自己的注册邮箱>&type=JSON&action=query
http://www.51work6.com/service/mynotes/WebService.php?email=<换成自己的注册邮箱>&type=
JSON&action=query
{"ResultCode":0,"Record":[{"ID":5238,"CDate":"2017-05-18","Content":"欢迎来到智捷课
堂。"},{"ID":5239,"CDate":"2018-10-18","Content":"Welcome to zhijieketang."}]}
```

提示 上述示例中 URL 所指向的 Web 服务是由作者所在的智捷课堂提供的，读者要想使用这个 Web 服务，需要在 www.51work6.com 进行注册，注册时需要提供有效的邮箱，这个邮箱用来激活用户。在代码中需要将<换成自己的注册邮箱>改为在 51work6.com 注册时填写的邮箱，否则无法成功查询数据。

16.4.5 发送 POST 请求

本节介绍发送 HTTP/HTTPS 的 POST 请求类型，下面示例代码展示了通过 Request 对象发送 HTTP/HTTPS 的 POST 请求过程。

```
# coding=utf-8
# 代码文件:chapter16/ch16.4.5.py

import urllib.request
import urllib.parse

url = 'http://www.51work6.com/service/mynotes/WebService.php'
# 准备 HTTP 参数
params_dict = {'email': <换成自己的注册邮箱>, 'type': 'JSON', 'action': 'query'}
params_str = urllib.parse.urlencode(params_dict)
print(params_str)
params_bytes = params_str.encode()        # 字符串转换为字节序列对象          ①

req = urllib.request.Request(url, data=params_bytes)    # 发送 POST 请求     ②
with urllib.request.urlopen(req) as response:
    data = response.read()
    json_data = data.decode()
    print(json_data)
```

输出结果如下：

```
email=<换成自己的注册邮箱>&type=JSON&action=query
{"ResultCode":0,"Record":[{"ID":5238,"CDate":"2017-05-18","Content":"欢迎来到智捷课
堂。"},{"ID":5239,"CDate":"2018-10-18","Content":"Welcome to zhijieketang."}]}
```

上述代码与 GET 请求非常类似，只是代码第①行和第②行有所区别。代码第①行是将参数字符串转换为参数字节序列对象，这是因为发送 POST 请求时的参数要以字节序列形式发送。代码第②行是创建 Request 对象，其中提供了 data 参数，这种请求是 POST 请求。

16.4.6　实例：Downloader

为了进一步熟悉 urllib 类，本节介绍一个下载程序 Downloader，代码如下：

```
# coding = utf - 8
# 代码文件:chapter16/ch16.4.6.py

import urllib.parse

url  =  'https://ss0.bdstatic.com/5aV1bjqh_Q23odCf/static/superman/img/logo/bd_logo1_
31bdc765.png'

with urllib.request.urlopen(url) as response:                          ①
    data = response.read()
    f_name = 'download.png'
    with open(f_name, 'wb') as f:                                      ②
        f.write(data)                                                  ③
        print('下载文件成功')
```

上述代码第①行通过 urlopen(url)函数打开网络资源，该资源是一张图片。代码第②行以写入方式打开二进制文件 download.png，然后通过代码第③行 f.write(data)语句将从网络返回的数据写入到文件中。运行 Downloader 程序，如果成功会在当前目录获得一张图片。

16.5　本章小结

本章主要介绍了 Python 网络编程，首先介绍了一些网络方面的基本知识。然后重点介绍了 TCP Socket 编程和 UDP Socket 编程，其中 TCP Socket 编程很有代表性，希望读者重点掌握这部分知识。最后介绍了如何使用 Python 提供的 urllib 库访问互联网资源。

16.6　同步练习

1. 判断对错：127.0.0.1 被称为回送地址，指本机，主要用于网络软件测试以及本机进程间通信；使用回送地址发送数据时，不进行任何网络传输，只在本机进程间通信。(　　)
2. 简述 TCP Socket 通信过程。
3. 判断对错：UDP Socket 网络编程比 TCP Socket 编程简单得多，UDP 是无连接协议，不需要像 TCP 一样监听端口并建立连接后才能进行通信。(　　)
4. 编写程序，使用 TCP Socket 和 UDP Socket 分别实现文件上传工具。
5. 请简述 HTTP 中 POST 和 GET 方法的不同。

第17章 CHAPTER 17

wxPython 图形用户界面编程

图形用户界面(Graphical User Interface,GUI)编程对于某种计算机语言来说非常重要。可开发 Python 图形用户界面的工具包有多种,本章介绍 wxPython 图形用户界面工具包。

17.1 Python 图形用户界面开发工具包

虽然支持 Python 图形用户界面开发的工具包有很多,但到目前为止没有一个被公认的标准的工具包,这些工具包有各自的优缺点。较为突出的工具包有 Tkinter、PyQt 和 wxPython。

1. Tkinter

Tkinter 是 Python 官方提供的图形用户界面开发工具包,由 Tk GUI 工具包封装而来。Tkinter 是跨平台的,可以在大多数的 UNIX、Linux、Windows 和 Mac OS 平台中运行,Tkinter 8.0 之后可以实现本地窗口风格。使用 Tkinter 工具包不需要额外安装软件包,但 Tkinter 工具包所包含控件较少,开发复杂图形用户界面时显得"力不从心",而且 Tkinter 工具包的帮助文档不健全。

2. PyQt

PyQt 是非 Python 官方提供的图形用户界面开发工具包,由 Qt[①] 工具包封装而来,PyQt 也是跨平台的。使用 PyQt 工具包需要额外安装软件包。

3. wxPython

wxPython 是非 Python 官方提供的图形用户界面开发工具包,它的官网是 https://wxpython.org/。wxPython 由 wxWidgets 工具包封装而来,wxPython 也是跨平台的,拥有本地窗口风格。使用 wxPython 工具包需要额外安装软件包。但 wxPython 工具包提供了丰富的控件,可以开发复杂图形用户界面,而且 wxPython 工具包的帮助文档非常完善、案例丰富。因此推荐使用 wxPython 工具包开发 Python 图形用户界面应用,这也是本书介绍 wxPython 的一个主要的原因。

① Qt 是一个跨平台的 C++应用程序开发框架,广泛用于开发 GUI 程序,也可用于开发非 GUI 程序。

17.2 wxPython 安装

由于是非 Python 官方工具包，所以使用 wxPython 需要额外安装，wxPython 4.0 之后支持 pip 安装，本书采用的是 wxPython 4.0.1 版本。pip 是 Python 的包管理工具，可以在线安装 Python 所需工具包。

在 Windows 和 macOS 平台通过 pip 安装 wxPython 过程如下。打开命令提示符窗口(macOS 终端)，输入指令如下：

```
pip install -U wxPython
```

其中 install 是安装软件包，-U 是将指定软件包升级到最新版本。

如果在 Linux 平台下使用 pip 安装有点烦琐，例如在 Ubuntu 16.04 安装，打开终端输入如下指令：

```
pip install -U \
    -f https://extras.wxpython.org/wxPython4/extras/linux/gtk3/ubuntu-16.04 \
    wxPython
```

在 Windows 平台下执行 pip 安装指令过程如图 17-1 所示，最后会有安装成功提示，其他平台安装过程也是类似的，这里不再赘述。

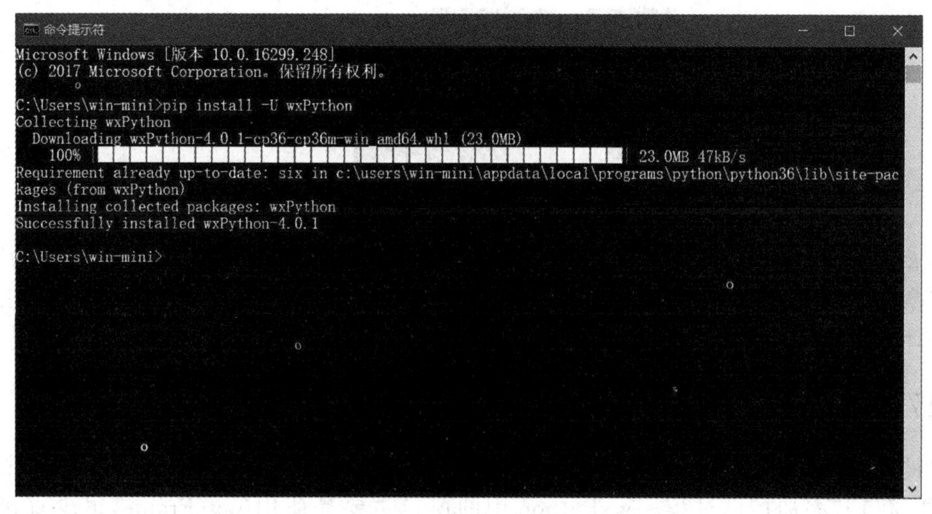

图 17-1 pip 安装过程

除了安装 wxPython 工具包外，从 https://extras.wxpython.org/wxPython4/extras/ 网址中还可以下载 wxPython 的帮助文档和案例。

17.3 wxPython 基础

wxPython 作为图形用户界面开发工具包，主要提供了如下 GUI 内容：

(1) 窗口。

（2）控件。

（3）事件处理。

（4）布局管理。

17.3.1 wxPython 类层次结构

在 wxPython 所有类都直接或间接继承了 wx. Object，wx. Object 是根类。窗口和控件构成了 wxPython 的主要内容，下面分别介绍 wxPython 中窗口类（wx. Window）和控件类（wx. Control）的层次结构。

图 17-2 所示是 wxPython 窗口类层次结构，窗口类主要有 wx. Control、wx. NonOwnedWindow、wx. Panel 和 wx. MenuBar。wx. Control 是控件类的根类；wx. NonOwnedWindow 有一个直接子类 wx. TopLevelWindow，它是顶级窗口，所谓“顶级窗口”就是作为其他窗口的容器，它有两个重要的子类 wx. Dialog 和 wx. Frame，其中 wx. Frame 构建图形用户界面主要窗口类；wx. Panel 称为面板，是一种容器窗口，它没有标题、图标和窗口按钮。

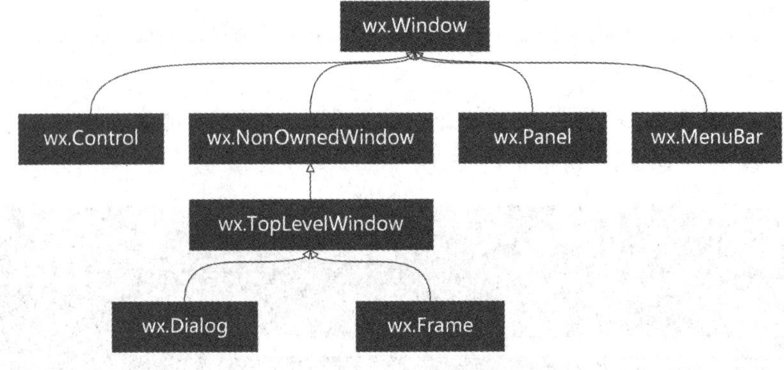

图 17-2 wxPython 窗口类层次结构

wx. Control 是控件类的根类，可见在 wxPython 中控件也属于窗口，因此也称为“窗口部件”（Window Widgets）。注意本书中还是统一翻译为控件。图 17-3 所示是 wxPython 控件类层次结构。这里不再一一解释了，在后面的章节中会重点介绍控件。

17.3.2 第一个 wxPython 程序

图形用户界面主要是由窗口以及窗口中的控件构成的，编写 wxPython 程序主要就是创建窗口和添加控件过程。wxPython 中的窗口主要是使用 wx. Frame，很少直接使用 wx. Window。另外，为了管理窗口还需要 wx. App 对象，wx. App 对象代表当前应用程序。

构建一个最简单的 wxPython 程序至少需要一个 wx. App 对象和一个 wx. Frame 对象。示例代码如下：

```
# coding = utf - 8
# 代码文件:chapter17/ch17.3.2 - 1.py

import wx
```

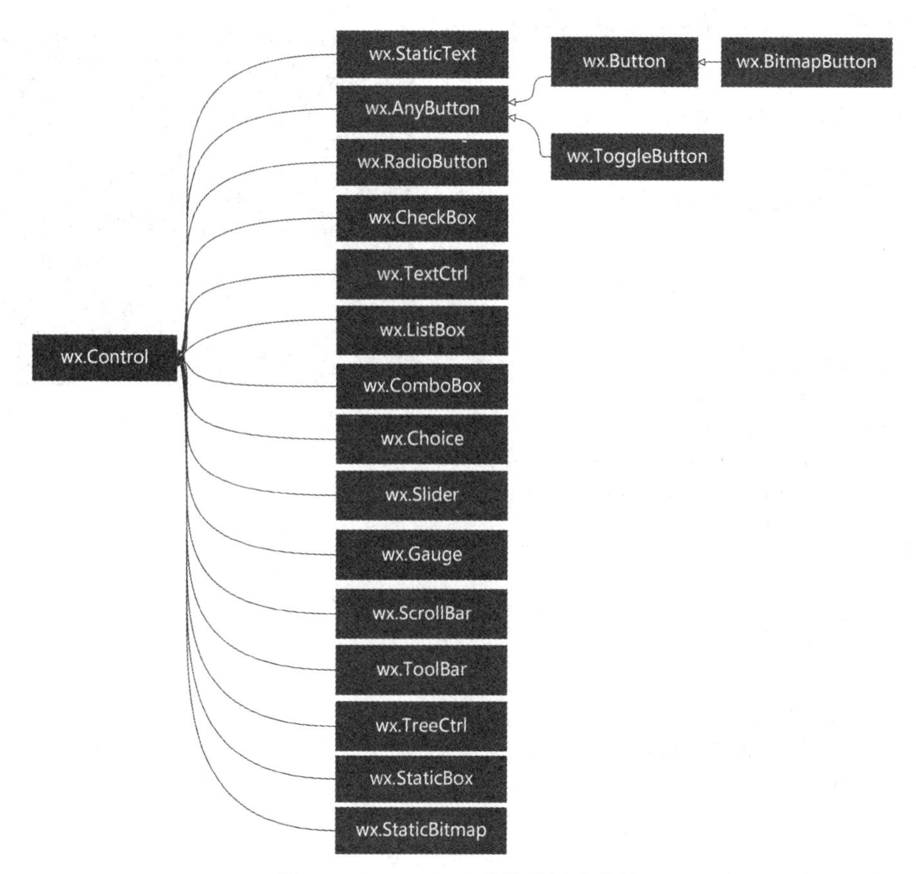

图 17-3 wxPython 控件类层次结构

```
# 创建应用程序对象
app = wx.App()
# 创建窗口对象
frm = wx.Frame(None, title="第一个 GUI 程序!", size=(400, 300), pos=(100, 100))  ①

frm.Show()                         # 显示窗口                                    ②

app.MainLoop()                     # 进入主事件循环                              ③
```

上述代码第①行是创建 Frame 窗口对象，其中第一个参数是设置窗口所在的父容器，由于 Frame 窗口是顶级窗口，所以没有父容器；title 设置窗口标题；size 设置窗口大小；pos 设置窗口位置。代码第②行设置窗口显示，默认情况下窗口是隐藏的。

代码第③行 app.MainLoop()方法使应用程序进入主事件循环[①]，大部分的图形用户界面程序中响应用户事件处理都是通过主事件循环实现的。

该示例运行结果如图 17-4 所示，窗口标题是“第一个 GUI 程序!”，窗口中没有任何控件，背景为深灰色。

---

① 事件循环是一种事件或消息分发处理机制。

ch17.3.2-1.py 示例过于简单，无法获得应用程序生命周期事件处理，而且窗口没有可扩展性。修改上述代码如下：

图 17-4　ch17.3.2-1.py 示例运行结果

```
# coding = utf - 8
# 代码文件:chapter17/ch17.3.2 - 2.py

import wx


# 自定义窗口类 MyFrame
class MyFrame(wx.Frame):  ①
    def __init__(self):
        super().__init__(parent = None, title
= "第一个 GUI 程序!", size = (400, 300), pos = (100, 100))
        # TODO


class App(wx.App):

    def OnInit(self):                                              ②
        # 创建窗口对象
        frame = MyFrame()
        frame.Show()
        return True

    def OnExit(self):                                              ③
        print('应用程序退出')
        return 0


if __name__ == '__main__':                                         ④
    app = App()
    app.MainLoop()                  # 进入主事件循环
```

上述代码第①行是创建自定义窗口类 MyFrame。代码第②行是覆盖父类 wx.App 的 OnInit()方法，该方法在应用程序启动时调用，可以在此方法中进行应用程序的初始化，该方法返回值是布尔类型，返回 True 继续运行应用，返回 False 则立刻退出应用。代码第③行是覆盖父类 wx.App 的 OnExit()方法，该方法在应用程序退出时调用，可以在此方法中释放一些资源，如数据库连接等。

提示　代码第④行为什么要判断主模块？这是因为当有多个模块时，其中会有一个模块是主模块，它是程序运行的入口，这类似于 C 和 Java 语言中的 main()主函数。如果只有一个模块时，可以不用判断是否为主模块，可以不用主函数，在此之前的示例都是没有主函数的。

ch17.3.2-2.py 示例代码的 Frame 窗口中并没有其他的控件，下面提供一个静态文本来显示 Hello World 字符串，运行结果如图 17-5 所示。

示例代码如下：

图 17-5　ch17.3.2-2.py 示例运行结果

```
# coding = utf - 8
# 代码文件:chapter17/ch17.3.2 - 3.py

import wx


# 自定义窗口类 MyFrame
class MyFrame(wx.Frame):
    def __init__(self):
        super().__init__(parent = None, title
= "第一个 GUI 程序!", size = (400, 300))
        self.Centre()    # 设置窗口居中 ①
        panel  =  wx.Panel(parent = self)  ②
        statictext  =  wx.StaticText(parent = panel, label = 'Hello World! ', pos = (10, 10))    ③


class App(wx.App):

    def OnInit(self):
        # 创建窗口对象
        frame  =  MyFrame()
        frame.Show()
        return True


if __name__  ==  '__main__':
    app  =  App()
    app.MainLoop()                    # 进入主事件循环
```

上述代码第①行设置声明 Frame 屏幕居中。代码第②行创建 Panel 面板对象，参数 parent 传递的是 self，即设置面板所在的父容器为 Frame 窗口对象。代码第③行创建静态文本对象，StaticText 是类，静态文本放到 panel 面板中，所以 parent 参数传递的是 panel，参数 label 是静态文本上显示的文字，参数 pos 是设置静态文本的位置。

提示　控件是否可以直接放到 Frame 窗口中？答案是可以的，Frame 窗口本身有默认的布局管理，但直接使用默认布局会有很多问题。本例中把面板放到 Frame 窗口中，然后再把控件（菜单栏除外）添加到面板上，这种面板称为“内容面板”。如图 17-6 所示，内容面板是 Frame 窗口中包含的一个内容面板和菜单栏。

17.3.3　wxPython 界面构建层次结构

几乎所有的图形用户界面技术，在构建界面时都采用层级结构（树状结构）。如图 17-7 所示，根是顶级窗口（只能包含其他窗口的容器），子控件有内容面板和菜单栏（本例中没有菜单），然后其他的控件添加到内容面板中，通过控件或窗口的 Parent 属性设置。

注意　图 17-7 所示的关系不是继承关系，而是一种包含层次关系，即 Frame 中包含面板，面板中包含静态文本。窗口的 Parent 属性设置不是继承关系，而是包含关系。

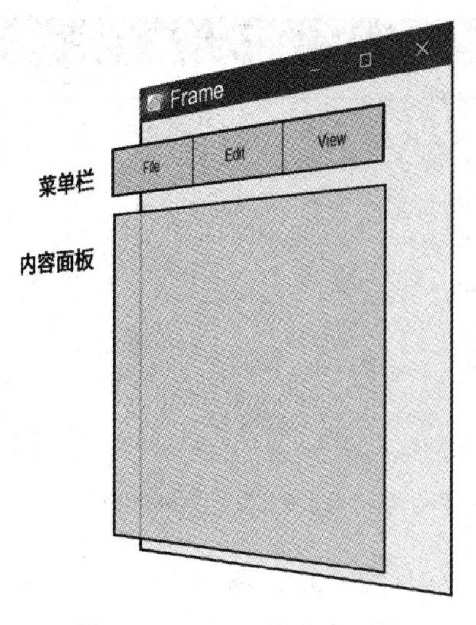

图 17-6　Frame 的内容面板

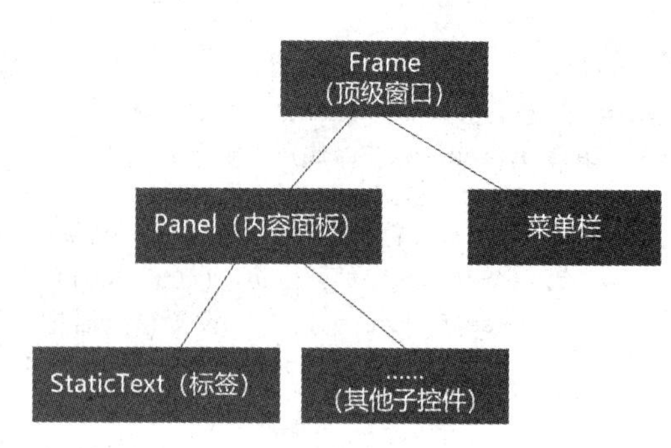

图 17-7　界面构建层次

17.4　事件处理

图形界面的控件要响应用户操作，就必须添加事件处理机制。在事件处理的过程中涉及 4 个要素。

(1) 事件。它是用户对界面的操作，在 wxPython 中事件被封装成为事件类 wx. Event 及其子类，例如按钮事件类是 wx. CommandEvent，鼠标事件类是 wx. MoveEvent。

(2) 事件类型。事件类型给出了事件的更多信息，它是一个整数，例如鼠标事件 wx . MoveEvent 还可以有鼠标的右键按下(wx. EVT_LEFT_DOWN)和释放(wx. EVT_LEFT_UP)等。

(3) 事件源。它是事件发生的场所，就是各个控件，例如按钮事件的事件源是按钮。

(4) 事件处理者。它是在 wx. EvtHandler 子类(事件处理类)中定义的一个方法。

在事件处理中最重要的是事件处理者，wxPython 中所有窗口和控件都是 wx. EvtHandler 的子类。在编程时需要绑定事件源和事件处理者，这样当事件发生时系统就会调用事件处理者。绑定是通过事件处理类的 Bind()方法实现，Bind()方法语法如下：

```
Bind(self, event, handler, source = None, id = wx.ID_ANY, id2 = wx.ID_ANY)
```

其中参数 event 是事件类型，注意不是事件；handler 是事件处理者，它对应到事件处理类中的特定方法；source 是事件源；id 是事件源的标识，可以省略 source 参数通过 id 绑定事件源；id2 设置要绑定事件源 id 范围，当有多个事件源绑定到同一个事件处理者时可以使用此参数。

另外，如果不再需要事件处理时，最好调用事件处理类的 Unbind()方法解除绑定。

17.4.1　一对一事件处理

在实际开发时，多数情况下一个事件处理者对应一个事件源。本节通过示例介绍这种一对一事件处理。如图 17-8 所示的示例，窗口中有按钮和静态文本，当单击 OK 按钮时会改变静态文本显示的内容。

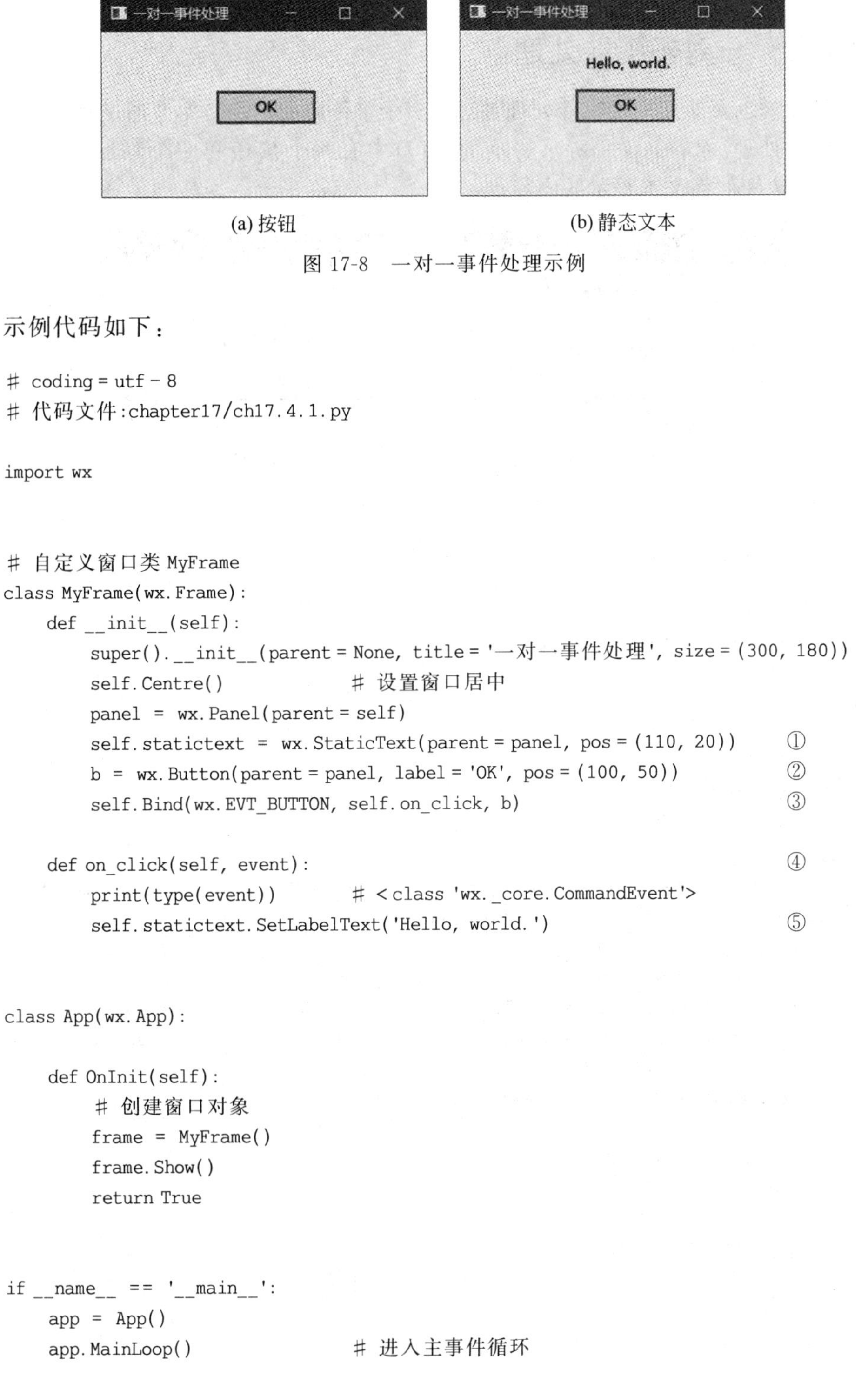

(a) 按钮　　(b) 静态文本

图 17-8　一对一事件处理示例

示例代码如下：

```
# coding=utf-8
# 代码文件:chapter17/ch17.4.1.py

import wx


# 自定义窗口类 MyFrame
class MyFrame(wx.Frame):
    def __init__(self):
        super().__init__(parent=None, title='一对一事件处理', size=(300, 180))
        self.Centre()                      # 设置窗口居中
        panel = wx.Panel(parent=self)
        self.statictext = wx.StaticText(parent=panel, pos=(110, 20))      ①
        b = wx.Button(parent=panel, label='OK', pos=(100, 50))            ②
        self.Bind(wx.EVT_BUTTON, self.on_click, b)                        ③

    def on_click(self, event):                                            ④
        print(type(event))            # <class 'wx._core.CommandEvent'>
        self.statictext.SetLabelText('Hello, world.')                     ⑤


class App(wx.App):

    def OnInit(self):
        # 创建窗口对象
        frame = MyFrame()
        frame.Show()
        return True


if __name__ == '__main__':
    app = App()
    app.MainLoop()                     # 进入主事件循环
```

上述代码第①行中创建静态文本对象 statictext，它被定义为成员变量，目的是要在事件处理方法中访问，见代码第⑤行。代码第②行是创建按钮对象。代码第③行是绑定事件，self 是当前窗口对象，它是事件处理类，wx.EVT_BUTTON 是事件类型，on_click 是事件处理者，b 是事件源。代码第④行是事件处理者，在该方法中处理按钮单击事件。

17.4.2 一对多事件处理

实际开发时也会遇到一个事件处理者对应多个事件源的情况。本节通过示例介绍这种一对多事件的处理。如图 17-9 所示的示例，窗口中有两个按钮和一个静态文本，当单击 OK 按钮时会改变静态文本显示的内容。

(a) Button1单击

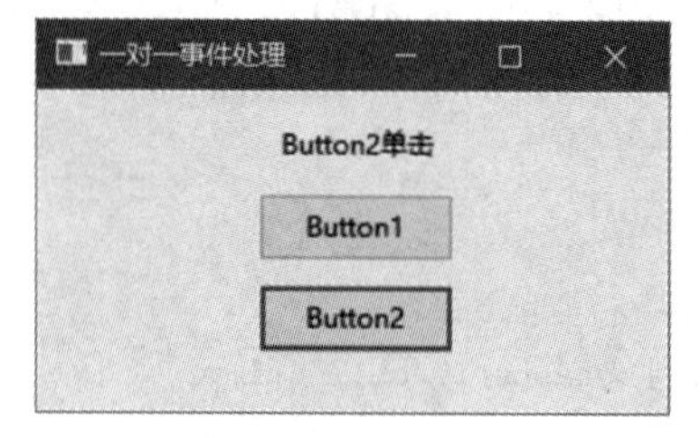

(b) Button2单击

图 17-9 一对多事件处理示例

示例代码如下：

```
# coding = utf - 8
# 代码文件:chapter17/ch17.4.2.py

import wx


# 自定义窗口类 MyFrame
class MyFrame(wx.Frame):
    def __init__(self):
        super().__init__(parent = None, title = '一对多事件处理', size = (300, 180))
        self.Centre()              # 设置窗口居中
        panel  =  wx.Panel(parent = self)
        self.statictext  =  wx.StaticText(parent = panel, pos = (110, 15))
        b1  =  wx.Button(parent = panel, id = 10, label = 'Button1', pos = (100, 45))      ①
        b2  =  wx.Button(parent = panel, id = 11, label = 'Button2', pos = (100, 85))      ②
        self.Bind(wx.EVT_BUTTON, self.on_click, b1)                                        ③
        self.Bind(wx.EVT_BUTTON, self.on_click, id = 11)                                   ④

    def on_click(self, event):
        event_id  =  event.GetId()                                                         ⑤
        print(event_id)
        if event_id  ==  10:                                                               ⑥
            self.statictext.SetLabelText('Button1 单击')
        else:
            self.statictext.SetLabelText('Button2 单击')
```

```
class App(wx.App):

    def OnInit(self):
        # 创建窗口对象
        frame = MyFrame()
        frame.Show()
        return True


if __name__ == '__main__':
    app = App()
    app.MainLoop()                    # 进入主事件循环
```

上述代码第①行和第②行分别创建了两个按钮对象，并且都设置了 id 参数。代码第③行通过事件源对象 b1 绑定事件。代码第④行通过事件源对象 id 绑定事件。这样 Button1 和 Button2 都绑定到了 on_click 事件处理者，那么如何区分是单击了 Button1 还是 Button2 呢？可以通过事件标识判断，event.GetId()可以获得事件标识，见代码第⑤行，事件标识就是事件源的 id 属性。代码第⑥行判断事件标识，进而可知是哪一个按钮单击的事件。

如果使用 id2 参数代码，第③行和第④行两条事件绑定语句可以合并为一条。替代语句如下：

```
self.Bind(wx.EVT_BUTTON, self.on_click, id = 10, id2 = 20)
```

其中参数 id 设置 id 开始范围，id2 设置 id 结束范围，凡是事件源对象 id 在 10～20 内的都被绑定到 on_click()事件处理者上。

17.4.3 示例：鼠标事件处理

实际开发时还会遇到更加复杂的情况，例如事件源与事件处理对象是同一个。

下面通过一个鼠标事件处理示例介绍事件源与事件处理对象是同一个的情况。示例主要代码如下：

```
# coding = utf - 8
# 代码文件:chapter17/ch17.4.3.py

import wx


# 自定义窗口类 MyFrame
class MyFrame(wx.Frame):
    def __init__(self):
        super().__init__(parent = None, title = "鼠标事件处理", size = (400, 300))
        self.Centre()                # 设置窗口居中
        self.Bind(wx.EVT_LEFT_DOWN, self.on_left_down)                ①
        self.Bind(wx.EVT_LEFT_UP, self.on_left_up)                    ②
        self.Bind(wx.EVT_MOTION, self.on_mouse_move)                  ③

    def on_left_down(self, evt):
        print('鼠标按下')
```

```
    def on_left_up(self, evt):
        print('鼠标释放')

    def on_mouse_move(self, event):
        if event.Dragging() and event.LeftIsDown():          ④
            pos = event.GetPosition()                        ⑤
            print(pos)

...
```

上述代码第①行绑定鼠标按下事件,事件源和事件处理对象都是当前 Frame 对象,其中 wx.EVT_LEFT_DOWN 是鼠标按下事件类型。类似的还有代码第②行和第③行,代码第②行绑定鼠标按下事件,wx.EVT_LEFT_UP 是鼠标释放事件类型;代码第③行绑定鼠标移动事件,wx.EVT_MOTION 是鼠标移动事件类型。

在处理鼠标移动事件 on_mouse_move()方法中,代码第④行判断是否按着鼠标左键拖曳,代码第⑤行 event.GetPosition()方法获得鼠标的位置。

17.5 布局管理

图形用户界面的窗口中可能会有很多子窗口或控件,它们如何布局(排列顺序、大小、位置等),当父窗口移动或调整大小后它们如何变化等,这些问题都属于布局问题。本节介绍 wxPython 布局管理。

图形用户界面中的布局管理是一个比较麻烦的问题,在 wxPython 中可以通过两种方式实现布局管理,即绝对布局和 Sizer 管理布局。绝对布局就是使用具体数值设置子窗口或控件的位置和大小,它不会随着父窗口移动或调整大小后而变化等,例如下面的代码片段:

```
super().__init__(parent=None, title='布局管理', size=(300, 180))
panel = wx.Panel(parent=self)
self.statictext = wx.StaticText(parent=panel, pos=(110, 15))
b1 = wx.Button(parent=panel, id=10, label='Button1', pos=(100, 45))
b2 = wx.Button(parent=panel, id=11, label='Button2', pos=(100, 85))
```

其中的 size=(300, 180)和 pos=(110, 15)等都属于绝对布局。使用绝对布局会有如下问题:

(1) 子窗口(或控件)位置和大小不会随着父窗口的变化而变化。

(2) 在不同平台上显示效果可能差别很大。

(3) 在不同分辨率下显示效果可能差别很大。

(4) 字体的变化也会对显示效果有影响。

(5) 动态添加或删除子窗口(或控件)后界面布局需要重新设计。

基于以上原因,布局管理尽量不要采用绝对布局方式,而应使用布局管理器管理布局。wxPython 提供了 8 个布局管理器类,如图 17-10 所示,包括 wx.Sizer、wx.BoxSizer、wx.StaticBoxSizer、wx.WrapSizer、wx.StdDialogButtonSizer、wx.GridSizer、wx.

FlexGridSizer 和 wx. GridBagSizer。其中 wx. Sizer 是布局管理器的根类，一般不会直接使用 wx. Sizer，而是使用它的子类，最常用的有 wx. BoxSizer、wx. StaticBoxSizer、wx. GridSizer 和 wx. FlexGridSizer。下面重点介绍这 4 种布局器。

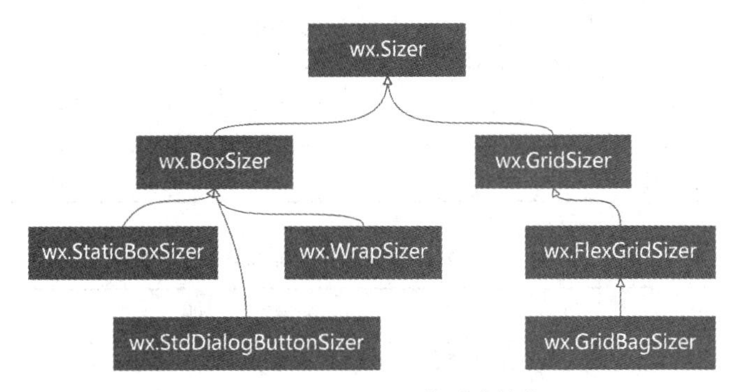

图 17-10　wx. Sizer 类层次结构

17.5.1　Box 布局器

Box 布局器类是 wx. BoxSizer，Box 布局器是所有布局中最常用的，它可以让其中的子窗口（或控件）沿垂直或水平方向布局，创建 wx. BoxSizer 对象时可以指定布局方向。

```
hbox = wx.BoxSizer(wx.HORIZONTAL)  # 设置为水平方向布局
hbox = wx.BoxSizer()               # 也是设置为水平方向布局,wx.HORIZONTAL 是默认值,可以省略
vhbox = wx.BoxSizer(wx.VERTICAL)   # 设置为垂直方向布局
```

当需要添加子窗口（或控件）到父窗口时，需要调用 wx. BoxSizer 对象 Add()方法，Add()方法是从父类 wx. Sizer 继承而来的，Add()方法语法说明如下：

```
Add(window, proportion = 0, flag = 0, border = 0, userData = None)        # 添加到父窗口
Add(sizer, proportion = 0, flag = 0, border = 0, userData = None)         # 添加到另外一个 Sizer
                                                                          # 中,用于嵌套
Add(width, height, proportion = 0, flag = 0, border = 0, userData = None) # 添加一个空白空间
```

其中 proportion 参数仅被 wx. BoxSizer 使用，设置当前子窗口（或控件）在父窗口所占空间比例；flag 参数标志，用来控制对齐、边框和调整尺寸；border 参数包含边框的宽度；userData 参数可被用来传递额外的数据。

下面重点介绍 flag 标志。flag 标志可以分为对齐、边框和调整尺寸等不同的方面，对齐 flag 标志如表 17-1 所示，边框 flag 标志如表 17-2 所示，调整尺寸 flag 标志如表 17-3 所示。

表 17-1　对齐 flag 标志

标　志	说　明
wx. ALIGN_TOP	顶对齐
wx. ALIGN_BOTTOM	底对齐
wx. ALIGN_LEFT	左对齐
wx. ALIGN_RIGHT	右对齐

续表

标　志	说　明
wx.ALIGN_CENTER	居中对齐
wx.ALIGN_CENTER_VERTICAL	垂直居中对齐
wx.ALIGN_CENTER_HORIZONTAL	水平居中对齐
wx.ALIGN_CENTRE	同 wx.ALIGN_CENTER
wx.ALIGN_CENTRE_VERTICAL	同 wx.ALIGN_CENTER_VERTICAL
wx.ALIGN_CENTRE_HORIZONTAL	同 wx.ALIGN_CENTER_HORIZONTAL

表 17-2　边框 flag 标志

标　志	说　明
wx.TOP	设置有顶部边框，边框的宽度需要通过 Add()方法的 border 参数设置
wx.BOTTOM	设置有底部边框
wx.LEFT	设置有左边框
wx.RIGHT	设置有右边框
wx.ALL	设置 4 面全有边框

表 17-3　调整尺寸 flag 标志

标　志	说　明
wx.EXPAND	调整子窗口(或控件)完全填满有效空间
wx.SHAPED	调整子窗口(或控件)填充有效空间，但保存高宽比
wx.FIXED_MINSIZE	调整子窗口(或控件)为最小尺寸
wx.RESERVE_SPACE_EVEN_IF_ HIDDEN	设置此标志后，子窗口(或控件)如果被隐藏，所占空间保留

下面通过一个示例熟悉 Box 布局，该示例窗口如图 17-11 所示，其中包括两个按钮和一个静态文本。

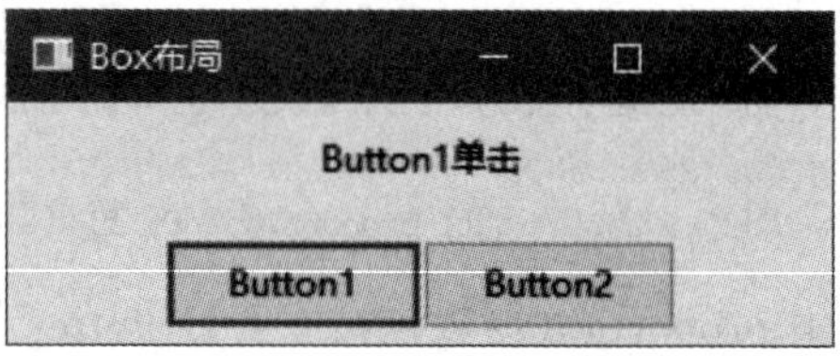

图 17-11　Box 布局示例

示例代码如下：

```
# coding=utf-8
# 代码文件:chapter17/ch17.5.1.py

import wx


# 自定义窗口类 MyFrame
class MyFrame(wx.Frame):
    def __init__(self):
        super().__init__(parent=None, title='Box 布局', size=(300, 120))
        self.Centre()                  # 设置窗口居中
        panel = wx.Panel(parent=self)
        # 创建垂直方向的 Box 布局管理器对象
        vbox = wx.BoxSizer(wx.VERTICAL)                                    ①
        self.statictext = wx.StaticText(parent=panel, label='Button1 单击')
        # 添加静态文本到垂直 Box 布局管理器
```

```
        vbox.Add(self.statictext, proportion = 2, flag = wx.FIXED_MINSIZE | wx.TOP | wx.
CENTER, border = 10)                                                              ②

        b1 = wx.Button(parent = panel, id = 10, label = 'Button1')
        b2 = wx.Button(parent = panel, id = 11, label = 'Button2')
        self.Bind(wx.EVT_BUTTON, self.on_click, id = 10, id2 = 20)
        # 创建水平方向的 Box 布局管理器对象
        hbox = wx.BoxSizer(wx.HORIZONTAL)                                       ③
        # 添加 b1 到水平 Box 布局管理器
        hbox.Add(b1, 0, wx.EXPAND | wx.BOTTOM, 5)                               ④
        # 添加 b2 到水平 Box 布局管理器
        hbox.Add(b2, 0, wx.EXPAND | wx.BOTTOM, 5)                               ⑤

        # 添加水平 Box 布局管理器到垂直 Box 布局管理器
        vbox.Add(hbox, proportion = 1, flag = wx.CENTER)                         ⑥

        panel.SetSizer(vbox)

    def on_click(self, event):
        event_id = event.GetId()
        print(event_id)
        if event_id == 10:
            self.statictext.SetLabelText('Button1 单击')
        else:
            self.statictext.SetLabelText('Button2 单击')

...
```

上述代码中使用了 wx.BoxSizer 嵌套。整个窗口都是放到一个垂直布局方向的 wx.BoxSizer 对象 vbox 中。vbox 上面是一个静态文本，下面是水平布局方向的 wx.BoxSizer 对象 hbox。hbox 中是左右两按钮(Button1 和 Button2)。

代码第①行是创建垂直方向 Box 布局管理器对象。代码第②行是添加静态文本对象 statictext 到垂直 Box 布局管理器，其中参数 flag 标志设置 wx.FIXED_MINSIZE | wx.TOP | wx.CENTER，wx.FIXED_MINSIZE | wx.TOP | wx.CENTER 是位或运算，即几个标志效果的叠加，其中参数 proportion 为 2。注意代码第⑥行 Add()方法添加 hbox 到 vbox，其中参数 proportion 为 1，这说明静态文本 statictext 占用 vbox 三分之一空间，hbox 占用 vbox 三分之二空间。

代码第③行创建水平方向的 Box 布局管理器对象，代码第④行添加 b1 到水平 Box 布局管理器，代码第⑤行添加 b2 到水平 Box 布局管理器。

17.5.2 StaticBox 布局

StaticBox 布局类是 wx.StaticBoxSizer，继承于 wx.BoxSizer。StaticBox 布局等同于 Box，只是在 Box 周围多了一个附加的带静态文本的边框。wx.StaticBoxSizer 构造方法如下：

(1) wx.StaticBoxSizer(box, orient=HORIZONTAL)。box 参数是 wx.StaticBox(静

态框)对象,orient 参数是布局方向。

(2) wx.StaticBoxSizer(orient, parent, label="")。orient 参数是布局方向,parent 参数是设置所在父窗口,label 参数设置边框的静态文本。

下面通过一个示例熟悉一下 StaticBox 布局,该示例窗口如图 17-12 所示,其中包括两个按钮和一个静态文本,两个按钮放到一个 StaticBox 布局中。

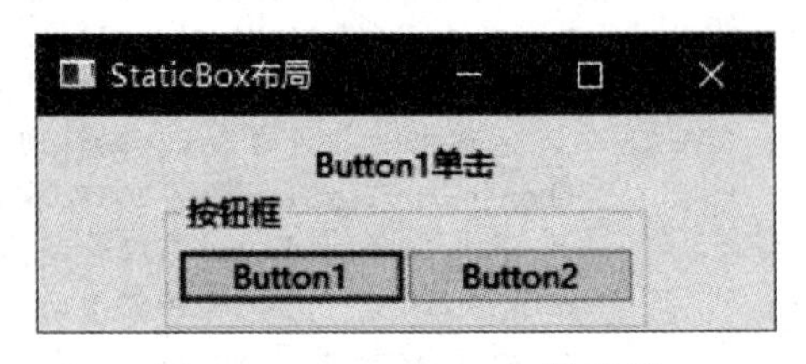

图 17-12 StaticBox 布局示例

示例代码如下:

```
# coding = utf - 8
# 代码文件:chapter17/ch17.5.2.py

import wx


# 自定义窗口类 MyFrame
class MyFrame(wx.Frame):
    def __init__(self):
        super().__init__(parent = None, title = 'StaticBox 布局', size = (300, 120))
        self.Centre()                    # 设置窗口居中
        panel = wx.Panel(parent = self)
        # 创建垂直方向的 Box 布局管理器对象
        vbox = wx.BoxSizer(wx.VERTICAL)
        self.statictext = wx.StaticText(parent = panel, label = 'Button1 单击')
        # 添加静态文本到垂直 Box 布局管理器
        vbox.Add(self.statictext, proportion = 2, flag = wx.FIXED_MINSIZE | wx.TOP | wx
.CENTER, border = 10)

        b1 = wx.Button(parent = panel, id = 10, label = 'Button1')
        b2 = wx.Button(parent = panel, id = 11, label = 'Button2')
        self.Bind(wx.EVT_BUTTON, self.on_click, id = 10, id2 = 20)

        # 创建静态框对象
        sb = wx.StaticBox(panel, label = "按钮框")                         ①
        # 创建水平方向的 StaticBox 布局管理器
        hsbox = wx.StaticBoxSizer(sb, wx.HORIZONTAL)                       ②
        # 添加 b1 到水平 StaticBox 布局管理
        hsbox.Add(b1, 0, wx.EXPAND | wx.BOTTOM, 5)
        # 添加 b2 到水平 StaticBox 布局管理
        hsbox.Add(b2, 0, wx.EXPAND | wx.BOTTOM, 5)

        # 添加 hbox 到 vbox
        vbox.Add(hsbox, proportion = 1, flag = wx.CENTER)

        panel.SetSizer(vbox)

    def on_click(self, event):
        event_id = event.GetId()
        print(event_id)
```

```
        if event_id == 10:
            self.statictext.SetLabelText('Button1 单击')
        else:
            self.statictext.SetLabelText('Button2 单击')


…
```

上述代码第①行是创建静态框对象，代码第②行是创建水平方向的 wx.StaticBoxSizer 对象。wx.StaticBoxSizer 与 wx.BoxSizer 其他使用方法类似，这里不再赘述。

17.5.3 Grid 布局

Grid 布局类是 wx.GridSizer，Grid 布局以网格形式对子窗口（或控件）进行摆放，容器被分成大小相等的矩形，一个矩形中放置一个子窗口（或控件）。

wx.GridSizer 构造方法有如下几种。

(1) wx.GridSizer(rows, cols, vgap, hgap)。创建指定行数和列数的 wx.GridSizer 对象，并指定水平和垂直间隙，参数 hgap 是水平间隙，参数 vgap 是垂直间隙。若添加的子窗口（或控件）个数超过 rows 与 cols 之积，则引发异常。

(2) wx.GridSizer(rows, cols, gap)。同 GridSizer(rows, cols, vgap, hgap)，gap 参数指定垂直间隙和水平间隙，gap 参数是 wx.Size 类型，例如 wx.Size(2,3)是设置水平间隙为 2 像素、垂直间隙为 3 像素。

(3) wx.GridSizer(cols, vgap, hgap)。创建指定列数的 wx.GridSizer 对象，并指定水平和垂直间隙。由于没有限定行数，所以添加的子窗口（或控件）个数没有限制。

(4) wx.GridSizer(cols, gap=wx.Size(0,0))。同 GridSizer(cols, vgap, hgap)，gap 参数是垂直间隙和水平间隙，属于 wx.Size 类型。

下面通过一个示例熟悉一下 Grid 布局，该示例窗口如图 17-13 所示，其中窗口中包含 3 行 3 列共 9 个按钮。

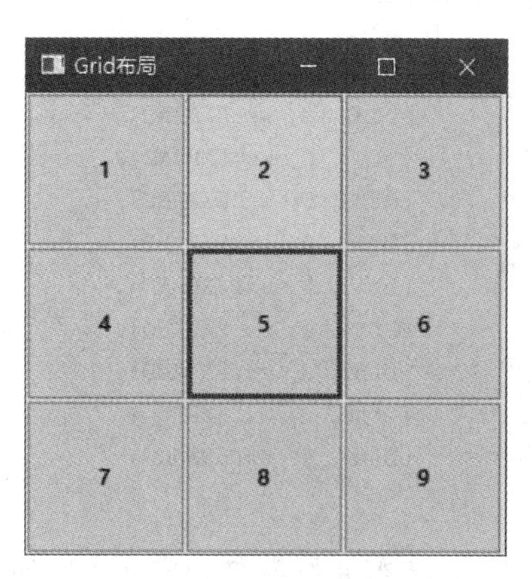

图 17-13 Grid 布局示例

示例代码如下：

```
# coding = utf - 8
# 代码文件:chapter17/ch17.5.3.py

import wx


# 自定义窗口类 MyFrame
class MyFrame(wx.Frame):
    def __init__(self):
        super().__init__(parent = None, title = 'Grid
布局', size = (300, 300))
        self.Centre()                    # 设置窗口居中
        panel  =  wx.Panel(self)
        btn1  =  wx.Button(panel, label = '1')
        btn2  =  wx.Button(panel, label = '2')
```

```
    btn3 = wx.Button(panel, label = '3')
    btn4 = wx.Button(panel, label = '4')
    btn5 = wx.Button(panel, label = '5')
    btn6 = wx.Button(panel, label = '6')
    btn7 = wx.Button(panel, label = '7')
    btn8 = wx.Button(panel, label = '8')
    btn9 = wx.Button(panel, label = '9')

    grid = wx.GridSizer(cols = 3, rows = 3, vgap = 0, hgap = 0)          ①

    grid.Add(btn1, 0, wx.EXPAND)                                          ②
    grid.Add(btn2, 0, wx.EXPAND)
    grid.Add(btn3, 0, wx.EXPAND)
    grid.Add(btn4, 0, wx.EXPAND)
    grid.Add(btn5, 0, wx.EXPAND)
    grid.Add(btn6, 0, wx.EXPAND)
    grid.Add(btn7, 0, wx.EXPAND)
    grid.Add(btn8, 0, wx.EXPAND)
    grid.Add(btn9, 0, wx.EXPAND)                                          ③

    panel.SetSizer(grid)

...
```

上述代码第①行是创建一个3行3列的wx.GridSizer对象，其水平间隙为0像素，垂直间隙为0像素。代码第②行～第③行添加了9个按钮到wx.GridSizer对象中，Add()方法一次只能添加一个子窗口（或控件），如果想一次添加多个可以使用AddMany()方法，AddMany()方法的参数是一个子窗口（或控件）的列表，因此代码第②行～第③行可以使用如下代码替换。

```
grid.AddMany([
    (btn1, 0, wx.EXPAND),
    (btn2, 0, wx.EXPAND),
    (btn3, 0, wx.EXPAND),
    (btn4, 0, wx.EXPAND),
    (btn5, 0, wx.EXPAND),
    (btn6, 0, wx.EXPAND),
    (btn7, 0, wx.EXPAND),
    (btn8, 0, wx.EXPAND),
    (btn9, 0, wx.EXPAND)
])
```

Grid布局将窗口分成几个区域，也会出现某个区域缺少子窗口（或控件）的情况，如图17-14所示只有7个子窗口（或控件）。

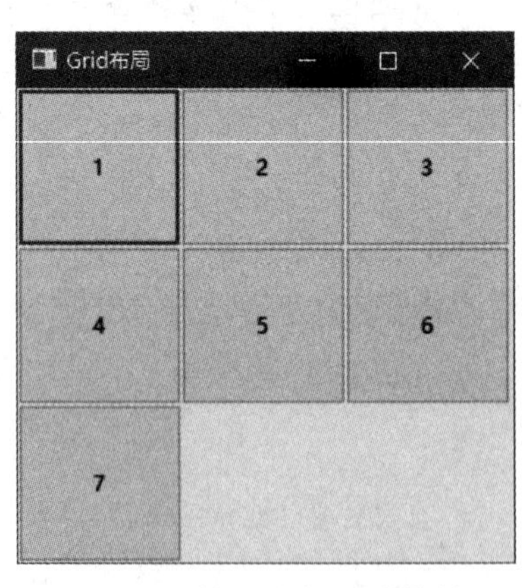

图17-14　缺少子窗口（或控件）

17.5.4　FlexGrid布局

Grid布局时网格大小是固定的，如果想网格大小不同可以使用FlexGrid布局。

FlexGrid 是更加灵活的 Grid 布局。FlexGrid 布局类是 wx. FlexGridSizer，它的父类是 wx. GridSizer。

wx. FlexGridSizer 的构造方法与 wx. GridSizer 相同，这里不赘述。wx. FlexGridSizer 有两个特殊方法如下：

(1) AddGrowableRow(idx, proportion=0)。指定行是可扩展的。参数 idx 是行索引，从零开始；参数 proportion 是设置该行所占空间比例。

(2) AddGrowableCol(idx, proportion=0)。指定列是可扩展的。参数 idx 是列索引，从零开始；参数 proportion 是设置该列所占空间比例。

上述方法中的 proportion 参数默认是 0，表示各个行列的占用空间是均等的。

下面通过一个示例熟悉一下 FlexGrid 布局，该示例窗口如图 17-15 所示，其中窗口中包含 3 行 2 列共 6 个网格，第一列都放置静态文本，第二列都放置文本输入控件。

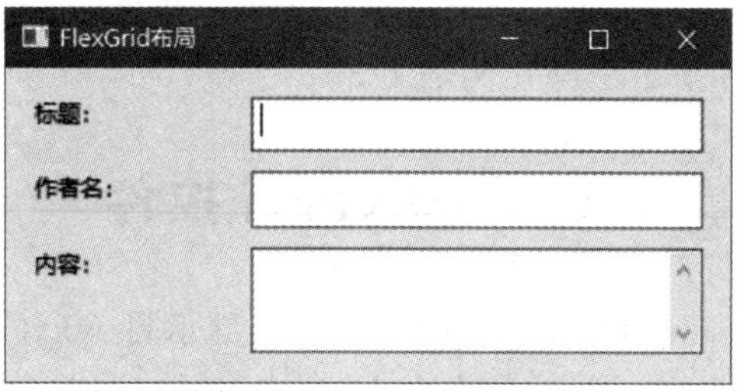

图 17-15 FlexGrid 布局示例

示例代码如下：

```
# coding = utf - 8
# 代码文件:chapter17/ch17.5.4.py

import wx


# 自定义窗口类 MyFrame
class MyFrame(wx.Frame):
    def __init__(self):
        super().__init__(parent = None, title = 'FlexGrid 布局', size = (400, 200))
        self.Centre()                # 设置窗口居中
        panel = wx.Panel(parent = self)

        fgs = wx.FlexGridSizer(3, 2, 10, 10)                                    ①

        title = wx.StaticText(panel, label = "标题:")
        author = wx.StaticText(panel, label = "作者名:")
        review = wx.StaticText(panel, label = "内容:")

        tc1 = wx.TextCtrl(panel)
        tc2 = wx.TextCtrl(panel)
        tc3 = wx.TextCtrl(panel, style = wx.TE_MULTILINE)

        fgs.AddMany([title, (tc1, 1, wx.EXPAND),
                     author, (tc2, 1, wx.EXPAND),
                     review, (tc3, 1, wx.EXPAND)])                              ②

        fgs.AddGrowableRow(0, 1)                                                ③
        fgs.AddGrowableRow(1, 1)                                                ④
        fgs.AddGrowableRow(2, 3)                                                ⑤
        fgs.AddGrowableCol(0, 1)                                                ⑥
        fgs.AddGrowableCol(1, 2)                                                ⑦
```

```
        hbox = wx.BoxSizer(wx.HORIZONTAL)
        hbox.Add(fgs, proportion = 1, flag = wx.ALL | wx.EXPAND, border = 15)   ⑧

        panel.SetSizer(hbox)
...
```

上述代码第①行是创建一个 3 行 2 列的 wx.FlexGridSizer 对象,其水平间隙为 10 像素,垂直间隙为 10 像素。代码第②行是添加控件到 wx.FlexGridSizer 对象中。

代码第③行是设置第 1 行可扩展,所占空间比例是 1/5;代码第④行是设置第 2 行可扩展,所占空间比例是 1/5;代码第⑤行是设置第 3 行可扩展,所占空间比例是 3/5。

代码第⑥行是设置第 1 列可扩展,所占空间比例是 1/3;代码第⑦行是设置第 2 列可扩展,所占空间比例是 2/3。

17.6 wxPython 控件

wxPython 的所有控件都继承自 wx.Control 类,具体内容参考图 17-3,主要有文本输入控件、按钮、静态文本、列表、单选按钮、滑块、滚动条、复选框和树等控件。

17.6.1 静态文本和按钮

静态文本和按钮在前面示例中已经用到了,本节再深入地介绍一下它们。

wxPython 中静态文本类是 wx.StaticText,可以显示文本。wxPython 中的按钮主要有三个:wx.Button、wx.BitmapButton 和 wx.ToggleButton。wx.Button 是普通按钮,wx.BitmapButton 是带有图标的按钮,wx.ToggleButton 是能进行两种状态切换的按钮。

下面通过示例介绍一下静态文本和按钮。如图 17-16 所示的界面,其中有一个静态文本和三个按钮,其中 OK 是普通按钮,ToggleButton 是 wx.ToggleButton 按钮,图 17-16(a)所示是 ToggleButton 抬起状态,图 17-16(b)所示是 ToggleButton 按下时状态。最后一个是图标按钮。

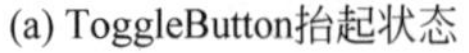
(a) ToggleButton抬起状态

(b) ToggleButton按下时状态

图 17-16 静态文本和按钮示例

示例代码如下:

```
# coding = utf - 8
# 代码文件:chapter17/ch17.6.1.py
```

```
import wx


# 自定义窗口类 MyFrame
class MyFrame(wx.Frame):
    def __init__(self):
        super().__init__(parent = None, title = '静态文本和按钮', size = (300, 200))
        self.Centre()                  # 设置窗口居中
        panel = wx.Panel(parent = self)
        # 创建垂直方向的 Box 布局管理器
        vbox = wx.BoxSizer(wx.VERTICAL)

        self.statictext = wx.StaticText(parent = panel, label = 'StaticText1',
                style = wx.ALIGN_CENTRE_HORIZONTAL)                          ①
        b1 = wx.Button(parent = panel, label = 'OK')                         ②
        self.Bind(wx.EVT_BUTTON, self.on_click, b1)

        b2 = wx.ToggleButton(panel, -1, 'ToggleButton')                      ③
        self.Bind(wx.EVT_TOGGLEBUTTON, self.on_click, b2)

        bmp = wx.Bitmap('icon/1.png', wx.BITMAP_TYPE_PNG)                    ④
        b3 = wx.BitmapButton(panel, -1, bmp)
        self.Bind(wx.EVT_BUTTON, self.on_click, b3)

        # 添加静态文本和按钮到垂直 Box 布局管理器
        vbox.Add(100, 10, proportion = 1, flag = wx.CENTER | wx.FIXED_MINSIZE)
        vbox.Add(self.statictext, proportion = 1, flag = wx.CENTER | wx.FIXED_MINSIZE)
        vbox.Add(b1, proportion = 1, flag = wx.CENTER | wx.EXPAND)
        vbox.Add(b2, proportion = 1, flag = wx.CENTER | wx.EXPAND)
        vbox.Add(b3, proportion = 1, flag = wx.CENTER | wx.EXPAND)

        panel.SetSizer(vbox)

    def on_click(self, event):
        self.statictext.SetLabelText('Hello, world.')
...
```

上述代码第①行是创建 wx.StaticText 对象。代码第②行是创建 wx.Button 按钮。代码第③行是创建 wx.ToggleButton 按钮。代码第④行是创建 wx.Bitmap 按钮，其中'icon/1.png'是图标文件路径，wx.BITMAP_TYPE_PNG 是设置图标图片格式类型。

17.6.2　文本输入

文本输入控件类是 wx.TextCtrl，默认情况下文本输入控件中只能输入单行数据，如果想输入多行可以设置 style=wx.TE_MULTILINE。如果想把文本输入控件作为密码框使用，可以设置 style=wx.TE_PASSWORD。

下面通过示例介绍一下文本输入控件。如图 17-17 所示的界面是 17.5.4 节示例重构，其中用户 ID 对应的 wx.TextCtrl 是普通文本输入控件，密码对应的 wx.TextCtrl 是密码输入控件，多行文本的 wx.TextCtrl 是多行文本输入控件。

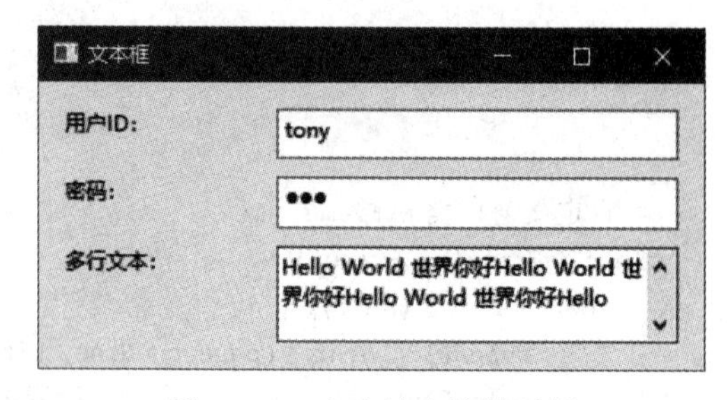

图 17-17　文本输入控件示例

示例代码如下：

```
# coding = utf - 8
# 代码文件:chapter17/ch17.6.2.py

import wx


# 自定义窗口类 MyFrame
class MyFrame(wx.Frame):
    def __init__(self):
        super().__init__(parent = None, title = '文本输入', size = (400, 200))
        self.Centre()             # 设置窗口居中
        panel = wx.Panel(self)

        hbox = wx.BoxSizer(wx.HORIZONTAL)

        fgs = wx.FlexGridSizer(3, 2, 10, 10)

        userid = wx.StaticText(panel, label = "用户 ID:")
        pwd = wx.StaticText(panel, label = "密码:")
        content = wx.StaticText(panel, label = "多行文本:")

        tc1 = wx.TextCtrl(panel)                                      ①
        tc2 = wx.TextCtrl(panel, style = wx.TE_PASSWORD)              ②
        tc3 = wx.TextCtrl(panel, style = wx.TE_MULTILINE)             ③

        # 设置 tc1 初始值
        tc1.SetValue('tony')                                          ④
        # 获取 tc1 值
        print('读取用户 ID:{0}'.format(tc1.GetValue()))               ⑤

        fgs.AddMany([userid, (tc1, 1, wx.EXPAND),
                     pwd, (tc2, 1, wx.EXPAND),
                     content, (tc3, 1, wx.EXPAND)])
        fgs.AddGrowableRow(0, 1)
        fgs.AddGrowableRow(1, 1)
        fgs.AddGrowableRow(2, 3)
        fgs.AddGrowableCol(0, 1)
        fgs.AddGrowableCol(1, 2)
        hbox.Add(fgs, proportion = 1, flag = wx.ALL | wx.EXPAND, border = 15)
        panel.SetSizer(hbox)
...
```

上述代码第①行是创建一个普通的文本输入控件对象。代码第②行是创建一个密码输入控件对象。代码第③行是创建输入多行文本控件对象。代码第④行 tc1.SetValue('tony')是设置文本输入控件文本内容,SetValue()方法可以为文本输入控件设置文本内容,GetValue()方法是从文本输入控件中读取文本内容,见代码第⑤行。

17.6.3 复选框和单选按钮

wxPython 中提供了用于多选和单选功能的控件。

多选控件是复选框(wx.CheckBox),复选框(wx.CheckBox)有时也能单独使用,提供两种状态的开和关。

单选控件是单选按钮(wx.RadioButton),同一组的多个单选按钮应该具有互斥特性,这也是为什么单选按钮也叫作收音机按钮(RadioButton),就是当一个按钮按下时,其他按钮一定释放。

下面通过示例介绍一下复选框和单选按钮。如图 17-18 所示的界面中有一组复选框和两组单选按钮。

图 17-18 复选框和单选按钮示例

示例代码如下:

```
# coding = utf - 8
# 代码文件:chapter17/ch17.6.3.py

import wx


# 自定义窗口类 MyFrame
class MyFrame(wx.Frame):
    def __init__(self):
        super().__init__(parent = None, title = '复选框和单选按钮', size = (400, 130))
        self.Centre()              # 设置窗口居中
        panel = wx.Panel(self)

        hbox1 = wx.BoxSizer(wx.HORIZONTAL)

        statictext = wx.StaticText(panel, label = '选择你喜欢的编程语言:')
        cb1 = wx.CheckBox(panel, 1, 'Python')                                    ①
        cb2 = wx.CheckBox(panel, 2, 'Java')
        cb2.SetValue(True)                                                       ②
        cb3 = wx.CheckBox(panel, 3, 'C++')                                       ③
        self.Bind(wx.EVT_CHECKBOX, self.on_checkbox_click, id = 1, id2 = 3)     ④

        hbox1.Add(statictext, 1, flag = wx.LEFT | wx.RIGHT | wx.FIXED_MINSIZE, border = 5)
        hbox1.Add(cb1, 1, flag = wx.ALL | wx.FIXED_MINSIZE)
        hbox1.Add(cb2, 1, flag = wx.ALL | wx.FIXED_MINSIZE)
        hbox1.Add(cb3, 1, flag = wx.ALL | wx.FIXED_MINSIZE)

        hbox2 = wx.BoxSizer(wx.HORIZONTAL)
```

```
        statictext = wx.StaticText(panel, label = '选择性别:')
        radio1 = wx.RadioButton(panel, 4, '男', style = wx.RB_GROUP)          ⑤
        radio2 = wx.RadioButton(panel, 5, '女')                              ⑥
        self.Bind(wx.EVT_RADIOBUTTON, self.on_radio1_click, id = 4, id2 = 5)  ⑦

        hbox2.Add(statictext, 1, flag = wx.LEFT | wx.RIGHT | wx.FIXED_MINSIZE, border = 5)
        hbox2.Add(radio1, 1, flag = wx.ALL | wx.FIXED_MINSIZE)
        hbox2.Add(radio2, 1, flag = wx.ALL | wx.FIXED_MINSIZE)

        hbox3 = wx.BoxSizer(wx.HORIZONTAL)

        statictext = wx.StaticText(panel, label = '选择你最喜欢吃的水果:')
        radio3 = wx.RadioButton(panel, 6, '苹果', style = wx.RB_GROUP)        ⑧
        radio4 = wx.RadioButton(panel, 7, '橘子')
        radio5 = wx.RadioButton(panel, 8, '香蕉')                            ⑨
        self.Bind(wx.EVT_RADIOBUTTON, self.on_radio2_click, id = 6, id2 = 8)  ⑩

        hbox3.Add(statictext, 1, flag = wx.LEFT | wx.RIGHT | wx.FIXED_MINSIZE, border = 5)
        hbox3.Add(radio3, 1, flag = wx.ALL | wx.FIXED_MINSIZE)
        hbox3.Add(radio4, 1, flag = wx.ALL | wx.FIXED_MINSIZE)
        hbox3.Add(radio5, 1, flag = wx.ALL | wx.FIXED_MINSIZE)

        vbox = wx.BoxSizer(wx.VERTICAL)
        vbox.Add(hbox1, 1, flag = wx.ALL | wx.EXPAND, border = 5)
        vbox.Add(hbox2, 1, flag = wx.ALL | wx.EXPAND, border = 5)
        vbox.Add(hbox3, 1, flag = wx.ALL | wx.EXPAND, border = 5)
        panel.SetSizer(vbox)

    def on_checkbox_click(self, event):
        cb = event.GetEventObject()                                          ⑪
        print('选择 {0},状态{1}'.format(cb.GetLabel(), event.IsChecked()))   ⑫

    def on_radio1_click(self, event):
        rb = event.GetEventObject()                                          ⑬
        print('第一组 {0} 被选中'.format(rb.GetLabel() ))                     ⑭

    def on_radio2_click(self, event):
        rb = event.GetEventObject()
        print('第二组 {0} 被选中'.format(rb.GetLabel()))

...
```

上述代码第①行～第③行创建了三个复选框对象。代码第④行是绑定 id 从 1 到 3 所有控件到事件处理者 self.on_checkbox_click 上，类似还有代码第⑦行和第⑩行。代码第②行是设置 cb2 初始状态为选中。

代码第⑤行和第⑥行创建了两个单选按钮，由于这两个单选按钮是互斥的，则需要把它们添加到一个组中，代码第⑤行中创建 wx.RadioButton 对象时设置 style＝wx.RB_GROUP，这说明是一个组的开始，直到遇到另外设置的 style＝wx.RB_GROUP 的 wx.RadioButton 对象为止都是同一个组。所以 radio1 和 radio2 是同一组，radio3、radio4 和 radio5

是同一组，见代码第⑧行～第⑨行。

在事件处理方法中，代码第⑪行和第⑬行从事件对象中取出事件源对象，代码第⑫行 event.IsChecked()可以获得状态控件的选中状态，代码第⑭行 rb.GetLabel()可以获得标签。

17.6.4　下拉列表

下拉列表控件是由一个文本框和一个列表选项构成的，如图 17-19 所示，选项列表是收起来的，默认每次只能选择其中的一项。wxPython 提供了两种下拉列表控件类 wx.ComboBox 和 wx.Choice，wx.ComboBox 默认它的文本框是可以修改的，wx.Choice 是只读不可以修改的，除此之外它们没有区别。

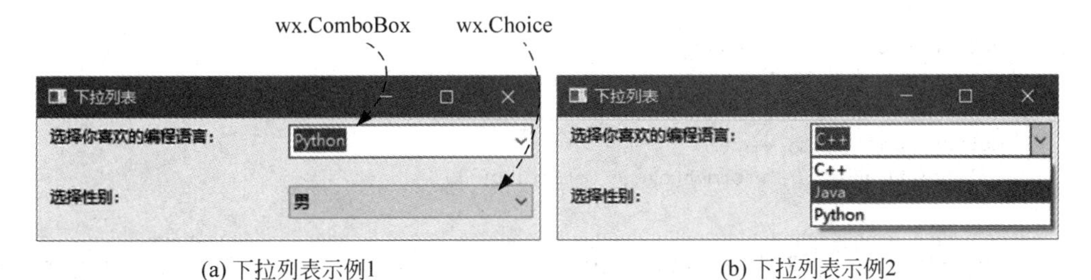

(a) 下拉列表示例1　　(b) 下拉列表示例2

图 17-19　下拉列表示例

下面通过示例介绍一下拉列表控件。如图 17-19 所示的界面中有两个下拉列表控件，上面的是 wx.ComboBox，下面的是 wx.Choice。

示例代码如下：

```
# coding = utf - 8
# 代码文件:chapter17/ch17.6.4.py

import wx


# 自定义窗口类 MyFrame
class MyFrame(wx.Frame):
    def __init__(self):
        super().__init__(parent = None, title = '下拉列表', size = (400, 130))
        self.Centre()                    # 设置窗口居中
        panel = wx.Panel(self)

        hbox1 = wx.BoxSizer(wx.HORIZONTAL)

        statictext = wx.StaticText(panel, label = '选择你喜欢的编程语言:')

        list1 = ['Python', 'C++', 'Java']
        ch1 = wx.ComboBox(panel, - 1, value = 'C', choices = list1, style = wx.CB_SORT)  ①
        self.Bind(wx.EVT_COMBOBOX, self.on_combobox, ch1)                                 ②

        hbox1.Add(statictext, 1, flag = wx.LEFT | wx.RIGHT | wx.FIXED_MINSIZE, border = 5)
        hbox1.Add(ch1, 1, flag = wx.ALL | wx.FIXED_MINSIZE)
```

```
        hbox2 = wx.BoxSizer(wx.HORIZONTAL)

        statictext = wx.StaticText(panel, label = '选择性别:')
        list2 = ['男', '女']
        ch2 = wx.Choice(panel, -1, choices = list2)                        ③
        self.Bind(wx.EVT_CHOICE, self.on_choice, ch2)                      ④

        hbox2.Add(statictext, 1, flag = wx.LEFT | wx.RIGHT | wx.FIXED_MINSIZE, border = 5)
        hbox2.Add(ch2, 1, flag = wx.ALL | wx.FIXED_MINSIZE)

        vbox = wx.BoxSizer(wx.VERTICAL)
        vbox.Add(hbox1, 1, flag = wx.ALL | wx.EXPAND, border = 5)
        vbox.Add(hbox2, 1, flag = wx.ALL | wx.EXPAND, border = 5)
        panel.SetSizer(vbox)

    def on_combobox(self, event):
        print('选择 {0}'.format(event.GetString()))

    def on_choice(self, event):
        print('选择 {0}'.format(event.GetString()))
...
```

上述代码第①行是创建 wx.ComboBox 下拉列表对象。其中参数 value 是设置默认值，即下拉列表的文本框中初始显示的内容；choices 参数设置列表选择项，它是列表类型；style 参数设置 wx.ComboBox 风格样式，主要有以下 4 种风格：

（1）wx.CB_SIMPLE。列表部分一直显示不收起来。

（2）wx.CB_DROPDOWN。默认风格，单击向下按钮列表部分展开，如图 17-19(b)所示，选择完成后收起来，如图 17-19(a)所示。

（3）wx.CB_READONLY。文本框不可修改。

（4）wx.CB_SORT。对列表选择项进行排序，本例中设置该风格，所以显示的顺序如图 17-19(b)所示。

代码第②行是绑定 wx.ComboBox 下拉选择事件 wx.EVT_COMBOBOX 到 self.on_combobox 方法，当选择选项时触发该事件，调用 self.on_combobox 方法进行事件处理。

代码第③行是创建 wx.Choice 下拉列表对象，其中 choices 参数设置列表选择项。代码第④行是绑定 wx.Choice 下拉选择事件 wx.EVT_CHOICE 到 self.on_choice 方法，当选择选项时触发该事件，调用 self.on_choice 方法进行事件处理。

17.6.5 列表

列表控件类似于下拉列表控件，只是没有文本框，只有一个列表选项，如图 17-20 所示，列表控件可以单选或多选。列表控件类是 wx.ListBox。

下面通过示例介绍列表控件。如图 17-20 所示的界面中有两个列表控件，上面的列表控件是单选，而下面的列表控件是可以多选的。

图 17-20　列表示例

示例代码如下：

```
# coding = utf - 8
# 代码文件:chapter17/ch17.6.5.py

import wx


# 自定义窗口类 MyFrame
class MyFrame(wx.Frame):
    def __init__(self):
        super().__init__(parent = None, title = '列表', size = (350, 180))
        self.Centre()                # 设置窗口居中
        panel = wx.Panel(self)

        hbox1 = wx.BoxSizer(wx.HORIZONTAL)

        statictext = wx.StaticText(panel, label = '选择你喜欢的编程语言:')

        list1 = ['Python', 'C++', 'Java']
        lb1 = wx.ListBox(panel, -1, choices = list1, style = wx.LB_SINGLE)      ①
        self.Bind(wx.EVT_LISTBOX, self.on_listbox1, lb1)                        ②

        hbox1.Add(statictext, 1, flag = wx.LEFT | wx.RIGHT | wx.FIXED_MINSIZE, border = 5)
        hbox1.Add(lb1, 1, flag = wx.ALL | wx.FIXED_MINSIZE)

        hbox2 = wx.BoxSizer(wx.HORIZONTAL)

        statictext = wx.StaticText(panel, label = '选择你喜欢吃的水果:')
        list2 = ['苹果', '橘子', '香蕉']
        lb2 = wx.ListBox(panel, -1, choices = list2, style = wx.LB_EXTENDED)    ③
        self.Bind(wx.EVT_LISTBOX, self.on_listbox2, lb2)                        ④

        hbox2.Add(statictext, 1, flag = wx.LEFT | wx.RIGHT | wx.FIXED_MINSIZE, border = 5)
        hbox2.Add(lb2, 1, flag = wx.ALL | wx.FIXED_MINSIZE)

        vbox = wx.BoxSizer(wx.VERTICAL)
        vbox.Add(hbox1, 1, flag = wx.ALL | wx.EXPAND, border = 5)
        vbox.Add(hbox2, 1, flag = wx.ALL | wx.EXPAND, border = 5)
        panel.SetSizer(vbox)

    def on_listbox1(self, event):
        listbox = event.GetEventObject()                                        ⑤
        print('选择 {0}'.format(listbox.GetSelection()))                        ⑥

    def on_listbox2(self, event):
        listbox = event.GetEventObject()
        print('选择 {0}'.format(listbox.GetSelections()))                       ⑦
...
```

上述代码第①行是创建 wx.ListBox 列表对象,其中参数 style 设置列表风格样式,常用的有 4 种风格:

（1）wx.LB_SINGLE：单选。

（2）wx.LB_MULTIPLE：多选。

（3）wx.LB_EXTENDED：也是多选，但是需要按住 Ctrl 或 Shift 键时选择项目。

（4）wx.LB_SORT：对列表选择项进行排序。

代码第②行是绑定 wx.ListBox 选择事件 wx.EVT_LISTBOX 到 self.on_listbox1 方法，当选择选项时触发该事件，调用 self.on_listbox1 方法进行事件处理。

代码第③行是创建 wx.ListBox 列表对象，其中 style 参数设置为 wx.LB_EXTENDED，表明该列表对象可以多选。代码第④行是绑定 wx.ListBox 选择事件 wx.EVT_LISTBOX 到 self.on_listbox2 方法。

在事件处理方法中要获得事件源可以通过 event.GetEventObject()方法获得，见代码第⑤行。代码第⑥行的 listbox.GetSelection()方法返回选中项目的索引，对于多选可以通过 listbox.GetSelections()方法返回多个选中项目索引的列表。

17.6.6 静态图片

静态图片控件类是 wx.StaticBitmap，静态图片控件用来显示一张图片，图片可以是 wx.Python 所支持的任何图片格式。

下面通过示例介绍一下静态图片控件。如图 17-21 所示的界面，界面刚显示时加载默认图片，如图 17-21(a)所示；当用户单击 Button1 时显示如图 17-21(c)所示；当用户单击 Button2 时显示如图 17-21(b)所示。

(a) 默认图片

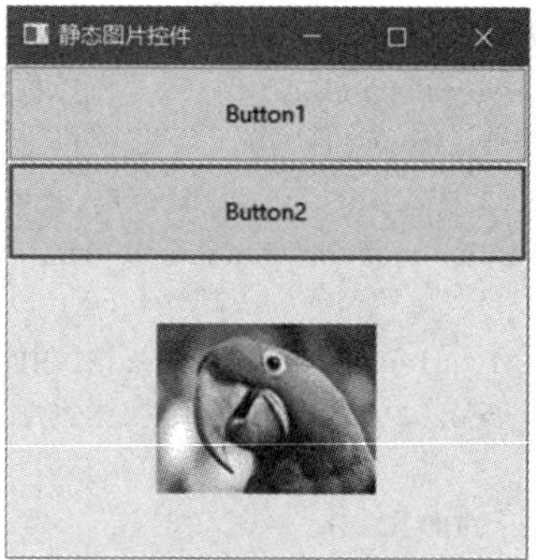

(b) 单击Button2时

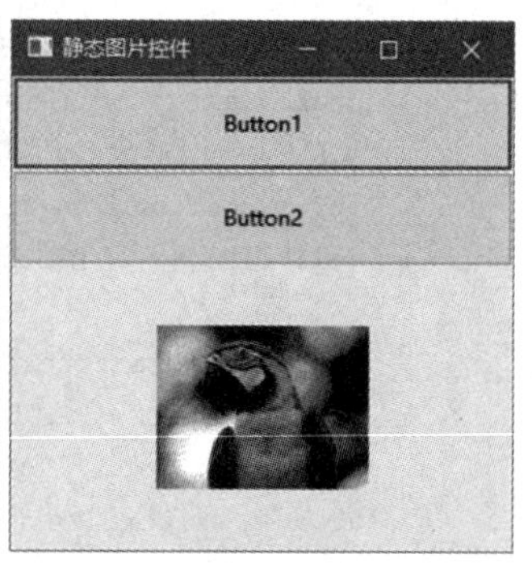

(c) 单击Button1时

图 17-21 静态图片示例

示例代码如下：

```
# coding = utf - 8
# 代码文件:chapter17/ch17.6.6.py

import wx


# 自定义窗口类 MyFrame
class MyFrame(wx.Frame):
    def __init__(self):
```

```
        super().__init__(parent = None, title = '静态图片', size = (300, 300))
        self.bmps = [wx.Bitmap('images/bird5.gif', wx.BITMAP_TYPE_GIF),
                     wx.Bitmap('images/bird4.gif', wx.BITMAP_TYPE_GIF),
                     wx.Bitmap('images/bird3.gif', wx.BITMAP_TYPE_GIF)]          ①

        self.Centre()                  # 设置窗口居中
        self.panel = wx.Panel(parent = self)                                     ②
        # 创建垂直方向的 Box 布局管理器
        vbox = wx.BoxSizer(wx.VERTICAL)

        b1 = wx.Button(parent = self.panel, id = 1, label = 'Button1')
        b2 = wx.Button(self.panel, id = 2, label = 'Button2')
        self.Bind(wx.EVT_BUTTON, self.on_click, id = 1, id2 = 2)

        self.image = wx.StaticBitmap(self.panel, -1, self.bmps[0])              ③

        # 添加标控件到 Box 布局管理器
        vbox.Add(b1, proportion = 1, flag = wx.CENTER | wx.EXPAND)
        vbox.Add(b2, proportion = 1, flag = wx.CENTER | wx.EXPAND)
        vbox.Add(self.image, proportion = 3, flag = wx.CENTER)

        self.panel.SetSizer(vbox)

    def on_click(self, event):
        event_id = event.GetId()
        if event_id == 1:
            self.image.SetBitmap(self.bmps[1])                                   ④
        else:
            self.image.SetBitmap(self.bmps[2])                                   ⑤
        self.panel.Layout()                                                      ⑥

…
```

上述代码第①行创建了 wx. Bitmap 图片对象的列表。代码第②行创建一个面板，它是类成员实例变量。代码第③行 wx. StaticBitmap 是静态图片控件对象，self. bmps[0]是静态图片控件要显示的图片对象。

单击 Button1 和 Button2 时都会调用 on_click 方法，代码第④行和第⑤行是使用 SetBitmap()方法重新设置图片，实现图片切换。静态图片控件重新设置布局。

提示 图片替换后，需要重写绘制窗口，否则布局会发生混乱。代码第⑥行 self.panel. Layout()是重新设置 panel 面板布局，因为静态图片控件是添加在 panel 面板上的。

17.7 高级窗口

除了基础控件外，还有一些重要的高级控件和窗口需要熟悉。本节介绍分隔窗口、树和网格。

17.7.1 分隔窗口

分隔窗口（wx. SplitterWindow）就是将窗口分成两部分，即左右或上下两部分。如

图 17-22 所示窗口，整体上分为左右两个窗口，右窗口又分为上下两窗口，两个窗口之间的分隔线是可以拖动的，称为“窗框”(sash)。

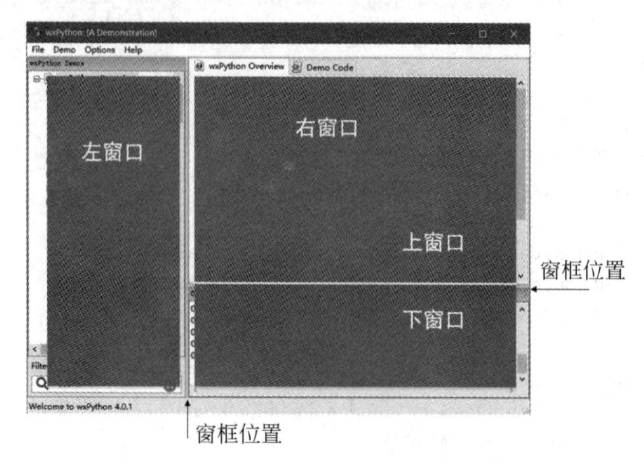

图 17-22　分隔窗口

wx. SplitterWindow 中一些常用的方法有

(1) SplitVertically(window1, window2, sashPosition=0)。设置左右布局的分隔窗口，window1 为左窗口，window2 为右窗口，sashPosition 是窗框的位置。

(2) SplitHorizontally(window1, window2, sashPosition=0)。设置上下布局的分隔窗口，window1 为上窗口，window2 为下窗口，sashPosition 是窗框的位置。

(3) SetMinimumPaneSize(paneSize)。设置最小窗口尺寸，如果是左右布局则指左窗口的最小尺寸，如果是上下布局则指上窗口的最小尺寸，如果没有设置则默认为 0。

下面通过示例介绍分隔窗口控件。如图 17-23 所示的界面分为左右两部分，左边有列表控件，选中列表项目时右边会显示相应的文字。

图 17-23　分隔窗口示例

示例代码如下：

```
# coding = utf - 8
# 代码文件:chapter17/ch17.7.1.py

import wx


# 自定义窗口类 MyFrame
class MyFrame(wx.Frame):
    def __init__(self):
        super().__init__(parent = None, title = '分隔窗口', size = (350, 180))
        self.Centre()                # 设置窗口居中

        splitter = wx.SplitterWindow(self, - 1)                        ①
        leftpanel = wx.Panel(splitter)                                 ②
        rightpanel = wx.Panel(splitter)                                ③
        splitter.SplitVertically(leftpanel, rightpanel, 100)           ④
        splitter.SetMinimumPaneSize(80)                                ⑤
```

```
        list2 = ['苹果', '橘子', '香蕉']
        lb2 = wx.ListBox(leftpanel, -1, choices = list2, style = wx.LB_SINGLE)
        self.Bind(wx.EVT_LISTBOX, self.on_listbox, lb2)

        vbox1 = wx.BoxSizer(wx.VERTICAL)
        vbox1.Add(lb2, 1, flag = wx.ALL | wx.EXPAND, border = 5)
        leftpanel.SetSizer(vbox1)

        vbox2 = wx.BoxSizer(wx.VERTICAL)
        self.content = wx.StaticText(rightpanel, label = '右侧面板')
        vbox2.Add(self.content, 1, flag = wx.ALL | wx.EXPAND, border = 5)
        rightpanel.SetSizer(vbox2)

    def on_listbox(self, event):
        s = '选择 {0}'.format(event.GetString())
        self.content.SetLabel(s)
...
```

上述代码第①创建分隔窗口，代码第②行是创建左面板，代码第③行是创建右面板。代码第④行 splitter.SplitVertically(leftpanel，rightpanel，100)是设置左右布局的分隔窗口，并设置窗框的位置为 100。代码第⑤行是设置最小面板为 80，所以当向左拖曳窗框时，左面板宽度等于 80 像素时就不能再拖曳了。后面的代码是分别向左右面板中添加控件处理，这里不再赘述。

17.7.2 使用树

树(tree)是一种通过层次结构展示信息的控件，如图 17-24 所示是树控件示例，左窗口中是树控件，在 wxPython 中树控件类是 wx.TreeCtrl。

wx.TreeCtrl 中一些常用的方法有

(1) AddRoot(text，image=－1，selImage=－1，data=None)。添加根节点，text 参数是根节点显示的文本；image 参数是该节点未被选中时的图片索引，wx.TreeCtrl 中使用的图片被放到 wx.ImageList 图像列表中；selImage 参数是该节点被选中时的图片索引；data 参数是给节点传递的数据；方法返回节点，节点类型是 wx.TreeItemId。

(2) AppendItem(parent，text，image=－1，selImage=－1，data=None)。添加子节点，parent 参数是父节点，其他参数同 AddRoot()方法，方法返回值 wx.TreeItemId。

(3) SelectItem(item，select=True)。选中 item 节点，如图 17-24 所示的 TreeRoot 节点被选中。

(4) Expand(item)。展开 item 节点，如图 17-24 所示，Item 1 和 Item 4 节点处于展开状态。

(5) ExpandAll()。展开根节点下的所有子节点。

(6) ExpandAllChildren(item)。展开 item 节点下的所有子节点。

(7) AssignImageList(imageList)。保存 wx.ImageList 图像列表到树中，这样就可以在 AddRoot()和 AppendItem()方法中使用图像列表索引了。

下面通过示例介绍树控件。如图 17-24 所示的界面，左窗口中有一个树控件，当单击树中节点时,右窗口显示单击的节点文本内容。

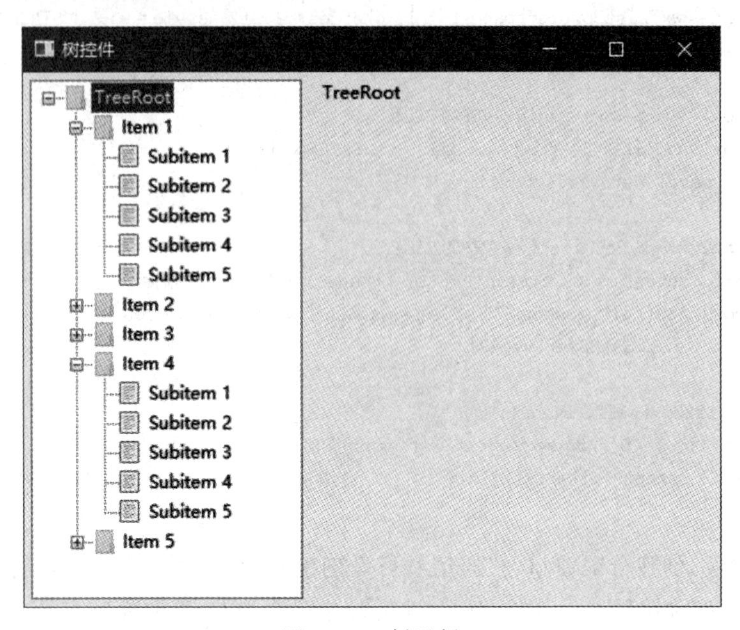

图 17-24 树示例

示例代码如下:

```
# coding = utf - 8
# 代码文件:chapter17/ch17.7.2.py

import wx


# 自定义窗口类 MyFrame
class MyFrame(wx.Frame):
    def __init__(self):
        super().__init__(parent = None, title = '使用树', size = (500, 400))
        self.Centre()                    # 设置窗口居中

        splitter = wx.SplitterWindow(self)
        leftpanel = wx.Panel(splitter)
        rightpanel = wx.Panel(splitter)
        splitter.SplitVertically(leftpanel, rightpanel, 200)
        splitter.SetMinimumPaneSize(80)

        self.tree = self.CreateTreeCtrl(leftpanel)                              ①
        self.Bind(wx.EVT_TREE_SEL_CHANGING, self.on_click , self.tree)          ②
        vbox1 = wx.BoxSizer(wx.VERTICAL)
        vbox1.Add(self.tree, 1, flag = wx.ALL | wx.EXPAND, border = 5)
        leftpanel.SetSizer(vbox1)

        vbox2 = wx.BoxSizer(wx.VERTICAL)
        self.content = wx.StaticText(rightpanel, label = '右侧面板')
```

```
        vbox2.Add(self.content, 1, flag = wx.ALL | wx.EXPAND, border = 5)
        rightpanel.SetSizer(vbox2)

    def on_click(self, event):
        item = event.GetItem()                                                   ③
        self.content.SetLabel(self.tree.GetItemText(item))                      ④

    def CreateTreeCtrl(self, parent):                                            ⑤
        tree = wx.TreeCtrl(parent)                                               ⑥

        items = []

        imglist = wx.ImageList(16, 16, True, 2)                                  ⑦
        imglist.Add(wx.ArtProvider.GetBitmap(wx.ART_FOLDER, size = wx.Size(16, 16)))      ⑧
        imglist.Add(wx.ArtProvider.GetBitmap(wx.ART_NORMAL_FILE, size = wx.Size(16, 16))) ⑨
        tree.AssignImageList(imglist)                                            ⑩

        root = tree.AddRoot("TreeRoot", image = 0)                               ⑪

        items.append(tree.AppendItem(root, "Item 1", 0))                         ⑫
        items.append(tree.AppendItem(root, "Item 2", 0))
        items.append(tree.AppendItem(root, "Item 3", 0))
        items.append(tree.AppendItem(root, "Item 4", 0))
        items.append(tree.AppendItem(root, "Item 5", 0))                         ⑬

        for ii in range(len(items)):
            id = items[ii]
            tree.AppendItem(id, "Subitem 1", 1)                                  ⑭
            tree.AppendItem(id, "Subitem 2", 1)
            tree.AppendItem(id, "Subitem 3", 1)
            tree.AppendItem(id, "Subitem 4", 1)
            tree.AppendItem(id, "Subitem 5", 1)                                  ⑮

        tree.Expand(root)           # 展开根下子节点
        tree.Expand(items[0])       # 展开 Item 1 下子节点
        tree.Expand(items[3])       # 展开 Item 4 下子节点
        tree.SelectItem(root)       # 选中根节点 tree.Expand(root)

        return tree

...
```

上述代码第①行调用 self.CreateTreeCtrl(leftpanel)方法创建树对象；代码第⑤行是定义 CreateTreeCtrl()方法创建树对象，返回值是树对象；代码第⑥行是创建树对象；代码第⑦行是创建 wx.ImageList 图像列表，构造方法定义如下：

```
wx.ImageList(width, height, mask = True, initialCount = 1)
```

其中 width 是图像宽度，height 是图像高度，mask 是设置图像掩膜①，initialCount 是设置列表容量。

代码第⑧行和第⑨行是添加图像对象元素到图像列表中，使用 wx. ArtProvider. GetBitmap()方法创建图像对象。wx. ART_FOLDER 和 wx. ART_NORMAL_FILE 是 wxPython 内置的图片 id，wx. ART_FOLDER 表示文件夹图标（见图 17-24），wx. ART_NORMAL_FILE 表示文件图标（见图 17-24）。创建的图像列表 imglist 要通过 tree. AssignImageList(imglist)方法添加到树对象中，见代码第⑩行。

代码第⑪行添加根节点，image 是图像在图像列表 imglist 中的索引。代码第⑫行～第⑬行是创建 5 个子节点，并将节点添加到 items 列表中。代码第⑭行～第⑮行是循环创建孙节点。

代码第②行是绑定树中节点改变事件 wx. EVT_TREE_SEL_CHANGING 到 self. on_click 方法，在 self. on_click 方法中，代码第③行是获得选择的节点对象，代码第④行 self. tree. GetItemText(item)是取出节点的文本。

17.7.3 使用网格

当有大量数据需要展示时，可以使用网格，wxPython 的网格类似于 Excel 电子表格，如图 17-25 所示，由行和列构成，行和列都有标题，也可以自定义行和列的标题，而且不仅可以读取单元格数据，还可以修改单元格数据。wxPython 网格类是 wx. grid. Grid。

网格控件

	书籍编号	书籍名称	作者	出版社	出版日期	库存数量
1	0036	高等数学	李放	人民邮电出版社	20000812	1
2	0004	FLASH精选	刘扬	中国纺织出版社	19990312	2
3	0026	软件工程	牛田	经济科学出版社	20000328	4
4	0015	人工智能	周未	机械工业出版社	19991223	3
5	0037	南方周末	邓光明	南方出版社	20000923	3
6	0008	新概念3	余智	外语出版社	19990723	2
7	0019	通讯与网络	欧阳杰	机械工业出版社	20000517	1
8	0014	期货分析	孙宝	飞鸟出版社	19991122	3
9	0023	经济概论	思佳	北京大学出版社	20000819	3
10	0017	计算机理论基础	戴家	机械工业出版社	20000218	4
11	0002	汇编语言	李利光	北京大学出版社	19980318	2
12	0033	模拟电路	邓英才	电子工业出版社	20000527	2
13	0011	南方旅游	王爱国	南方出版社	19990930	2
14	0039	黑幕	李仪	华光出版社	20000508	14
15	0001	软件工程	戴国强	机械工业出版社	19980528	2
16	0034	集邮爱好者	李云	人民邮电出版社	20000630	1
17	0031	软件工程	戴志名	电子工业出版社	20000324	3
18	0030	数据库及应用	孙家萧	清华大学出版社	20000619	1
19	0024	经济与科学	毛波	经济科学出版社	20000923	2

图 17-25 网格示例

① 掩膜是一种图像滤镜的模板，在掩膜计算时，原始图像矩阵与掩膜矩阵进行运算，获得一个新的图像。

下面通过示例介绍网格的使用，网格的行和列都被选中，这个过程可以触发事件，示例如图 17-26 所示，网格行被选中。

网格控件

	书籍编号	书籍名称	作者	出版社	出版日期	库存数量
1	0036	高等数学	李放	人民邮电出版社	20000812	1
2	0004	FLASH精选	刘扬	中国纺织出版社	19990312	2
3	0026	软件工程	牛田	经济科学出版社	20000328	4
4	0015	人工智能	周未	机械工业出版社	19991223	3
5	0037	南方周末	邓光明	南方出版社	20000923	3
6	0008	新概念3	余智	外语出版社	19990723	2
7	0019	通讯与网络	欧阳杰	机械工业出版社	20000517	1
8	0014	期货分析	孙宝	飞鸟出版社	19991122	3
9	0023	经济概论	思佳	北京大学出版社	20000819	3
10	0017	计算机理论基础	戴家	机械工业出版社	20000218	4
11	0002	汇编语言	李利光	北京大学出版社	19980318	2
12	0033	模拟电路	邓英才	电子工业出版社	20000527	2
13	0011	南方旅游	王爱国	南方出版社	19990930	2
14	0039	黑幕	李仪	华光出版社	20000508	14
15	0001	软件工程	戴国强	机械工业出版社	19980528	2
16	0034	集邮爱好者	李云	人民邮电出版社	20000630	1
17	0031	软件工程	戴志名	电子工业出版社	20000324	3
18	0030	数据库及应用	孙家萧	清华大学出版社	20000619	1
19	0024	经济与科学	毛波	经济科学出版社	20000923	2

图 17-26 选中网格行示例

具体代码如下：

```
# coding = utf - 8
# 代码文件:chapter17/ch17.7.3 - 1.py

import wx
import wx.grid

data = [['0036', '高等数学', '李放', '人民邮电出版社', '20000812', '1'],
        ['0004', 'FLASH 精选', '刘扬', '中国纺织出版社', '19990312', '2'],
        ['0026', '软件工程', '牛田', '经济科学出版社', '20000328', '4'],
        ['0015', '人工智能', '周未', '机械工业出版社', '19991223', '3'],
        …]

column_names = ['书籍编号', '书籍名称', '作者', '出版社', '出版日期', '库存数量']


# 自定义窗口类 MyFrame
class MyFrame(wx.Frame):
    def __init__(self):
        super().__init__(parent = None, title = '使用网格', size = (550, 500))
        self.Centre()                # 设置窗口居中
        self.grid = self.CreateGrid(self)                                   ①
        self.Bind(wx.grid.EVT_GRID_LABEL_LEFT_CLICK, self.OnLabelLeftClick)  ②
```

```
    def OnLabelLeftClick(self, event):
        print("RowIdx:{0}".format(event.GetRow()))
        print("ColIdx:{0}".format(event.GetCol()))
        print(data[event.GetRow()])                                    ③
        event.Skip()

    def CreateGrid(self, parent):                                      ④
        grid = wx.grid.Grid(parent)                                    ⑤
        grid.CreateGrid(len(data), len(data[0]))                       ⑥

        for row in range(len(data)):                                   ⑦
            for col in range(len(data[row])):
                grid.SetColLabelValue(col, column_names[col])          ⑧
                grid.SetCellValue(row, col, data[row][col])            ⑨

        # 设置行和列自动调整
        grid.AutoSize()

        return grid

...
```

上述代码第①行调用 self. CreateGrid(self)方法创建网格对象；代码第④行定义了 CreateGrid()方法；代码第⑤行创建了网格对象；代码第⑥行 CreateGrid()方法设置了网格行数和列数，此时的网格还是没有内容的；代码第⑦行～第⑨行通过双层嵌套循环设置了每一个单元格的内容，其中 SetCellValue()方法可以设置单元格内容；另外，代码第⑧行 SetColLabelValue()方法设置了列标题。

代码第②行是绑定网格的鼠标左键单击行或列标题事件。在事件处理方法 self. OnLabelLeftClick 中，代码第③行 data[event. GetRow()]是获取行数据，事件源的 GetRow()方法获得选中行索引，事件源的 GetCol()方法获得选中列索引。另外，在事件处理方法最后一行是 event. Skip()语句，该语句可以确保继续处理其他事件。

本例中添加单元格数据比较麻烦，而且对于网格的控制也很少，为此可以使用 wx. grid. GridTableBase 类，该类是一个抽象类，开发人员需要实现该类的一些方法。重构上面的示例，代码如下：

```
# coding = utf - 8
# 代码文件:chapter17/ch17.7.3 - 2.py

import wx
import wx.grid

data = [['0036', '高等数学', '李放', '人民邮电出版社', '20000812', '1'],
        ['0004', 'FLASH 精选', '刘扬', '中国纺织出版社', '19990312', '2'],
        ['0026', '软件工程', '牛田', '经济科学出版社', '20000328', '4'],
        ['0015', '人工智能', '周末', '机械工业出版社', '19991223', '3'],
        … ]

column_names = ['书籍编号', '书籍名称书籍名称', '作者', '出版社', '出版日期', '库存数量']
```

```
class MyGridTable(wx.grid.GridTableBase):                           ①
    def __init__(self):                                             ②
        super().__init__()
        self.colLabels = column_names

    def GetNumberRows(self):                                        ③
        return len(data)

    def GetNumberCols(self):                                        ④
        return len(data[0])

    def GetValue(self, row, col):                                   ⑤
        return data[row][col]

    def GetColLabelValue(self, col):                                ⑥
        return self.colLabels[col]


# 自定义窗口类 MyFrame
class MyFrame(wx.Frame):
    def __init__(self):
        super().__init__(parent=None, title='使用网格', size=(550, 500))
        self.Centre()                   # 设置窗口居中
        self.grid = self.CreateGrid(self)
        self.Bind(wx.grid.EVT_GRID_LABEL_LEFT_CLICK, self.OnLabelLeftClick)

    def OnLabelLeftClick(self, event):
        print("RowIdx:{0}".format(event.GetRow()))
        print("ColIdx:{0}".format(event.GetCol()))
        print(data[event.GetRow()])
        event.Skip()

    def CreateGrid(self, parent):
        grid = wx.grid.Grid(parent)                                 ⑦
        table = MyGridTable()                                       ⑧
        grid.SetTable(table, True)                                  ⑨
        # 设置行和列自动调整
        grid.AutoSize()

        return grid

...
```

上述代码第①行是自定义 wx.grid.GridTableBase 类。代码第②行是定义构造方法，在此方法中可以进行表格初始化设置。代码第③行使用 GetNumberRows()方法，返回网格行数。代码第④行使用 GetNumberCols()方法，返回网格列数。代码第⑤行使用 GetValue()方法，返回单元格内容。代码第⑥行使用 GetColLabelValue()方法，返回列标题，该方法可以设置列标题。如果想设置行标题可以使用 GetRowLabelValue(self, row)

方法。

代码第⑦行是创建网格对象，代码第⑧行是创建自定义的 MyGridTable 对象，代码第⑨行 grid. SetTable(table, True)是将 MyGridTable 对象添加到网格对象中，第二个参数 True 表示当网格对象内存被回收时，MyGridTable 对象也会被清除。

17.8 使用菜单

在图形用户界面中菜单是不可或缺的元素之一，菜单的构成如图 17-27 所示，包括菜单栏(wx. MenuBar)、菜单(wx. Menu)和菜单项(wx. MenuItem)。菜单栏一般位于顶级窗口标题栏下方的一个水平空白条中，以显示菜单，此外还有弹出菜单等形式。菜单栏中包含若干菜单，如图 17-27 所示的“文件”和“编辑”，注意“编辑”不是菜单项，而是菜单，它是“文件”菜单的子菜单，因为“编辑”菜单还有下一级内容。菜单中包含若干菜单项，如图 17-27 所示的“新建”，以及“编辑”菜单下的“复制”“剪切”和“粘贴”。菜单项没有下一级内容，单击菜单项触发事件处理。

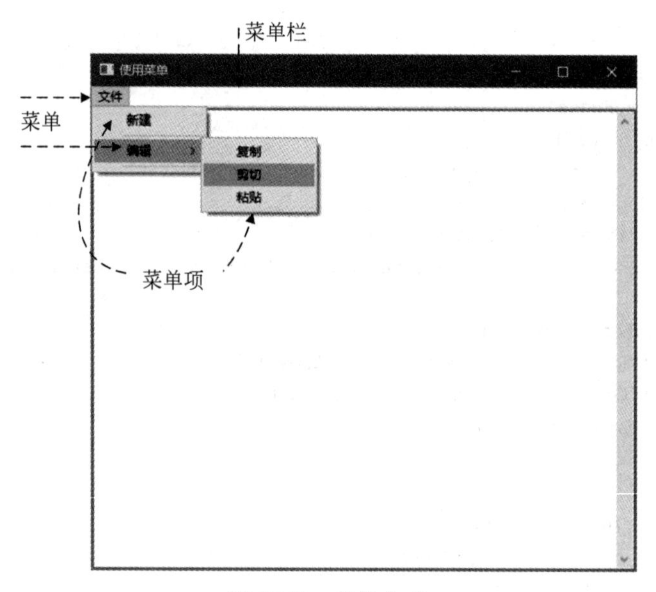

图 17-27　菜单构成

菜单栏不用添加到父窗口中，需要在顶级窗口中通过 SetMenuBar(menuBar)方法添加菜单栏。菜单栏(wx. MenuBar)通过 Append(menu, title)方法将菜单添加到菜单栏中，其中 menu 是菜单对象，title 是菜单上的文本。菜单对象(wx. Menu)通过 Append (menuItem)方法将菜单项添加到菜单中。

下面介绍图 17-27 所示菜单的实现，代码如下：

```
# coding = utf - 8
# 代码文件:chapter17/ch17.8.py

import wx
import wx.grid
```

```
# 自定义窗口类 MyFrame
class MyFrame(wx.Frame):
    def __init__(self):
        super().__init__(parent = None, title = '使用菜单', size = (550, 500))
        self.Centre()              # 设置窗口居中
                self.text = wx.TextCtrl(self, -1, style = wx.EXPAND | wx.TE_MULTILINE)
        vbox = wx.BoxSizer(wx.VERTICAL)
        vbox.Add(self.text, proportion = 1, flag = wx.EXPAND | wx.ALL, border = 1)
        self.SetSizer(vbox)

        menubar = wx.MenuBar()                                                   ①

        file_menu = wx.Menu()                                                    ②
        new_item = wx.MenuItem(file_menu, wx.ID_NEW, text = "新建", kind = wx.ITEM_NORMAL) ③
        self.Bind(wx.EVT_MENU, self.on_newitem_click, id = wx.ID_NEW)           ④
        file_menu.Append(new_item)                                               ⑤
        file_menu.AppendSeparator()                                              ⑥

        edit_menu = wx.Menu()                                                    ⑦
        copy_item = wx.MenuItem(edit_menu, 100, text = "复制", kind = wx.ITEM_NORMAL)  ⑧
        edit_menu.Append(copy_item)                                              ⑨

        cut_item = wx.MenuItem(edit_menu, 101, text = "剪切", kind = wx.ITEM_NORMAL)
        edit_menu.Append(cut_item)

        paste_item = wx.MenuItem(edit_menu, 102, text = "粘贴", kind = wx.ITEM_NORMAL)
        edit_menu.Append(paste_item)

        self.Bind(wx.EVT_MENU, self.on_editmenu_click, id = 100, id2 = 102)     ⑩

        file_menu.Append(wx.ID_ANY, "编辑", edit_menu)                           ⑪

        menubar.Append(file_menu, '文件')                                        ⑫
        self.SetMenuBar(menubar)                                                 ⑬

    def on_newitem_click(self, event):
        self.text.SetLabel('单击【新建】菜单')

    def on_editmenu_click(self, event):
        event_id = event.GetId()
        if event_id == 100:
            self.text.SetLabel('单击【复制】菜单')
        elif event_id == 101:
            self.text.SetLabel('单击【剪切】菜单')
        else:
            self.text.SetLabel('单击【粘贴】菜单')
...
```

上述代码第①行创建菜单栏对象。代码第②行创建“文件”菜单项对象。代码第③行创建"新建"菜单项对象,其中 wx.ID_NEW 设置菜单项 id,wx.ID_NEW 是 wxPython 内置 id,表示这是一个新建菜单项目;kind 是菜单项类型,菜单项类型主要有如下 5 种:

(1) wx.ITEM_SEPARATOR:分隔线菜单项。

(2) wx.ITEM_NORMAL:普通菜单项。

(3) wx.ITEM_CHECK:复选框形式的菜单项。

(4) wx.ITEM_RADIO:单选按钮形式的菜单项。

(5) wx.ITEM_DROPDOWN:下拉列表形式的菜单项。

代码第④行是绑定新建菜单项的事件处理。代码第⑤行添加新建菜单项到文件菜单。代码第⑥行是添加分隔线菜单项,相当于 wx.ITEM_SEPARATOR 类型的菜单项。

代码第⑦行是创建编辑菜单,代码第⑧行是复制菜单项,代码第⑨行是将复制菜单项添加到编辑菜单。代码第⑩行是将"复制""剪切"和"粘贴"三个菜单项的事件处理绑定到一个方法。代码第⑪行是将编辑菜单添加到文件菜单中。

代码第⑫行是将文件菜单添加到菜单栏中,代码第⑬行是将菜单栏添加到当前顶级窗口中。

17.9 使用工具栏

在图形用户界面中,工具栏也是不可或缺的元素之一,工具栏包括文本或图标按钮构成的按钮集合,通常置于顶级窗口菜单栏之下。wxPython 中工具栏类是 wx.Toolbar。

顶级窗口都有一个 ToolBar 属性可以设置它的工具栏,然后通过工具栏的 AddTool()方法添加按钮到工具栏,最后调用工具栏的 Realize()方法完成。

下面通过示例介绍工具栏的使用。如图 17-28 所示的界面,在顶级窗口中有菜单栏和工具栏,这个示例在 17.8 节示例基础上添加了一个工具栏。

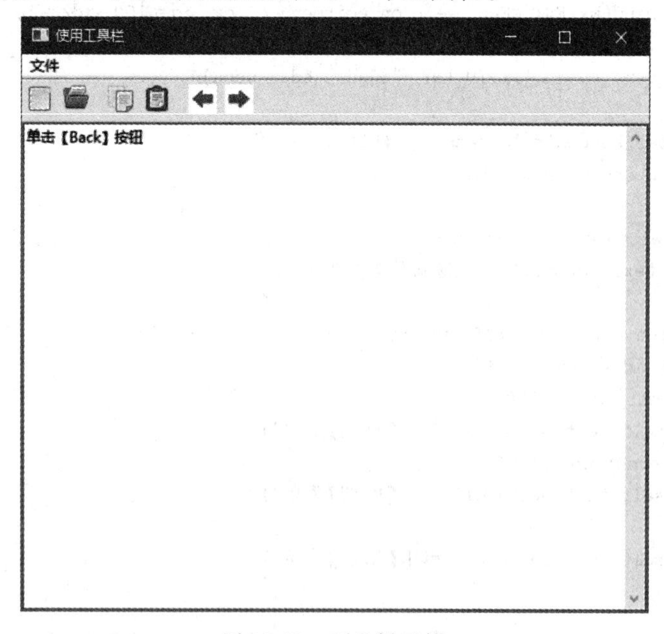

图 17-28 工具栏示例

示例代码如下：

```
# coding = utf - 8
# 代码文件:chapter17/ch17.9.py

import wx
import wx.grid


# 自定义窗口类 MyFrame
class MyFrame(wx.Frame):
    def __init__(self):
        super().__init__(parent = None, title = '使用工具栏', size = (550, 500))
        self.Centre()                    # 设置窗口居中
        self.Show(True)

        self.text = wx.TextCtrl(self, - 1, style = wx.EXPAND | wx.TE_MULTILINE)
        vbox = wx.BoxSizer(wx.VERTICAL)
        vbox.Add(self.text, proportion = 1, flag = wx.EXPAND | wx.ALL, border = 1)
        self.SetSizer(vbox)

        menubar = wx.MenuBar()

        file_menu = wx.Menu()
        new_item = wx.MenuItem(file_menu, wx.ID_NEW, text = "新建", kind = wx.ITEM_NORMAL)
        file_menu.Append(new_item)
        file_menu.AppendSeparator()

        edit_menu = wx.Menu()
        copy_item = wx.MenuItem(edit_menu, 100, text = "复制", kind = wx.ITEM_NORMAL)
        edit_menu.Append(copy_item)

        cut_item = wx.MenuItem(edit_menu, 101, text = "剪切", kind = wx.ITEM_NORMAL)
        edit_menu.Append(cut_item)

        paste_item = wx.MenuItem(edit_menu, 102, text = "粘贴", kind = wx.ITEM_NORMAL)
        edit_menu.Append(paste_item)

        file_menu.Append(wx.ID_ANY, "编辑", edit_menu)

        menubar.Append(file_menu, '文件')
        self.SetMenuBar(menubar)

        tb = wx.ToolBar(self, wx.ID_ANY)                                          ①
        self.ToolBar = tb                                                         ②
        tsize = (24, 24)                                                          ③
        new_bmp = wx.ArtProvider.GetBitmap(wx.ART_NEW, wx.ART_TOOLBAR, tsize)     ④
        open_bmp = wx.ArtProvider.GetBitmap(wx.ART_FILE_OPEN, wx.ART_TOOLBAR, tsize)
        copy_bmp = wx.ArtProvider.GetBitmap(wx.ART_COPY, wx.ART_TOOLBAR, tsize)
        paste_bmp = wx.ArtProvider.GetBitmap(wx.ART_PASTE, wx.ART_TOOLBAR, tsize)  ⑤
```

```
        tb.AddTool(10, "New", new_bmp, kind = wx.ITEM_NORMAL, shortHelp = "New")          ⑥
        tb.AddTool(20, "Open", open_bmp, kind = wx.ITEM_NORMAL, shortHelp = "Open")
        tb.AddSeparator()                                                                  ⑦
        tb.AddTool(30, "Copy", copy_bmp, kind = wx.ITEM_NORMAL, shortHelp = "Copy")
        tb.AddTool(40, "Paste", paste_bmp, kind = wx.ITEM_NORMAL, shortHelp = "Paste")
        tb.AddSeparator()

        tb.AddTool(201, "back", wx.Bitmap("menu_icon/back.png"), kind = wx.ITEM_NORMAL,
shortHelp = "Back")                                                                        ⑧
        tb.AddTool(202, "forward", wx.Bitmap("menu_icon/forward.png"), kind = wx.ITEM_
NORMAL, shortHelp = "Forward")
        self.Bind(wx.EVT_MENU, self.on_click, id = 201, id2 = 202)                         ⑨
        tb.AddSeparator()

        tb.Realize()                                                                       ⑩

    def on_click(self, event):
        event_id = event.GetId()
        if event_id == 201:
            self.text.SetLabel('单击【Back】按钮')
        else:
            self.text.SetLabel('单击【Forward】按钮')
...
```

上述代码第①行是创建工具栏 wx.ToolBar 对象。代码第②行是将工具栏赋值给顶级窗口的 ToolBar 属性，这相当于在顶级窗口中添加了工具栏。代码第③行创建一个二元组，用来创建 24 像素×24 像素的图标。代码第④行～第⑤行是使用 wx.ArtProvider.GetBitmap()创建了 5 个 24 像素×24 像素的系统图标。

代码第⑥行是添加 New 按钮到工具栏，其中 kind 是设置按钮类型，shortHelp 是设置快捷帮助，当鼠标放在上面时，会弹出气泡提示。代码第⑦行是添加一个分隔线。代码第⑧行添加 back 按钮到工具栏，其中图标是自定义的，wx.Bitmap("menu_icon/back.png")创建一个自定义图标。代码第⑨行给工具栏中 back 和 forward 按钮绑定事件处理方法 self.on_click()。

最后代码第⑩行是 tb.Realize()提交工具栏设置，工具栏会显示在顶级窗口上。

17.10 本章小结

本章介绍了 Python 图形用户界面编程技术——wxPython，其中包括 wxPython 安装、事件处理、布局管理、控件、高级窗口、菜单和工具栏。

17.11 同步练习

1. 下列(　　)是 Python 图形用户界面开发工具包。

A. Tkinter　　B. PyQt　　C. wxPython　　D. Swing

2. 请简述 wxPython 技术的优缺点。

3. 在事件处理的过程中涉及的要素有(　　)。

A. 事件　　B. 事件类型　　C. 事件源　　D. 事件处理者

4. 判断对错：事件处理者是在 wx.EvtHandler 子类中定义的一个方法，用来响应事件。(　　)

5. 下列(　　)是 wxPython 布局管理器类。

A. wx.BoxSizer　　B. wx.StaticBoxSizer

C. wx.GridSizer　　D. wx.FlexGridSizer

6. 判断对错：使用绝对布局在不同分辨率下显示效果是一样的。(　　)

第18章 Python多线程编程

CHAPTER 18

无论个人计算机(PC)还是智能手机,目前都支持多任务,都能够编写并发访问程序。多线程编程可以编写并发访问程序,本章介绍多线程编程。

18.1 基础知识

线程究竟是什么?在Windows操作系统出现之前,PC上的操作系统都是单任务系统,只有在大型计算机上才具有多任务和分时设计。随着Windows、Linux等操作系统的出现,原本大型计算机才具有的优点出现在了PC系统中。

18.1.1 进程

一般在同一时间内可执行多个程序的操作系统都有进程的概念。一个进程就是一个执行中的程序,而每一个进程都有自己独立的一块内存空间和一组系统资源。在进程的概念中,每一个进程的内部数据和状态都是完全独立的。在Windows操作系统下可以通过Ctrl+Alt+Delete组合键查看进程,UNIX和Linux操作系统可通过ps命令查看进程。打开Windows当前运行的进程,如图18-1所示。

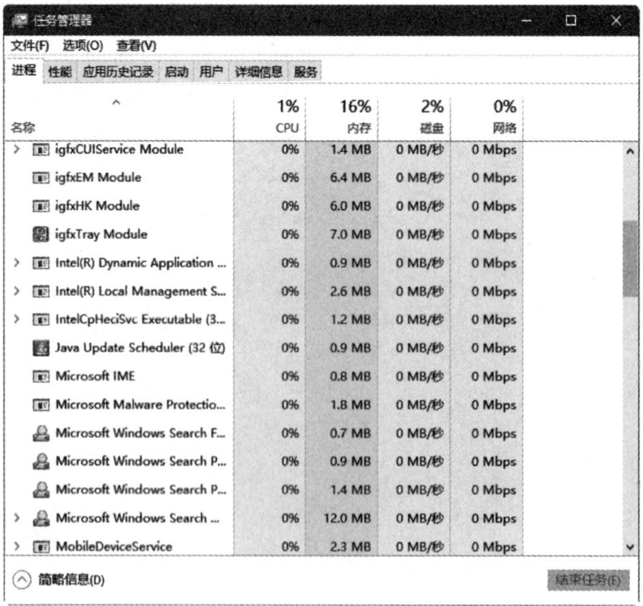

图18-1 Windows操作系统进程

在 Windows 操作系统中，一个进程就是一个 exe 或 dll 程序，它们相互独立，可互相通信。在 Android 操作系统中，进程间的通信应用也是很多的。

18.1.2　线程

线程与进程相似，是一段完成某个特定功能的代码，是程序中单个顺序控制的流程，但与进程不同的是，同类的多个线程共享一块内存空间和一组系统资源。所以系统在各个线程之间切换时，开销要比进程小得多，正因如此，线程被称为轻量级进程。一个进程中可以包含多个线程。

Python 程序至少会有一个线程，这就是主线程，程序启动后由 Python 解释器负责创建主线程，程序结束时由 Python 解释器负责停止主线程。

18.2　threading 模块

Python 中有两个模块可以进行多线程编程，即_thread 和 threading 模块。_thread 模块提供了多线程编程的低级 API，使用起来比较烦琐；threading 模块提供了多线程编程的高级 API，threading 基于_thread 封装，使用起来比较简单。因此，本章重点介绍使用 threading 模块实现多线程编程。

threading 模块 API 是面向对象的，其中最重要的是线程类 Thread，此外还有很多线程相关函数，这些函数常用的有

（1）threading.active_count()。返回当前处于活动状态的线程个数。

（2）threading.current_thread()。返回当前的 Thread 对象。

（3）threading.main_thread()。返回主线程对象，主线程是 Python 解释器启动的线程。

示例代码如下：

```
# coding = utf - 8
# 代码文件:chapter18/ch18.2.py

import threading

# 当前线程对象
t = threading.current_thread()                              ①
# 当前线程名
print(t.name)

# 返回当前处于活动状态的线程个数
print(threading.active_count())

# 当前主线程对象
t = threading.main_thread()                                 ②
# 主线程名
print(t.name)
```

运行结果如下：

```
MainThread
1
MainThread
```

上述代码运行过程中只有一个线程，就是主线程，因此当前线程就是主线程。代码第①行的 threading.current_thread()函数和代码第②行的 threading.main_thread()函数获得的都是同一个线程对象。

18.3 创建线程

创建一个可执行的线程需要以下两个要素：

(1) 线程对象。线程对象是 threading 模块线程类 Thread 所创建的对象。

(2) 线程体。线程体是线程执行函数，线程启动后会执行该函数，线程处理代码是在线程体中编写的。

提供线程体主要有以下两种方式：

(1) 自定义函数作为线程体。

(2) 继承 Thread 类重写 run()方法，run()方法作为线程体。

下面分别详细介绍这两种方式。

18.3.1 自定义函数作为线程体

创建线程 Thread 对象时，可以通过 Thread 构造方法将一个自定义函数传递给它，Thread 类构造方法如下：

```
threading.Thread(target = None, name = None, args = ())
```

target 参数是线程体，自定义函数可以作为线程体；name 参数可以设置线程名，如果省略，Python 解释器会为其分配一个名字；args 为自定义函数提供参数，它是一个元组类型。

提示 Thread 构造方法还有很多参数，如 group、kwargs 和 daemon 等。由于这些参数很少使用，本书将不做介绍，对此感兴趣的读者可以参考 Python 官方文档进行了解。

下面看一个具体示例，代码如下：

```
# coding = utf - 8
# 代码文件:chapter18/ch18.3.1.py

import threading
import time


# 线程体函数
def thread_body():                                          ①
    # 当前线程对象
    t = threading.current_thread()
    for n in range(5):
        # 当前线程名
```

```
        print('第{0}次执行线程{1}'.format(n, t.name))
        # 线程休眠
        time.sleep(1)                                              ②
    print('线程{0}执行完成!'.format(t.name))


# 主函数
def main():                                                        ③
    # 创建线程对象 t1
    t1 = threading.Thread(target = thread_body)                    ④
    # 启动线程 t1
    t1.start()

    # 创建线程对象 t2
    t2 = threading.Thread(target = thread_body, name = 'MyThread') ⑤
    # 启动线程 t2
    t2.start()

if __name__ == '__main__':                                         ⑥
    main()
```

上述代码第①行定义了一个线程体函数 thread_body()，在该函数中可以编写自己的线程处理代码。本例中线程体进行了 5 次循环，每次循环会打印执行次数和线程的名字，然后让当前线程休眠一段时间。代码第②行 time.sleep(secs)函数可以使当前线程休眠 secs 秒。

代码第③行定义 main()主函数，在 main()主函数中创建线程 t1 和 t2，在创建 t1 线程时提供了 target 参数，target 实参是 thread_body 函数名，见代码第④行；在创建 t2 线程时提供了 target 参数，target 实参是 thread_body 函数名，还提供了 name 参数，该参数将线程名设置为 MyThread，见代码第⑤行。

代码第⑥行__name__ == '__main__'判断当前模块是否为主模块，主模块是 Python 解释器指令启动的模块，如 python ch18.3.1.py 指令。__name__变量是模块名，在 Python 解释器运行主模块时将__name__变量修改为'__main__'。当是主模块时则调用 main()主函数。

线程创建完成后还需要调用 start()方法才能执行，start()方法一旦调用线程就进入可以执行状态。可执行状态下的线程等待 CPU 调度执行，CPU 调度后线程进行执行状态，然后便运行线程体函数 thread_body()。

运行结果如下：

```
第 0 次执行线程 Thread-1
第 0 次执行线程 MyThread
第 1 次执行线程 MyThread
第 1 次执行线程 Thread-1
第 2 次执行线程 MyThread
第 2 次执行线程 Thread-1
第 3 次执行线程 Thread-1
第 3 次执行线程 MyThread
第 4 次执行线程 MyThread
第 4 次执行线程 Thread-1
```

```
线程 MyThread 执行完成!
线程 Thread-1 执行完成!
```

提示 仔细分析运行结果，会发现两个线程是交错运行的，总体感觉就像是两个线程在同时运行。但是实际上一台 PC 通常就只有一个 CPU，在某个时刻只能是一个线程在运行，而 Python 语言在设计时就充分考虑到线程的并发调度执行。对于程序员来说，在编程时要注意给每个线程执行的时间和机会，主要通过线程休眠的办法（调用 time 模块的 sleep()函数）让当前线程暂停执行，然后由其他线程来争夺执行的机会。如果上面的程序中没有调用 sleep()函数进行休眠，则就是第一个线程先执行完毕，然后第二个线程再执行完毕。所以巧妙应用 sleep()函数是多线程编程的关键。

18.3.2 继承 Thread 线程类实现线程体

另外一种实现线程体的方式是，创建一个 Thread 子类，并重写 run()方法，Python 解释器会调用 run()方法执行线程体。

采用继承 Thread 类重新实现 18.3.1 节示例，自定义线程类 MyThread 代码如下：

```
# coding=utf-8
# 代码文件:chapter18/ch18.3.2.py

import threading
import time


class MyThread(threading.Thread):                                ①
    def __init__(self, name=None):                               ②
        super().__init__(name=name)                              ③

    # 线程体函数
    def run(self):                                               ④
        # 当前线程对象
        t = threading.current_thread()
        for n in range(5):
            # 当前线程名
            print('第{0}次执行线程{1}'.format(n, t.name))
            # 线程休眠
            time.sleep(1)
        print('线程{0}执行完成!'.format(t.name))


# 主函数
def main():
    # 创建线程对象 t1
    t1 = MyThread()                                              ⑤
    # 启动线程 t1
    t1.start()
```

```
    # 创建线程对象 t2
    t2 = MyThread(name = 'MyThread')                                        ⑥
    # 启动线程 t2
    t2.start()


if __name__ == '__main__':
    main()
```

上述代码第①行定义了线程类 MyThread，它继承了 Thread 类。代码第②行是定义线程类的构造方法，name 参数是线程名。代码第③行是调用父类的构造方法，并提供 name 参数。代码第④行是重写父类 Thread 的 run()方法，run()方法是线程体，需要线程执行的代码在这里编写。代码第⑤行是创建线程对象 t1，但没有提供线程名。代码第⑥行是创建线程对象 t2，并为其提供线程名 MyThread。

18.4 线程管理

线程管理包括线程创建、线程启动、线程休眠、等待线程结束和线程停止，其中线程创建、线程启动和线程休眠在 18.3 节已经用到了，这些不再赘述。本节重点介绍等待线程结束和线程停止。

18.4.1 等待线程结束

在介绍现在状态时提到过 join()方法，当前线程调用 t1 线程的 join()方法时会阻塞当前线程，一直等到 t1 线程结束。如果 t1 线程结束或等待超时，则当前线程回到活动状态继续执行。join()方法语法如下：

```
join(timeout = None)
```

参数 timeout 是设置超时时间，单位是秒。如果没有设置 timeout，则可以一直等待。

使用 join()方法示例代码如下：

```
# coding = utf - 8
# 代码文件:chapter18/ch18.4.1.py

import threading
import time

# 共享变量
value = 0                                                                   ①


# 线程体函数
def thread_body():
    global value                                                            ②
    # 当前线程对象
    print('ThreadA 开始...')
    for n in range(2):
```

```
        print('ThreadA 执行...')
        value += 1                                                      ③
        # 线程休眠
        time.sleep(1)
    print('ThreadA 结束...')


# 主函数
def main():
    print('主线程 开始...')
    # 创建线程对象 t1
    t1 = threading.Thread(target = thread_body, name = 'ThreadA')
    # 启动线程 t1
    t1.start()
    # 主线程被阻塞,等待 t1 线程结束
    t1.join()                                                           ④
    print('value = {0}'.format(value))                                  ⑤
    print('主线程 结束...')


if __name__ == '__main__':
    main()
```

运行结果如下：

```
主线程 开始...
ThreadA 开始...
ThreadA 执行...
ThreadA 执行...
ThreadA 结束...
value = 2
主线程 结束...
```

上述代码第①行是定义一个共享变量 value。代码第②行是在线程体中声明 value 变量作用域为全局变量，所以代码第③行修改 value 数值。

代码第④行是在当前线程(主线程)中调用 t1 的 join()方法，因此会导致主线程阻塞，直到 t1 线程结束，从运行结果可以看出主线程被阻塞。代码第⑤行是打印共享变量 value，从运行结果可见 value = 2。

如果将 t1.join()语句注释掉，那么输出结果如下：

```
主线程 开始...
ThreadA 开始...
ThreadA 执行...
ThreadA 执行...
value = 1
主线程 结束...
ThreadA 结束...
```

从运行结果可见，子线程 t1 还没有结束，主线程就结束了。

提示 使用 join()方法的场景是，一个线程依赖于另外一个线程的运行结果，所以调用另一个线程的join()方法等它运行完成。

18.4.2 线程停止

当线程体结束(即run()方法或执行函数结束)时,线程就会停止了。但是有些业务比较复杂,例如想开发一个下载程序,每隔一段时间执行一次下载任务,下载任务一般会在子线程执行,且休眠一段时间再执行。这个下载子线程中会有一个死循环,为了能够停止子线程,应设置一个线程停止变量。

示例代码如下:

```
# coding = utf - 8
# 代码文件:chapter18/ch18.4.2.py

import threading
import time

# 线程停止变量
isrunning = True                                        ①


# 线程体函数
def thread_body():
    while isrunning:                                    ②
        # 线程开始工作
        # TODO
        print('下载中...')
        # 线程休眠
        time.sleep(5)
    print('执行完成!')


# 主函数
def main():
    # 创建线程对象 t1
    t1 = threading.Thread(target = thread_body)
    # 启动线程 t1
    t1.start()
    # 从键盘输入停止指令 exit
    command = input('请输入停止指令:')                   ③
    if command == 'exit':                               ④
        global isrunning
        isrunning = False


if __name__ == '__main__':
    main()
```

上述代码第①行是创建一个线程停止变量isrunning,代码第②行是在子线程线程体中进行循环,当isrunning = False时停止循环,结束子线程。

代码第③行是通过 input()函数从键盘读入指令，如果用户输入的是 exit 字符串，则修改循环结束变量 isrunning 为 False。

测试时需要注意，在控制台输入 exit，然后按 Enter 键，如图 18-2 所示。

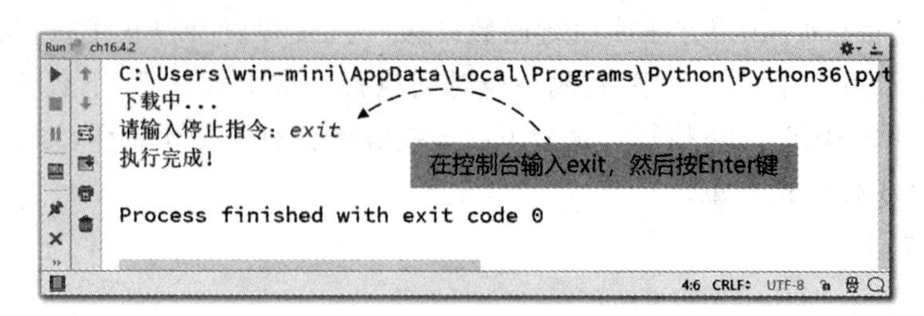

图 18-2 在控制台输入字符串

18.5 线程安全

在多线程环境下，访问相同的资源可能会引发线程不安全问题。本节讨论引发这些问题的根源和解决方法。

18.5.1 临界资源问题

多个线程同时运行时，有时线程之间需要共享数据，如一个线程需要其他线程的数据，否则就不能保证程序运行结果的正确性。

例如有一个航空公司的机票销售，每天机票数量是有限的，很多售票点同时销售这些机票。下面是一个模拟销售机票系统，示例代码如下：

```
# coding = utf - 8
# 代码文件:chapter18/ch18.5.1.py

import threading
import time


class TicketDB:
    def __init__(self):
        # 机票的数量
        self.ticket_count = 5                                  ①

    # 获得当前机票数量
    def get_ticket_count(self):                                ②
        return self.ticket_count

    # 销售机票
    def sell_ticket(self):                                     ③
        # TODO 等于用户付款
        # 线程休眠,阻塞当前线程,模拟等待用户付款
        time.sleep(1)                                          ④
        print("第{0}号票,已经售出".format(self.ticket_count))
```

```
        self.ticket_count -= 1                                          ⑤
```

上述代码创建 TicketDB 类，TicketDB 类模拟机票销售过程。代码第①行是定义机票数量成员变量 ticket_count，这是模拟当天可供销售的机票数，为了测试方便，初始值设置为5。代码第②行定义了获取当前机票数的 get_ticket_count()方法。代码第③行定义了销售机票方法，售票网点查询有没有票可以销售时，就会调用 sell_ticket()方法销售机票，这个过程中需要等待用户付款，付款成功后会将机票数减一，见代码第⑤行。为模拟等待用户付款，在代码第④行使用了 sleep()方法让当前线程阻塞。

调用代码如下：

```
# coding = utf - 8
# 代码文件:chapter18/ch18.5.1.py

import threading
import time

# 创建 TicketDB 对象
db = TicketDB()


# 线程体 1 函数
def thread1_body():                                                     ①
    global db                  # 声明为全局变量
    while True:
        curr_ticket_count = db.get_ticket_count()                       ②
        # 查询是否有票
        if curr_ticket_count > 0:                                       ③
            db.sell_ticket()                                            ④
        else:
            # 无票退出
            break


# 线程体 2 函数
def thread2_body():                                                     ⑤
    global db                  # 声明为全局变量
    while True:
        curr_ticket_count = db.get_ticket_count()
        # 查询是否有票
        if curr_ticket_count > 0:
            db.sell_ticket()
        else:
            # 无票退出
            break


# 主函数
def main():
    # 创建线程对象 t1
```

```
    t1 = threading.Thread(target = thread1_body)                      ⑥
    # 启动线程 t1
    t1.start()
    # 创建线程对象 t2
    t2 = threading.Thread(target = thread2_body)                      ⑦
    # 启动线程 t2
    t2.start()


if __name__ == '__main__':
    main()
```

上述代码创建了两个线程，模拟两个售票网点，每一个线程所做的事情类似。代码第⑥行和第⑦行是创建两个线程，代码第①行和第⑤行是两线程对应的线程体函数，线程体1函数和线程体2函数所执行的代码是类似的。在线程体中，首先获得当前机票数量（见代码第②行），然后判断机票数量是否大于零（见代码第③行），如果有票则出票（见代码第④行），否则退出循环并结束线程。

一次运行结果如下：

```
第 5 号票,已经售出
第 5 号票,已经售出
第 3 号票,已经售出
第 3 号票,已经售出
第 1 号票,已经售出
第 0 号票,已经售出
```

虽然每次运行的结果可能都不一样，但是从结果还是能发现一些问题：同一张票重复销售、出现了第0号票以及5张票卖了6次的情况。这些问题的根本原因是多个线程间共享的数据导致数据不一致。

提示 多个线程间共享的数据称为共享资源或临界资源，由于CPU负责线程的调度，程序员无法精确控制多线程的交替顺序。这种情况下，多线程对临界资源的访问有时会导致数据的不一致性。

18.5.2 多线程同步

为了防止多线程对临界资源的访问导致数据的不一致性，Python提供了"互斥"机制，可以为这些资源对象加上一把"互斥锁"，在任一时刻只能由一个线程访问，即使该线程出现阻塞，该对象的被锁定状态也不会解除，其他线程仍不能访问该对象，这就是多线程同步。线程同步是保证线程安全的重要手段，但是线程同步客观上会导致性能下降。

对于简单线程同步问题，可以使用threading模块的Lock类。Lock对象有两种状态，即"锁定"和"未锁定"，默认是"未锁定"状态。Lock对象有acquire()和release()两个方法实现锁定和解锁，acquire()方法可以实现锁定，使Lock对象进入"锁定"；release()方法可以实现解锁，使Lock对象进入"未锁定"。

重构18.5.1节售票系统示例，代码如下：

```
# coding = utf - 8
```

```
# 代码文件:chapter18/ch18.5.2.py

import threading
import time


class TicketDB:
    def __init__(self):
        # 机票的数量
        self.ticket_count = 5

    # 获得当前机票数量
    def get_ticket_count(self):
        return self.ticket_count

    # 销售机票
    def sell_ticket(self):
        # TODO 等于用户付款
        # 线程休眠,阻塞当前线程,模拟等待用户付款
        time.sleep(1)
        print("第{0}号票,已经售出".format(self.ticket_count))
        self.ticket_count -= 1


# 创建 TicketDB 对象
db = TicketDB()
# 创建 Lock 对象
lock = threading.Lock()                                          ①


# 线程体 1 函数
def thread1_body():
    global db, lock          # 声明为全局变量
    while True:
        lock.acquire()                                           ②
        curr_ticket_count = db.get_ticket_count()
        # 查询是否有票
        if curr_ticket_count > 0:
            db.sell_ticket()
        else:
            lock.release()                                       ③
            # 无票退出
            break
        lock.release()                                           ④
        time.sleep(1)


# 线程体 2 函数
def thread2_body():
    global db, lock          # 声明为全局变量
    while True:
```

```
        lock.acquire()
        curr_ticket_count = db.get_ticket_count()
        # 查询是否有票
        if curr_ticket_count > 0:
            db.sell_ticket()
        else:
            lock.release()
            # 无票退出
            break
        lock.release()
        time.sleep(1)


# 主函数
def main():
    # 创建线程对象 t1
    t1 = threading.Thread(target = thread1_body)
    # 启动线程 t1
    t1.start()
    # 创建线程对象 t2
    t2 = threading.Thread(target = thread2_body)
    # 启动线程 t2
    t2.start()


if __name__ == '__main__':
    main()
```

上述代码第①行创建了 Lock 对象。代码第②行～第④行是需要同步的代码，每一个时刻只能由一个线程访问，需要使用锁定。代码第②行使用 lock.acquire()加锁，代码第③行和第④行使用 lock.release()解锁。由于线程体 1 函数和线程体 2 函数类似，这里不赘述。

运行结果如下：

```
第 5 号票,已经售出
第 4 号票,已经售出
第 3 号票,已经售出
第 2 号票,已经售出
第 1 号票,已经售出
```

从上述运行结果可见，没有出现 18.5.1 节中的问题，这说明线程同步成功。

18.6 线程间通信

18.5 节的示例只是简单地加锁，但有时情况会更加复杂。如果两个线程之间有依赖关系，线程之间必须进行通信，且互相协调才能完成工作。实现线程间通信可以使用 threading 模块中的 Condition 和 Event 类。下面分别介绍 Condition 和 Event 类的使用。

18.6.1　使用 Condition 实现线程间通信

Condition 被称为条件变量，Condition 类提供了对复杂线程同步问题的支持，除了提供与 Lock 类似的 acquire()和 release()方法外，还提供了 wait()、notify()和 notify_all()方法，这些方法语法如下：

(1) wait(timeout=None)。使当前线程释放锁，然后当前线程处于阻塞状态，等待相同条件变量中其他线程唤醒或超时，timeout 是设置超时时间。

(2) notify()。唤醒相同条件变量中的一个线程。

(3) notify_all()。唤醒相同条件变量中的所有线程。

下面通过一个示例熟悉使用 Condition 实现线程间通信。一个经典的线程间通信是“堆栈”数据结构，一个线程生成了一些数据，将数据压栈；另一个线程消费了这些数据，将数据出栈。这两个线程互相依赖，当堆栈为空时，消费线程无法取出数据，应该通知生成线程添加数据；当堆栈已满时，生产线程无法添加数据，应该通知消费线程取出数据。

消费和生产示例中的堆栈类代码如下：

```
# coding = utf - 8
# 代码文件:chapter18/ch18.6.1.py

import threading
import time
import random

# 创建条件变量对象
condition = threading.Condition()                                    ①


class Stack:                                                         ②
    def __init__(self):
        # 堆栈指针初始值为 0
        self.pointer = 0                                             ③
        # 堆栈有 5 个数字的空间
        self.data = [ - 1, - 1, - 1, - 1, - 1]                       ④

    # 压栈方法
    def push(self, c):                                               ⑤
        global condition
        condition.acquire()
        # 堆栈已满,不能压栈
        while self.pointer == len(self.data):
            # 等待其他线程把数据出栈
            condition.wait()
        # 通知其他线程把数据出栈
        condition.notify()
        # 数据压栈
        self.data[self.pointer] = c
        # 指针向上移动
        self.pointer += 1
```

```
        condition.release()

    # 出栈方法
    def pop(self):                                                  ⑥
        global condition
        condition.acquire()
        # 堆栈无数据,不能出栈
        while self.pointer == 0:
            # 等待其他线程把数据压栈
            condition.wait()
        # 通知其他线程压栈
        condition.notify()
        # 指针向下移动
        self.pointer -= 1
        data = self.data[self.pointer]
        condition.release()
        # 数据出栈
        return data
```

上述代码第①行创建条件变量对象。代码第②行定义 Stack 堆栈类,该堆栈有最多 5 个元素的空间。代码第③行定义并初始化堆栈指针,堆栈指针是记录栈顶位置的变量。代码第④行是堆栈空间,−1 表示没有数据。

代码第⑤行定义了压栈方法 push(),该方法中的代码需要同步,因此在该方法开始时通过 condition.acquire()语句加锁,在该方法结束时通过 condition.release()语句解锁。另外,在该方法中需要判断堆栈是否已满,如果已满不能压栈,调用 condition.wait()让当前线程进入等待状态中。如果堆栈未满,程序会调用 condition.notify()唤醒一个线程。

代码第⑥行声明了出栈的 pop()方法,与 push()方法类似,这里不再赘述。

调用代码如下:

```
# coding=utf-8
# 代码文件:chapter18/ch18.6.1.py

import threading
import time


# 创建堆栈 Stack 对象
stack = Stack()


# 生产者线程体函数
def producer_thread_body():                                         ①
    global stack            # 声明为全局变量
    #产生 10 个数字
    for i in range(0, 10):
        # 把数字压栈
        stack.push(i)                                               ②
        # 打印数字
        print('生产:{0}'.format(i))
```

```
        # 每产生一个数字,线程就睡眠
        time.sleep(1)


# 消费者线程体函数
def consumer_thread_body():                                                    ③
    global stack              # 声明为全局变量
    # 从堆栈中读取数字
    for i in range(0, 10):
        # 从堆栈中读取数字
        x = stack.pop()                                                        ④
        # 打印数字
        print('消费:{0}'.format(x))
        # 每消费一个数字,线程就睡眠
        time.sleep(1)


# 主函数
def main():
    # 创建生产者线程对象 producer
    producer = threading.Thread(target = producer_thread_body)                 ⑤
    # 启动生产者线程
    producer.start()
    # 创建消费者线程对象 consumer
    consumer = threading.Thread(target = consumer_thread_body)                 ⑥
    # 启动消费者线程
    consumer.start()


if __name__ == '__main__':
    main()
```

上述代码第⑤行是创建生产者线程对象,代码第①行是生产者线程体函数,在该函数中把产生的数字压栈(见代码第②行),然后休眠一秒。代码第⑥行是创建消费者线程对象,代码第③行是消费者线程体函数,在该函数中把产生的数字出栈(见代码第④行),然后休眠一秒。

运行结果如下:

```
生产:0
消费:0
生产:1
消费:1
生产:2
消费:2
生产:3
消费:3
生产:4
消费:4
生产:5
消费:5
```

```
生产:6
消费:6
生产:7
消费:7
生产:8
消费:8
生产:9
消费:9
```

从上述运行结果可见，先有生产然后有消费，这说明线程间的通信是成功的。如果线程间没有成功的通信机制，可能会出现如下的运行结果：

```
生产:0
消费:0
消费:-1
生产:1
…
```

“－1”表示数据还没有生产出来，消费线程消费了还没有生产的数据，这是不合理的。

18.6.2 使用 Event 实现线程间通信

使用条件变量 Condition 实现线程间通信还是有些麻烦，threading 模块提供的 Event 可以实现线程间通信。Event 对象调用 wait(timeout=None)方法时会阻塞当前线程，使线程进入等待状态，直到另一个线程调用该 Event 对象的 set()方法后，所有等待状态的线程恢复运行。

重构 18.6.1 节示例中堆栈类代码如下：

```
# coding=utf-8
# 代码文件:chapter18/ch18.6.2.py

import threading
import time

event = threading.Event()                                      ①


class Stack:
    def __init__(self):
        # 堆栈指针初始值为 0
        self.pointer = 0
        # 堆栈有 5 个数字的空间
        self.data = [-1, -1, -1, -1, -1]

    # 压栈方法
    def push(self, c):
        global event
        # 堆栈已满,不能压栈
        while self.pointer == len(self.data):
```

```
            # 等待其他线程把数据出栈
            event.wait()                                        ②
        # 通知其他线程把数据出栈
        event.set()                                             ③
        # 数据压栈
        self.data[self.pointer] = c
        # 指针向上移动
        self.pointer += 1

    # 出栈方法
    def pop(self):
        global event
        # 堆栈无数据,不能出栈
        while self.pointer == 0:
            # 等待其他线程把数据压栈
            event.wait()
        # 通知其他线程压栈
        event.set()
        # 指针向下移动
        self.pointer -= 1
        # 数据出栈
        data = self.data[self.pointer]
        return data
```

上述代码第①行创建 Event 对象。压栈方法 push()中,代码第②行 event.wait()是阻塞当前线程并等待其他线程唤醒。代码第③行 event.set()是唤醒其他线程。出栈的 pop()方法与 push()方法类似,这里不再赘述。

比较 18.6.1 节发现,使用 Event 实现线程间通信要比使用 Condition 实现线程间通信简单。Event 不需要使用"锁"来同步代码。

18.7 本章小结

本章介绍了 Python 线程技术。首先介绍了线程相关的一些概念,然后介绍了如何创建线程、线程管理、线程安全和线程间通信等内容,其中创建线程和线程管理是学习的重点。读者应掌握线程状态和线程安全,了解线程间通信。

18.8 同步练习

1. 判断对错:一个进程就是一个执行中的程序,而每一个进程都有自己独立的一块内存空间、一组系统资源。(　　)

2. 判断对错:同一类中的多个线程共享一块内存空间和一组系统资源。(　　)

3. 判断对错:线程体是线程执行函数,线程启动后会执行该函数,线程处理代码是在线程体中编写的。(　　)

4. 请简述提供线程体的主要方式有哪些?

5. 线程管理包括(　　)操作。

A. 线程创建　　B. 线程启动　　C. 线程休眠　　D. 等待线程结束

E. 线程停止

6. 判断对错：若在主线程中调用 t1 线程的 join()方法，则会阻塞 t1 线程，并等待主线程结束。(　　)

7. 判断对错：要使线程停止，需要调用它的 stop()方法。(　　)

8. 判断对错："互斥锁"可以保证任一时刻只能由一个线程访问资源对象，是实现线程间通信的重要手段。(　　)

第 19 章

CHAPTER 19

项目实战 1：网络爬虫与爬取股票数据

互联网是一个巨大的资源库，只要方法适当，就可以找到所需要的数据。少量的数据可以人工去找，但是对于大量的且获取之后还要进行分析的数据，那么靠人工就无法完成这些任务，因此需要通过一个计算机程序帮助完成这些工作，这就是网络爬虫。本章通过爬取股票数据项目实战介绍网络爬虫技术。

提示 Python 社区中有一个网络爬虫框架——Scrapy（https://scrapy.org/），Scrapy 封装了网络爬虫的技术细节，使开发人员编写网络爬虫更加方便。本书并不介绍 Scrapy 框架，而是介绍实现网络爬虫的基本技术。本章通过完成一个爬取股票数据项目来介绍网络爬虫技术。通过本章的学习，读者一方面可以消化吸收本书此前讲解的 Python 技术，另一方面可以掌握网络爬虫的技术原理。

19.1 网络爬虫技术概述

网络爬虫（也称为网页蜘蛛或网络机器人）是一种按照一定规则自动爬取互联网数据的计算机程序。编写网络爬虫程序主要涉及的技术有网络通信技术、多线程并发技术、数据交换技术、HTML 等 Web 前端技术、数据分析技术和数据存储技术等。

19.1.1 网络通信技术

网络爬虫程序首先要通过网络通信技术访问互联网资源，这些资源通过 URL 指定，基于 HTTP 和 HTTPS。具体而言，在 Python 中可以通过 urllib 库访问互联网资源，这些技术在本书 18.4 节进行了全面而详细的介绍，这里不再赘述。

19.1.2 多线程技术

一些为搜索引擎爬取数据的爬虫需要 24 小时不停地工作，而且数据量巨大。为提高效率，这些爬虫往往通过多个线程并发执行，这就需要使用多线程并发技术。另外有些爬虫只访问专门的网站，定时爬取特定数据，例如股票数据是定时更新的，这也可以通过多线程技术实现，使用多线程的休眠特性而不是并发特性。可以通过一个子线程根据特定时间执行爬虫程序，然后休眠，然后再执行爬虫程序，这样周而复始。本书第 18 章已详细介绍了多线程技术，这里不再赘述。

19.1.3 数据交换技术

若从互联网获得的资源是规范的 XML、JSON 等数据格式，那么这些数据可以通过数据交换技术进行解析。

19.1.4 Web 前端技术

有时从互联网获得的资源并不是规范的 XML、JSON 等数据格式，而是 HTML、CSS 和 JavaScript 等数据，这些数据在浏览器中会显示出漂亮的网页，这就是 Web 前端技术。HTML 等技术细节超出了本书的范围，希望读者通过其他渠道掌握相关技术。

在网络爬虫爬取 HTML 代码时，开发人员需要知道所需要的数据裹挟在哪些 HTML 标签中，要想找到这些数据，可以使用一些浏览器中的 Web 开发工具。作者推荐使用 Chrome 或 Firefox 浏览器，因为它们都自带了 Web 开发工具箱，Chrome 浏览器可以通过菜单“更多工具”→“开发者工具”打开，如图 19-1 所示。Firefox 浏览器可以通过菜单“Web 开发者”→“切换工具箱”打开，如图 19-2 所示。或者可以通过快捷键打开它们，在 Windows 平台下两个浏览器打开 Web 工具箱都是使用相同的快捷键 Ctrl+Shift+i。

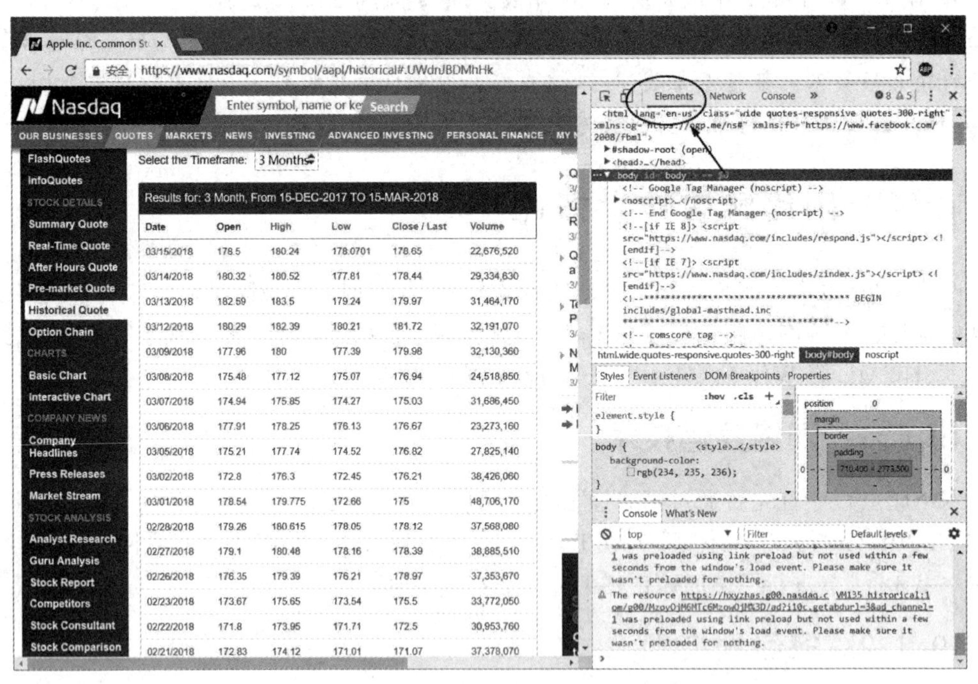

图 19-1 Chrome 浏览器 Web 开发工具箱

对比图 19-1 和图 19-2 可见，Chrome 开发工具箱与 Firefox 开发工具箱非常类似，Chrome 中的 Elements 与 Firefox 中的查看器功能类似，可以查看 HTML 代码与页面的对应关系。

19.1.5 数据分析技术

从互联网获得的数据往往需要进行数据分析，如果是规范的数据格式，如 XML、JSON 等，则可方便地实现数据分析。但如果是 HTML 等数据，那么就非常麻烦，HTML 设计的初

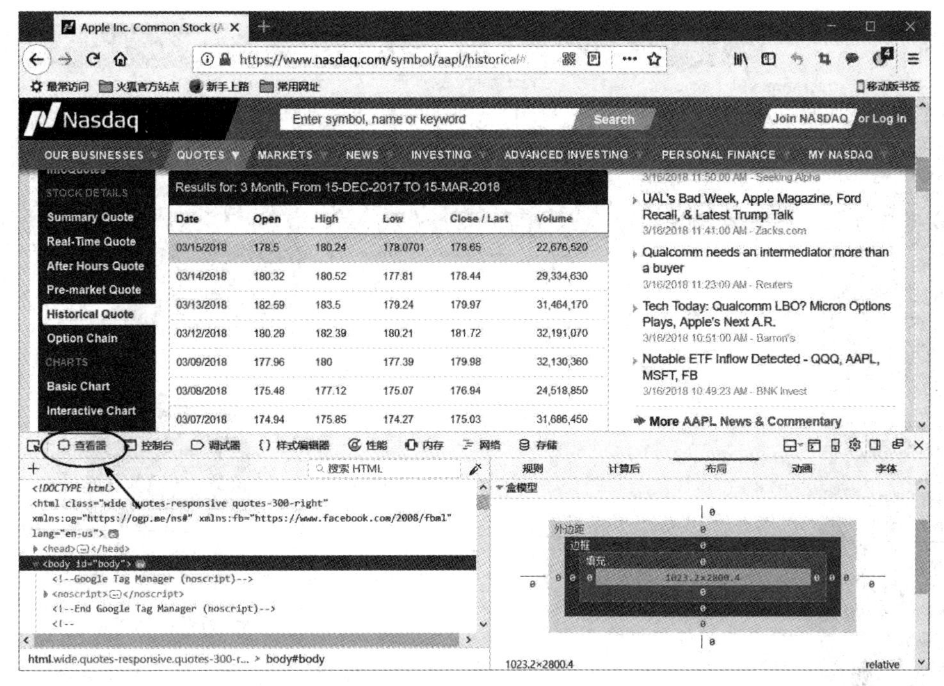

图 19-2　Firefox 浏览器 Web 开发工具箱

衷是给“人”使用的，而 XML 和 JSON 是给计算机程序使用的。虽然 HTML 代码杂乱无章且数据量巨大，如图 19-3 所示，但通过浏览器加载后会呈现出漂亮的网页，如图 19-4 所示。

```
view-source:https://www.nasdaq.com/symbol/aapl/historical#.UWdnJBDMhHk
1043
1044                <div id="qwidget_lastsale" class="qwidget-
dollar">$178.65</div>
1045                <div class="qwidget-dollar"><div>*  </div></div>
1046                <div id="qwidget_netchange" class="qwidget-cents qwidget-
Green">0.21</div>
1047                <div id="qwidget-arrow"><div class="marginLR10px arrow-
green"></div></div>
1048                <div id="qwidget_percent" class="qwidget-percent qwidget-
Green" style="white-space:nowrap">0.12%</div>
1049                <a class="getAlerts" href="javascript:void(0)"
onclick="getAlertHandler();"><span>Get AAPL Alerts</span></a><br />
1050            </div>
1051            <div id="qwidget_markettimedate" class="floatL paddingB15px">
1052                <small>
1053                    *Delayed - data as of <span id="qwidget_markettime">Mar.
15, 2018 </span> - 
1054                    <a href="https://www.nasdaq.com/investing/online-
brokers/" onclick="triggerAsyncOmnitureClickEvent('quotes:quote-bar:brokers')">
1055                        Find a broker to begin trading AAPL now
1056                    </a>
1057                </small>
1058            </div>
1059        </div>
1060        <div id="qwidget-sector-wrap">
```

图 19-3　HTML 代码

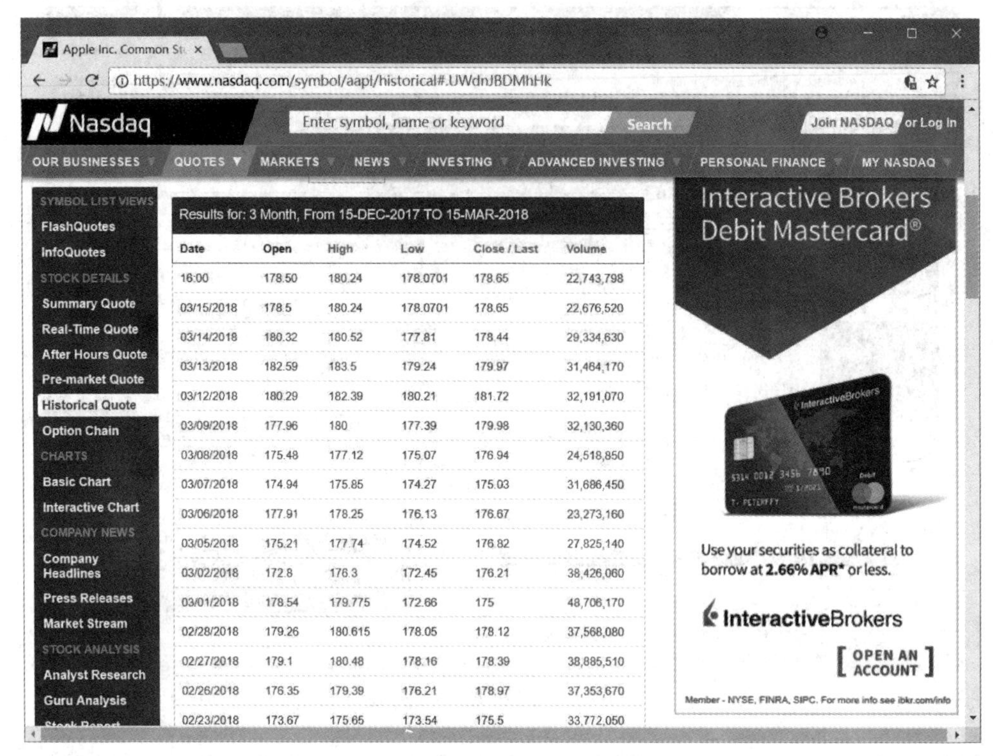

Date	Open	High	Low	Close / Last	Volume
16:00	178.50	180.24	178.0701	178.65	22,743,798
03/15/2018	178.5	180.24	178.0701	178.65	22,676,520
03/14/2018	180.32	180.52	177.81	178.44	29,334,630
03/13/2018	182.59	183.5	179.24	179.97	31,464,170
03/12/2018	180.29	182.39	180.21	181.72	32,191,070
03/09/2018	177.96	180	177.39	179.98	32,130,360
03/08/2018	175.48	177.12	175.07	176.94	24,518,850
03/07/2018	174.94	175.85	174.27	175.03	31,686,450
03/06/2018	177.91	178.25	176.13	176.67	23,273,160
03/05/2018	175.21	177.74	174.52	176.82	27,825,140
03/02/2018	172.8	176.3	172.45	176.21	38,426,060
03/01/2018	178.54	179.775	172.66	175	48,706,170
02/28/2018	179.26	180.615	178.05	178.12	37,568,080
02/27/2018	179.1	180.48	178.16	178.39	38,885,510
02/26/2018	176.35	179.39	176.21	178.97	37,353,670
02/23/2018	173.67	175.65	173.54	175.5	33,772,050

图 19-4　与图 19-3 所示 HTML 代码对应的网页

一般人不会关心 HTML 代码，但作为网络爬虫的开发人员，则需要分析这些 HTML 代码，抽丝剥茧找到所需要的数据，这个工作是比较烦琐的，而且没有统一的规范，需要对具体问题具体分析。所需要的技术主要是字符串处理技术，还有正则表达式等技术。对于 HTML 代码的分析也可以借助第三方库，如 BeautifulSoup 等。

19.1.6　数据存储技术

数据分析完成后需要保存起来，最理想的数据保存场所是数据库，这些数据是相互关联的关系型数据库，如 Oracle、SQL Server、MySQL 和 SQLite 等。这些技术读者可以参考本书第 15 章。

少量数据也可以保存到文件中，这些文件应该是结构化的文档，采用 XML、JSON 和 CSV 等数据交换格式。

19.2　爬取数据

爬取数据是网络爬虫工作的第一步。互联网中提供的数据形式多样，虽然也会有 XML、JSON 和 CSV 等结构化的数据，但访问这些数据的 API 一般很少对外开放，只是内部使用。容易得到的数据往往都裹挟在 HTML 代码中，需要进行烦琐的分析和提取。

19.2.1　网页中静态和动态数据

裹挟在 HTML 代码中的数据也并非唾手可得。大多数情况下 Web 前端与后台服务器的通信采用同步请求，即一次请求返回整个页面所有的 HTML 代码，这些裹挟在 HTML 中的数据就是所谓的“静态数据”。为了改善用户体验，Web 前端与后台服务器通信也可以采用异步请求技术 AJAX①，异步请求返回的数据就是所谓的“动态数据”，一般是 JSON 或 XML 等结构化数据，Web 前端获得这些数据后，再通过 JavaScript 脚本程序动态地添加到 HTML 标签中。

提示　同步请求也可以有动态数据。一次请求返回所有 HTML 代码和数据，数据并不是在 HTML 中放到标签中的，而是被隐藏起来，例如放到 hide 等隐藏字段中，或放到 JavaScript 脚本程序的变量中。然后再通过 JavaScript 脚本程序动态地添加到 HTML 标签中。

图 19-5 所示的搜狐证券显示了某只股票的历史数据，其中图 19-5(a)所示的 HTML 内容都是静态数据，而动态数据则由 JavaScript 脚本程序动态地添加到 HTML 标签中，如图 19-5(b)所示。

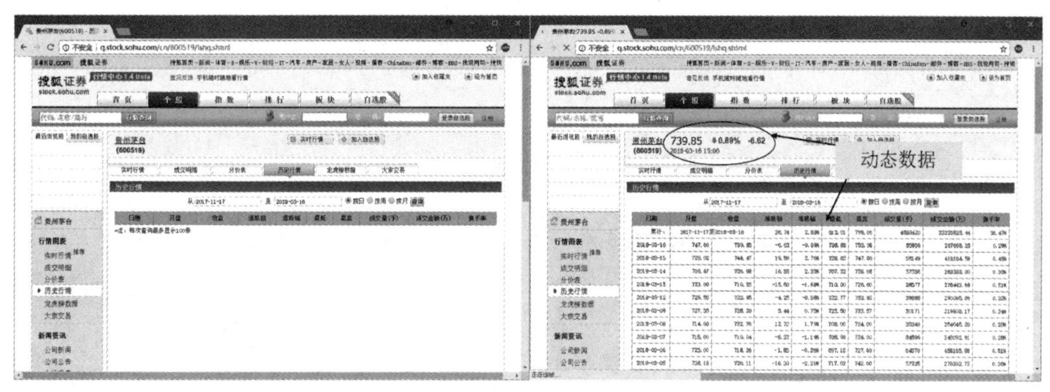

(a) 静态数据　　(b) 动态数据

图 19-5　网页中的数据

并非所有的网站都采用静态数据或动态数据，这要看网站的具体请求，例如纳斯达克股票的历史数据是静态的，而搜狐证券提供的股票历史数据是动态的。静态数据和动态数据会影响到采用什么样的网络请求库，数据分析和提取也会有所不同。

19.2.2　使用 urllib 爬取数据

在第 16 章介绍过网络请求库 urllib，它只能进行同步请求，不能进行异步请求。但是如果能找到获得动态数据的异步请求网址和参数，也可通过 urllib 发送请求返回数据。

---

① AJAX(Asynchronous JavaScript and XML)可以异步发送请求获取数据，请求过程中不用刷新页面，用户体验好，而且异步请求过程中不返回整个页面的 HTML 代码，只返回少量的数据，这可以减少网络资源的占用，提高通信效率。

1. 获得静态数据

图 19-4 所示的页面是苹果公司在纳斯达克的股票历史数据，它是静态数据，相对比较容易获得，它的网址是 https://www.nasdaq.com/symbol/aapl/historical#.UWdnJBDMhHk。获得它的 HTML 代码的示例代码如下：

```
# coding = utf - 8
# 代码文件:chapter19/ch19.2.2 - 1.py

import urllib.request

url = 'https://www.nasdaq.com/symbol/aapl/historical#.UWdnJBDMhHk'
req = urllib.request.Request(url)

with urllib.request.urlopen(req) as response:
    data = response.read()
    htmlstr = data.decode()
    print(htmlstr)
```

输出结果如下：

```
...
<table>
...
    <tbody>
    ...
                <tr>
                    <td>
                        03/15/2018
                    </td>
                    <td>
                        178.5
                    </td>
                    <td>
                        180.24
                    </td>
                    <td>
                        178.0701
                    </td>
                    <td>
                        178.65
                    </td>
                    <td>
                        22,676,520
                    </td>
                </tr>
     ...
    </tbody>
</table>
...
```

上述代码比较容易读懂，这些技术在第 16 章都已经介绍过了。那么如何证明返回的数据是静态数据呢？可以通过在返回的 HTML 代码中查找页面中的关键字来证明是否是静态数据，例如 2018 年 3 月 15 日的开盘价是 178.5，读者可以查找 178.5 关键字是否存在。

2. 获得动态数据

图 19-5 所示的页面是搜狐证券提供的股票历史数据，它是动态数据，且该动态数据不是通过 AJAX 异步请求获得的，而是同步请求返回后隐藏在 JavaScript 变量中的。这些结论是通过 Chrome 浏览器或 Firefox 浏览器的 Web 工具箱分析而知的。首先需要在浏览器中打开 http://q.stock.sohu.com/cn/600519/lshq.shtml 网址，该网址是贵州茅台股票的历史数据，然后打开 Web 工具箱，如图 19-6 所示。打开 Firefox 的 Web 工具箱后，选中网络标签，网络标签可以查看所有的网络请求，下面表格中的每一行表示一次请求，其中状态为 200 的表示成功完成请求，方法表示 HTTP 请求方法(主要是 GET 和 POST)。如果需要可以选择具体的数据类型，其中 XHR 是异步请求，本例中 XHR 没有请求信息。

图 19-6　使用 Web 工具箱

具体分析过程可以先查看 HTML 数据，如图 19-7 所示，选中 lshq.shtml 文件，然后会在右边打开一个小窗口，选择响应标签可以查看从服务器返回的数据。如果是 HTML 或图片数据，则可以预览，响应载荷中的内容就是返回的 HTML 代码。若要验证是否是静态数据，可以先将 HTML 代码复制出来，然后查找关键字。

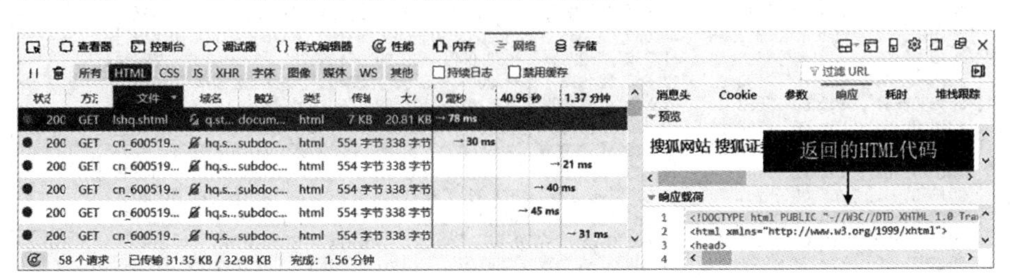

图 19-7　分析 HTML 数据

如果在HTML中找不到关键字数据，则说明是动态数据，动态数据可以查看XHR和JS。图19-8所示是JS数据界面，在这些成功的请求(状态为200)中逐一查找，这个过程没有什么技巧可言，只能靠耐心和经验积累。图19-8所示界面中找到了一个请求，它的响应数据是一个字符串，经过分析发现这就是页面中的数据。选择表格中的请求，右击菜单中选择“复制”→“复制网址”，复制出来的网址如下：

```
http://q.stock.sohu.com/hisHq?code=cn_600519&stat=1&order=D&period=d&callback=historySearchHandler&rt=jsonp&0.8115656498417958
```

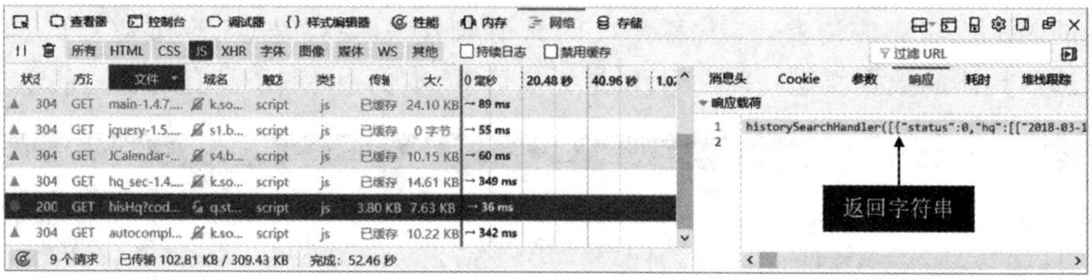

图19-8 分析JS数据

由于本次请求是GET请求，可以直接在浏览器中打开网址，如图19-9所示，浏览器展示了一个字符串。从返回的字符串可见，这并不是一个有效的JSON数据，因为JSON数据是放置在historySearchHandler(…)中的，historySearchHandler应该是一个JavaScript变量或函数，开发人员只需要关心括号中的JSON字符串就可以了。

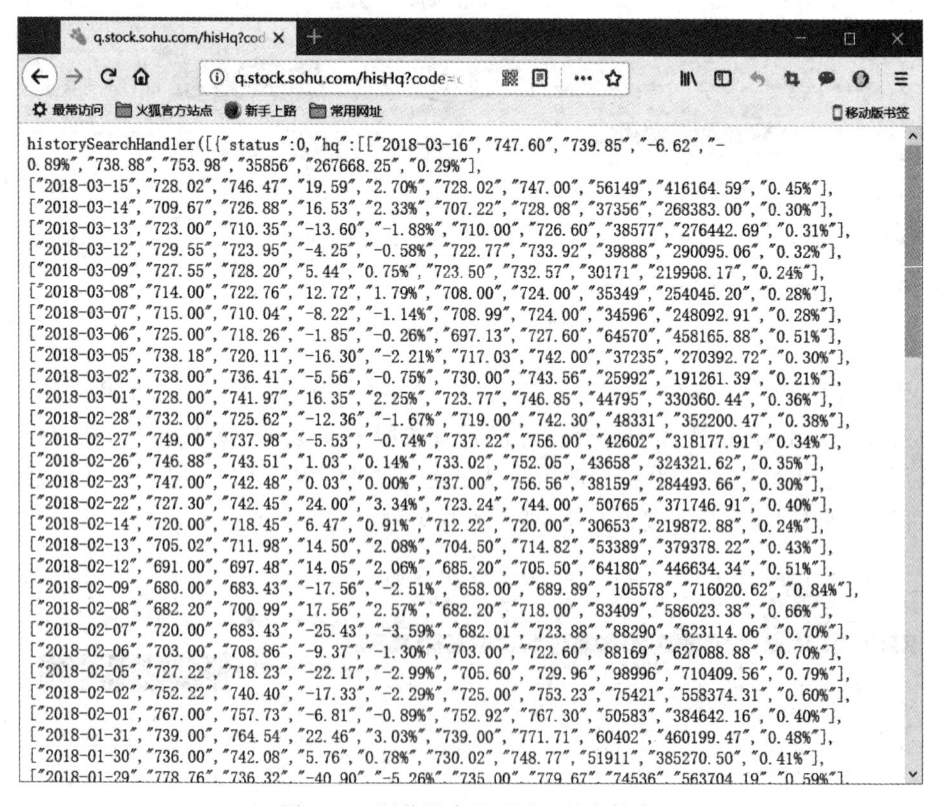

图19-9 浏览器中展示返回的字符串

示例代码如下：

```
# coding = utf - 8
# 代码文件:chapter19/ch19.2.2 - 2.py

"""获得动态数据"""
import re
import urllib.request

url = 'http://q.stock.sohu.com/hisHq?code = cn_600519&stat = 1&order = D&period = d&callback =
historySearchHandler&rt = jsonp&0.8115656498417958'

req = urllib.request.Request(url)

with urllib.request.urlopen(req) as response:
    data = response.read()
    htmlstr = data.decode('gbk')
    print(htmlstr)
    htmlstr = htmlstr.replace('historySearchHandler(', '')                ①
    htmlstr = htmlstr.replace(')', '')                                    ②
    print('替换后的:', htmlstr)
```

代码第①行是去掉“historySearchHandler(”字符串，代码第②行是去掉后面的“)”字符串。最后获得的数据就是有效的JSON数据了，解析JSON数据的过程这里不再赘述。

3. 伪装成浏览器

有些网站服务器提供者并不希望有爬虫来爬取数据(搜索引擎除外)，因为这会增加服务器的负载，占用服务器带宽。另外，这些数据也是有商业价值的。出于多种原因，有些服务器会检查一个网络请求是否由浏览器发出，本书之前使用urllib发送的网络请求很容易被服务器识别出不是来自于浏览器的请求。为此，可以将urllib发送请求进行伪装，伪装的关键是要在urllib的请求头中添加User-Agent字段[①]。

下面示例实现了将urllib请求伪装成为iPhone的Safari浏览器，代码如下：

```
# coding = utf - 8
# 代码文件:chapter19/ch19.2.2 - 3.py

import urllib.request

url = 'http://www.ctrip.com/'

req = urllib.request.Request(url)
req.add_header('User - Agent',
               'Mozilla/5.0 (iPhone; CPU iPhone OS 10_2_1 like Mac OS X) AppleWebKit/602.4.6
(KHTML, like Gecko) Version/10.0 Mobile/14D27 Safari/602.1')              ①

with urllib.request.urlopen(req) as response:
```

① User-Agent的中文名为用户代理，它是一个特殊字符串头，使得服务器能够识别客户使用的操作系统及版本、CPU类型、浏览器及版本、浏览器渲染引擎、浏览器语言、浏览器插件等。

```
    data = response.read()
    htmlstr = data.decode()
    if htmlstr.find('mobile') != -1:                                    ②
        print('移动版')
```

上述代码第①行通过 Request 的 add_header()方法添加请求头，User-Agent 设置用户代理字段，Mozilla/5.0 (iPhone; CPU iPhone OS 10_2_1 like Mac OS X) AppleWebKit/602.4.6 (KHTML, like Gecko) Version/10.0 Mobile/14D27 Safari/602.1 说明这是 iPhone 的 Safari 浏览器发出的请求。请求发出后需要判断返回的 HTML 代码是否是专门为移动平台而设计的，代码第②行是进行验证。

请求头可以包含很多字段，都是通过 add_header()方法添加的，其中第一个参数是请求的字段名，这个名字是固定的；第二个参数对应内容。以下代码是通过 Firefox 浏览器发送的一些网络请求。

```
User-Agent: Mozilla/5.0 (Windows NT 10.0; Win64; x64; rv:59.0) Gecko/20100101 Firefox/59.0
Accept: text/html,application/xhtml+xml,application/xml;q=0.9,*/*;q=0.8
Accept-Language: zh-CN,zh;q=0.8,zh-TW;q=0.7,zh-HK;q=0.5,en-US;q=0.3,en;q=0.2
Accept-Encoding: gzip, deflate
```

除了添加请求头信息外，urllib 请求还可以添加 Cookies① 信息。

19.2.3 使用 Selenium 爬取数据

伪装浏览器不是万能的，服务器总是有办法识别出请求是否来自于浏览器。另外，有的数据需要登录系统后才能获得，例如邮箱数据，而且在登录时会有验证码识别，验证码能够识别出是人工登录系统，还是计算机程序登录系统。试图破解验证码不是一个好主意，现在的验证码也不是简单的图像，有的会有声音等识别方式。

如果是一个真正的浏览器，那么服务器设置重重"障碍"就不是问题了。Selenium 可以启动本机浏览器，然后通过程序代码操控它。Selenium 直接操控浏览器，可以返回任何形式的动态数据。使用 Selenium 操控浏览器过程中也可以人为干预，例如在登录时，如果需要输入验证码，则由人工输入，登录成功之后，再由 Selenium 操控浏览器爬取数据。

1. 安装和配置 Selenium

Selenium 的官网是 https://www.seleniumhq.org/，可以通过 pip 安装 Selenium，安装指令为

```
pip install selenium
```

在 Windows 平台下执行 pip 安装指令过程如图 19-10 所示，最后会有安装成功提供，其他平台安装过程也是类似的，这里不再赘述。

Selenium 需要操作本地浏览器，默认是 Firefox，因此推荐安装 Firefox 浏览器，本例安装的 Selenium 版本是 3.11.0，要求 Firefox 浏览器是 55.0 以上版本。由于版本兼容的问题，还需要下载浏览器引擎 GeckoDriver。GeckoDriver 可以在 https://github.com/mozilla/

---

① 某些网站为了辨别用户身份，将一些数据储存在用户本地计算机上，这些数据是加密的，这些 Cookies 信息依赖于浏览器。

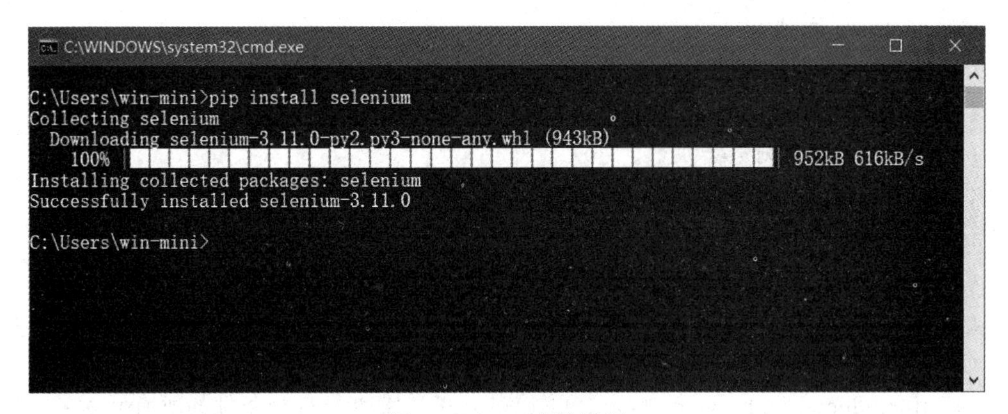

图 19-10　pip 安装过程

geckodriver/releases 下载，根据自己的平台选择对应的版本，不需要安装 GeckoDriver，只要将下载包解压处理就可以了。

然后需要配置环境变量，将 Firefox 浏览器的安装目录和 GeckoDriver 解压目录添加到系统的 PATH 中，如图 19-11 所示是在 Windows 10 下添加 PATH。

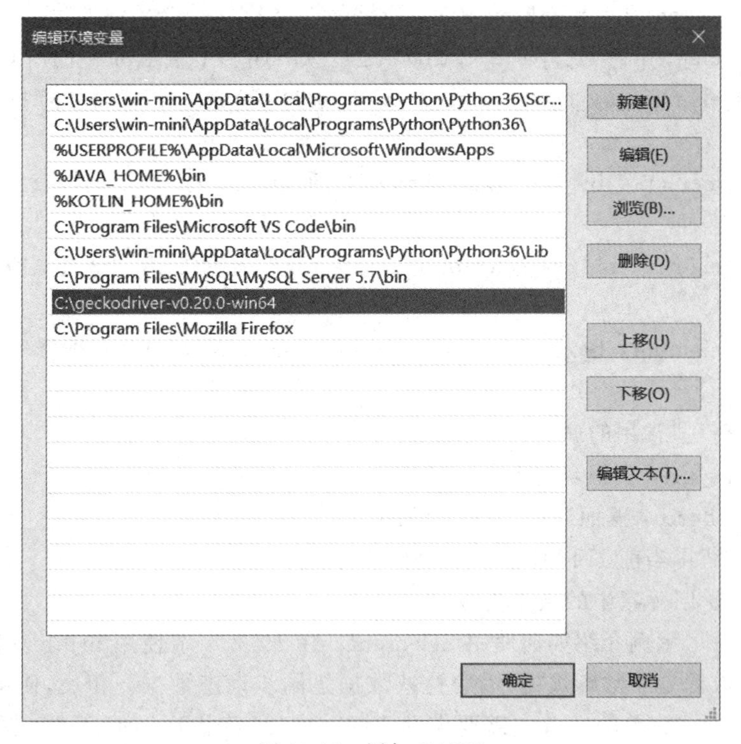

图 19-11　添加 PATH

2. Selenium 常用 API

Selenium 操作浏览器主要通过 WebDriver 对象实现，WebDriver 对象提供了操作浏览器和访问 HTML 代码中数据的方法。

操作浏览器的方法如下：

(1) refresh()：刷新网页。

(2) back()：回到上一个页面。

(3) forward()：进入下一个页面。

(4) close()：关闭窗口。

(5) quit()：结束浏览器执行。

(6) get(url)：浏览 url 所指的网页。

访问 HTML 代码中数据的方法如下：

(1) find_element_by_id(id)：通过元素的 id 查找符合条件的第一个元素。

(2) find_elements_by_id(id)：通过元素的 id 查找符合条件的所有元素。

(3) find_element_by_name(name)：通过元素名字查找符合条件的第一个元素。

(4) find_elements_by_name(name)：通过元素名字查找符合条件的所有元素。

(5) find_element_by_link_text(link_text)：通过连接文本查找符合条件的第一个元素。

(6) find_elements_by_link_text(link_text)：通过连接文本查找符合条件的所有元素。

(7) find_element_by_tag_name(name)：通过标签名查找符合条件的第一个元素。

(8) find_elements_by_tag_name(name)：通过标签名查找符合条件的所有元素。

(9) find_element_by_xpath(xpath)：通过 XPath 查找符合条件的第一个元素。

(10) find_elements_by_xpath(xpath)：通过 XPath 查找符合条件的所有元素。

(11) find_element_by_class_name(name)：通过 CSS 中 class 属性查找符合条件的第一个元素。

(12) find_elements_by_class_name(name)：通过 CSS 中 class 属性查找符合条件的所有元素。

(13) find_element_by_css_selector(css_selector)：通过 CSS 中选择器查找符合条件的第一个元素。

(14) find_elements_by_css_selector(css_selector)：通过 CSS 中选择器查找符合条件的所有元素。

另外，还有一些常用的属性：

(1) current_url：获得当前页面的网址。

(2) page_source：返回当前页面的 HTML 代码。

(3) title：获得当前 HTML 页面的 title 属性值。

(4) text：返回标签中的文本内容。

下面通过一个示例介绍如何使用 Selenium。在 19.2.2 节使用 urllib 获得搜狐证券提供的股票历史数据是非常麻烦的，因为这些数据是同步动态数据。相反，使用 Selenium 返回这些数据是非常简单的。首先需要借助于 Web 工具箱找到显示这些数据的 HTML 标签，如图 19-12 所示，在 Web 工具箱的查看器中，找到显示页面表格对应的 HTML 标签，注意在查看器中选中对应的标签，页面会将该部分以灰色显示。经过查找分析最终找到一个 table 标签，复制它的 id 或 class 属性值，以备在代码中进行查询。

示例代码如下：

```
# coding = utf - 8
# 代码文件:chapter19/ch19.2.3.py
```

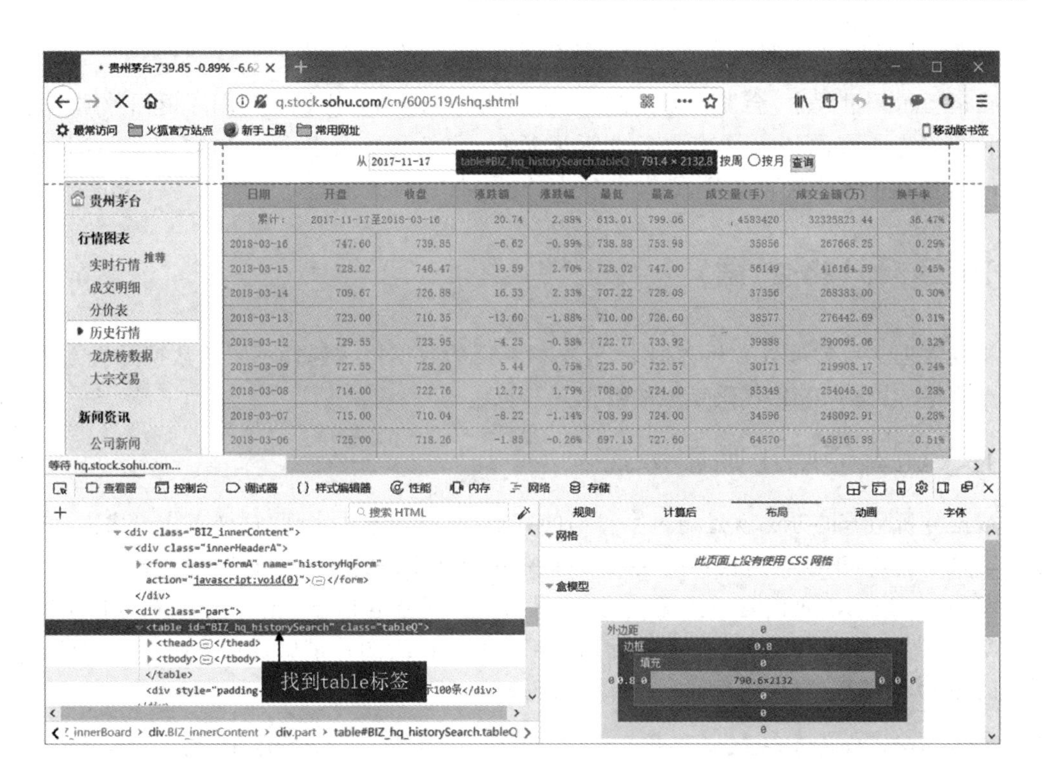

图 19-12　Web 工具箱

```
from selenium import webdriver                                    ①

driver = webdriver.Firefox()                                      ②

driver.get('http://q.stock.sohu.com/cn/600519/lshq.shtml')        ③
em = driver.find_element_by_id('BIZ_hq_historySearch')            ④
print(em.text)                                                    ⑤
driver.quit()                                                     ⑥
```

上述代码第①行导入 selenium 模块。代码第②行创建 Firefox 浏览器使用的 Webdriver 对象，不同的浏览器初始化方法不同，Selenium 支持主流浏览器，也包括移动平台浏览器。Selenium 对于 Firefox 浏览器的支持是最好的。代码第③行通过 get()方法打开网页，此时程序会启动 Firefox 浏览器并打开网页。代码第④行是通过 id 查找元素，BIZ_hq_historySearch 是 table 标签的 id 属性，如果采用 class 属性查找则可以使用 find_element_by_class_name()方法。代码第⑤行是取出 table 标签中所有文本，并打印输出。代码第⑥行是退出浏览器。

代码运行结果如下：

```
日期 开盘 收盘 涨跌额 涨跌幅 最低 最高 成交量(手) 成交金额(万) 换手率
累计: 2017-11-17 至 2018-03-16 20.74 2.88% 613.01 799.06 4583420 32325823.44 36.47%
2018-03-16 747.60 739.85 -6.62 -0.89% 738.88 753.98 35856 267668.25 0.29%
2018-03-15 728.02 746.47 19.59 2.70% 728.02 747.00 56149 416164.59 0.45%
...
```

```
2017-11-17 696.00 690.25 -28.86 -4.01% 677.77 709.00 123861 854874.75 0.99%
```

在运行示例过程中，会发现浏览器打开网页后，经过相对比较长时间才返回数据。这是因为它要等待所有的请求结束之后才返回数据，包括那些异步请求的数据，这也是使用Selenium能返回动态数据的原因。

19.3 分析数据

爬取数据之后就可以分析数据了，应根据爬回的数据格式选择不同的数据分析方法，本节重点介绍分析HTML代码获取的数据。

19.3.1 使用正则表达式

数据分析最笨的办法就是通过字符串的查找、截取等方法实现，这样工作量太大。可以使用正则表达式，正则表达式功能强大，但技术难点在于编写合适的正则表达式。

图19-13所示的页面是中国天气网站图片频道，网址是http://p.weather.com.cn/，如果想爬取这个网站中的图片，那么分析HTML代码可知，图片是放置在img标签中的，img标签的src属性指定图片网址。img标签代码如下：

```
<img src="http://pic.weather.com.cn/images/cn/photo/2018/03/13/13083356B0C99CBECE4B2-E0312AF4229E40A3999.jpg">
```

图19-13 中国天气网站图片频道

要匹配查找src中的图片网址有两种思路：一种是查找img标签，再查找src属性；另一种是直接查找"http://"开始到".png"或".jpg"结尾的字符串。本例中采用第二种方式查找匹配的字符串。

示例代码如下：

```
# coding = utf - 8
# 代码文件:chapter19/ch19.3.1.py

import urllib.request

import os
import re

url = 'http://p.weather.com.cn/'


def findallimageurl(htmlstr):
    """从 HTML 代码中查找匹配的字符串"""

    # 定义正则表达式
    pattern = r'http://\S+(?:\.png|\.jpg)'                    ①
    return re.findall(pattern, htmlstr)                       ②


def getfilename(urlstr):
   """根据图片连接地址截取图片名"""

    pos = urlstr.rfind('/')
    return urlstr[pos + 1:]


# 分析获得的 url 列表
url_list = []
req = urllib.request.Request(url)
with urllib.request.urlopen(req) as response:
    data = response.read()
    htmlstr = data.decode()

    url_list = findallimageurl(htmlstr)

for imagesrc in url_list:                                     ③
    # 根据图片地址下载
    req = urllib.request.Request(imagesrc)
    with urllib.request.urlopen(req) as response:
        data = response.read()
        # 过滤掉小于 100KB 字节的图片
        if len(data) < 1024 * 100:                            ④
            continue

        # 创建 download 文件夹
        if not os.path.exists('download'):
            os.mkdir('download')
```

```
        # 获得图片文件名
        filename = getfilename(imagesrc)
        filename = 'download/' + filename
        # 保存图片到本地
        with open(filename, 'wb') as f:                                    ⑤
            f.write(data)

    print('下载图片', filename)
```

上述代码第①行是定义正则表达式，该正则表达式能够查找“http://”开始到“.png”或“.jpg”结尾的字符串，正则表达式中(?:\.png|\.jpg)是匹配.png或.jpg结尾的字符串。代码第②行是通过re.findall(pattern,htmlstr)查询所有符合条件的字符串。

代码第③行循环遍历图片地址列表url_list，然后逐一下载图片，由于想下载大图，所以在代码第④行过滤掉小于100KB字节的图片。代码第⑤行以二进制写入方式打开文件，最后写入数据。

19.3.2 使用BeautifulSoup库

使用正则表达式分析数据的难点在于编写正则表达式。如果不擅长编写正则表达式，可以使用BeautifulSoup库帮助分析数据。BeautifulSoup可以帮助程序设计师解析网页结构项目，BeautifulSoup官网是https://www.crummy.com/software/BeautifulSoup/。

1. 安装BeautifulSoup

BeautifulSoup可以通过pip进行安装，pip指令如下：

```
pip install beautifulsoup4
```

在Windows平台下执行pip安装指令过程如图19-14所示，最后会有安装成功提示，其他平台安装过程也是类似的，这里不再赘述。

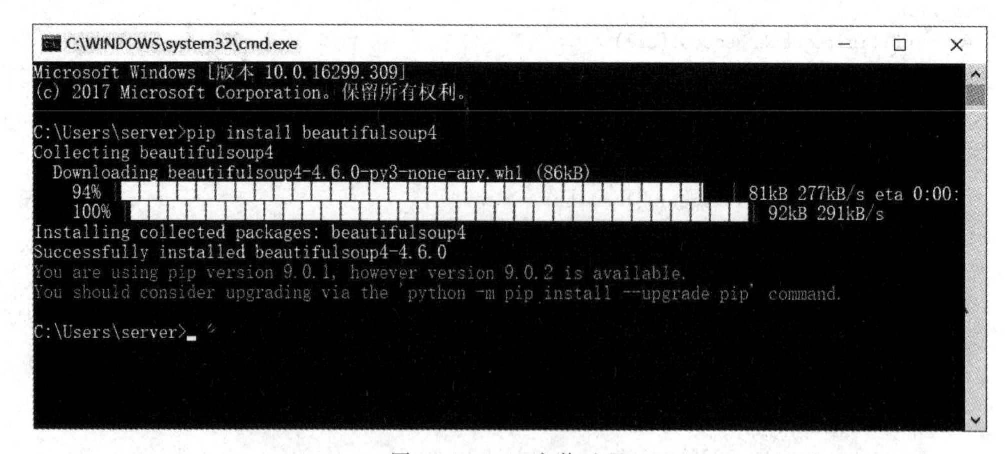

图19-14 pip安装过程

2. BeautifulSoup常用API

BeautifulSoup中主要使用的对象是BeautifulSoup实例，BeautifulSoup常用方法如下：

(1) find_all(tagname)：根据标签名返回所有符合条件的元素列表。

(2) find(tagname)：根据标签名返回符合条件的第一个元素。

(3) select(selector)：通过 CSS 中选择器查找符合条件的所有元素。

(4) get(key, default=None)：获取标签属性值，key 是标签属性名。

BeautifulSoup 常用属性如下：

(1) title：获得当前 HTML 页面的 title 属性值。

(2) text：返回标签中的文本内容。

19.3.1 节的示例可以使用 BeautifulSoup 重构，示例代码如下：

```
# coding = utf - 8
# 代码文件:chapter19/ch19.3.2.py

import os
import urllib.request

from bs4 import BeautifulSoup                                                    ①

url = 'http://p.weather.com.cn/'


def findallimageurl(htmlstr):
    """从 HTML 代码中查找匹配的字符串"""

    sp = BeautifulSoup(htmlstr, 'html.parser')                                   ②
    # 返回所有的 img 标签对象
    imgtaglist = sp.find_all('img')                                              ③

    # 从 img 标签对象列表中返回对应的 src 列表
    srclist = list(map(lambda u: u.get('src'), imgtaglist))                      ④
    # 过滤掉非.png 和.jpg 结尾文件 src 字符串
    filtered_srclist = filter(lambda u: u.lower().endswith('.png')
                                          or u.lower().endswith('.jpg'), srclist)  ⑤

    return filtered_srclist


def getfilename(urlstr):
    """根据图片连接地址截取图片名"""

    pos = urlstr.rfind('/')
    return urlstr[pos + 1:]


# 分析获得的 url 列表
url_list = []
req = urllib.request.Request(url)
with urllib.request.urlopen(req) as response:
    data = response.read()
    htmlstr = data.decode()
```

```
        url_list = findallimageurl(htmlstr)

    for imagesrc in url_list:
        # 根据图片地址下载
        req = urllib.request.Request(imagesrc)
        with urllib.request.urlopen(req) as response:
            data = response.read()
            # 过滤掉用小于 100KB 字节的图片
            if len(data) < 1024 * 100:
                continue

            # 创建 download 文件夹
            if not os.path.exists('download'):
                os.mkdir('download')

            # 获得图片文件名
            filename = getfilename(imagesrc)
            filename = 'download/' + filename
            # 保存图片到本地
            with open(filename, 'wb') as f:
                f.write(data)

        print('下载图片', filename)
```

上述代码第①行导入 BeautifulSoup 库，注意其中 bs4 是模块名。代码第②行创建了 BeautifulSoup，构造方法的第一个参数 htmlstr 是要解析的 HTML 代码；第二个参数是解析器，可以使用的解析器有以下 4 个：

(1) html.parser：Python 编写的解析器，速度比较快，支持 Python 2.7.3 和 Python 3.2.2 以上版本。

(2) lxml：C 编写的解析器，速度很快，依赖于 C 库，CPython 环境可以使用该解析器。

(3) lxml-xml：C 编写的 XML 解析器，速度很快，依赖于 C 库。

(4) html5lib：HTML5 解析器。

综合各方面考虑，html.parser 是不错的选择，通过牺牲速度换取兼容性。

代码第③行是通过 find_all()方法查询所有的 img 标签元素。代码第④行使用 map()函数将 img 标签对象列表返回对应的 src 列表，其中使用了 lambda 表达式，表达式中的 u 是输入对象(标签对象)，u.get('src')是取出标签的 src 属性。代码第⑤行的 filter()函数用来过滤，保留那些.png 和.jpg 结尾的 src 字符串，该函数也使用了 lambda 表达式。

19.4 项目实战：爬取纳斯达克股票数据

本节介绍一个完整的网络爬虫项目，该项目是从纳斯达克网站爬取苹果公司股票数据，然后进行分析，分析之后的结果保存到数据库中，以备以后使用。

19.4.1 爬取数据

爬取纳斯达克网站的苹果公司股票数据在 19.2.2 节已经介绍，这里不再赘述。

19.4.2 检测数据是否更新

由于网络爬虫需要定期从网页上爬取数据，但是如果网页中的数据没有更新，本次爬取的数据与上次一样，就没有必要进行分析和存储了。验证两次数据是否完全相同可以使用 MD5[①] 数字加密技术，MD5 可以对任意长度的数据进行计算，得到固定长度的 MD5 码。MD5 的典型应用是对一段数据产生信息摘要，以防止被篡改。通过 MD5 函数对于两次请求返回的 HTML 数据进行计算，生成的 MD5 相同则说明数据没有更新，否则数据已经更新。

Python 中计算 MD5 码可以使用 hashlib 模块中的 md5()函数。实现检测数据更新的代码如下：

```
# coding = utf - 8
# 代码文件:chapter19/ch19.4.2.py

"""项目实战:爬取纳斯达克股票数据"""
import urllib.request
import hashlib
from bs4 import BeautifulSoup

import os

url = 'https://www.nasdaq.com/symbol/aapl/historical#.UWdnJBDMhHk'


def validateUpdate(html):
    """验证数据是否更新,更新返回 True,未更新返回 False"""

    # 创建 md5 对象
    md5obj = hashlib.md5()                                          ①
    md5obj.update(html.encode(encoding = 'utf - 8'))               ②
    md5code = md5obj.hexdigest()                                    ③
    print(md5code)

    old_md5code = ''
    f_name = 'md5.txt'                                              ④

    if os.path.exists(f_name):          # 如果文件存在读取文件内容  ⑤
        with open(f_name, 'r', encoding = 'utf - 8') as f:
            old_md5code = f.read()                                  ⑥

    if md5code == old_md5code:                                      ⑦
        print('数据没有更新')
        return False
    else:
```

① MD5(Message Digest Algorithm，消息摘要算法第五版)为计算机安全领域广泛使用的一种加密算法。

```
        # 把新的 md5 码写入到文件中
        with open(f_name, 'w', encoding = 'utf - 8') as f:
            f.write(md5code)                                          ⑧
        print('数据更新')
        return True


req = urllib.request.Request(url)

with urllib.request.urlopen(req) as response:
    data = response.read()
    html = data.decode()

    sp = BeautifulSoup(html, 'html.parser')

    # 返回指定 CSS 选择器的 div 标签列表
    div = sp.select('div#quotes_content_left_pnlAJAX')                ⑨
    # 从列表中返回第一个元素
    divstring = div[0]

    if validateUpdate(divstring):        # 数据更新
        pass
        # TODO 分析数据
        # TODO 保存数据到数据库
```

上述代码第①行～第③行是生成 MD5 码的主要语句。首先通过代码第①行的 md5()函数创建 md5 对象。代码第②行使用 update()方法对传入的数据进行 MD5 运算，注意 update()方法的参数是字节序列对象，而 html.encode(encoding='utf-8')是将字符串转换为字节序列。代码第③行是请求 MD5 摘要，hexdigest()方法返回一个十六进制数字所构成的 MD5 码。

代码第④行定义变量 f_name，用来保存上次 MD5 码的文件名。代码第⑤行判断文件是否存在，如果存在则会读取 MD5 码，见代码第⑥行。

代码第⑦行比较两次的 MD5 码，如果一致说明没有更新，返回 False；否则返回 True，并将新的 MD5 码写入到文件中，见代码第⑧行。

提示 传入给 MD5 函数的字符串应该是哪些字符串呢？如果传入整个网页的 HTML 字符串，即便是股票数据并没有更新，而计算的结果往往也会发生变化，这是因为整个页面的 HTML 代码中还有一些其他在变化的数据。所以传入的字符串最好是裹挟着要爬取数据的 HTML 字符串，如图 19-15 所示的 div 标签中裹挟了所需要的股票数据。为了获得 div 标签的 HTML 字符串，需要使用 BeautifulSoup 进行解析，见代码第⑨行，select()方法通过 CSS 选择器 div#quotes_content_left_pnlAJAX 返回 div 标签的 HTML 字符串。

提示 如何获得一个标签的 CSS 选择器呢？可以在 Web 工具箱的查看器窗口中选择标签，右击菜单中选择"复制"→"CSS 选择器"或"CSS 路径"。

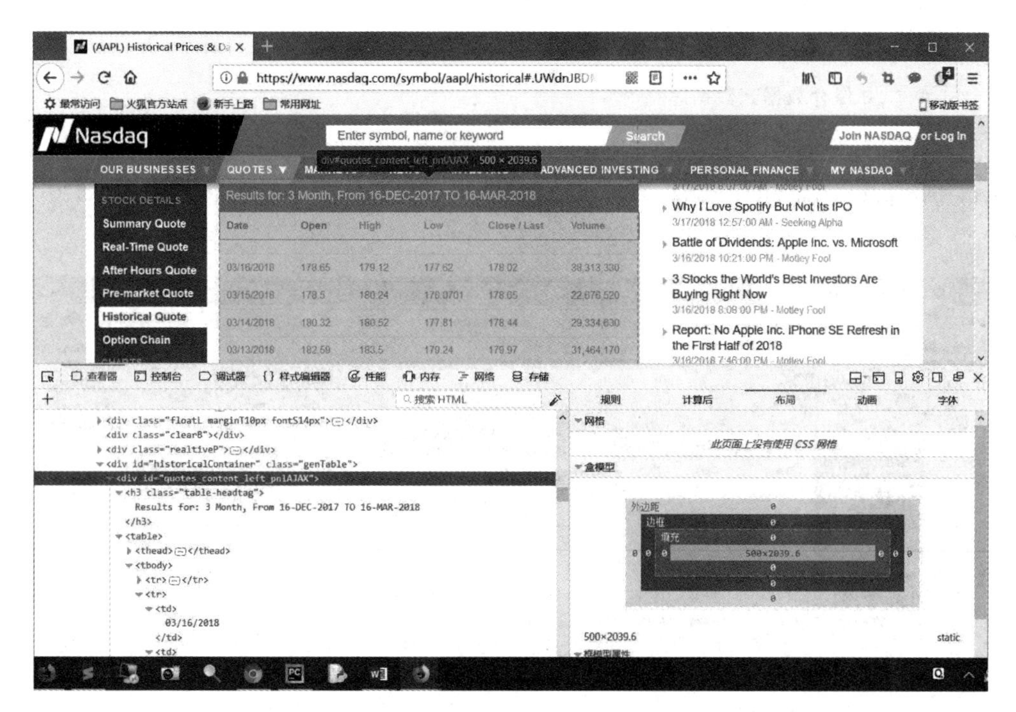

图 19-15 裹挟数据的 HTML 字符串

19.4.3 分析数据

分析数据的前提是数据已经更新。若数据更新，则 validateUpdate()函数返回 True，然后进行数据分析。相关代码如下：

```
if validateUpdate(divstring):              # 数据更新
    # 分析数据
    trlist = sp.select('div#quotes_content_left_pnlAJAX table tbody tr')      ①

    data = []

    for tr in trlist:                                                          ②
        trtext = tr.text.strip('\n\r ')                                        ③
        if trtext == '':                                                       ④
            continue

        rows = re.split(r'\s+', trtext)                                        ⑤

        fields = {}                                                            ⑥
        fields['Date'] = rows[0]
        fields['Open'] = float(rows[1])
        fields['High'] = float(rows[2])
        fields['Low'] = float(rows[3])
        fields['Close'] = float(rows[4])
        fields['Volume'] = int(rows[5].replace(',', ''))                       ⑦
        data.append(fields)
```

```
print(data)

# TODO 保存数据到数据库
```

上述代码再次使用了 BeautifulSoup 的 select()方法，其中 CSS 选择器是 div#quotes_content_left_pnlAJAX table tbody tr，该选择器指向 div→table→tbody→tr 标签，如图 19-16 所示。

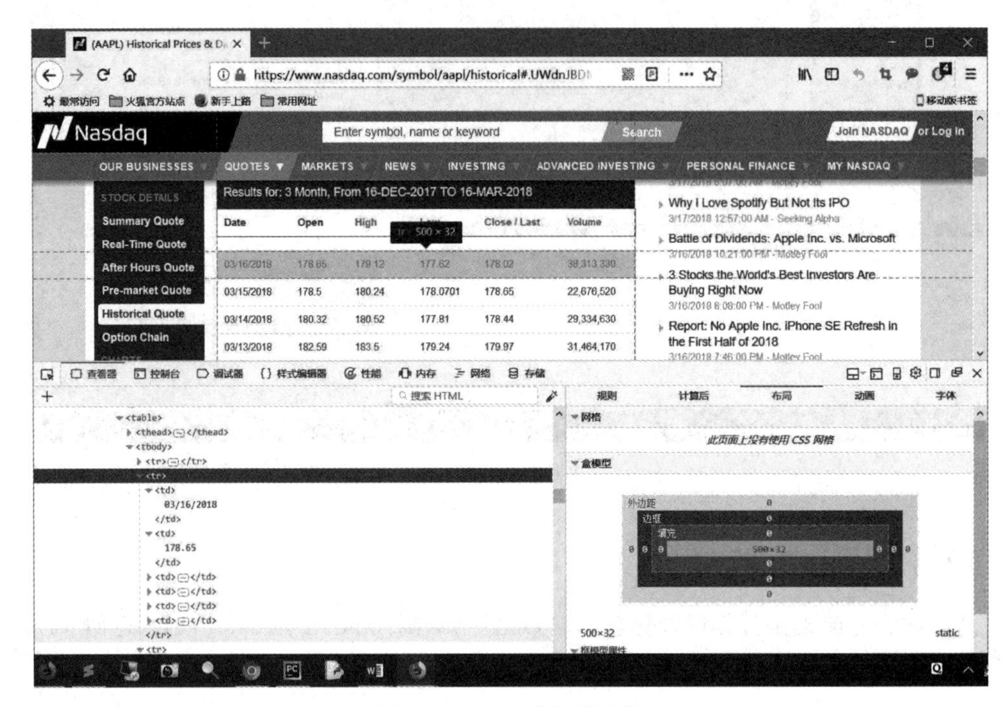

图 19-16　CSS 选择器路径

代码第②行遍历 tr 列表 trlist。代码第③行中 tr.text 取出标签中的所有文本，strip('\n\r')是字符串函数，可以删除字符串前后的特定字符串，本例是删除字符串前后的换行符、回车符和空格。删除这些字符串之后应该判断一下是否为空字符串，见代码第④行，如果是空字符串需要跳过后面代码，继续下一次循环。

为了分隔字符串，需要用到正则表达式的 split()函数，见代码第⑤行。正则表达式'\s+'是匹配任意形式的空格，包括回车符、换行符、制表符等。

代码第⑥行定义一个字典，每一行数据都被放到这个字典对象中，再将字典对象放到一个列表中。代码第⑦行中 rows[5].replace(',', '')是剔除掉字符串中的逗号(,)，这是为了方便转换为整数。

19.4.4　保存数据到数据库

数据分析完成后需要保存到数据库中。该项目的数据库设计模型如图 19-17 所示，项目中包含两个数据表：股票信息表(Stocks)和股票历史价格表(HistoricalQuote)。

数据库设计模型中各个表说明如下。

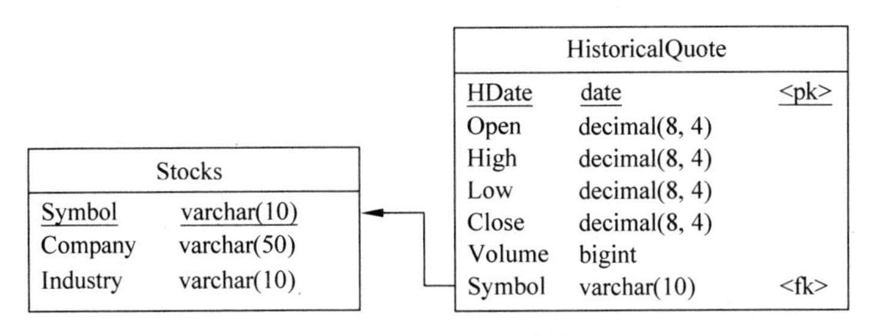

图 19-17　数据库设计模型

1. 股票信息表

股票信息表(Stocks)是纳斯达克股票，股票代号(Symbol)是主键，股票信息表结构如表 19-1 所示。该项目目前的功能不包括维护股票信息表，所以股票信息表中的数据在创建数据表时是预先插入的。

表 19-1　股票信息表

字段名	数据类型	长度	精度	主键	外键	备注
Symbol	varchar(10)	10	—	是	否	股票代号
Company	varchar(50)	50	—	否	否	公司
Industry	varchar(10)	10	—	否	否	所属行业

2. 股票历史价格表

股票历史价格表(HistoricalQuote)是某一只股票的历史价格，交易日期(HDate)是主键，股票历史价格表结构如表 19-2 所示。

表 19-2　股票历史价格表

字段名	数据类型	长度	精度	主键	外键	备注
HDate	date		—	是	否	交易日期
Open	decimal(8,4)	8	4	否	否	开盘价
High	decimal(8,4)	8	4	否	否	最高价
Low	decimal(8,4)	8	4	否	否	最低价
Close	decimal(8,4)	8	4	否	否	收盘价
Volume	bigint		—	否	否	成交量
Symbol	varchar(10)	10	—	否	是	股票代号

数据库设计完成后需要编写数据库 DDL 脚本。当然，也可以通过一些工具生成 DDL 脚本，然后把这个脚本放在数据库中执行就可以了。下面是编写的 DDL 脚本文件 crebas.sql。

```
/* ============================================== */
/* 股票信息数据库 DDL 脚本                            */
/* 代码文件:代码\chapter19\19.4\db\crebas.sql         */
/* ============================================== */

/* 创建数据库 */
create database if not exists NASDAQ;
```

```
use NASDAQ;

drop table if exists HistoricalQuote;

drop table if exists Stocks;

/* ================================================ */
/* Table: HistoricalQuote                                     */
/* ================================================ */
create table HistoricalQuote
(
   HDate                   date not null,
   Open                    decimal(8,4),
   High                    decimal(8,4),
   Low                     decimal(8,4),
   Close                   decimal(8,4),
   Volume                  bigint,
   Symbol                  varchar(10),
   primary key (HDate)
);


/* ================================================ */
/* Table: Stocks                                              */
/* ================================================ */
create table Stocks
(
   Symbol                  varchar(10) not null,
   Company                 varchar(50) not null,
   Industry                varchar(10) not null,
   primary key (Symbol)
);

alter table HistoricalQuote add constraint FK_Reference_1 foreign key (Symbol)
      references Stocks (Symbol) on delete restrict on update restrict;


insert into Stocks (Symbol, Company, Industry) values ('AAPL', 'Apple Inc.', 'Technology');  ①
```

在创建完成数据库后，还在股票信息表中预先插入了一条数据，见代码第①行。编写DDL脚本之后需要在MySQL数据中执行，然后创建数据库。

数据库创建完成后，编写访问数据库Python代码如下：

```python
# coding = utf-8
# 代码文件:chapter19/19.4/db/db_access.py

import pymysql


def insert_hisq_data(row):
    """在股票历史价格表中传入数据"""

    # 1. 建立数据库连接
    connection = pymysql.connect(host = 'localhost',
```

```
                                user = 'root',
                                password = '12345',
                                database = 'nasdaq',
                                charset = 'utf8')
    try:
        # 2. 创建游标对象
        with connection.cursor() as cursor:

            # 3. 执行 SQL 操作
            sql = 'insert into historicalquote '\
                  '(HDate,Open,High,Low,Close,Volume,Symbol)'\
                  ' values ( %(Date)s, %(Open)s, %(High)s, %(Low)s, %(Close)s, %(Volume)
s, %(Symbol)s)'                                                        ①

            affectedcount = cursor.execute(sql, row)                   ②

            print('影响的数据行数:{0}'.format(affectedcount))
            # 4. 提交数据库事务
            connection.commit()

        # with代码块结束 5. 关闭游标
    except pymysql.DatabaseError as error:
        # 4. 回滚数据库事务
        connection.rollback()
        print(error)
    finally:
        # 6. 关闭数据连接
        connection.close()
```

访问数据库代码是在 db_access 模块中编写的。代码第①行是插入数据 SQL 语句，其中(%(Date)s 等是命名占位符，绑定时需要字典类型。代码第②行是绑定参数并执行 SQL 语句，其中 row 是要绑定的参数，row 是字典类型。

调用 db_access 模块代码如下：

```
# coding = utf - 8
# 代码文件:chapter19/19.4/ch19.4.4.py
...
data = []
...
<省略分析数据代码>
...
# 保存数据到数据库
for row in data:                                                       ①
    row['Symbol'] = 'AAPL'                                             ②
    insert_hisq_data(row)                                              ③
```

上述代码第①行是循环遍历 data 变量，data 保存了所有爬虫爬取的数据。代码第②行添加 Symbol 到 row 中，爬取的数据中没有 Symbol。代码第③行是调用 db_access 模块的 insert_hisq_data()函数插入数据到数据库。

19.4.5 爬虫工作计划任务

网络中的数据一般都是定期更新的，网络爬虫不需要一直工作，可以根据数据更新频率或更新数据时间点来制定网络爬虫工作计划任务。例如股票信息在交易日内是定时更新的，纳斯达克股票交易日是周一至周五，当然还有特殊的日期也不进行交易，纳斯达克股票交易时间是美国东部夏令时间上午 9:30—下午 3:30，冬令时间上午 10:30—下午 4:30。本项目有些特殊，爬取的数据不是实时数据，而是历史数据，这种历史数据应该在交易日结束之后爬取。

本项目需要两个子线程，一个是工作子线程，另一个是控制子线程。具体代码如下：

```
# coding = utf - 8
# 代码文件:chapter19/ch19.4.5 - end.py

"""项目实战:爬取纳斯达克股票数据"""
import datetime
import hashlib
import logging
import os
import re
import threading
import time
import urllib.request

from bs4 import BeautifulSoup

from db.db_access import insert_hisq_data

logging.basicConfig(level = logging.INFO,
                    format = '%(asctime)s - %(threadName)s - '
                             '%(name)s - %(funcName)s - %(levelname)s - %(message)s')
logger = logging.getLogger(__name__)

…
# 线程运行标志
isrunning = True                                                              ①
# 爬虫工作间隔
interval = 5                                                                  ②


def controlthread_body():                                                     ③
    """控制线程体函数"""

    global interval, isrunning

    while isrunning:
        # 控制爬虫工作计划
        i = input('输入 Bye 终止爬虫,输入数字改变爬虫工作间隔,单位秒:')            ④
        logger.info('控制输入{0}'.format(i))
        try:
            interval = int(i)                                                 ⑤
        except ValueError:
            if i.lower() == 'bye':
                isrunning = False                                             ⑥
```

```
def istradtime():                                                     ⑦
    """判断工作时间"""

    now = datetime.datetime.now()
    df = '%H%M%S'
    strnow = now.strftime(df)
    starttime = datetime.time(9, 30).strftime(df)
    endtime = datetime.time(15, 30).strftime(df)

    if now.weekday() == 5 \
            or now.weekday() == 6 \
            or (strnow < starttime or strnow > endtime):              ⑧
        # 非工作时间
        return False
    # 工作时间
    return True


def workthread_body():                                                ⑨
    """工作线程体函数"""

    global interval, isrunning

    while isrunning:

        if istradtime():                                              ⑩
            # 交易时间内不工作
            logger.info('交易时间,爬虫休眠 1 小时...')
            time.sleep(60 * 60)
            continue

        logger.info('爬虫开始工作...')
        ...
        <省略分析数据和保存数据到数据库代码>
        ...
        # 爬虫休眠
        logger.info('爬虫休眠{0}秒...'.format(interval))
        time.sleep(interval)                                          ⑪


def main():
    """主函数"""

    global interval, isrunning
    # 创建工作线程对象 workthread
    workthread = threading.Thread(target = workthread_body, name = 'WorkThread')        ⑫
    # 启动线程 workthread
    workthread.start()

    # 创建控制线程对象 controlthread
    controlthread = threading.Thread(target = controlthread_body, name = 'ControlThread')  ⑬
    # 启动线程 controlthread
    controlthread.start()
```

```
if __name__ == '__main__':
    main()
```

上述代码第⑫行是创建工作线程对象 workthread，工作线程根据指定计划任务完成分析数据和数据保存。工作线程启动后会调用代码第⑨行的线程体函数，在线程体函数中，代码第⑩行调用 istradtime()函数判断是否为交易时间，如果是交易时间，则休眠 1 小时。爬虫完成一轮工作后，需要休眠一段时间，见代码第⑪行，interval 变量是休眠时间，这个变量是由另外一个子线程控制的。

代码第⑬行是创建控制线程对象 controlthread，控制线程从控制台输入字符串，控制变量 interval 和 isrunning，变量 interval 是爬虫的休眠时间，代码第②行定义变量 interval；变量 isrunning 是两个子线程的结束标识，代码第①行定义变量 isrunning。控制线程启动后会调用代码第③行的线程体函数，在线程体函数中代码第④行是从控制台输入字符串。代码第⑤行修改变量 interval，如果输入的不是一个整数，则判断输入的字符串是否为 bye，如果是则修改 isrunning 为 False，见代码第⑥行。

另外，代码第⑦行是判断交易时间的函数，该函数可以判断当前时间是否为股票交易时间。代码第⑧行中 now.weekday()==5 是判断当前日期是否为星期六，now.weekday()==6 是判断当前日期是否为星期日，strnow < starttime or strnow > endtime 是判断当前时间是否在上午 9:30—下午 3:30 时间段。

提示　本项目的判断工作时间函数 istradtime()还需要完善。为了测试和容易学习，上述代码实现依照了北京时间，如果读者感兴趣可以修改为美国东部时间，而且要注意夏令时和冬令时。另外，非交易日只考虑了星期六和星期日，特殊日期也是非交易日，例如国庆日、圣诞节等，这些需要参考美国节假日。

项目编写完成后可以进行测试。项目启动后，图 19-18 是项目的控制台，如果在控制台输入数值，则控制爬虫的休眠时间；如果输入的是字符串 bye，则结束两个子线程，整个工程也就结束了。

```
C:\Users\win-mini\AppData\Local\Programs\Python\Python36\python.exe

输入Bye终止爬虫，输入数字改变爬虫工作间隔，单位秒：2018-03-18 11:41:53,550 - Work
 - workthread_body - INFO - 爬虫开始工作...
2018-03-18 11:41:55,358 - WorkThread - __main__ - validateUpdate - INFO - 数据更新
2018-03-18 kThread - __main__ - workthread_body - INFO - 爬虫休眠5秒...
10
输入Bye终止爬虫，输入数字改变爬虫工作间隔，单位秒：2018-03-18 11:41:58,876 - ControlThread -
 __main__ - controlthread_body - INFO - 控制输入10
2018-03-18 11:42:00,709 - WorkThread - __main__ - workthread_body - INFO - 爬虫开始工作...
2018-03-18 11:42:01,928 - WorkThread - __main__ - validateUpdate - INFO - 数据没有更新
2018-03-18 kThread - __main__ - workthread_body - INFO - 爬虫休眠10秒...
bye
2018-03-18 11:42:05,827 - ControlThread - __main__ - controlthread_body - INFO - 控制输入bye

Process finished with exit code 0
```

爬虫默认休眠5秒
修改爬虫休眠时间
找到table标签
爬虫默认休眠10秒

图 19-18　项目控制台

第20章 项目实战2：数据可视化与股票数据分析

CHAPTER 20

大量的数据中蕴藏着丰富的信息，如果能够让这些数据清晰地、友好地、漂亮地展示出来，那么人们就更容易发现这些信息。例如股票的数据量很大，但通过股票的K线图能够看出股票的走势，这可以帮助人们下决定。本章将通过股票数据分析项目实战介绍Python绘制图表库Matplotlib。

20.1 使用Matplotlib绘制图表

Matplotlib(https://matplotlib.org/)是一个支持Python的2D绘图库，它可以绘制各种形式的图表，从而使数据可视化，帮助进行数据分析。

Matplotlib可以绘制的图表有线图、散点图、条形图、柱状图、3D图形，以及图形动画等，同时Matplotlib还提供了丰富的图形图像工具。本节将介绍Matplotlib的安装和基本开发过程。

20.1.1 安装Matplotlib

Matplotlib安装可以使用pip工具，安装指令如下：

```
pip install matplotlib
```

在Windows平台下执行pip安装指令过程如图20-1所示，最后会有安装成功提示，其他平台安装过程也是类似的，这里不再赘述。

对于Windows平台还需要安装Visual C++编译和运行环境，很多软件都包含Visual C++编译和运行环境，如Microsoft Visual Studio和Microsoft Visual C++再发行包(redistributable packages)等，Microsoft Visual C++再发行包的下载网址如下：

(1) Microsoft Visual C++ 2010 32位再发行包的下载网址是https://www.microsoft.com/en-us/download/details.aspx?id=29。

(2) Microsoft Visual C++ 2010 64位再发行包的下载网址是https://www.microsoft.com/en-us/download/details.aspx?id=14632。

(3) Microsoft Visual C++ 2008 32位再发行包的下载网址是https://www.microsoft.com/en-us/download/details.aspx?id=5555。

(4) Microsoft Visual C++ 2008 64位再发行包的下载网址是https://www.microsoft.com/en-us/download/details.aspx?id=15336。

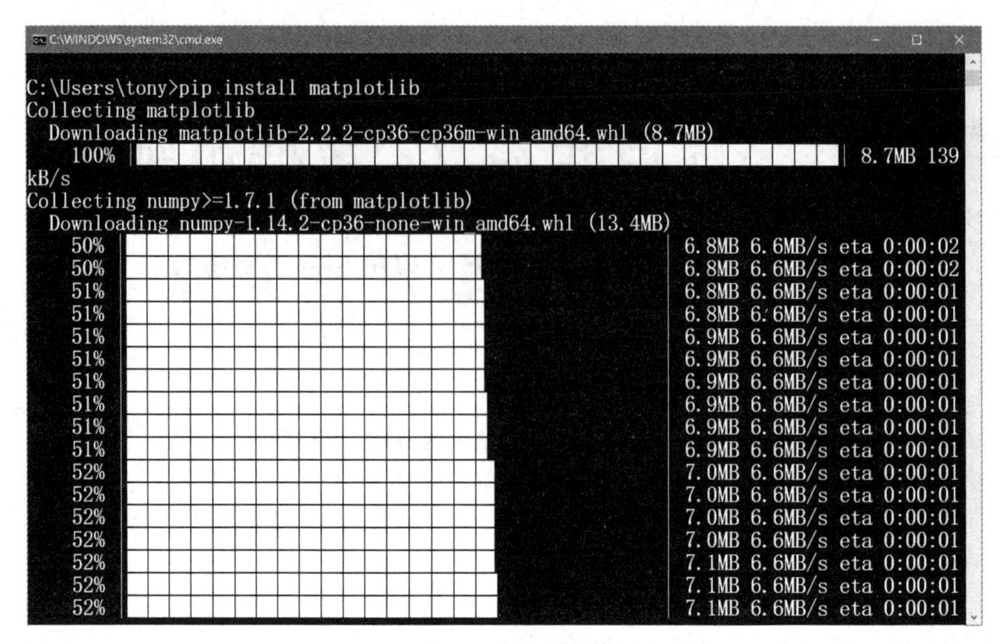

图 20-1 pip 安装过程

提示 在 Windows 平台中，有些软件可能已经安装了 Visual C++ 编译和运行环境。所以可先安装 Matplotlib，如果测试无 Matplotlib 程序，再考虑安装 Visual C++ 编译和运行环境。

20.1.2 图表基本构成要素

在介绍绘制图表之前，首先介绍构成图表的基本要素。

如图 20-2 所示的一个折线图表，其中图表有标题，图表除了有 x 轴和 y 轴坐标外，还可以为 x 轴和 y 轴添加标题，x 轴和 y 轴有默认刻度，也可以根据需要改变刻度，还可以为刻度添加标题。图表中有类似的图形时可为其添加图例，用不同的颜色标识出它们的区别。

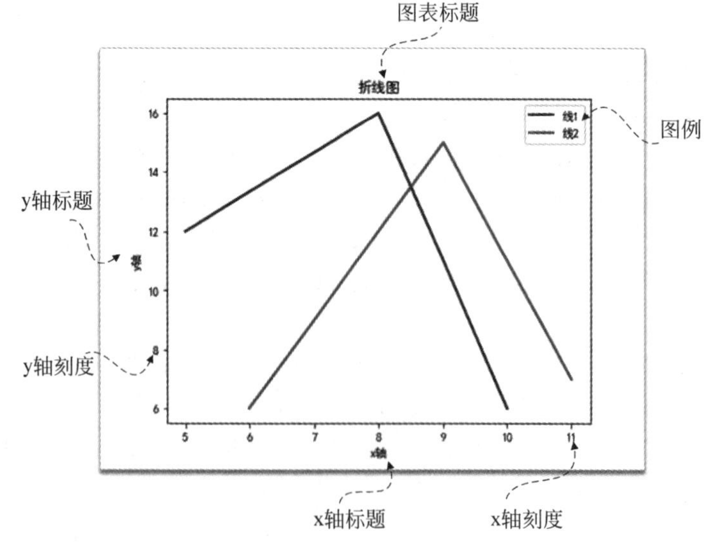

图 20-2 折线图表

20.1.3 绘制折线图

下面通过一个常用图表介绍 Matplotlib 库的使用。

折线图由线构成，是比较简单的图表。绘制折线图示例代码如下：

```
# coding = utf - 8
# 代码文件:chapter20/ch20.1.3.py

import matplotlib.pyplot as plt

# 设置中文字体
plt.rcParams['font.family'] = ['SimHei']                          ①

x = [5, 4, 2, 1]            # x 轴坐标数据                         ②
y = [7, 8, 9, 10]           # y 轴坐标数据                         ③

# 绘制线段
plt.plot(x, y, 'b', label = '线 1', linewidth = 2)                  ④

plt.title('绘制折线图')       # 添加图表标题

plt.ylabel('y 轴')           # 添加 y 轴标题
plt.xlabel('x 轴')           # 添加 x 轴标题

plt.legend()                # 设置图例

# 以分辨率 72 来保存图片
plt.savefig('折线图', dpi = 72)                                     ⑤

plt.show()                  # 显示图形                             ⑥
```

上述代码第①行是设置中文字体，其中 SimHei 是黑体。如果不设置中文字体，图表中若有中文则无法正常显示。rcParams 是 Matplotlib 全局变量，保存一些设置信息。

代码第②行和第③行是准备 x 轴和 y 轴的坐标数据，坐标数据放到列表或元组等序列中，两个序列数据一一对应，即 x 的第一个元素对应 y 的第一个元素。

代码第④行的 plot()函数绘制一条线段，其中 x 和 y 是坐标数据；'b'参数是设置线段颜色，其他颜色表示为红色'r'、绿色'g'、青色'c'、品红'm'、黄色'y'、黑色'k'。plot()函数中的 label 参数是图例中显示的线段名；参数 linewidth 是设置宽度。

代码第⑤行 savefig()函数用来保存图片，第一个参数为图片文件名，dpi 参数是图片的 dpi 值。图片默认格式为 png。

代码第⑥行 show()函数用来显示图片，该函数如果不调用则无法显示图表。

程序运行后会启动一个对话框，如图 20-3 所示，同时会在当前目录下生成一个名为“折线图.png”的图片。对话框中左下角是操作图表的工具栏，工具栏中各个按钮的功能读者可以自己了解，这里不再介绍。

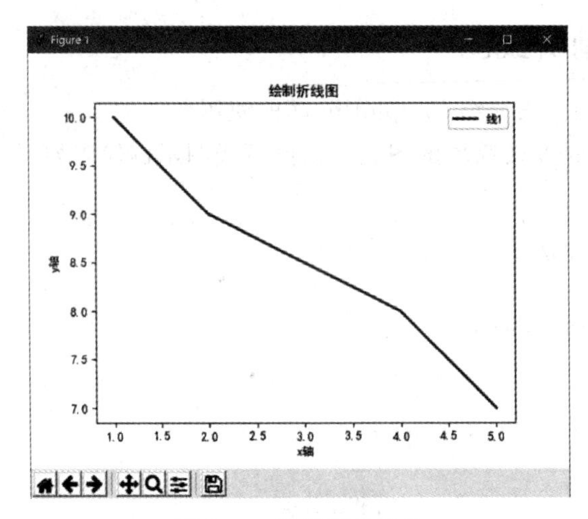

图 20-3　程序运行结果

20.1.4　绘制柱状图

绘制柱状图示例代码如下：

```
# coding = utf - 8
# 代码文件:chapter20/ch20.1.4.py

import matplotlib.pyplot as plt

# 设置中文字体
plt.rcParams['font.family'] = ['SimHei']

x1 = [1, 3, 5, 7, 9]            # x1 轴坐标数据
y1 = [5, 2, 7, 8, 2]            # y1 轴坐标数据

x2 = [2, 4, 6, 8, 10]           # x2 轴坐标数据
y2 = [8, 6, 2, 5, 6]            # y2 轴坐标数据

# 绘制柱状图
plt.bar(x1, y1, label = '柱状图 1')                                        ①
plt.bar(x2, y2, label = '柱状图 2')                                        ②

plt.title('绘制柱状图')          # 添加图表标题

plt.ylabel('y 轴')               # 添加 y 轴标题
plt.xlabel('x 轴')               # 添加 x 轴标题

plt.legend()                     # 设置图例

plt.show()                       # 显示图形
```

上述代码绘制了具有两种图例的柱状图。代码第①行和第②行通过 bar()函数绘制柱状图。程序运行后启动一个对话框，如图 20-4 所示。

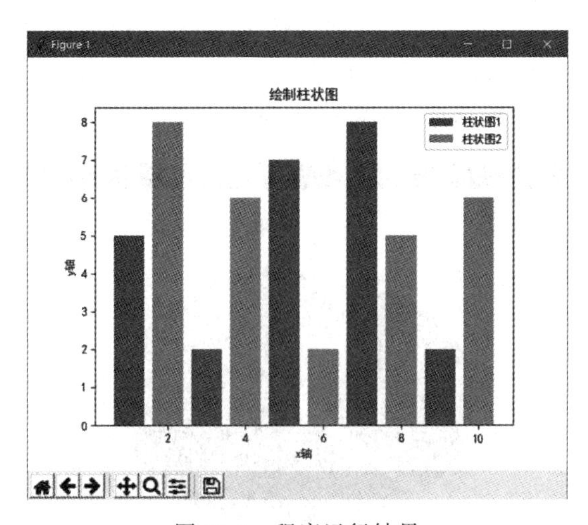

图 20-4　程序运行结果

20.1.5　绘制饼状图

饼状图用来展示各分项在总和中的比例。饼状图有点特殊，它没有坐标。绘制饼状图的示例代码如下：

```
# coding = utf - 8
# 代码文件:chapter20/ch20.1.5.py

import matplotlib.pyplot as plt

# 设置中文字体
plt.rcParams['font.family'] = ['SimHei']

# 各种活动标题列表
activies = ['工作', '睡', '吃', '玩']                                    ①
# 各种活动所占时间列表
slices = [8, 7, 3, 6]                                                     ②
# 各种活动在饼状图中的颜色列表
cols = ['c', 'm', 'r', 'b']                                               ③

plt.pie(slices, labels = activies, colors = cols,
        shadow = True, explode = (0, 0.1, 0, 0), autopct = '%.1f%%')      ④

plt.title('绘制饼状图')

plt.show()                          # 显示图形
```

上述代码绘制了一个饼状图，展示了一个人一天中的各项活动所占的比例。代码第①行设置活动标题，代码第②行设置活动所占时间，绘图时 Matplotlib 会计算出各个活动所占比例。代码第③行设置各种活动在饼状图中的颜色。注意这三个列表元素的对应关系。

绘图饼状图的关键是代码第④行的 pie()函数，其中 shadow 参数设置是否有阴影；explode 参数设置各项脱离饼主体效果，如图 20-5 所示，其中“睡”活动具有脱离饼主体效果，explode 参数值是(0, 0.1, 0, 0)元组，对应各项；autopct 参数设置各项显示百分比，%.1f%%是格式化字符串，%.1f 表示保留一位小数，%%显示一个百分号(%)。

程序运行后会启动一个对话框，如图 20-5 所示。

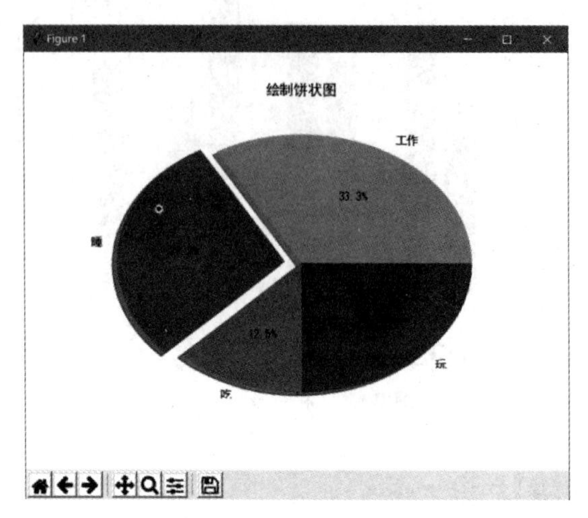

图 20-5 程序运行结果

20.1.6 绘制散点图

散点图用于科学计算。绘制散点图示例代码如下：

```
# coding = utf - 8
# 代码文件:chapter20/ch20.1.6.py

import matplotlib.pyplot as plt
import numpy as np

# 设置中文字体
plt.rcParams['font.family'] = ['SimHei']
plt.rcParams['axes.unicode_minus'] = False                ①

n = 1024
x = np.random.normal(0, 1, n)                              ②
y = np.random.normal(0, 1, n)                              ③

plt.scatter(x, y)                                          ④

plt.title('绘制散点图')

plt.show()                       # 显示图形
```

上述代码绘制一个散点图。代码第①行是设置显示负号，这是由于本例设置了中文字体，这个设置会影响图表中负号的显示，因此需要重新设置。代码第②行产生 x 轴随机数，其中 np.random.normal()是 NumPy 库提供的计算随机函数，本例是生成 1024 个 0～1 之间的随机数。代码第③行产生 y 轴随机数。代码第④行通过 scatter()函数绘制散点图。

程序运行后会启动一个对话框，如图 20-6 所示。

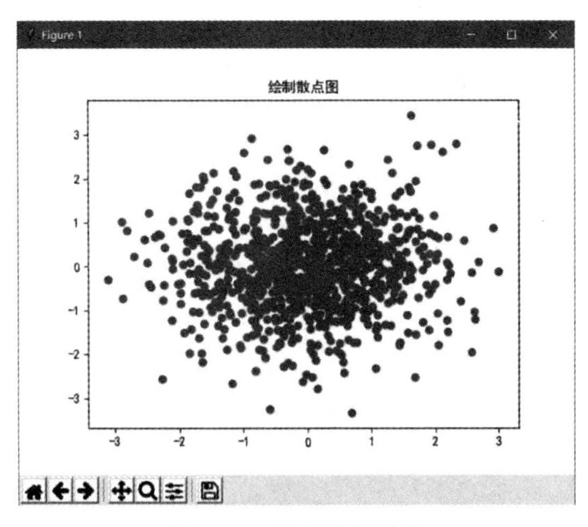

图 20-6　程序运行结果

20.1.7　绘制子图表

在一个画布中可以绘制多个子图表，设置子图表的位置函数是 subplot()，subplot()函数的语法如下：

```
subplot(nrows, ncols, index, **kwargs)
```

参数 nrows 是设置总行数，参数 ncols 是设置总列数，index 是要绘制的子图的位置，index 从 1 开始到 nrows×ncols 结束。

图 20-7 所示是 2 行 2 列的子图表布局，subplot(2, 2,1) 函数也可以表示为 subplot(221)。

(221)	(222)
(223)	(224)

图 20-7　子图表布局

绘制子图表示例代码如下：

```
# coding = utf - 8
# 代码文件:chapter20/ch20.1.7.py

import matplotlib.pyplot as plt
import numpy as np

# 设置中文字体
plt.rcParams['font.family'] = ['SimHei']
plt.rcParams['axes.unicode_minus'] = False


def drowsubbar():
    """绘制饼状图"""

    x1 = [1, 3, 5, 7, 9]        # x1 轴坐标数据
    y1 = [5, 2, 7, 8, 2]        # y1 轴坐标数据

    x2 = [2, 4, 6, 8, 10]       # x2 轴坐标数据
```

```
    y2 = [8, 6, 2, 5, 6]       # y2 轴坐标数据

    # 绘制柱状图
    plt.bar(x1, y1, label = '柱状图 1')
    plt.bar(x2, y2, label = '柱状图 2')

    plt.title('绘制柱状图')    # 添加图表标题

    plt.ylabel('y 轴')         # 添加 y 轴标题
    plt.xlabel('x 轴')         # 添加 x 轴标题

    plt.title('绘制散点图')


def drowsubpie():
    """绘制饼状图"""

    <省略绘制饼状图,代码参考 20.1.5 节>


def drowsubline():
    """绘制折线图"""

    <省略绘制饼状图,代码参考 20.1.3 节>


def drowssubscatter():
    """绘制散点图"""

    <省略绘制饼状图,代码参考 20.1.6 节>


plt.subplot(2, 2, 1)          # 替换(221)                            ①
drowsubbar()                                                        ②

plt.subplot(2, 2, 2)          # 替换(222)
drowsubpie()

plt.subplot(2, 2, 3)          # 替换(223)
drowsubline()

plt.subplot(2, 2, 4)          # 替换(224)
drowssubscatter()

plt.tight_layout()            # 调整布局                             ③

plt.show()                    # 显示图形
```

上述代码第①行调用 plt.subplot(2, 2, 1)函数设置要绘制的子图表的位置。代码第②行调用自定义函数 drowsubbar()绘制柱状图。代码第③行调整各个图表布局,使它们都

能正常显示。图 20-8 所示是未调整前的布局，可见子图表之间部分重叠；图 20-9 所示是调整之后的布局。

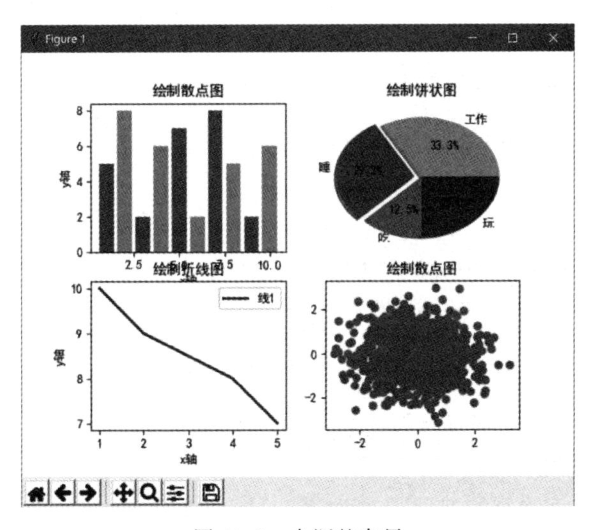

图 20-8　未调整布局

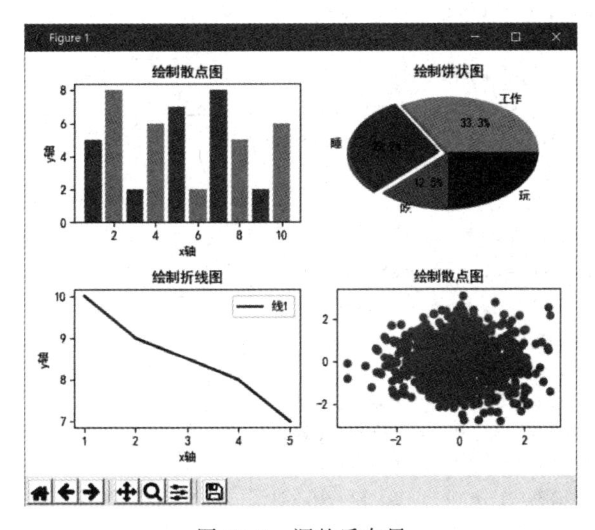

图 20-9　调整后布局

20.2　项目实战：纳斯达克股票数据分析

第 19 章的爬取股票数据项目实现了从纳斯达克股票网站爬取数据，并经过分析后保存到数据库中。本章可以将这些数据从数据库中取出，通过本章介绍的绘制图表技术将数据可视化。

20.2.1　从数据库提取股票数据

修改 19.4.4 节中的 db_access 模块添加查询方法，具体代码如下：

```
# coding = utf - 8
# 代码文件:chapter20/20.2/db/db_access.py

import pymysql


def findall_hisq_data(symbol):                                          ①
    """根据股票代码查询其股票历史数据"""

    # 1. 建立数据库连接
    connection = pymysql.connect(host = 'localhost',
                                 user = 'root',
                                 password = '12345',
                                 database = 'nasdaq',
                                 charset = 'utf8')
    # 要返回的数据
    data = []                                                           ②

    try:
        # 2. 创建游标对象
        with connection.cursor() as cursor:

            # 3. 执行 SQL 操作
            sql = 'select HDate, Open, High, Low, Close, Volume,Symbol '\
                  'from historicalquote where Symbol  =  %s'
            cursor.execute(sql, [symbol])

            # 4. 提取结果集
            result_set = cursor.fetchall()

            for row in result_set:                                      ③
                fields = {}
                fields['Date'] = row[0]
                fields['Open'] = float(row[1])
                fields['High'] = float(row[2])
                fields['Low'] = float(row[3])
                fields['Close'] = float(row[4])
                fields['Volume'] = row[5]
                data.append(fields)

        # with代码块结束 5. 关闭游标
    except pymysql.DatabaseError as error:
        print ('数据查询失败' + error)
    finally:
        # 6. 关闭数据连接
        connection.close()

    return data

...
```

上述代码第①行定义按照股票代码查询股票历史数据的函数，参数 symbol 是股票代码。代码第②行定义返回数据变量 data，它是列表类型。代码第③行是遍历结果集，将一条记录放到字典 fields 中，再将字典 fields 添加到列表 data 中。

20.2.2 绘制股票成交量折线图

从成交量可以大体上看出一只股票的走势。这一节将对从数据库里查询出来的数据进行处理，提取成交量和交易日期，然后绘制一张折线图。代码如下：

```
# coding=utf-8
# 代码文件:chapter20/20.2/ch20.2.2.py

import matplotlib.pyplot as plt

from db.db_access import findall_hisq_data


def pot_hisvolume(dates, volumes):
    """苹果股票历史成交量折线图"""

    # 设置中文字体
    plt.rcParams['font.family'] = ['SimHei']
    plt.rcParams['axes.unicode_minus'] = False

    # 设置图表大小
    plt.figure(figsize=(10, 5))                                ①

    # 绘制线段
    plt.plot(dates, volumes)

    plt.title('苹果股票历史成交量')          # 添加图表标题
    plt.ylabel('成交量')                    # 添加 y 轴标题
    plt.xlabel('交易日期')                  # 添加 x 轴标题

    plt.show()                             # 显示图形


def main():
    """主函数"""

    data = findall_hisq_data('AAPL')

    # 从 data 中提取成交量数据
    volume_map = map(lambda it: it['Volume'], data)           ②
    # 将 volume_map 转换为交量列表
    volume_list = list(volume_map)                            ③

    # 从 data 中提取日期数据
    date_map = map(lambda it: it['Date'], data)
    # 将 date_map 转换为日期列表
```

```
    date_list = list(date_map)

    pot_hisvolume(date_list, volume_list)                                    ④


if __name__ == '__main__':
    main()
```

上述代码第①行 figure()函数是设置图表大小,由于本项目数据事实上是过去三个月的历史数据,默认图表太小,需要设置得宽一些。figsize 参数是一个元组,分别表示图表的高和宽,单位是英寸。

从数据库查询处理的数据包含了开盘价、收盘价、最高价、最低价、交易量和交易日期,本例中只需要交易量和交易日期,交易日期作为 x 轴,交易量作为 y 轴。代码第②行是从 data(数据库查询数据)中提取出成交量数据,这里使用了 map()函数,Lambda 表达式 it: it['Volume']指定提取成交量字段。代码第②行返回的是成交量 map 结构数据,需要通过代码第③行 list()函数将 map 结构转换为列表结构。从 data 中提取日期数据与提取成交量类似,这里不再赘述。

运行程序后启动一个对话框,如图 20-10 所示。

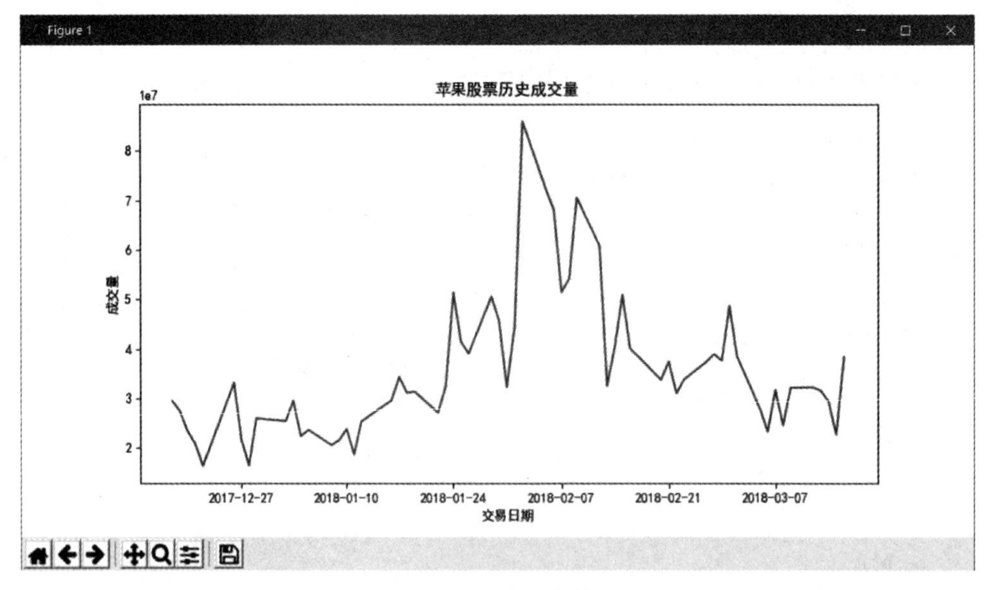

图 20-10 程序运行结果

20.2.3 绘制股票 OHLC 柱状图

若想更进一步分析股票信息,则需要查看和分析开盘价、最高价、最低价、收盘价等数据。开盘价、最高价、最低价、收盘价也称为 OHLC(Open-High-Low-Close),如果把 OHLC 数据全部都绘制到一张图上,便于进行数据分析,但是这样一个简单的柱状图看起来是有困难的,这需要 K 线图,20.2.4 节将介绍 K 线图的绘制,本节绘制了 4 个柱状子图,如图 20-11 所示。

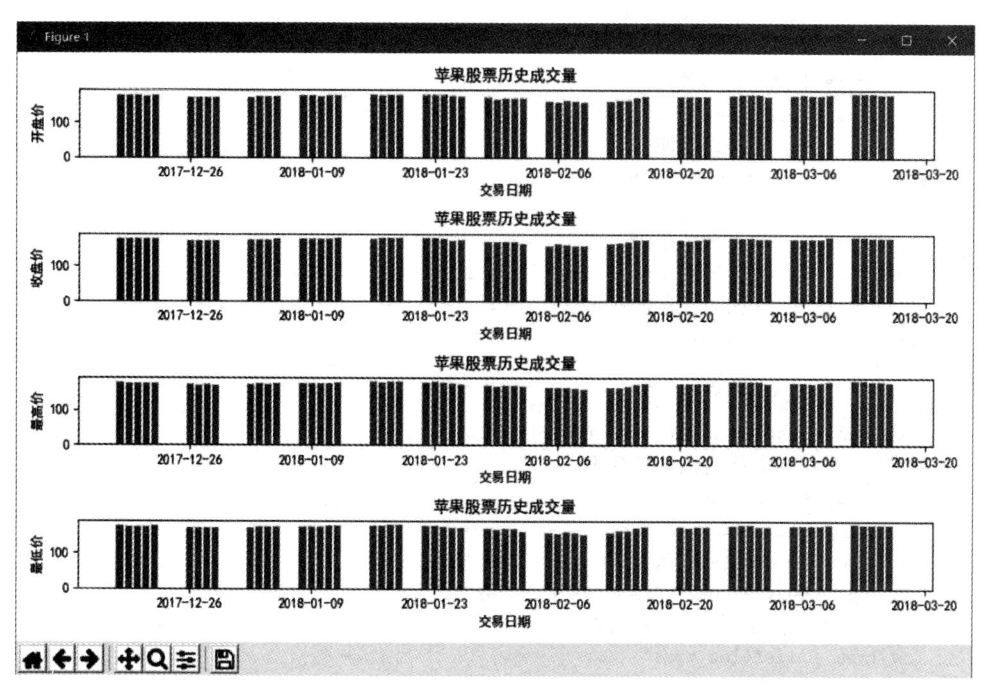

图 20-11　OHLC 柱状子图

代码如下：

```
# coding = utf - 8
# 代码文件:chapter20/20.2/ch20.2.3.py

import matplotlib.pyplot as plt

from db.db_access import findall_hisq_data

# 设置中文字体
plt.rcParams['font.family'] = ['SimHei']
plt.rcParams['axes.unicode_minus'] = False


def pot_his_bar(date_list, p_list, ylabel):                    ①
    """绘制 OHLC 柱状图"""

    # 绘制柱状图
    plt.bar(date_list, p_list)

    plt.title('苹果股票历史成交量')              # 添加图表标题
    plt.ylabel(ylabel)                          # 添加 y 轴标题
    plt.xlabel('交易日期')                      # 添加 x 轴标题


def main():
    """主函数"""
```

```
    data = findall_hisq_data('AAPL')

    # 从 data 中提取日期数据
    date_map = map(lambda it: it['Date'], data)                          ②
    # 将 date_map 转换为日期列表
    date_list = list(date_map)

    # 从 data 中提取开盘价数据
    open_map = map(lambda it: it['Open'], data)
    # 将 open_map 转换为开盘价列表
    open_list = list(open_map)

    # 从 data 中提取最高价数据
    high_map = map(lambda it: it['High'], data)
    # 将 high_map 转换为最高价列表
    high_list = list(high_map)

    # 从 data 中提取最低价数据
    low_map = map(lambda it: it['Low'], data)
    # 将 open_map 转换为最低价列表
    low_list = list(low_map)

    # 从 data 中提取收盘价数据
    close_map = map(lambda it: it['Close'], data)
    # 将 open_map 转换为收盘价列表
    close_list = list(close_map)                                         ③

    # 设置图表大小
    plt.figure(figsize=(10, 6))

    plt.subplot(411)                                                     ④
    pot_his_bar(date_list, open_list, '开盘价')

    plt.subplot(412)
    pot_his_bar(date_list, close_list, '收盘价')

    plt.subplot(413)
    pot_his_bar(date_list, high_list, '最高价')

    plt.subplot(414)
    pot_his_bar(date_list, low_list, '最低价')                           ⑤

    plt.tight_layout()                          # 调整布局
    plt.show()                                  # 显示图形


if __name__ == '__main__':
    main()
```

上述代码第①行定义绘制柱状分析图函数 pot_his_bar(date_list，p_list，ylabel)，其中参数 date_list 是日期列表，参数 p_list 是 OHLC 数据列表，参数 ylabel 是要绘制图表的 y

轴标题。

代码第②行～第③行是从 data 中提取的 OHLC 数据列表。代码第④行～第⑤行是调用 pot_his_bar()函数绘制 4 个子图表。

20.2.4 绘制股票 K 线图

K 线图(Candlestick chart)又称"阴阳烛"图，它将 OHLC(开盘价、最高价、最低价、收盘价)信息绘制在一张图表上，宏观上可以反映出价格走势，微观上可以看出每天的涨跌等信息。K 线图广泛用于股票、期货、贵金属、数字货币等行情的技术分析，称为 K 线分析。

K 线可分"阳线"、"阴线"和"中立线"三种，阳线代表收盘价大于开盘价，阴线代表开盘价大于收盘价，中立线则代表开盘价等于收盘价。由图 20-12 可知，在中国大陆、中国台湾、日本和韩国，阳线以红色表示，阴线以绿色表示，即红升绿跌。而在中国香港和欧美，习惯则正好相反，阴线以红色表示，阳线以绿色表示，即绿升红跌。

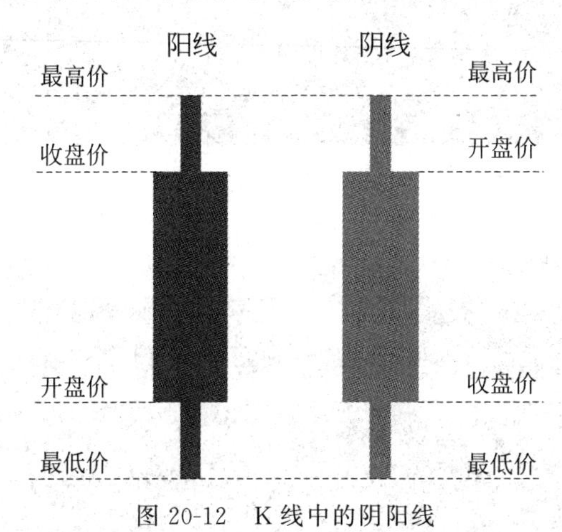

图 20-12　K 线中的阴阳线

了解 K 线的基础知识后，可以考虑绘制 K 线图。Matplotlib 早期版本中包含了一个 finance 模块，从 Matplotlib 2.2.0 开始，finance 模块从 Matplotlib 中脱离出来，作为一个独立于 Matplotlib 的图表库——mpl_finance 存在，下载地址为 https://github.com/matplotlib/mpl_finance，所以需要额外安装 mpl_finance。

mpl_finance 安装可以使用 pip 工具，安装指令如下：

```
pip install https://github.com/matplotlib/mpl_finance/archive/master.zip
```

在 Windows 平台下执行 pip 安装指令过程如图 20-13 所示，最后会有成功提示，其他平台安装过程也是类似的，这里不再赘述。

另外，在金融数据分析中往往会用到另外一个数据分析包 Pandas。最初设计 Pandas 是为了金融数据分析，Pandas 为时间序列分析金融数据提供了很好的支持。Pandas 安装可以使用 pip 工具，安装指令如下：

```
pip install pandas
```

在 Windows 平台下执行 pip 安装指令过程如图 20-14 所示，最后会有安装成功提示，其他平台安装过程也是类似的，这里不再赘述。

```
选择C:\WINDOWS\system32\cmd.exe

C:\Users\win-mini>pip install https://github.com/matplotlib/mpl_finance/archive/master.zip
Collecting https://github.com/matplotlib/mpl_finance/archive/master.zip
  Downloading https://github.com/matplotlib/mpl_finance/archive/master.zip
    \ 307kB 217kB/s
Requirement already satisfied: matplotlib in c:\users\win-mini\appdata\local\programs\python\python36\lib\site-packages (from mpl-finance==0.10.0)
Requirement already satisfied: pyparsing!=2.0.4,!=2.1.2,!=2.1.6,>=2.0.1 in c:\users\win-mini\appdata\local\programs\python\python36\lib\site-packages (from matplotlib->mpl-finance==0.10.0)
Requirement already satisfied: numpy>=1.7.1 in c:\users\win-mini\appdata\local\programs\python\python36\lib\site-packages (from matplotlib->mpl-finance==0.10.0)
Requirement already satisfied: kiwisolver>=1.0.1 in c:\users\win-mini\appdata\local\programs\python\python36\lib\site-packages (from matplotlib->mpl-finance==0.10.0)
Requirement already satisfied: pytz in c:\users\win-mini\appdata\local\programs\python\python36\lib\site-packages (from matplotlib->mpl-finance==0.10.0)
Requirement already satisfied: six>=1.10 in c:\users\win-mini\appdata\local\programs\python\python36\lib\site-packages (from matplotlib->mpl-finance==0.10.0)
Requirement already satisfied: python-dateutil>=2.1 in c:\users\win-mini\appdata\local\programs\python\python36\lib\site-packages (from matplotlib->mpl-finance==0.10.0)
Requirement already satisfied: cycler>=0.10 in c:\users\win-mini\appdata\local\programs\python\python36\lib\site-packages (from matplotlib->mpl-finance==0.10.0)
Requirement already satisfied: setuptools in c:\users\win-mini\appdata\local\programs\python\python36\lib\site-packages (from kiwisolver>=1.0.1->matplotlib->mpl-finance==0.10.0)
Installing collected packages: mpl-finance
  Running setup.py install for mpl-finance ... done
Successfully installed mpl-finance-0.10.0

C:\Users\win-mini>
```

图 20-13　pip 工具安装 mpl_finance

```
C:\Windows\System32\cmd.exe

C:\Users\win-mini\Downloads\mpl_finance-master\examples>pip install pandas
Collecting pandas
  Downloading pandas-0.22.0-cp36-cp36m-win_amd64.whl (9.1MB)
    100% |████████████████████████████████| 9.1MB 119kB/s
Requirement already satisfied: python-dateutil>=2 in c:\users\win-mini\appdata\local\programs\python\python36\lib\site-packages (from pandas)
Requirement already satisfied: pytz>=2011k in c:\users\win-mini\appdata\local\programs\python\python36\lib\site-packages (from pandas)
Requirement already satisfied: numpy>=1.9.0 in c:\users\win-mini\appdata\local\programs\python\python36\lib\site-packages (from pandas)
Requirement already satisfied: six>=1.5 in c:\users\win-mini\appdata\local\programs\python\python36\lib\site-packages (from python-dateutil>=2->pandas)
Installing collected packages: pandas
Successfully installed pandas-0.22.0

C:\Users\win-mini\Downloads\mpl_finance-master\examples>
```

图 20-14　pip 工具安装 Pandas

安装成功后就可以编写代码了，示例代码如下：

```
# coding = utf - 8
# 代码文件:chapter20/20.2/ch20.2.4.py

import csv
```

```
import matplotlib.dates as mdates
import matplotlib.pyplot as plt
import mpl_finance
import pandas

from db.db_access import findall_hisq_data

# 设置中文字体
plt.rcParams['font.family'] = ['SimHei']
plt.rcParams['axes.unicode_minus'] = False


def pot_candlestick_ohlc(datafile):                                          ①
    """绘制K线图"""
    # 从CSV文件中读入数据到DataFrame数据结构中
    quotes = pandas.read_csv(datafile,
                             index_col = 0,
                             parse_dates = True,
                             infer_datetime_format = True)                   ②

    # 绘制一个子图,并设置子图大小
    fig, ax = plt.subplots(figsize = (10, 5))                                ③
    # 调整子图参数 SubplotParams
    fig.subplots_adjust(bottom = 0.2)                                        ④

    mpl_finance.candlestick_ohlc(ax, zip(mdates.date2num(quotes.index.to_pydatetime()),
                                         quotes['Open'], quotes['High'],
                                         quotes['Low'], quotes['Close']),
                                 width = 1, colorup = 'r', colordown = 'g')  ⑤

    ax.xaxis_date()                                                          ⑥
    ax.autoscale_view()                                                      ⑦
    plt.setp(plt.gca().get_xticklabels(), rotation = 45, horizontalalignment = 'right')   ⑧

    plt.show()


def main():
    """主函数"""

    data = findall_hisq_data('AAPL')

    # 列名
    colsname = ['Date', 'Open', 'High', 'Low', 'Close', 'Volume']
    # 临时数据文件名
    datafile = temp.csv'
    # 写入数据到临时数据文件
    with open(datafile, 'w', newline = '', encoding = 'utf-8') as wf:       ⑨
```

```
            writer = csv.writer(wf)
            writer.writerow(colsname)
            for quotes in data:
                row = [quotes['Date'], quotes['Open'], quotes['High'],
                        quotes['Low'], quotes['Close'], quotes['Volume']]
                writer.writerow(row)                                          ⑩

        # 调用绘图函数
        pot_candlestick_ohlc(datafile)                                        ⑪


    if __name__ == '__main__':
        main()
```

上述代码第①行定义了绘制K线图的函数 pot_candlestick_ohlc(datafile)，该函数是绘制K线图的核心。

代码第②行是调用 Pandas 的 read_csv()函数，实现了从 CSV 文件中读取数据到 DataFrame 数据结构中，返回的数据保存在 quotes 变量中。quotes 变量是 DataFrame 类型，DataFrame 是 Pandas 提供的二维的数据结构。另外，read_csv()函数的参数 datafile 是 CSV 文件，index_col＝0 指定索引列为第 1 列，parse_dates＝True 指定解析时间，infer_datetime_format＝True 是设置自动推断日期格式。

提示　代码第②行的 quotes 变量是绘制 K 线图所需的数据，它是 DataFrame 结构。理论上也可以自己调用 DataFrame 构造方法来创建 quotes 对象，但 DataFrame 结构过于复杂，作者推荐使用 Pandas 的 read_csv()函数从 CSV 文件数据返回 quotes 对象。

代码第③行是准备绘制子图，虽然画布上只有一个图，但这里也需要使用子图，这是因为 subplots()函数能返回图表对象和坐标轴对象。代码第④行是调整子图参数 SubplotParams，bottom＝0.2 是设置图表到底边的距离。

代码第⑤行调用 mpl_finance 的 candlestick_ohl()函数绘制 K 线图，第一个参数 ax 是坐标轴；第二个参数使用 zip()函数获得元组对象，表达式 mdates.date2num(quotes.index.to_pydatetime())是使用 matplotlib.dates 提供的函数 date2num 将日期转换为数值，quotes.index.to_pydatetime()是将索引列(交易日期)转换为 datetime 日期时间类型；width＝1 参数设置 K 线中“阴阳烛”的宽度；colorup＝'r'设置阳线为红色；colordown＝'g'设置阴线为绿色。这些设置符合中国人的习惯。

代码第⑥行是设置 x 轴数据以日期形式显示；代码第⑦行是设置自动缩放图表，以便于能够在对话框中完全显示；代码第⑧行 plt.setp(plt.gca().get_xticklabels()，rotation＝45，horizontalalignment＝'right')也是设置图表 x 轴显示刻度标题，其中 plt.gca().get_xticklabels()获得 x 轴的刻度标题，见图 20-15 所示的 x 轴显示的日期；rotation＝45 是让刻度标题倾斜 45 度，如图 20-15 所示；horizontalalignment＝'right'是设置刻度标题右对齐显示。

代码第⑨行～第⑩行是将数据库查询出来的数据写入到本地 CSV 文件中。需要注意 CSV 文件第一行是列标题，从第二行开始才是数据行。

代码第⑪行是调用绘图函数 pot_candlestick_ohlc(datafile)绘制 K 线图。

运行程序后会启动一个对话框，如图 20-15 所示。

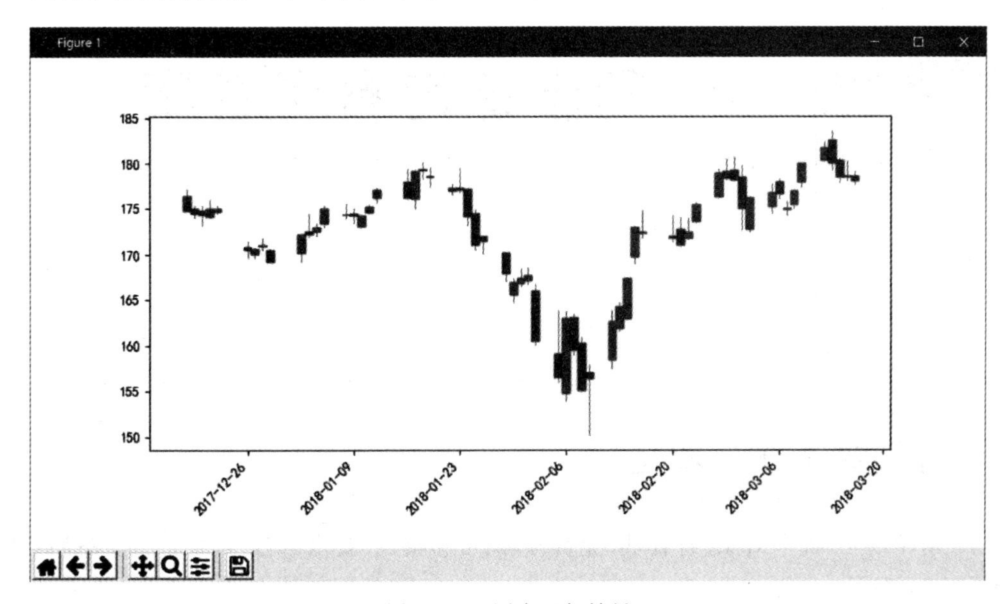

图 20-15 图表运行结果

附录 A 同步练习参考答案

APPENDIX A

为了更好地学习本书内容，作者在本附录中给出书中各章同步练习的参考答案。

A.1 第1章 绪论

1. 简单易学、面向对象、解释性、免费开源、可移植性、胶水语言、丰富的库、支持函数式编程和动态类型。

2. 桌面应用开发、Web应用开发、自动化运维、科学计算、数据可视化、人工智能、大数据和游戏开发等。

A.2 第2章 搭建开发环境

1. 参考2.2节
2. 参考2.3节
3. 参考2.4节

A.3 第3章 第一个Python程序

1. 参考3.2节
2. 参考3.3节
3. 参考3.4节
4. 参考3.5节

A.4 第4章 Python语法基础

1. BCDF
2. AD
3. 对
4. 对

A.5 第5章 数据类型

1. ABC
2. ABCDE
3. 对
4. 对

A.6 第6章 运算符

1. BD
2. AC
3. CD
4. 对

A.7 第7章 控制语句

1. (1) 请使用 while 循环计算水仙花数。

```
i = 100; r = 0; s = 0; t = 0

while i < 1000:
    r = i // 100
    s = (i - r * 100) // 10
    t = i - r * 100 - s * 10
    if i == (r ** 3 + s ** 3 + t ** 3):
        print("i = " + str(i))

    i += 1
```

输出结果如下：

```
i = 153
i = 370
i = 371
i = 407
```

(2) 请使用 for 循环计算水仙花数。

```
r = 0; s = 0; t = 0

for i in range(100, 1000):
    r = i // 100
    s = (i - r * 100) // 10
    t = i - r * 100 - s * 10
```

```
    if i == (r ** 3 + s ** 3 + t ** 3):
        print("i = " + str(i))
```

输出结果如下：

```
i = 153
i = 370
i = 371
i = 407
```

2.

```
for i in range(1, 5):
    j = 1
    while j <= 4 - i:
        print(' ', end = '')
        j += 1

    j = 1
    while j <= 2 * i - 1:
        print('*', end = '')
        j += 1

    print('')
```

3. B
4. D

A.8　第8章　数据结构

1. ABCD
2. AB
3. CD
4. C
5. BC
6. 错
7. 对
8. 对
9. 对
10. 对

A.9　第9章　函数

1. ABD
2. 错
3. ABCE

4. global
5. 对

A.10 第10章 面向对象编程

1. 对
2. 对
3. ABCD
4. 对
5. 对
6. 对
7. 对
8. 错
9. 对
10. 对
11. 错
12. 错
13. 参考10.6.3节

A.11 第11章 异常处理

1. AttributeError、OSError、IndexError、KeyError、NameError、TypeError 和 ValueError 等。
2. B
3. 对
4. 对
5. 对

A.12 第12章 常用模块

1. 对
2. 错
3. −2
4. −1
5. ABD
6. 对
7. 对

A.13 第13章 正则表达式

1. 参考13.1.2节
2. 参考13.2.4节
3. 参考13.3.1节
4. 参考13.4.1节
5. ABCD
6. BC

A.14 第14章 文件操作与管理

1. 参考14.1.1节
2. 参考14.2节
3. 参考14.3节

A.15 第15章 数据库编程

1. 对
2. 错
3. 参考15.4节
4. 参考15.5节

A.16 第16章 网络编程

1. 对
2. 参考16.2.2节
3. 对
4. 参考16.2.5节和16.3.3节
5. 参考16.4.2节

A.17 第17章 wxPython图形用户界面编程

1. ABC
2. 参考17.1节
3. ABCD
4. 对
5. ABCD
6. 错

A.18 第 18 章 Python 多线程编程

1. 对
2. 对
3. 对
4. 参考 18.3 节
5. ABCDE
6. 错
7. 错
8. 错

图书资源支持

感谢您一直以来对清华版图书的支持和爱护。为了配合本书的使用，本书提供配套的资源，有需求的读者请扫描下方的"清华电子"微信公众号二维码，在图书专区下载，也可以拨打电话或发送电子邮件咨询。

如果您在使用本书的过程中遇到了什么问题，或者有相关图书出版计划，也请您发邮件告诉我们，以便我们更好地为您服务。

我们的联系方式：

地　　址：北京市海淀区双清路学研大厦A座701

邮　　编：100084

电　　话：010－62770175－4608

资源下载：http://www.tup.com.cn

客服邮箱：tupjsj@vip.163.com

QQ：2301891038（请写明您的单位和姓名）

教学交流、课程交流

清华电子

扫一扫，获取最新目录

用微信扫一扫右边的二维码，即可关注清华大学出版社公众号"清华电子"。